高等工科院校机电类专业系列教材

机械制图

第2版

主编　高雪强　韩志杰
参编　孙婷婷　李才泼　石建玲　葛敬侠　刘顺芳

本书是根据教育部颁发的高等学校工程图学课程教学基本要求，并结合编者多年教学经验及研究成果编写而成的。

本书共分10章，内容主要包括：制图的基本知识和技能；点、直线、平面的投影；投影变换——换面法；立体及其表面交线的投影；组合体的构形与表达；机件的常用表达方法；标准件和常用件；图样上的技术要求；零件图；装配图。

本书在配图和例题中链接了包含教学视频、三维动画等内容的二维码，以方便读者学习。本书采用双色印刷。

本书可作为高等工科院校机械类、近机械类各专业教材，也可作为其他类院校相关专业教材，还可供有关工程技术人员参考。

图书在版编目（CIP）数据

机械制图/高雪强，韩志杰主编．—2版．—北京：机械工业出版社，2021.9（2024.9重印）

高等工科院校机电类专业系列教材

ISBN 978-7-111-69417-5

Ⅰ．①机…　Ⅱ．①高…②韩…　Ⅲ．①机械制图-高等学校-教材

Ⅳ．①TH126

中国版本图书馆CIP数据核字（2021）第213114号

机械工业出版社（北京市百万庄大街22号　邮政编码100037）

策划编辑：王海峰　　　　责任编辑：王海峰

责任校对：张　征　李　婷　封面设计：马若濛

责任印制：郜　敏

北京富资园科技发展有限公司印刷

2024年9月第2版第3次印刷

184mm×260mm · 19印张 · 468千字

标准书号：ISBN 978-7-111-69417-5

定价：59.00元

电话服务　　　　　　　　　　网络服务

客服电话：010-88361066　　机　工　官　网：www.cmpbook.com

　　　　　010-88379833　　机　工　官　博：weibo.com/cmp1952

　　　　　010-68326294　　金　书　网：www.golden-book.com

封底无防伪标均为盗版　　机工教育服务网：www.cmpedu.com

前　言

本书是在第1版的基础上，根据教育部颁发的高等学校工程图学课程教学基本要求及最近几年颁布的与机械制图有关的国家标准，并结合多年来工程图学教学改革和建设的经验精心修订而成。本书可供高等学校机械类、近机械类各专业作为教材使用。

本书以党的二十大报告中“办好人民满意的教育”“全面贯彻党的教育方针，落实立德树人根本任务，培养德智体美劳全面发展的社会主义建设者和接班人”的精神为指引，依据高等职业教育培养素质高、专业技术全面的高技能人才的培养目标，充分融“知识学习、技能提升、素质培育”于一体，严格落实立德树人的根本任务。

与第1版相比，本次编写做了如下修订：

1. 采用了现行的《技术制图》和《机械制图》国家标准。

2. 对原书中配图做了大量修改与调整，并且部分配图调整为分步给出，更加便于学生自主学习。

3. 采用双色印刷，对配图及图中重要文字说明以红色显示，使得重点突出，图示更加清楚、明了。

4. 将原“基本立体的投影”与“立体表面的交线”两章整合为“立体及其表面交线的投影”一章，增强了基本体投影叙述的完整性和系统性。

5. 对原“图样上的技术要求”一章做了修改，原“表面粗糙度”部分，按照现行的“表面结构要求”国家标准编写；原“形状和位置公差”按照现行的“几何公差”国家标准编写；“零件图”和“装配图”两章配图中的技术要求按照现行的国家标准进行修改。

6. 在配图和例题中增加二维码，链接教学视频、三维动画等内容，丰富了学生掌握知识的方法，以提高学生学习兴趣和学习效率。

本书由高雪强、韩志杰任主编。参加本版教材编写及视频制作工作的有李才泼、石建玲、葛敬侠、刘顺芳、孙婷婷、韩志杰、高雪强。

由于编者水平所限，书中难免存在疏漏和差错之处，恳请广大读者朋友批评、指正。

编　者

二维码索引

（续）

（续）

序号	视频名称	二维码	页码	序号	视频名称	二维码	页码
37	零件与零件图		205	44	装配图的视图选择		242
38	零件表达方案的选择		205	45	装配图的尺寸和技术要求		245
39	零件图的尺寸标注		210	46	装配图零部件序号、明细栏		246
40	零件上常见的工艺结构		217	47	装配结构的合理性		247
41	读零件图		221	48	装配图画法		251
42	装配图的作用和内容		237	49	读装配图		255
43	装配图的表达方法		239	50	拆画零件图		257

目 录

绪 论

人类世界是一个有形的世界，世间万物千姿百态。图形与文字、语言一样，是人类借以表达和交流信息的重要媒体之一。以图形为基础研究对象的“图形学”是一门最古老而又最现代的学科，历来是人们重要的学习内容和研究对象，机械制图是其中的一个分支。

一、本课程的研究对象

在现代工业生产中，一部新机器、一座新建筑、一项新工程的制造和建设都离不开图样。工程技术中根据投影原理、国家标准的有关规定，绘制的能准确表达物体形状、尺寸及技术要求等方面内容的图，成为工程图样。设计者通过图样描述设计对象，表达设计意图；制造者通过图样组织生产；使用者通过图样了解使用对象的结构和性能，进行保养和维修。所以，图样有“工程界的语言”之称。

机械图样是表达零件、部件或整台机器的图样，是机械行业在加工和检验零件、安装和调试机器时的依据。本课程主要研究绘制和阅读机械图样的基本理论和方法，学习国家标准《机械制图》和《技术制图》的相关内容。

二、本课程的性质和任务

本课程既有系统的理论，又有较强的实践性和技术性，是工科院校学生一门十分重要的、必修的技术基础课程。本课程的主要任务是：

1）培养依据投影理论用二维图形表达三维形体的能力。

2）培养以图形为基础的空间想象能力和形象思维能力。

3）培养徒手绘图和尺规绘图的能力。

4）培养计算机绘图和三维形体建模的能力。

5）培养绘制和阅读机械图样的能力。

6）培养工程意识、标准化意识和严谨负责的工作态度。

7）培养科学的价值观、社会责任感和爱国情怀。

三、本课程的特点和学习方法

本课程的特点是既有理论又偏重于实践，因此，学习时应注意：

（1）理论联系实际，提高两个能力　本课程的核心内容是用投影法在二维平面上表达空间几何元素以及图解几何问题，图示和图解贯穿始终，因此，要理论联系实际，多想、多看、多画，不断地“由物画图，由图想物”，将投影分析与空间分析相结合，逐步提高空间想象能力和投影分析能力。

（2）重视和强化实践环节　完成一定数量的习题和作业，是巩固基本理论和培养绘图、读图能力的基本保证，因此，对习题和作业应高度重视，认真、按时、优质地完成。

（3）严格遵守国家标准　为了确保图样传递信息的正确与规范，“国家标准”对图样的具体绘制、标注方法及格式等都做了严格、统一的规定，因此，从开始学习时就要强化标准化意识，认真学习并严格贯彻国家标准的各项规定。作图作业要做到：投影正确，图线分明，尺寸完整，字体工整，图面整洁。

（4）与工程实际相结合　本课程最终要服务于工程实际，因此，要尽量多地接触机器、机械零件部件，以增加感性认识，逐步熟悉零件的结构工艺等，为制图与设计相结合打下初步基础。

由于图样是产品生产和工作建设中最重要的技术文件，绘图和读图时的差错都会带来经济损失，甚至负有法律责任，所以在完成机械制图作业过程中，就要养成认真负责的工作态度和严谨细致的工作作风。学好本课程，可为后续课程及生产实习、课程设计和毕业设计打下良好的基础。

第一章

制图的基本知识和技能

图样是工程技术人员表达设计思想、进行技术交流的工具，是现代机器制造过程中重要的技术文件，为此，绘制工程图样必须严格遵守国家标准《技术制图》和《机械制图》的有关规定，掌握必要的绘图技能和方法。本章重点介绍国家标准关于制图的有关规定、绘图工具和绘图仪器的使用、几何作图方法、平面图形的画法及手工绘图等内容。

第一节　国家标准《机械制图》的基本规定

本节介绍最新的国家标准《技术制图》和《机械制图》的部分内容，包括：图纸幅面和格式、比例、图线、字体和尺寸标注等。

制图的基本知识（一）——图幅、比例

一、图纸幅面和格式（GB/T 14689—2008）

1. 图纸幅面尺寸

绘制技术图样时，图纸幅面应采用表 1-1 中规定的基本规格，必要时可沿长边加长，如图 1-1 所示。图中粗实线所示为基本图幅，细实线和细虚线所示为加长幅面。

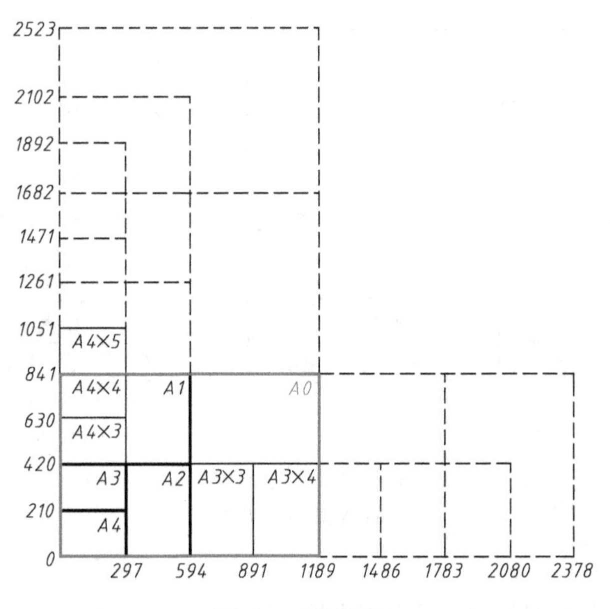

图 1-1　图纸幅面

表 1-1 图纸幅面规格 （单位：mm）

幅面代号	A0	A1	A2	A3	A4
$B \times L$	841×1189	594×841	420×594	297×420	210×297
e	20		10		
c	10			5	
a	25				

2. 图框格式

在图纸上必须用粗实线画出图框，其格式分为不留装订边和留有装订边两种，但是同一产品的图样只能采取同一种格式。

不留装订边的图纸，其图框格式如图 1-2 所示；留有装订边的图纸，其图框格式如图 1-3 所示，两种图纸周边尺寸 e、c、a 均按表 1-1 中规定选取。

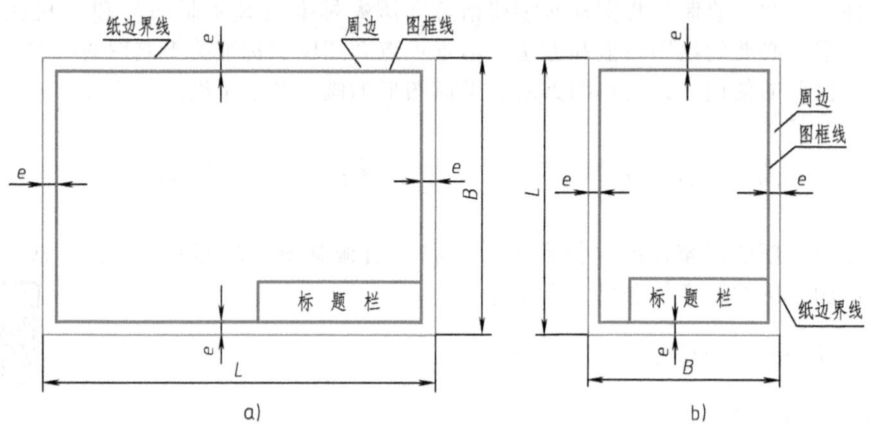

图 1-2 不留装订边的图框格式

a）X 型 b）Y 型

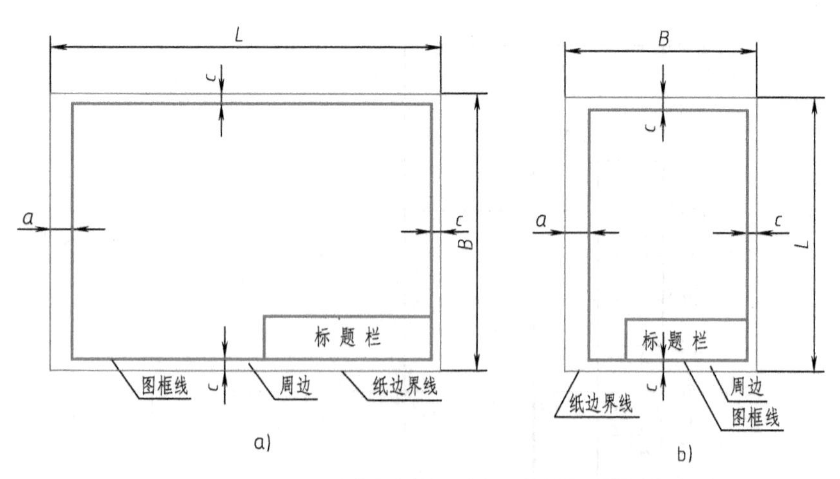

图 1-3 留有装订边的图框格式

a）X 型 b）Y 型

3. 标题栏的方位

绘图时，必须在每张图纸的右下角画出标题栏。当标题栏的长边置于水平方向并与图纸的长边平行时，构成 X 型图纸，如图 1-2a 与图 1-3a 所示；当标题栏的长边与图纸的长边垂直时，则构成 Y 型图纸，如图 1-2b 与图 1-3b 所示。在此情况下，看图方向与看标题栏的方向一致。

4. 标题栏的格式

国家标准 GB/T 10609. 1—2008 对标题栏的格式做了统一规定，如图 1-4 所示。为了学习方便，学生作业中的标题栏采用图 1-5 的简化格式。

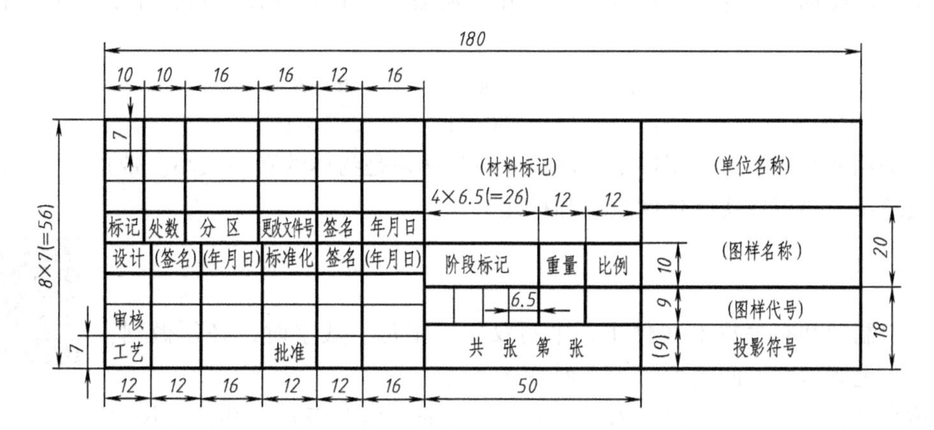

图 1-4　标题栏的格式及各部分的尺寸

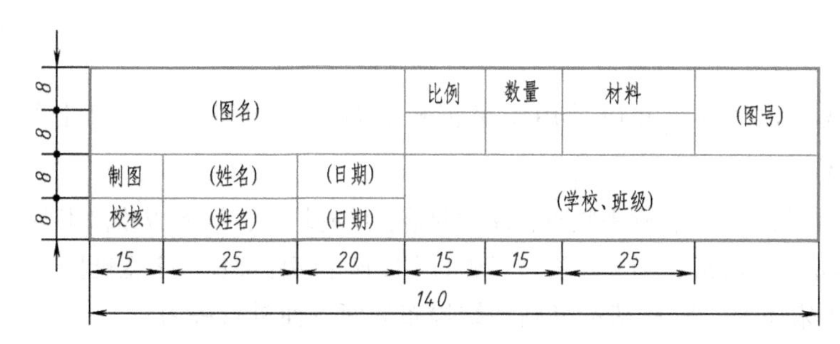

图 1-5　简化标题栏

二、比例（GB/T 14690—1993）

比例是指图中图形与其实物相应要素的线性尺寸之比。绘图时，应优先在表 1-2 规定的系列中选取适当的比例，必要时，允许选取表 1-3 中的比例。

表 1-2　优先选用的绘图比例

种　类	比　例		
原值比例	1 : 1		
放大比例	2 : 1 2×10^n : 1	5 : 1 5×10^n : 1	1×10^n : 1
缩小比例	1 : 2 1 : 2×10^n	1 : 5 1 : 5×10^n	1 : 10 1 : 1×10^n

注：n 为正整数。

表 1-3 允许选用的绘图比例

种类	比例			
放大比例	4∶1	4×10^n∶1	2.5∶1	2.5×10^n∶1
缩小比例	1∶1.5 1∶3	1∶1.5×10^n 1∶3×10^n	1∶2.5 1∶4	1∶2.5×10^n 1∶4×10^n

注：n 为正整数。

比例一般应标注在标题栏的比例一栏中，必要时，可在视图名称的下方或右侧标注比例，如：

$$\frac{I}{2:1} \qquad \frac{A}{100:1} \qquad \frac{B—B}{2.5:1}$$

图形不论放大或缩小，图形上所注尺寸数值必须是物体的真实大小。带角度的图形，不论放大或缩小，仍应按实际角度绘制和标注。

三、字体（GB/T 14691—1993）

制图的基本知识（二）——字体、图线

在技术制图和有关技术文件中，书写汉字、字母、数字时，必须做到：字体工整、笔画清楚、间隔均匀、排列整齐。

字体高度：字号代表字体的高度，单位为 mm，用 h 表示，其公称尺寸系列为 1.8，2.5，3.5，5，7，10，14，20。需要书写更大的字时，其字体高度应按$\sqrt{2}$的比例递增。

1. 汉字

汉字应写成长仿宋体，并应采用国家正式公布推行的简化字。汉字的高度不应小于 3.5mm，其字宽一般为 $h/\sqrt{2}$。

书写长仿宋体的要领是：横平竖直，注意起落，结构均匀，填满方格。书写时，笔画起落处应有笔锋，笔画应一笔写成，不要勾描。写成的字应该是字体细长、字型挺拔、棱角分明。

要写好长仿宋体字，应从基本笔画和结构布局两方面进行练习。

常用的长仿宋体字示例如图 1-6 所示。

10号字

字体工整 笔画清楚 间隔均匀 排列整齐

7号字

横平竖直注意起落结构均匀填满方格

5号字

技术制图机械电子汽车航空船舶土木建筑矿山井坑港口纺织服装

3.5号字

螺纹齿轮端子接线飞行指导驾驶舱位挖填施工引水通风闸阀坝棉麻化纤

图 1-6 长仿宋体字示例

2. 字母和数字

字母和数字分 A 型和 B 型。A 型字体的笔画宽度 d 为字高 h 的 1/14，B 型字体的笔画宽度 d 为字高 h 的 1/10。同一图样上，只允许选用一种形式的字体。

字母和数字可写成斜体或直体。斜体字字头向右倾斜，与水平基准线成 75°，如图 1-7 所示。

图 1-7　拉丁字母、阿拉伯数字和罗马数字示例

3. 综合应用规定

用作指数、分数、极限偏差、注脚等的数字或字母，一般应采用小一号的字体，如图 1-8 所示。

10^3　S^{-1}　D_1　T_d

$\phi 20^{+0.010}_{-0.023}$　$7^{\circ}{}^{+1^{\circ}}_{-2^{\circ}}$　$\frac{3}{5}$

图 1-8　字体应用示例

四、图线（GB/T 17450—1998 和 GB/T 4457.4—2002）

图样中的图形是由各种图线组成的。国家标准对图线的名称、形式、尺寸、应用和画法都做了规定，以便于绘图和技术交流。

1. 图线的形式及应用

国家标准 GB/T 17450—1998《技术制图　图线》规定了绘制各种技术图样的基本线型。实际应用时，机械、电气、建筑和土木工程等行业根据该标准制定出能满足本行业制图要求的图线标准。国家标准 GB/T 4457.4—2002《机械制图　图样画法　图线》中规定了9种图线，见表1-4。图线应用举例如图1-9所示。

表1-4　图线

图线名称	图线形式	图线宽度	一般应用
粗实线	d	d	1. 可见棱边线 2. 可见轮廓线 3. 相贯线 4. 螺纹牙顶线
细实线		约 $d/2$	1. 尺寸线及尺寸界线 2. 剖面线 3. 重合断面的轮廓线 4. 螺纹的牙底线及齿轮的齿根线 5. 过渡线等
波浪线		约 $d/2$	1. 断裂处的边界线 2. 视图和剖视图的分界线
双折线		约 $d/2$	1. 断裂处的边界线 2. 视图与剖视图的分界线
细虚线	4～6　≈1	约 $d/2$	不可见轮廓线
粗虚线		约 d	允许表面处理的表示线
细点画线	15～30　≈3	约 $d/2$	1. 轴线 2. 对称中心线 3. 分度圆(线)
粗点画线		d	限定范围的表示线
细双点画线	15～20　≈5	约 $d/2$	1. 相邻辅助零件的轮廓线 2. 可动零件极限位置的轮廓线 3. 轨迹线

2. 图线宽度

机械制图中通常采用两种线宽，其比例关系为2∶1。绘制工程图样时，所有线型宽度应在以下系列中选择：0.13，0.18，0.25，0.35，0.5，0.7，1.0，1.4，2.0，单位为mm。机械图样中常用粗线宽度建议采用0.5mm或0.7mm。

3. 图线画法

在同一图样中，相同线型的宽度应保持一致。虚线、点画线及双点画线的线段长度及间隔应各自大致相等，并要特别注意图线相交的画法，要求线段与线段相交，如图1-10所示。

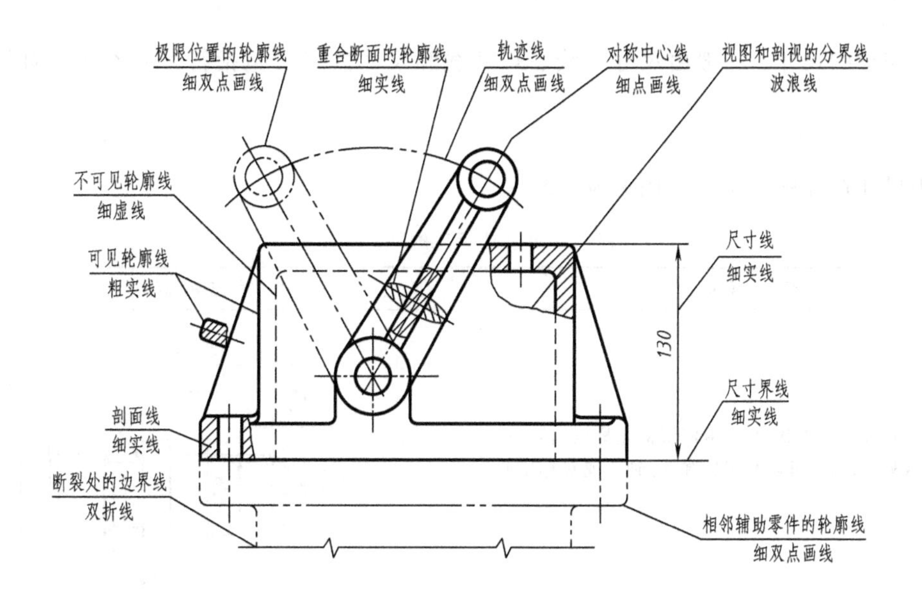

图 1-9　图线应用举例

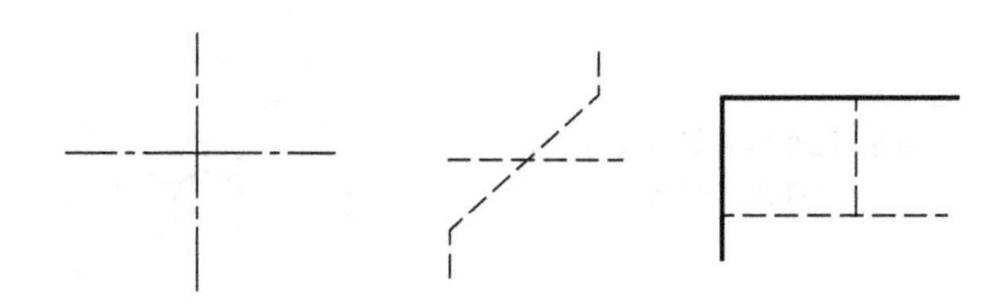

图 1-10　细虚线、细点画线画法举例

五、尺寸注法（GB/T 4458.4—2003 和 GB/T 16675.2—2012）

制图的基本知识（三）——尺寸标注

图样中的图形可以表达机件的结构形状，而机件的大小和各部分的相对位置关系则需要用尺寸来确定。在图样中标注尺寸时，要遵守国家标准 GB/T 4458.4—2003《机械制图　尺寸注法》中的有关规定。

1. 基本规则

1）机件的真实大小应以图样上所标注的尺寸数值为依据，与图形的大小及绘图的准确度无关。

2）图样中的尺寸，一般以 mm 为单位，不需标注其计量单位的代号或名称；若采用其他单位，则必须注明相应的计量单位的代号或名称。

3）图样中所标注的尺寸，一般为该图样所示机件的最后完工尺寸；否则，应另加说明。

4）机件的每一尺寸，在图样上一般只标注一次，并应标注在反映该结构最清晰的图形上。

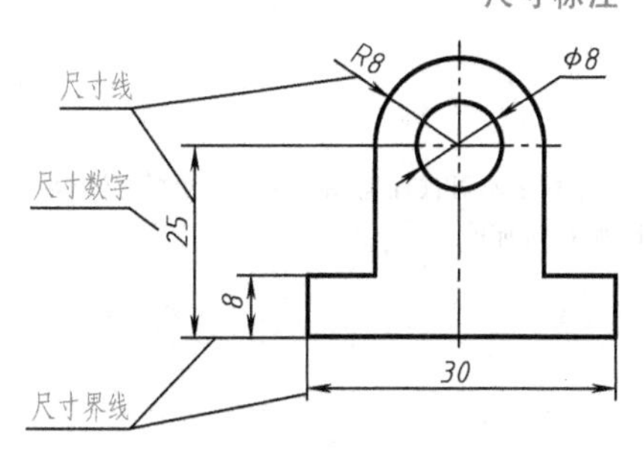

图 1-11　尺寸的组成

2. 尺寸的组成

一个完整的尺寸，一般由尺寸界线、尺寸线和尺寸数字（包括符号）组成，如图 1-11 所示。

3. 常用尺寸标注的规定

常用尺寸标注的规定和示例见表 1-5。

表 1-5　常用尺寸标注的规定和示例

基本规定	标注示例
尺寸界线用细实线绘制，并应由图形的轮廓线、轴线或对称中心线处引出；也可以利用轮廓线、轴线或对称中心线作为尺寸界线	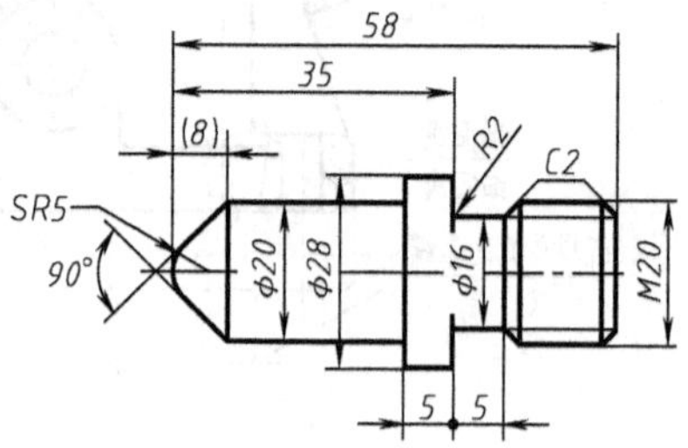
尺寸数字应按图例所示的方向注写，并尽可能避免在图示 30°范围内标注尺寸，当无法避免时可按右图所示的形式标注	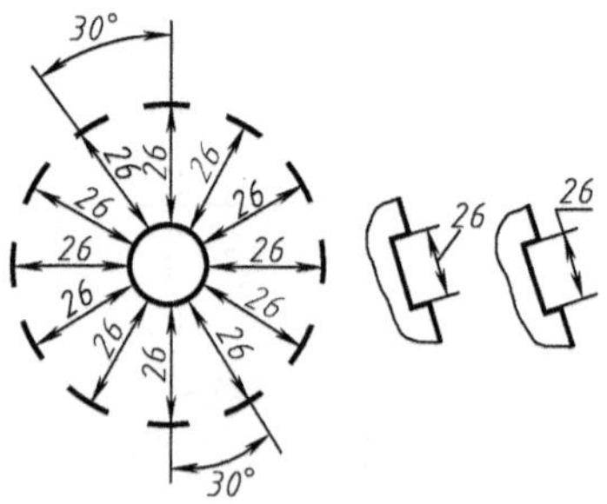
标注角度时，尺寸线画成圆弧，其圆心为该角的顶点 角度数字一律写成水平方向，一般写在尺寸线的中断处，当位置不够时也可用引出法标注	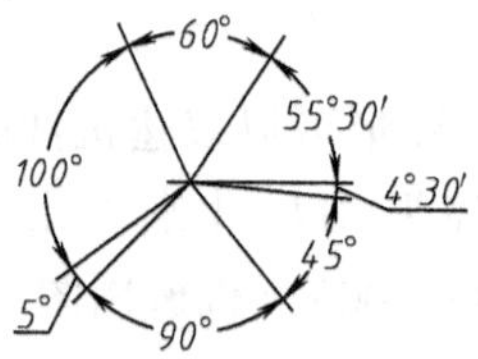
尺寸数字不可被任何图线通过，否则，必须将该图线断开，如右图所示	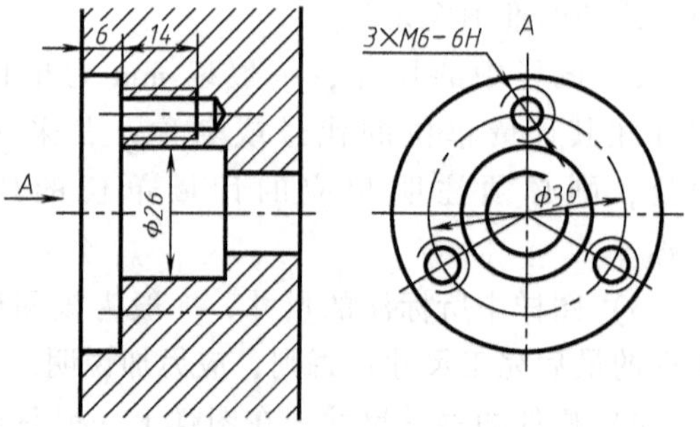

（续）

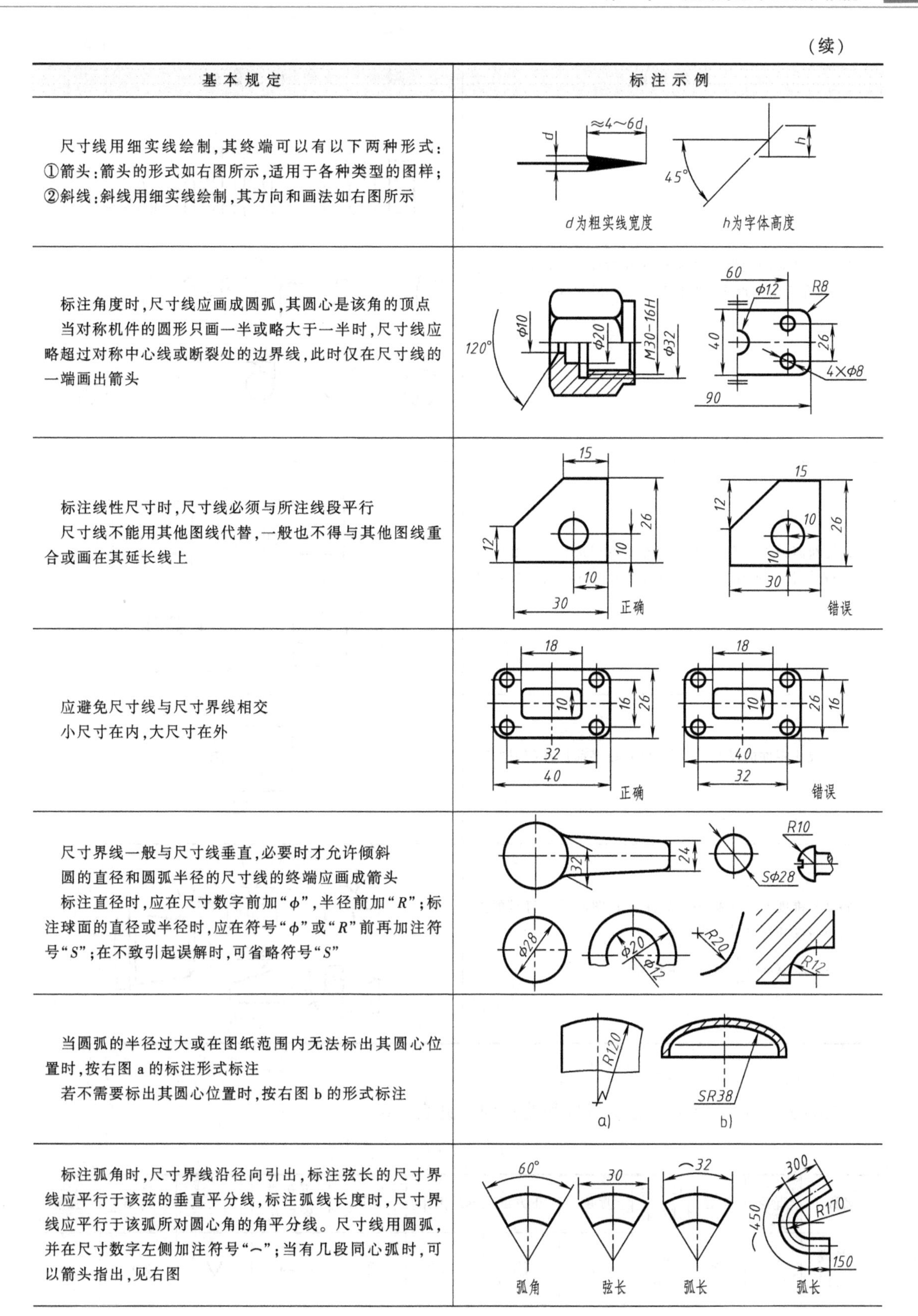

基本规定	标注示例
尺寸线用细实线绘制，其终端可以有以下两种形式：①箭头：箭头的形式如右图所示，适用于各种类型的图样；②斜线：斜线用细实线绘制，其方向和画法如右图所示	d为粗实线宽度　h为字体高度
标注角度时，尺寸线应画成圆弧，其圆心是该角的顶点 当对称机件的圆形只画一半或略大于一半时，尺寸线应略超过对称中心线或断裂处的边界线，此时仅在尺寸线的一端画出箭头	
标注线性尺寸时，尺寸线必须与所注线段平行 尺寸线不能用其他图线代替，一般也不得与其他图线重合或画在其延长线上	正确　错误
应避免尺寸线与尺寸界线相交 小尺寸在内，大尺寸在外	正确　错误
尺寸界线一般与尺寸线垂直，必要时才允许倾斜 圆的直径和圆弧半径的尺寸线的终端应画成箭头 标注直径时，应在尺寸数字前加“φ”，半径前加“R”；标注球面的直径或半径时，应在符号“φ”或“R”前再加注符号“S”；在不致引起误解时，可省略符号“S”	
当圆弧的半径过大或在图纸范围内无法标出其圆心位置时，按右图 a 的标注形式标注 若不需要标出其圆心位置时，按右图 b 的形式标注	a)　b)
标注弧角时，尺寸界线沿径向引出，标注弦长的尺寸界线应平行于该弦的垂直平分线，标注弧线长度时，尺寸界线应平行于该弧所对圆心角的角平分线。尺寸线用圆弧，并在尺寸数字左侧加注符号“⌒”；当有几段同心弧时，可以箭头指出，见右图	弧角　弦长　弧长　弧长

（续）

基本规定	标注示例
在没有足够的位置画箭头或注写数字时，可按右图标注，此时允许用圆点或斜线代替箭头。尺寸数字可引出	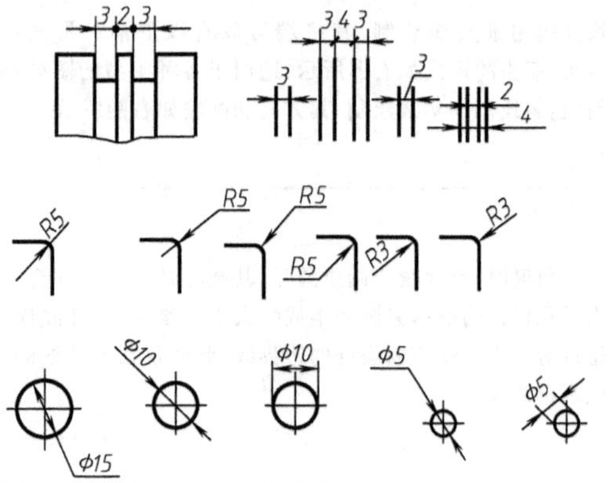 3 2 3　3 4 3　3　3　2　4　R5　R5　R5　R5　R3　R3　ϕ10　ϕ10　ϕ5　ϕ5　ϕ15
标注断面为正方形结构时，可在正方形边长尺寸数字前加注符号“□”，或用“B×B”注出（B 为正方形的边长），见右图	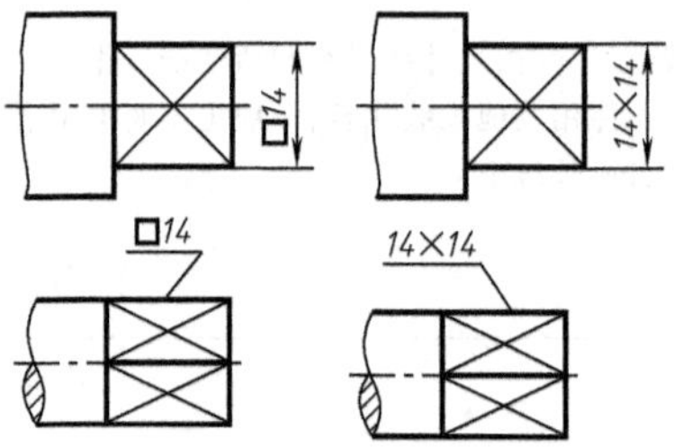 □14　14×14　□14　14×14
标注板状零件的厚度时，可在尺寸数字前加注符号“t”，见右图	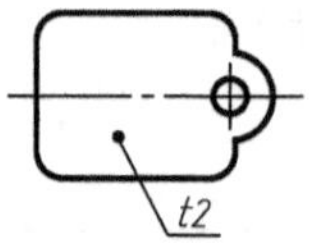 t2
斜度和锥度的符号画法与标注见右图所示。符号的方向应与斜度和锥度的方向一致 符号的线宽 $d=\frac{h}{10}$，h=字体高度	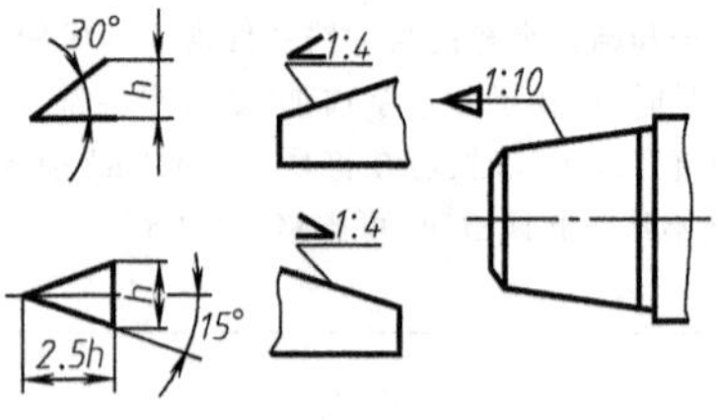 30°　h　1:4　1:10　1:4　h　2.5h　15°

4. 标注尺寸的一般符号

标注尺寸时，应尽可能用符号和缩写词，见表 1-6。

表 1-6　标注尺寸的一般符号

名称	直径	半径	球直径 球半径	厚度	正方形	45°倒角	深度	沉孔或锪平孔	埋头孔	均布	弧度
符号或缩写词	ϕ	R	$S\phi$ SR	t	□	C	↧	⌴	⌵	EQS	⌒

第二节　绘图工具和仪器的使用

正确熟练地使用和维护绘图工具，既可保证绘图质量，又能提高绘图速度。下面介绍常用绘图工具和仪器的使用。

一、常用绘图工具

1. 图板

图板是用来固定图纸并进行绘图的工具。板面要求平整光滑，左侧为导边，必须平直。固定图纸时，应用胶带纸粘贴。常用的图板规格有 0 号、1 号和 2 号。

2. 丁字尺

丁字尺由尺头和尺身组成，主要用于画水平线。使用时，左手扶住尺头，将尺头的内侧边紧贴图板的导边，上下移动丁字尺到所需要的准确位置，然后沿丁字尺工作边自左向右画水平线，如图 1-12 所示。

3. 三角板

三角板与丁字尺配合使用，可以画水平线的垂直线，如图 1-13 所示；还可以画与水平线成 30°、45°、60°的斜线，以及 15°、75°等 15°的倍数角的斜线，如图 1-14 所示。

图 1-12　图板、丁字尺及使用方法

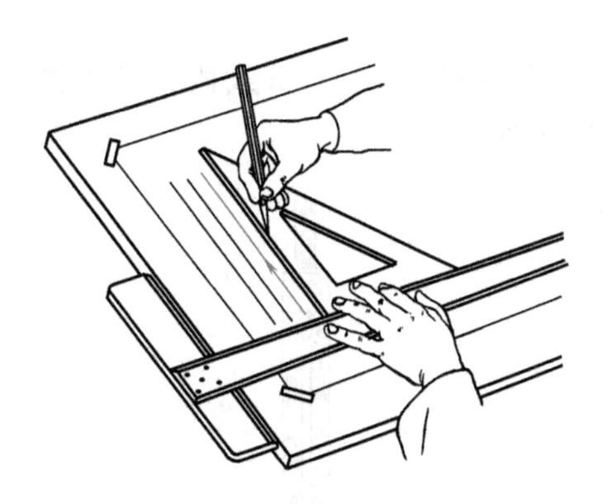

图 1-13　垂直方向线段的画法

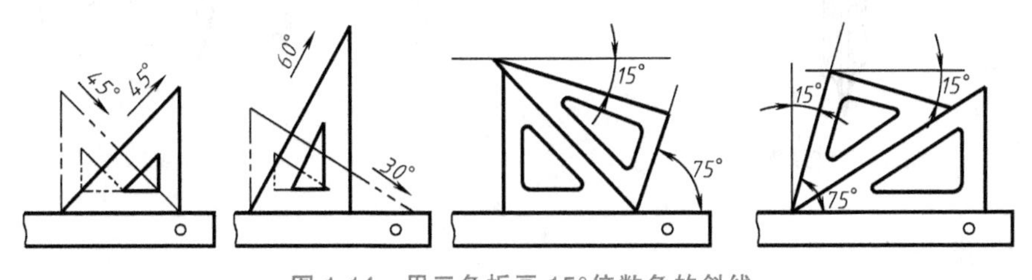

图 1-14　用三角板画 15°倍数角的斜线

二、常用绘图仪器

1. 圆规

圆规用来画圆和圆弧。圆规的固定腿装有钢针，钢针两端不同，一端为带台肩针尖，用于画圆和圆弧时定心，另一端是锥形针尖，作分规使用。圆规的另一条腿有活动关节及可换插脚，装上铅芯插脚可画圆和圆弧；装上钢针插脚可作为分规用，如图 1-15 所示。

画圆时，首先应将圆规插脚中的铅芯调整到与钢针台肩面平齐，根据画圆的不同要求将铅芯修磨成不同的形状，然后将针尖插入图板，按顺时针方向转动圆规，并稍向画线方向倾斜，此时，要保证针尖和铅芯尖均垂直于纸面，如图 1-16 所示。

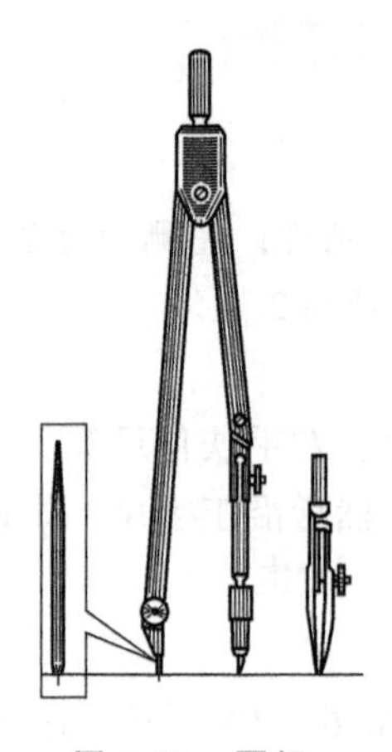

图 1-15　圆规

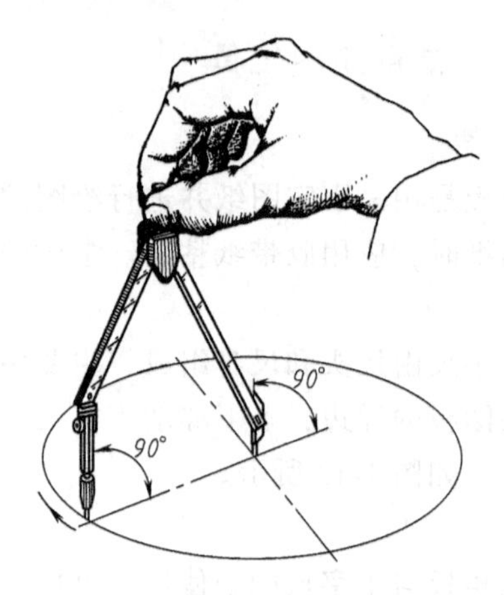

图 1-16　圆规的用法

2. 分规

分规用来量取和等分线段。当两脚并拢时两针尖应对齐，如图 1-17 所示，其用法如图 1-18 所示。

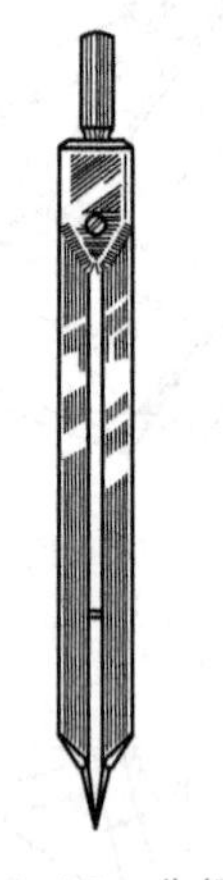

图 1-17　分规

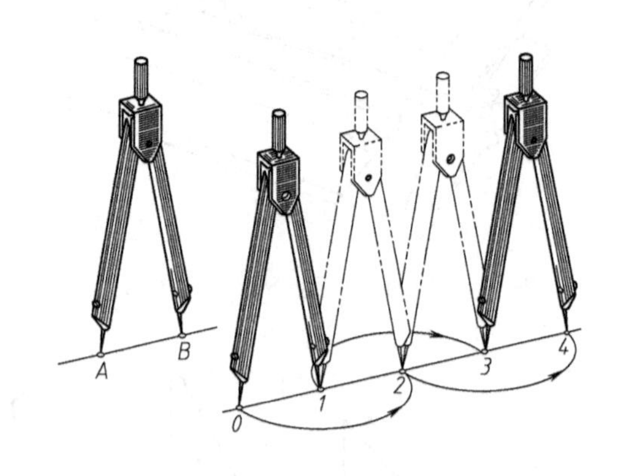

图 1-18　分规的用法

三、常用绘图用品

1. 铅笔

绘图铅笔分为软、硬两种型号，分别用字母 B 和 H 表示。字母 B 之前数字越大，表示铅芯越软；字母 H 之前数字越大，表示铅芯越硬。字母 HB 表示软硬适中的铅芯。不同规格铅芯的用途，推荐按表 1-7 选用。

铅笔一般削磨成圆锥形，也可削磨成扁铲形，如图 1-19 所示。

表 1-7　铅芯的选用

类　别	铅　笔				圆规铅芯		
铅芯型号	2H	H	HB	HB　B	H	HB	B　2B
铅芯形式	(圆锥形)			(四棱锥台形)	(圆锥形、圆锥斜切)		(四棱锥台形)
用途	画底稿线	描深细实线、点画线	写字、画箭头	描深粗实线	画底稿线	描深细实线、点画线、虚线等	描深粗实线

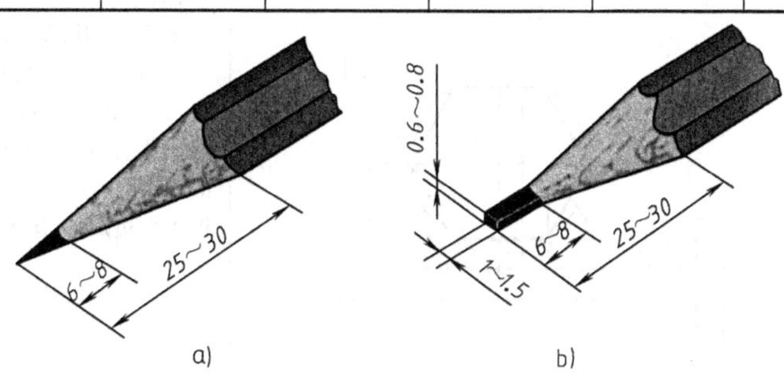

图 1-19　铅笔的削磨

2. 其他用品

绘图时，除上述工具外，还需要准备一些其他用品，如图纸、比例尺、曲线板、橡皮、胶带纸、砂纸、小刀和软毛刷等。

第三节　几何作图

在绘图过程中，常会遇到几何图形的作图问题，熟练地掌握几何图形的基本作图方法，是绘制机械图样的基础。下面介绍几种常见几何图形的作图方法。

一、等分圆周及作正多边形

常见的等分圆周和作正多边形的方法和步骤见表 1-8。

表 1-8　等分圆周和作正多边形

类　别	作　图	方法和步骤
三等分圆周和作正三角形		用 30°～60°三角板等分 将 30°～60°三角板的短直角边紧贴丁字尺，并使其斜边过点 *A* 作直线 *AB*；翻转三角板，以同样的方法作直线 *AC*；连接 *BC*；即得正三角形

（续）

类　别	作　图	方法和步骤
六等分圆周和作正六边形	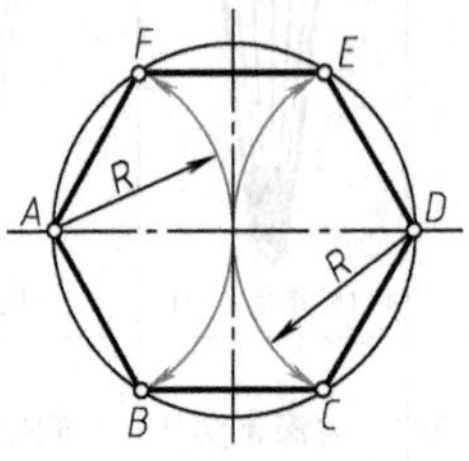 a) 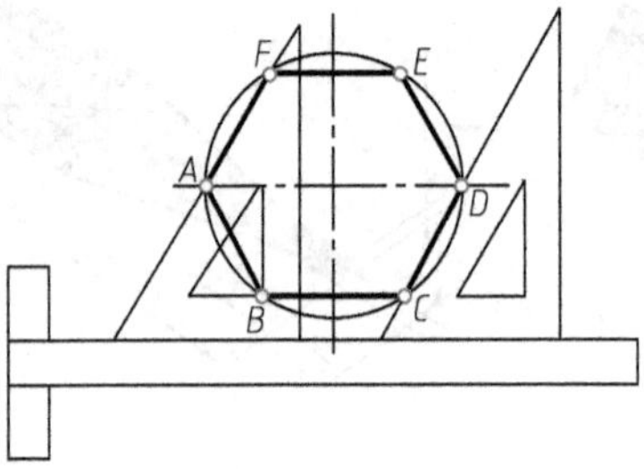 b)	方法一：用圆规直接等分 以已知圆直径的两端点 A、D 为圆心，以已知圆 R 为半径画弧与圆周相交，即得等分点 B、F、E、C，依次连接各点，即得正六边形，如图 a 所示 方法二：用 30°～60°三角板等分 将 30°～60°三角板的短直角边紧贴丁字尺，并使其斜边过点 A、D（直径上的两端点），作直线 AF 和 DC；翻转三角板，以同样的方法作直线 AB 和 DE，连接 FE 和 BC，即得正六边形，如图 b 所示
五等分圆周和作正五边形	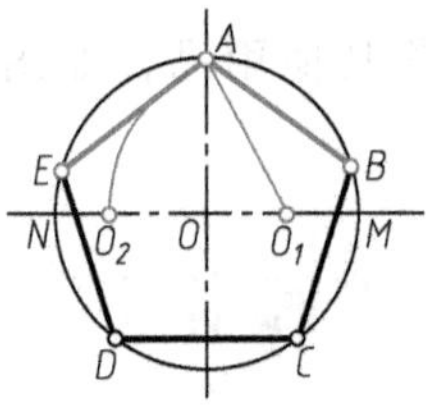	平分半径 OM 得点 O_1；以点 O_1 为圆心，O_1A 长为半径画弧，交 ON 于点 O_2，以 AO_2 为弦长，自 A 点起在圆周上依次截取，得等分点 B、C、D、E，连接后即得正五边形
任意等分圆周和作正 n 边形	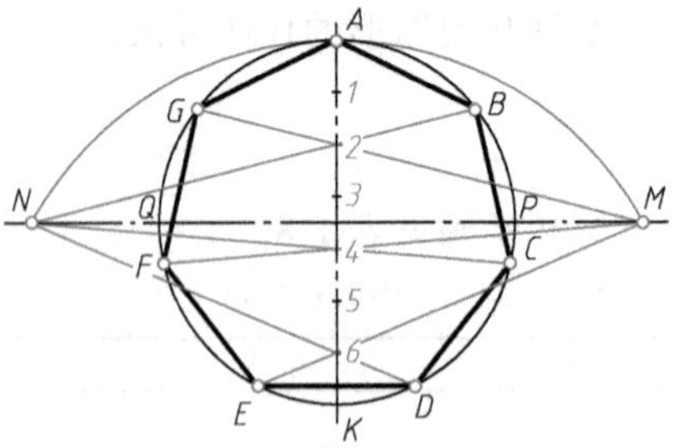	以 $n=7$，正七边形为例。先将已知直径 AK 七等分；再以点 K 为圆心，以直径 KA 长为半径画弧，交直径 PQ 的延长线于 M、N 两点，自点 M、N 分别向 AK 上的各偶数点（或奇数点）连线并延长，交圆周于点 B、C、D、E、F、G；依次连接各点，即得正七边形

二、圆弧连接

绘制机械图样时，经常会遇到圆弧光滑地过渡到另一条直线或圆弧的情况。这种光滑过渡就是平面几何中的相切，在制图中称为圆弧连接，其切点即为连接点，如图 1-20 所示。圆弧连接作图的关键是：确定连接圆弧的圆心和切点的位置。

圆弧连接的作图举例见表 1-9。

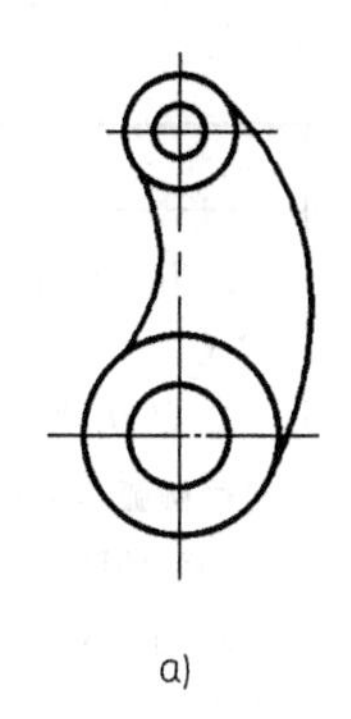
a)

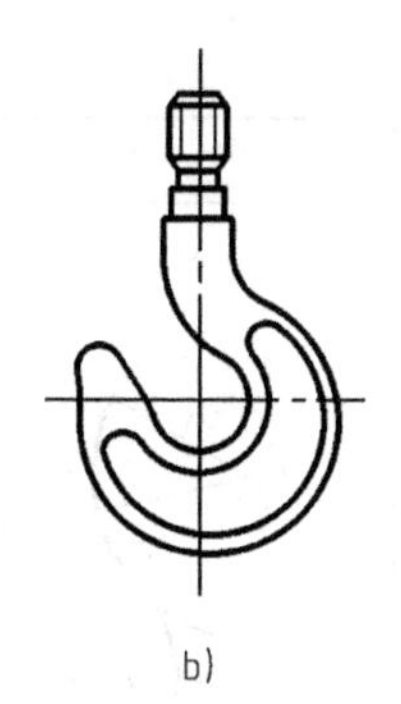
b)

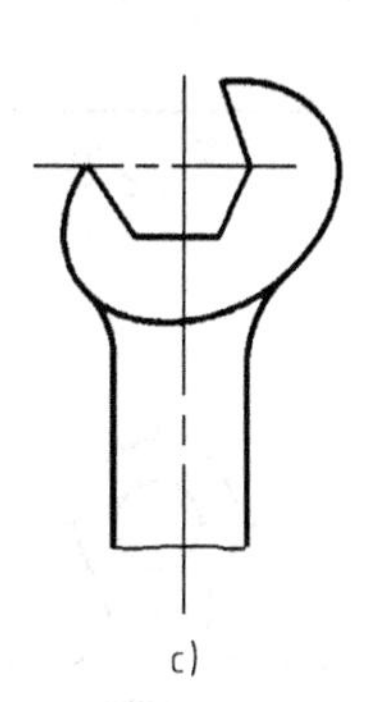
c)

图 1-20 圆弧连接示例

a）摇杆 b）吊钩 c）扳手

表 1-9 圆弧连接的作图举例

形式	实例	作图	步骤
圆弧连接两已知直线			1. 分别作与已知直线距离为 R 的平行线，其交点 O 即为连接圆弧的圆心 2. 过 O 点分别作两已知直线的垂线，得垂足 K_1 和 K_2，即为切点 3. 以 O 为圆心，R 为半径在两切点 K_1 和 K_2 作圆弧，即为所求
圆弧连接两已知圆弧			1. 分别以 O_1、O_2 为圆心，以 R_1+R 和 R_2+R 为半径画圆弧得交点 O，即为连接圆弧的圆心 2. 连接 OO_1、OO_2 与已知圆弧分别交于 K_1、K_2，即为切点 3. 以 O 为圆心，R 为半径在两切点 K_1 和 K_2 作圆弧，即为所求
			1. 分别以 O_1、O_2 为圆心，以 $R-R_1$ 和 $R-R_2$ 为半径画圆弧得交点 O，即为连接圆弧的圆心 2. 连接 OO_1、OO_2 并延长与已知圆弧分别交于 K_1、K_2，即为切点 3. 以 O 为圆心，R 为半径在两切点 K_1、K_2 之间作圆弧，即为所求

（续）

形　式	实　例	作　图	步　骤
圆弧连接已知圆弧和直线			1. 作与已知直线距离为 R 的平行线 2. 以 O_1 为圆心，以 $R+R_1$ 为半径画圆弧与平行线交于 O，即为连接圆弧的圆心 3. 过 O 作已知直线的垂线，得垂足 K_2，连接 OO_1 与已知圆弧交于 K_1，则 K_1、K_2 为切点 4. 以 O 为圆心，R 为半径，在 K_1、K_2 之间作圆弧，即为所求

三、椭圆的近似画法

椭圆在要求不很精确的情况下，可采用近似画法。若已知椭圆的长轴 AB，短轴 CD，用四心法作椭圆的过程和步骤如图 1-21 所示。

四、斜度和锥度

（1）斜度　斜度是指一直线（平面）对另一直线（平面）的倾斜程度，如图 1-22 所示。斜度大小用该两直线（平面）间夹角的正切表示，并把比值化为 1∶n 的形式，即

$$斜度=\tan\alpha=\frac{H}{L}=1:n$$

标注斜度时，在比数之前加斜度符号∠（或⊾），符号的倾斜方向应与斜度方向一致，其画法如图 1-22b 所示。

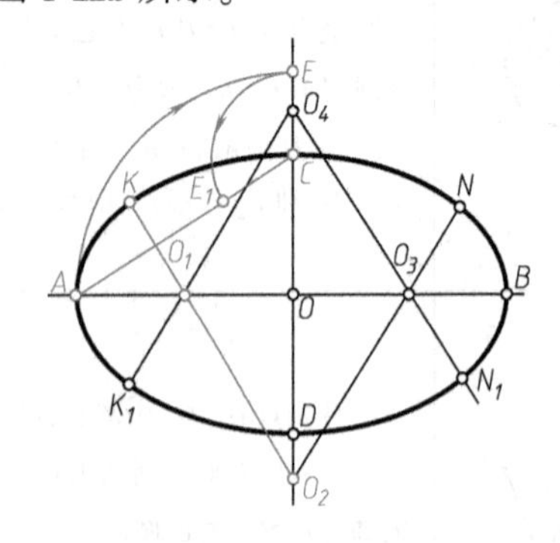

图 1-21　用四心法作近似椭圆

连点 A 和 C，取 $CE_1=OA-OC$；作 AE_1 的中垂线，与两轴交于点 O_1、O_2，再取对称点 O_3、O_4；分别以点 O_1、O_2、O_3、O_4 为圆心，O_1A、O_2C、O_3B、O_4D 为半径作弧，形成近似椭圆，切点为 K、N、K_1、N_1

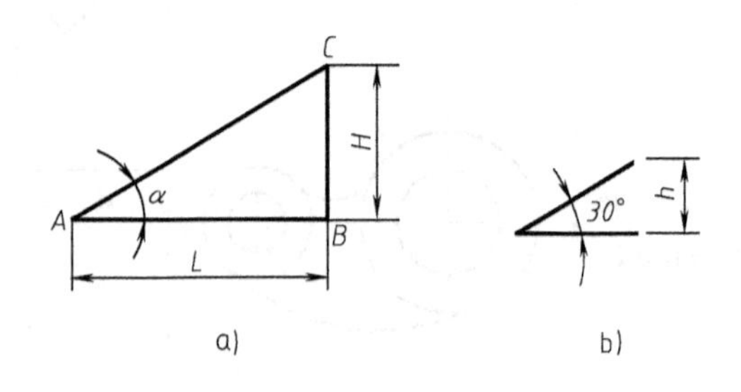

图 1-22　斜度及其符号

a）斜度 $=\tan\alpha=H/L$　b）斜度符号 h=字高，符号线宽度 $=h/10$

图 1-23 所示为 1∶5 的斜度线的作图步骤和斜度的标注。

（2）锥度　锥度是指正圆锥体的底圆直径与其高度之比。对于圆台，则锥度为两底圆直径之差与其高度之比，如图 1-24 所示，并把比值化为 1∶n 的形式，即

$$锥度=\frac{D}{H}=\frac{D-d}{L}=1:n=2\tan\alpha$$

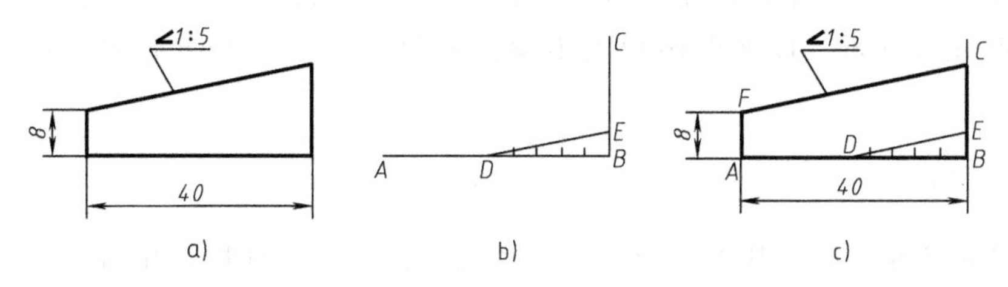

图 1-23　斜度的画法及标注

a）已知斜度 1∶5 楔体　b）作 $BC\perp AB$，在 AB 上量取 5 个单位长得点 D，在 BC 上取 1 个单位长得点 E，连 DE 即为 1∶5 参考斜度线　c）按尺寸定出点 F，过点 F 作 DE 平行线即为所求。

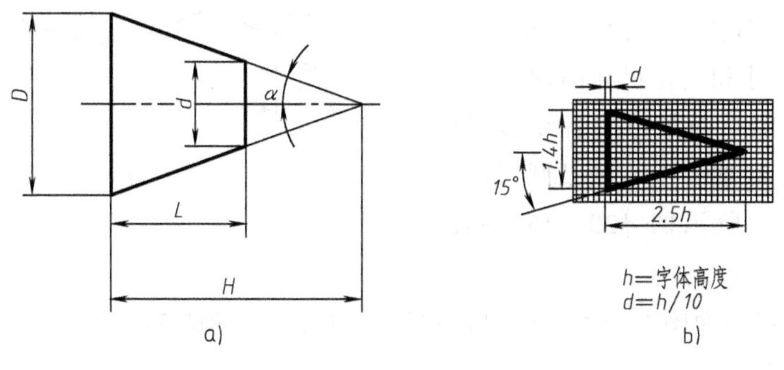

图 1-24　锥度及其符号

标注锥度时，在比数前加锥度符号▷（或◁），注在与引出线相连的基准线上，基准线与圆锥的轴线平行，锥度符号的方向与圆锥方向一致，如图 1-25 所示。锥度符号的画法如图 1-24b 所示。

图 1-25 所示是锥度为 1∶5 的塞规的作图步骤和锥度标注。

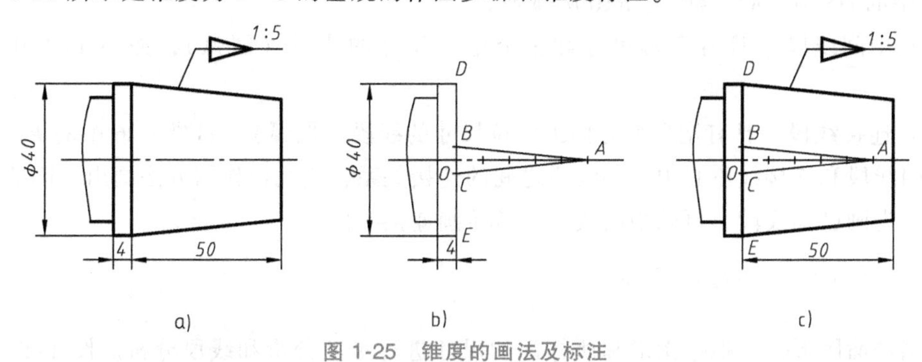

图 1-25　锥度的画法及标注

a）已知锥度为 1∶5 的圆锥　b）取 $AO=5$ 个单位，$OB=OC=1/2$ 单位，连点 A、B 和点 A、C　c）过点 D、E 分别作 AB、AC 的平行线，即为所求锥度线

第四节 平面图形的画法

平面图形是由一些线段连接而成的一个或几个封闭线框构成的，有些线段可以根据给定的尺寸直接画出，而有些线段则需要利用线段连接关系间接画出，因此，在画平面图形之前，有必要对平面图形中各尺寸的作用和平面图形中各线段的性质以及它们之间的关系进行分析，以便明确画图步骤，正确快速地画出图形和正确完整地标注尺寸。

一、平面图形的尺寸分析

（1）尺寸基准　尺寸基准是指标注尺寸的起点。在平面图形中有水平和垂直两个方向的尺寸基准，通常将对称图形的对称线，较大圆的中心线，较长的直线等作为尺寸基准。在图 1-26 中，*A*、*B* 分别是两个方向的尺寸基准。

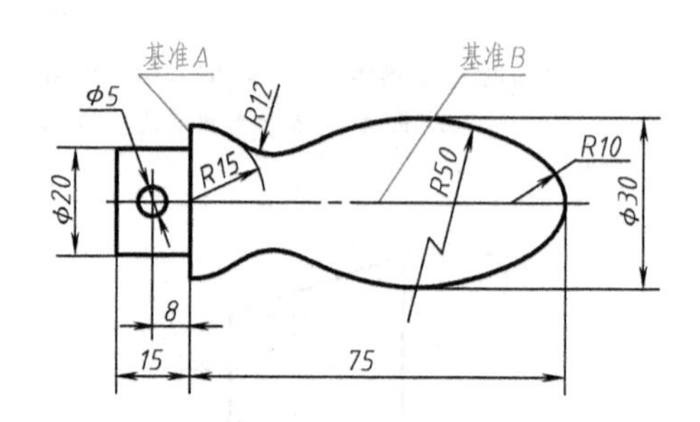

图 1-26　手柄平面图形

（2）尺寸的作用及分类　平面图形的尺寸，按其作用可分为定形尺寸和定位尺寸两种。

1）定形尺寸：确定平面图形中各线段形状大小的尺寸，如：直线段的长度、圆及圆弧的直径或半径等，如图 1-26 所示的 $\phi20$、15、*R*12、*R*15 尺寸等。

2）定位尺寸：确定平面图形中各线段间相对位置的尺寸，如图 1-26 中的 8 是用于确定 $\phi5$ 圆心位置的定位尺寸。

二、平面图形的线段分析

平面图形的线段（圆弧），根据定位尺寸的完整与否，可分为三种：

（1）已知线段　具有定形尺寸和两个方向定位尺寸，能直接画出的线段（圆弧），如图 1-26 中的 $\phi5$ 圆、*R*15 圆弧、*R*10 圆弧等。

（2）中间线段　具有定形尺寸和一个定位尺寸的线段（圆弧），如图 1-26 中的 *R*50 圆弧。

（3）连接线段　具有定形尺寸而无定位尺寸的线段（圆弧），如图 1-26 中的 *R*12 圆弧。

中间线段和连接线段必须借助线段之间的连接关系，用几何作图方法画出，因此，在画图时，应先画已知线段，再画中间线段，最后画连接线段。

三、平面图形的作图步骤

绘制平面图形，应根据图形和所标注的尺寸进行尺寸分析和线段分析。图 1-27 所示为手柄平面图形的作图步骤。

1）画出基准线，并根据定位尺寸画出定位线，如图 1-27a 所示。

2）画出已知线段（圆弧），如图 1-27b 所示。

3）画出中间线段（圆弧），如图 1-27c、d 所示。

4）画出连接线段（圆弧），如图 1-27e 所示。

5）标注尺寸，加深图线，如图 1-27f 所示。

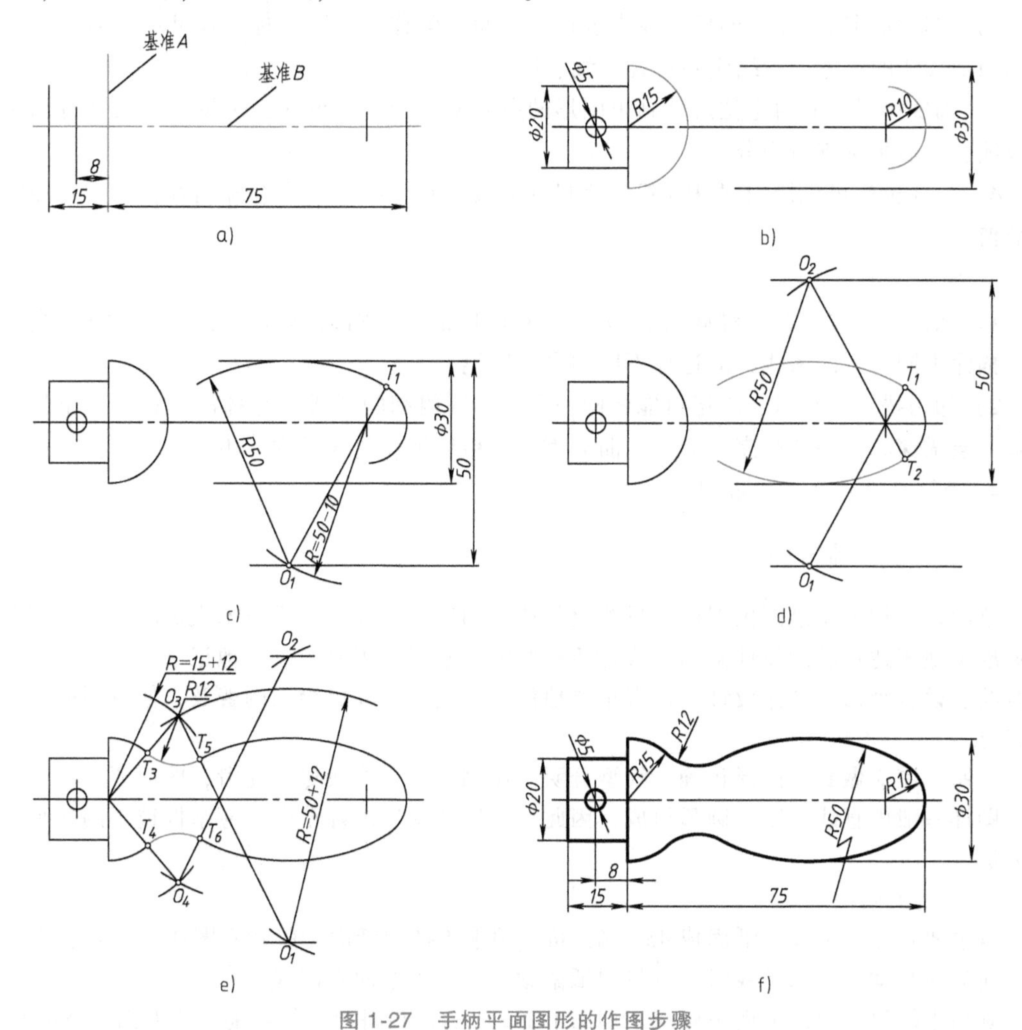

图 1-27　手柄平面图形的作图步骤

第五节　手 工 绘 图

一、仪器图绘制的一般方法和步骤

1. 绘图前的准备工作

1）绘图前应准备好绘图工具和仪器，并按各种线型要求削好铅笔和圆规上的铅芯，调整好圆规的两脚长短，然后把图板、丁字尺、三角板等擦拭干净。

2）根据所画图形的大小及复杂程度，选取合适的绘图比例和图纸幅面。可用橡皮擦拭图纸，不起毛的一面为图纸正面。将选好的图纸放在图板的左下方，图纸的左边、下边各距图板的左边、下边留出稍大于一个丁字尺的宽度，用丁字尺校正图纸后，用胶带纸将图纸的四个角固定在图板上。

2. 画底稿图

1）按国家标准规定的幅面、周边尺寸和标题栏位置，用细实线画出图框及标题栏的底图。

2）图形在图纸上布置的位置要力求适当，间距匀称，要留有标注尺寸的位置，画底稿应用 H 或 2H 的铅笔，图线应画得轻、细、准。

3）画底稿时，先由定位尺寸画出图形的所有基准线、定位线，再按定形尺寸画出主要轮廓线，然后再画细节部分。

4）尺寸标注可先用 H 或 HB 铅笔将尺寸界线、尺寸线、箭头全部画好，然后再注写尺寸数值。

3. 描粗、加深图线

1）加深前，应仔细校对底稿，检查是否有画错、漏画的图线，擦去多余的图线或污迹。描深不同类型的图线，应选择不同型号的铅笔。

2）加粗描深图线时，应尽可能将同一类型、同粗细的图线一起描深，相同大小的圆或圆弧一起描深。加深的顺序一般是先曲后直、先粗后细、先实后虚、由上向下、由左向右。

4. 填写标题栏及文字说明

二、草图绘制的一般方法

草图是一种不用绘图仪器而按目测比例徒手画出的图样。工程技术人员时常需要用草图迅速准确地表达自己的设计意图，或把所需要的技术资料用草图迅速地记录下来。草图在零件测绘、设备维修、产品设计中占有重要地位，特别是计算机绘图的普及，使草图的应用更加广泛。

绘制草图应做到：图形正确、线型分明、比例匀称，图线尽量光滑，图面要整洁。

图样一般由直线、圆、圆弧组成，因此，要比较快地画好草图，应掌握徒手画各种图线的方法。

1. 直线的画法

执笔要自然，笔杆与纸面成 45°~60°角，用手腕抵着纸面，眼睛看图线的终点，沿着画线方向匀速移动。画水平线时，可将图纸微微左倾，由左向右画线。

画铅垂线时，应由上而下画线，如图 1-28a 所示；画斜线时的运笔方法如图 1-28b 所示；画 30°、45°、60°等特殊角度的斜线时，可利用两直角边的比例关系近似地画，如图 1-28c 所示。每条图线最好一笔画成。

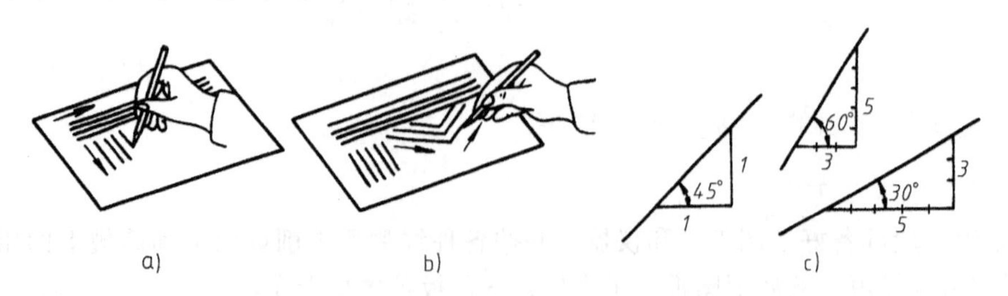

图 1-28 直线的徒手画法

2. 圆的画法

画圆时，先定出圆心位置，过圆心画出相互垂直的两条中心线，再在中心线上按半径大小测定出四个点后，分两半画成，如图 1-29a 所示。对于直径较大的圆，可在 45°方向的两中心线上再目测增加四个点，分段逐步完成，如图 1-29b 所示。

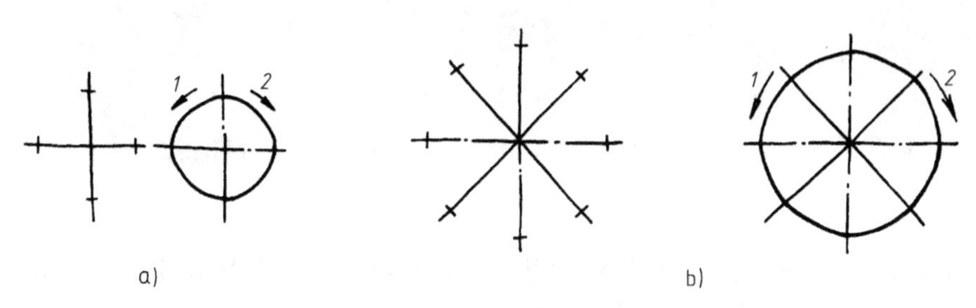

图 1-29　圆的徒手画法

3. 椭圆和圆角的画法

画椭圆和圆角时，应尽量利用与菱形、正方形相切的特点；画椭圆时，应注意图形的对称性，如图 1-30 所示。

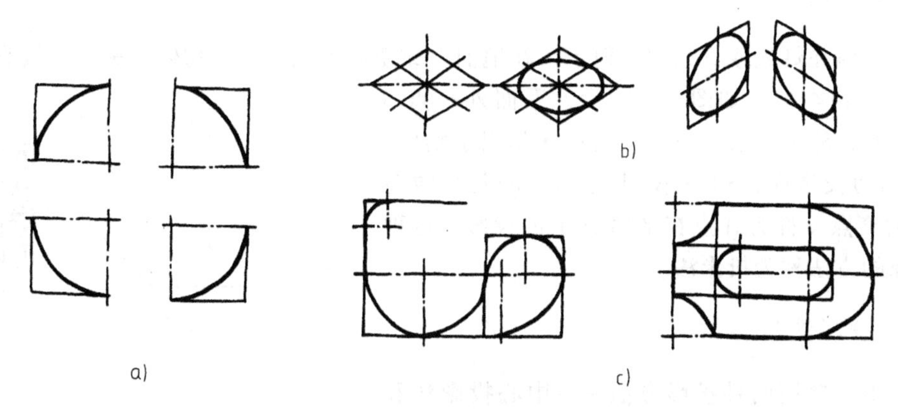

图 1-30　各种曲线的徒手画法

总之，画好草图的关键是要正确目测实物形状及大小，基本上把握住图形各部分间的比例关系，为此，必须经过练习，反复实践，才能逐步提高徒手绘制草图的能力。

第二章

点、直线、平面的投影

在机械制图中，图样是以正投影法为基础来进行绘制的。本章从最基本的几何要素——点谈起，以阐明正投影法的建立及其投影规律。

第一节　投影法的基本知识

一、投影法的概念

空间物体在灯光或日光的照射下，在地面上或墙面上就会产生物体的影子。投影法与这种自然现象相类似，如图 2-1 所示，平面外一点 S 相当于光源，称为投射中心，空间点 A 相当于物体，平面 H 称为投影面，SA 为投射线，SA 的延长线与平面 H 的交点 a 称为 A 点在平面 H 上的投影，这种产生图像的方法称为投影法。

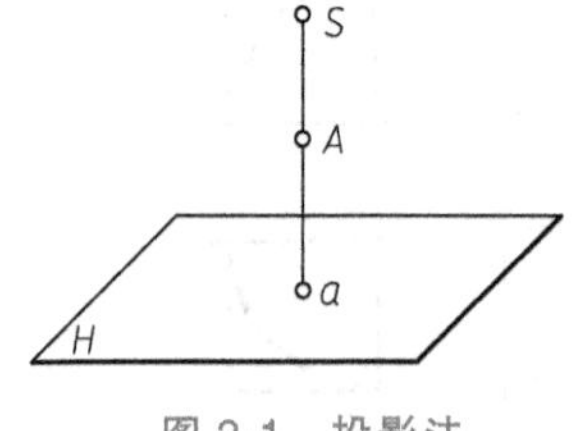

图 2-1　投影法

投影法及点的投影

二、投影法的分类

工程中主要用两种投影方法——中心投影法和平行投影法。

1. 中心投影法

在有限的距离内，由投射中心 S 发射出投射线，在投影面 H 上得到物体形状的投影方法称为**中心投影法**，如图 2-2 所示。

中心投影法绘制的图形一般不能反映空间物体表面的真实形状和大小，因此机械工程中很少采用。

2. 平行投影法

若将投射中心 S 沿某一方向移至无穷远处，则各投射线将彼此平行，这种投射线平行的投影方法称为**平行投影法**，如图 2-3 所示。

根据投射线与投影面是否垂直，将平行投影分为两类：当投射线与投影面垂直时，称为**直角投影法**或**正投影法**；当投射线与投影面倾斜时，称为**斜角投影法**或**斜投影法**。

机械工程图样多采用正投影法绘制，以后书中各章节中，如无特殊说明，投影均指正投影法。

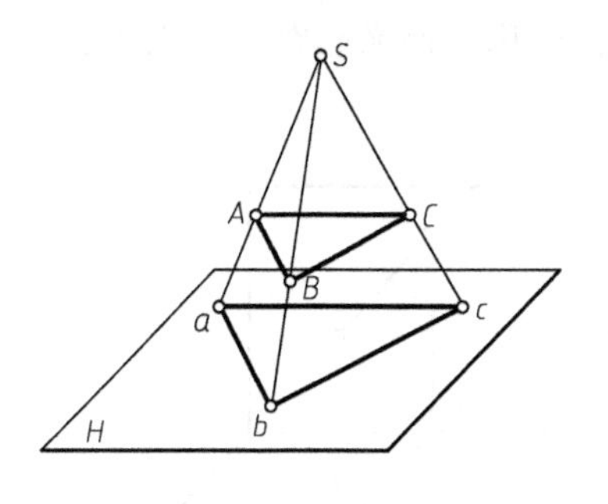

图 2-2　中心投影法

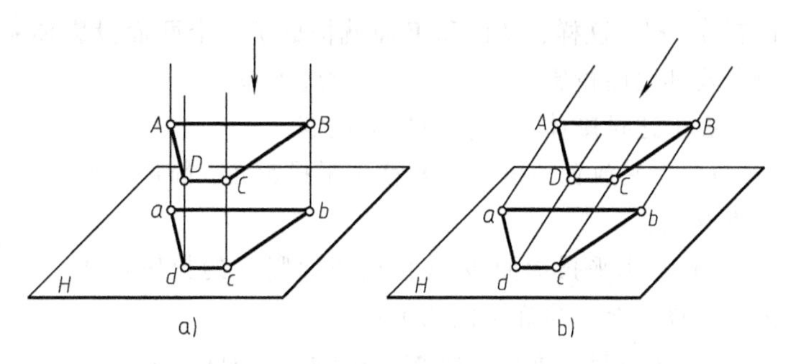

图 2-3　平行投影法

三、平行投影法的基本特性

(1) 同素性　一般情况下，直线的投影仍为直线，平面的投影仍为平面。

(2) 实形性　当直线或平面平行于投影面时，其投影反映线段的实长或平面图形的实形，如图 2-4 所示。

(3) 积聚性　当直线或平面与投射方向 S 平行时，则直线的投影积聚为点，平面的投影积聚为直线，如图 2-5 所示，这种投影称为积聚性投影。

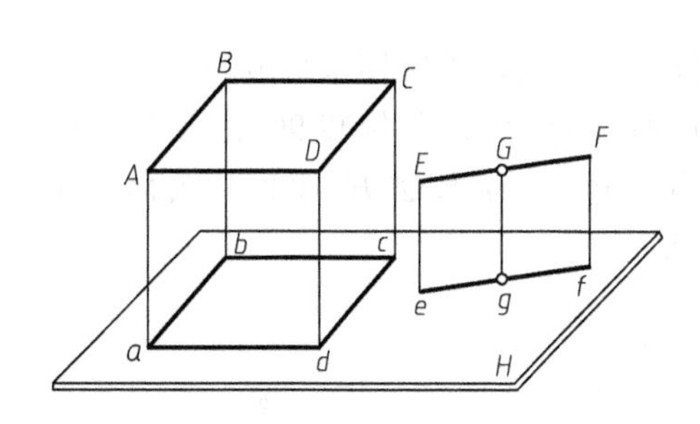

图 2-4　投影的实形性

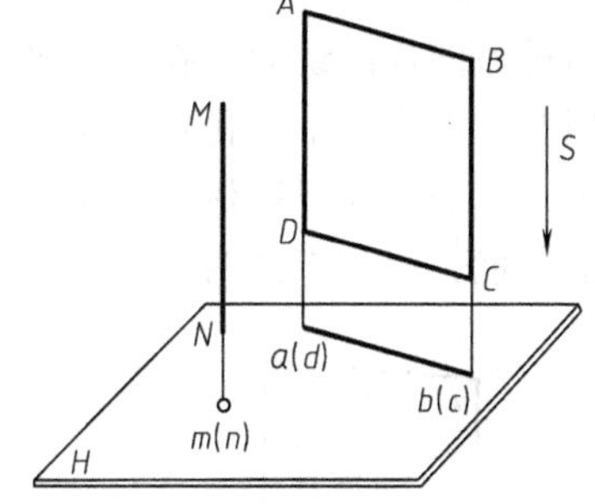

图 2-5　投影的积聚性

(4) 平行性　若两直线平行，则其投影仍互相平行，且两线段长度之比等于其投影长度之比，即 $ab//cd$ 且 $AB:CD=ab:cd$，如图 2-6 所示。

(5) 从属性　若点在直线上，则点的投影仍在该直线的投影上，如图 2-4 所示。

(6) 定比性　直线上两线段之比等于其投影之比。图 2-4 中 G 点属于 EF，G 分 EF 的两段之比等于其投影的两段之比，即 $EG:GF=eg:gf$。

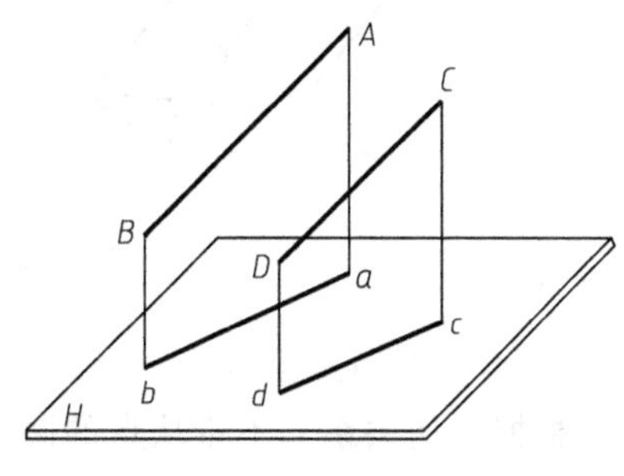

图 2-6　投影的平行性

第二节　点的投影

一、点的两面投影

1. 两面投影体系的建立

如图 2-7 所示，建立两相互垂直的投影面 H 和 V，将空间点 A 分别向 H 面、V 面投射得

投影 a、a'，这样，H 面和 V 面就构成了一个两面投影体系，简称二面系。在二面系中，空间点及其两面投影建立起了一一对应关系。

在上述投影体系中，做如下规定：

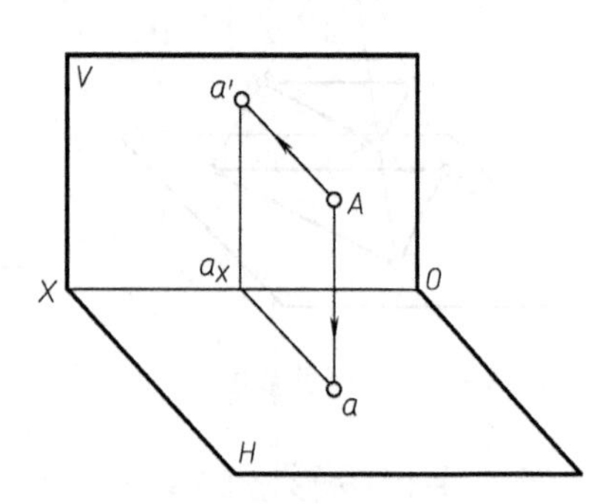

图 2-7 点的两面投影

1）水平放置的投影面 H 称水平投影面，简称水平面或 H 面。

2）与水平投影面 H 垂直且正面竖立的投影面 V 称正立投影面，简称正面或 V 面。

3）H 面与 V 面的交线称投影轴，用 OX 表示。

4）空间点用大写字母表示（A、B、…）。

5）在水平面 H 上的投影称水平投影，用相应小写字母表示（如 a、b、…）。

6）在正面 V 上的投影称正面投影，用相应小写字母加一撇来表示（如 a'、b'、…）。

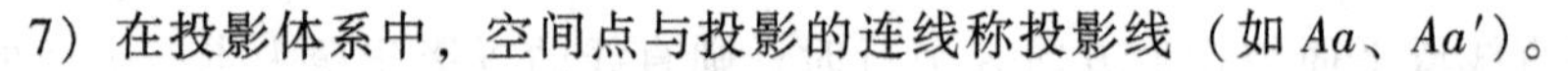

7）在投影体系中，空间点与投影的连线称投影线（如 Aa、Aa'）。

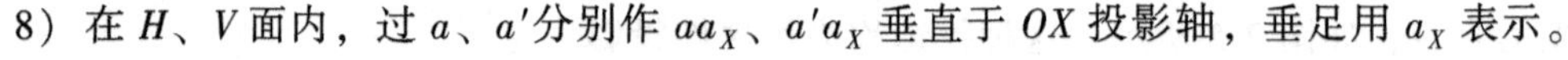

8）在 H、V 面内，过 a、a'分别作 aa_X、$a'a_X$ 垂直于 OX 投影轴，垂足用 a_X 表示。

2. 点的两面投影图

因为机械图样的绘制是在一张平面图纸上进行的，而两面投影体系给出的是投影的空间形式，因此，需作如下转化：使 V 面保持不动，H 面绕 OX 轴向下旋转 90°，与 V 面在同一平面内展开后的两面投影体系如图 2-8b 所示。在作图过程中常略去 H、V 面的名称以及表示其范围的边框，得到点的两面投影图，如图 2-8c 所示。

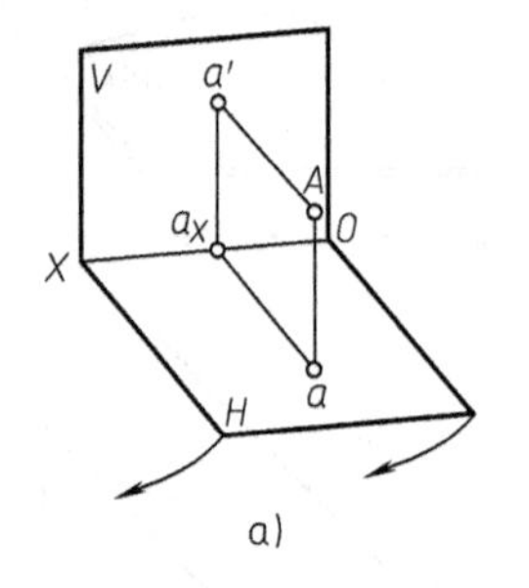

a)

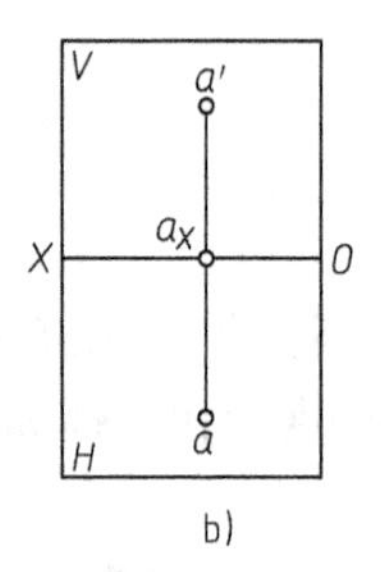

b)

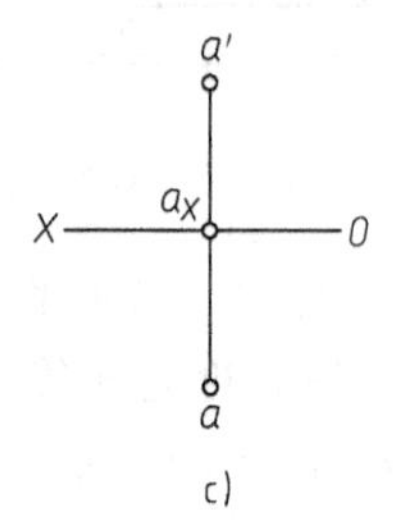

c)

图 2-8 点的两面投影的形成

3. 点的两面投影规律

根据几何关系，不难从点的两面投影图中发现如下规律：

1）水平投影和正面投影的连线垂直于 OX 轴，即 $aa' \perp OX$。

2）正面投影到 OX 轴的距离等于空间点到 H 面的距离，即 $a'a_X = Aa$。

3）水平投影到 OX 轴的距离等于空间点到 V 面的距离，即 $aa_X = Aa'$。

二、点的三面投影

1. 三面投影体系的建立

虽然二面系中点的两个投影已经能够确定该点在空间的位置，但为了能够更清楚地表达某些复杂几何形体，在二面系的基础上再增加了一个与 H、V 面均垂直的 W 面，这样，H

面、V 面和 W 面就构成了一个三面投影体系，简称三面系，如图 2-9 所示，然后将空间点 A 向 W 面投射得到投影 a''。

在两面投影的基础上，三面投影体系增加如下规定：

1）与正投影面及水平投影面均垂直的投影面 W 称侧立投影面，简称侧面或 W 面。

2）W 面与 H 面、W 面与 V 面的交线称投影轴，分别用 OY、OZ 表示。

3）在侧面 W 上的投影称为侧面投影，用相应小写字母加两撇来表示（如 a''、b''、…）。

4）在 W 面内，过 a''作 $a''a_Z$ 垂直于 OZ 轴，垂足用 a_Z 表示。

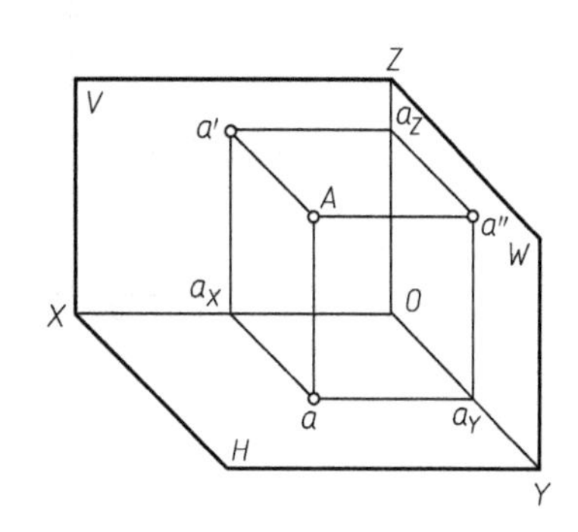

图 2-9　点的三面投影

2. 点的三面投影图

将 W 面绕 Z 轴向后旋转 90°，与 V 面在同一平面内，如图 2-10a 中箭头所示。展开后的三面投影体系如图 2-10b 所示，其中，OY 轴一分为二，随 H 面旋转的标记为 OY_H，随 W 面旋转的标记为 OY_W。作图过程中常略去 H、V、W 面的名称以及表示其范围的边框，得到点的三面投影图，如图 2-10c 所示。

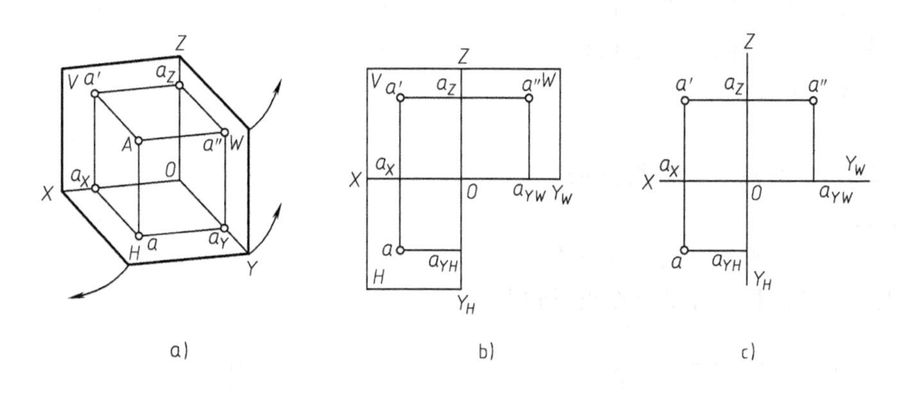

图 2-10　点的三面投影的形成

3. 点的三面投影规律

在点的两面投影规律的基础上，增加如下规定：

1）正面投影和侧面投影的连线垂直于 OZ 轴，即 $a'a''\perp OZ$。

2）点的水平投影到 OX 轴的距离等于侧面投影到 OZ 轴的距离，均为点到 V 面的距离，即 $aa_X=a''a_Z$。

点的三面投影规律可以概括为：“两垂直，一相等”。

“两垂直”是指 $aa'\perp OX$，$a'a''\perp OZ$；“一相等”是指 $aa_X=a''a_Z$。

这一等量关系在作图中可通过以下两种方式实现：一种是利用圆弧转化，如图 2-11a 所示；另一种是利用 45°辅助线转化，如图 2-11b 所示。

例 2-1　已知点 B 的正面投影 b'和侧面投影 b''（图 2-12a），试求其水平投影 b。

解　由于 b 和 b'连线垂直于 OX 轴，所以 b 一定在过 b'而且垂直于 OX 轴的直线上；又

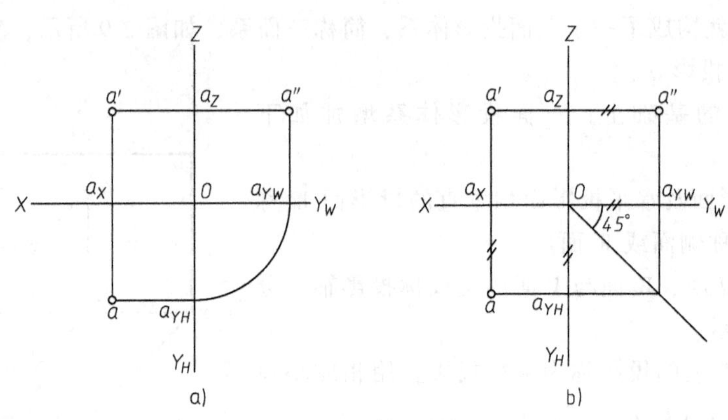

图 2-11 等量转化

由于 b 至 OX 轴的距离必等于 b'' 至 OZ 轴的距离，使 $bb_X=b''b_Z$，便定出了 b 的位置，作图过程如图 2-12b 所示。

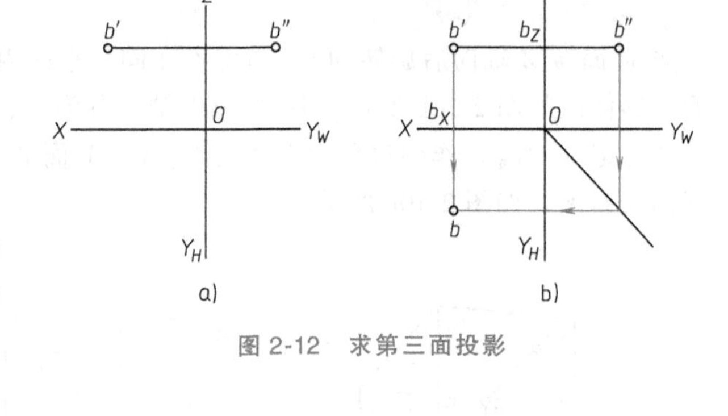

图 2-12 求第三面投影

三、特殊位置点的投影

所谓特殊位置点是指处于投影面上或投影轴上的空间点，它们的投影较为特殊，如图 2-13 所示。

1. 投影面上的点

如图 2-13 中的点 A，这类点的投影特点是：

1）点的一面投影与空间点本身重合。

2）点的另两面投影分别落在投影轴上。

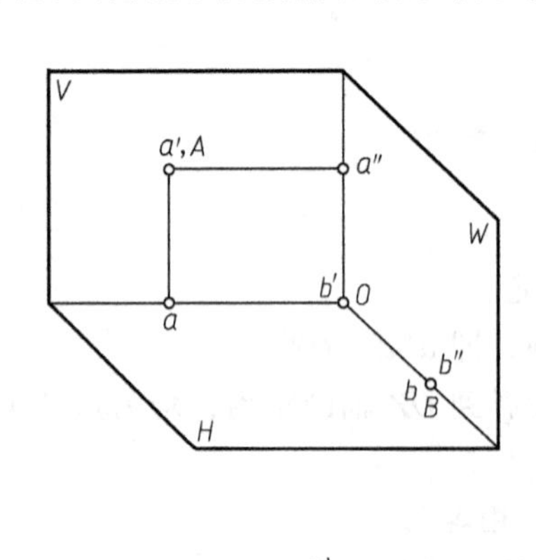

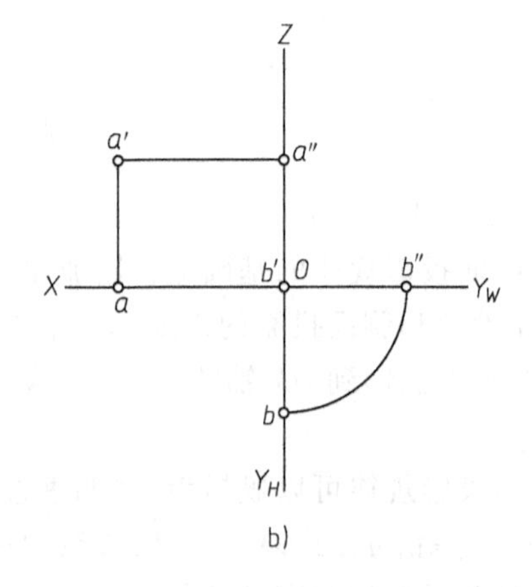

图 2-13 特殊位置点的投影

2. 投影轴上的点

如图 2-13 中的点 B，这类点的投影特点是：

1）点的一面投影与原点 O 重合。

2）点的另两面投影均与空间点重合，位于投影轴上。

例 2-2 分析图 2-14a 中各点的空间位置并做出它们的第三面投影。

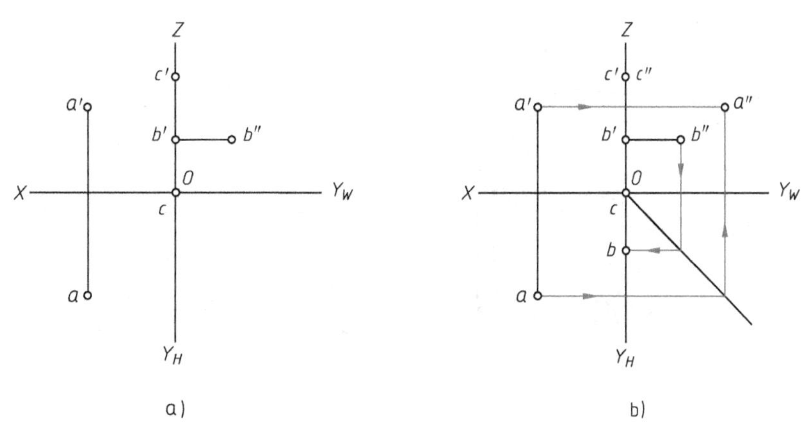

图 2-14 求第三面投影

解 点 A 在 V、H 面上；点 B 在 W 面上；点 C 在 Z 轴上。作图如图 2-14b 所示。

四、投影体系中的空间分角

二面系中，将 H 面和 V 面无限延伸，可以将空间分割为四个部分，将其命名为第一、二、三、四分角，其次序如图 2-15a 所示；三面系中，将 H 面、V 面和 W 面无限延伸，可以将空间分为八个部分，将其命名为第一、第二……第八分角，其次序如图 2-15b 所示。无论采用哪一角来作图，H 面和 W 面的翻转方向均如图 2-15 所示。我国机械工程制图采用的是第一分角画法，即将物体放在第一分角进行投影，而有些国家（如美国、日本、加拿大和澳大利亚等）则采用第三分角画法。本书中所提及的投影均指第一角投影。

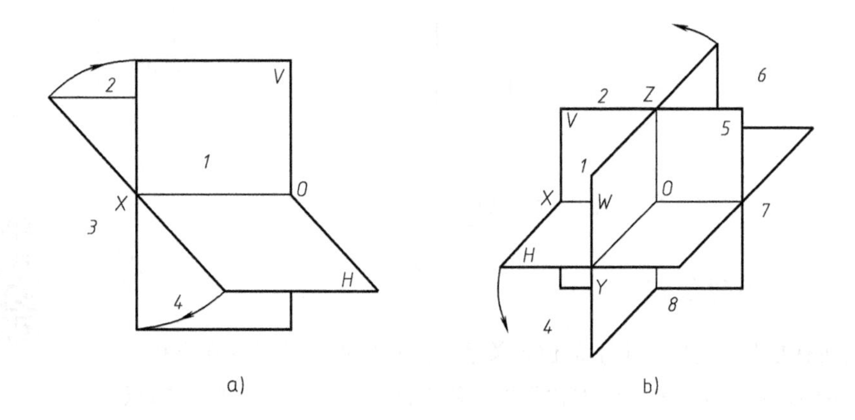

图 2-15 空间分角

五、点的投影与直角坐标系的关系

如图 2-16a 所示，用右手坐标系确定三投影轴的正方向，就可以建立投影与空间坐标的联系。图 2-16b 中，正面投影 a'的位置由 X、Z 确定，水平投影 a 的位置由 X、Y 确定，侧面投影 a''的位置由 Y、Z 确定。可见，已知某点的坐标（X、Y、Z），就可确定该点的各面投影。

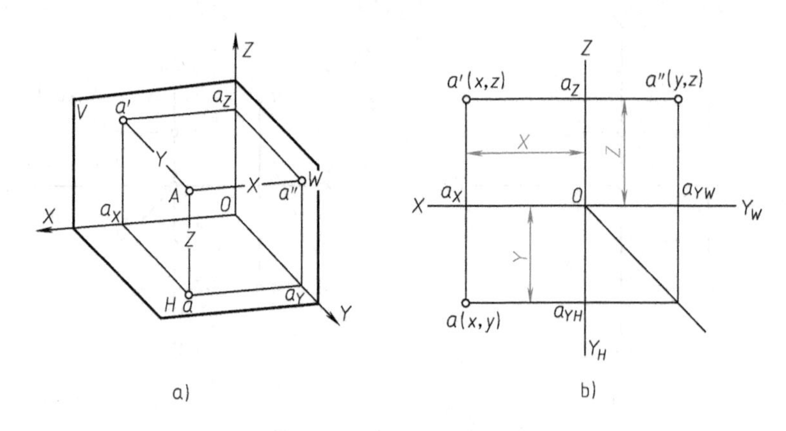

图 2-16 投影与直角坐标系的关系

例 2-3 已知点 C（20，15，20），求作其三面投影图。

解 作图步骤如图 2-17 所示。

1）作投影轴，沿 X 轴量取 $Oc_X=20$，过 c_X 作投影连线垂直于 OZ 轴，如图 2-17a 所示。

2）沿投影连线量取 $c_Xc'=20$，过 c'作投影连线垂直于 OZ 轴，如图 2-17b 所示。

3）沿投影连线量取 $c_Xc=15$，得 c，根据 c'、c 求得 c''。

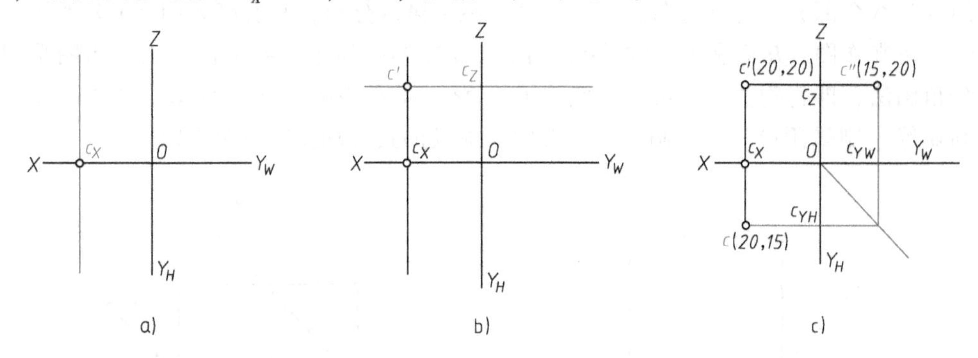

图 2-17 已知点的坐标作其投影图

六、两点的相对位置

两点的相对位置和重影点

两点之间有左右、前后、上下的位置关系，这种位置关系反映在点投影的坐标上为：X 坐标大者为左，Y 坐标大者为前，Z 坐标大者为上。因此，两点的正面投影反映了其左右、上下关系；水平投影反映了其左右、前后关系；侧面投影反映了上下、前后关系。如图 2-18 中 A 点位于 B 点的右、前、上方。

七、重影点及其可见性

当空间两点处于某一投影面的同一条投射线上时，在该投影面上具有重合的投影，则此两点称为该投影面的重影点。

如图 2-19a 所示，A 点位于 B 点正上方，其 H 面投影 a、b 重合，则 A、B 两点称为对 H 面的重影点。同理，C 点在 D 点的正前方，其 V 面投影 c'、d'重合，则 C、D 两点称为对 V 面的重影点。

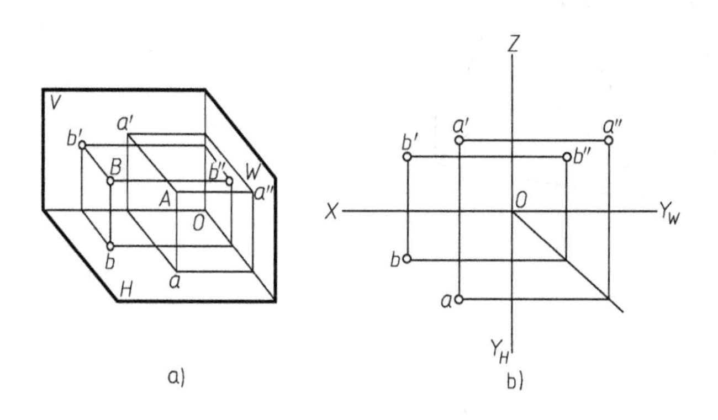

图 2-18　空间两点的相对位置

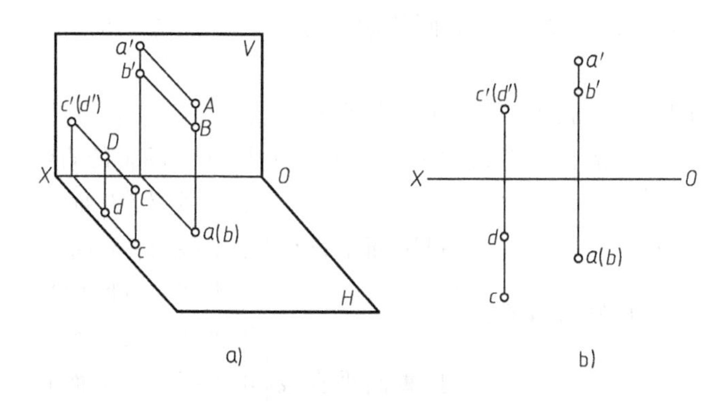

图 2-19　重影点

重影现象存在“可见性”问题。如图 2-19b 所示，就 A、B 两点而言，由于 $Z_A>Z_B$，A 点在上，B 点在下，故向 H 面投影时 A 点“遮住”了 B 点，所以 a 可见，b 不可见。规定不可见的投影加圆括号，得（b）；同理，由于 $Y_C>Y_D$，C 点在前，D 点在后，故向 V 面投影时 C 点“遮住”了 D 点，所以 c'可见，d'不可见，加圆括号得（d'）。

第三节　直线的投影

一、直线的投影

本书中所讲直线均指线段而言。由初等几何可知，两点可以决定一条直线，因此，作直线的三面投影，只要做出直线上任意两点的投影，然后连接该两点在同一投影面上的投影，即得到直线的投影，如图 2-20 所示。

直线的投影

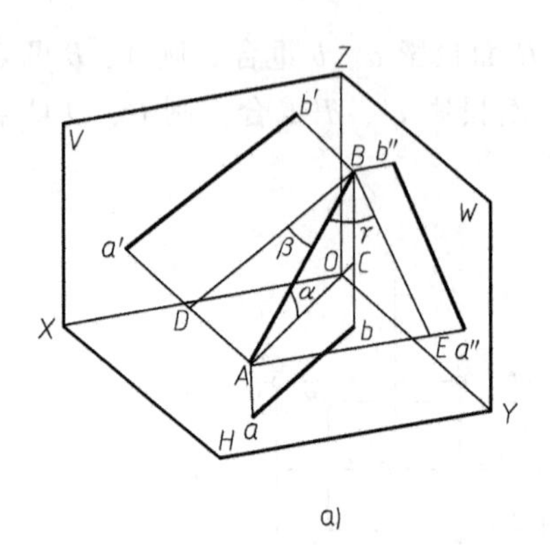

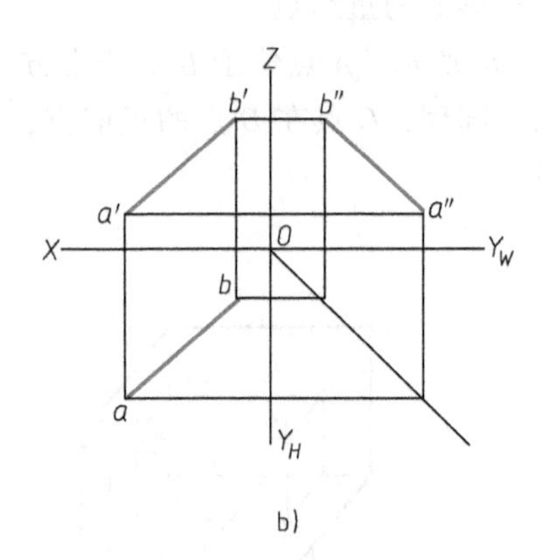

图 2-20 一般位置直线

二、各种位置的直线及其投影特性

1. 倾角的概念

如图 2-20 所示，*AB* 为空间一直线，*AB* 与其在某投影面上的投影之间所夹锐角称为 *AB* 对该投影面的倾角。把 *AB* 对 *H*、*V*、*W* 面的倾角分别记作 α、β、γ。

2. 直线的分类

按直线对投影面相对位置的不同，可以将直线进行如下分类：

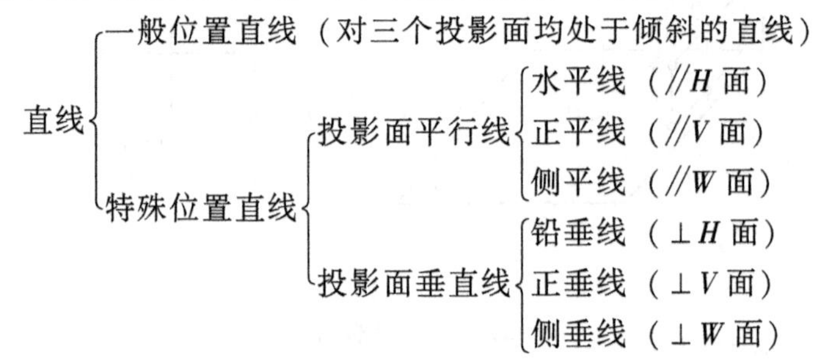

3. 直线的投影特性

（1）一般位置直线的投影特性　如图 2-20 所示，一般位置直线的各面投影都不能反映直线的实长，也不反映直线对各投影面的倾角。

（2）特殊位置直线的投影特性　投影面平行线和投影面垂直线的投影特性分别见表 2-1 和表 2-2。

三、直线上点的投影

直线上的点有以下投影特性：

（1）从属性　属于直线的点，其各面投影必然属于直线的同面投影。反之，点的三面投影分别属于直线的同面投影，则该点在直线上。如图 2-21 所示，$C \in AB$，则 $c \in ab$，$c' \in a'b'$，$c'' \in a''b''$。

（2）定比性　属于直线的点，分线段之比等于其投影之比。如图 2-21 所示，$AC : CB = ac : cb = a'c' : c'b' = a''c'' : a''b''$。

表 2-1　投影面平行线的投影特性

名　称	立　体　图	投　影　图	投影特性
水平线	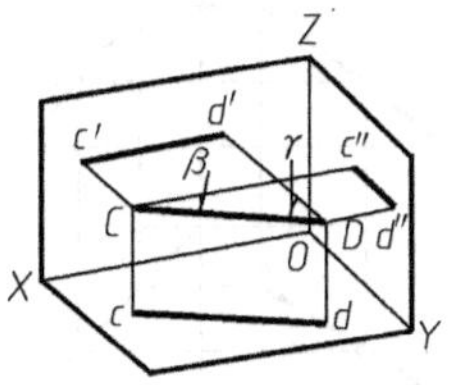	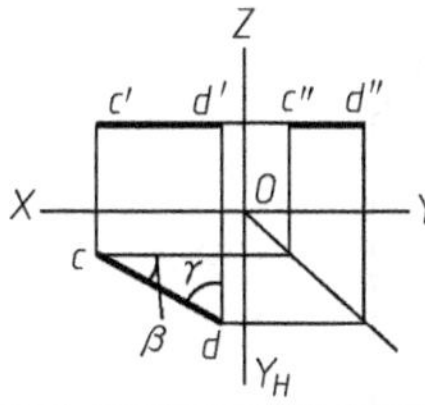	1. $cd=CD$，反映实长 2. $c'd'//OX$，$c''d''//OY_W$ 3. 反映 β、γ 实角，且 $\beta+\gamma=90°$
正平线	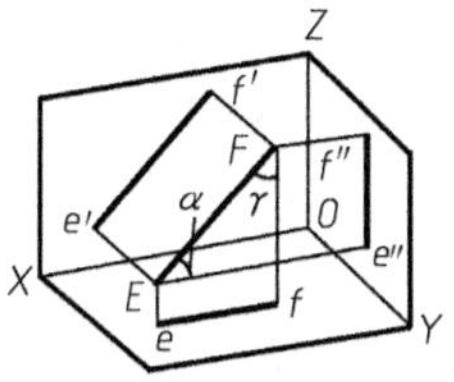	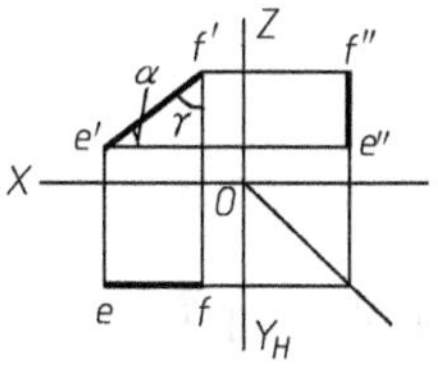	1. $e'f'=EF$，反映实长 2. $ef//OX$，$e''f''//OZ$ 3. 反映 α、γ 实角，且 $\alpha+\gamma=90°$
侧平线	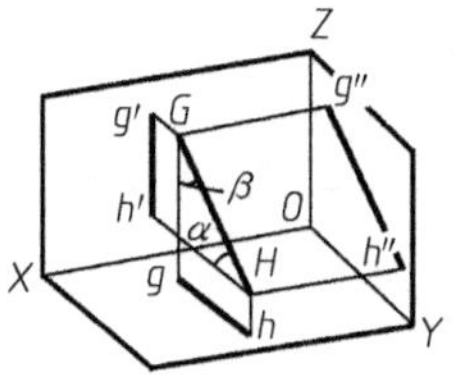	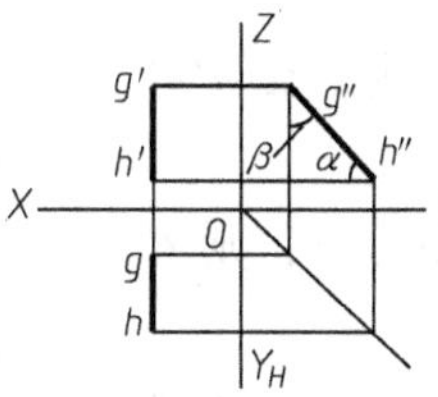	1. $g''h''=GH$，反映实长 2. $g'h'//OZ$，$gh//OY_W$ 3. 反映 α、β 实角，且 $\alpha+\beta=90°$

表 2-2　投影面垂直线的投影特性

名　称	立　体　图	投　影　图	投影特性
铅垂线	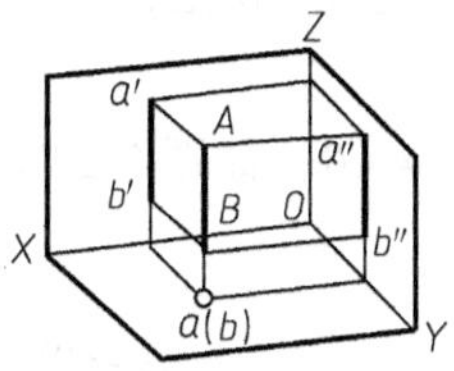	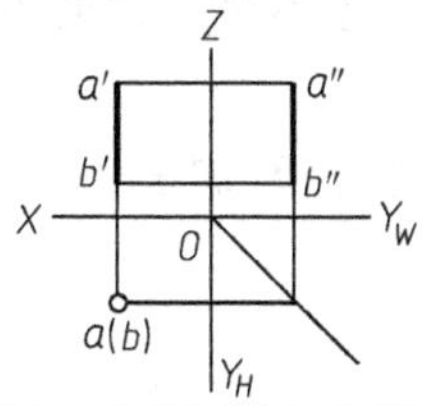	1. 水平投影积聚为一点 $a(b)$ 2. $a'b'=a''b''=AB$，反映实长 3. $a'b'\perp OX$，$a''b''\perp OY_W$
正垂线	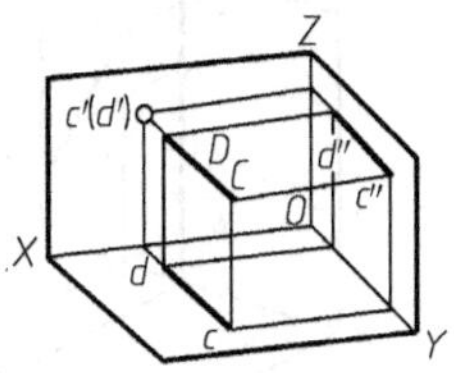	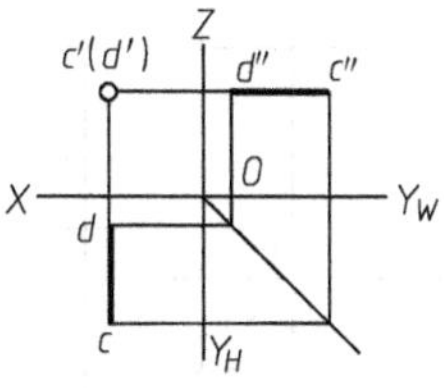	1. 正面投影积聚为一点 $c'(d')$ 2. $cd=c''d''=CD$，反映实长 3. $cd\perp OX$，$c''d''\perp OZ$
侧垂线	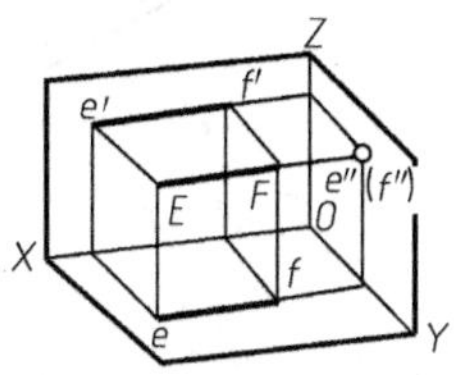	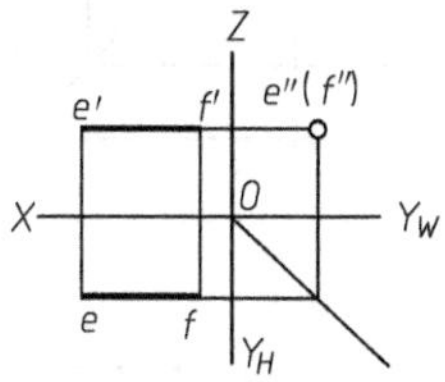	1. 侧面投影积聚为一点 $e''(f'')$ 2. $e'f'=ef=EF$，反映实长 3. $ef\perp OY_H$，$e'f'\perp OZ$

利用以上两性质，可以解决线上取点以及判断点是否在给定直线上等问题。

例 2-4　已知线段 AB（图 2-22a），试求分 AB 为 2∶3 两段的点 C 的投影。

解　如图 2-22b 所示。

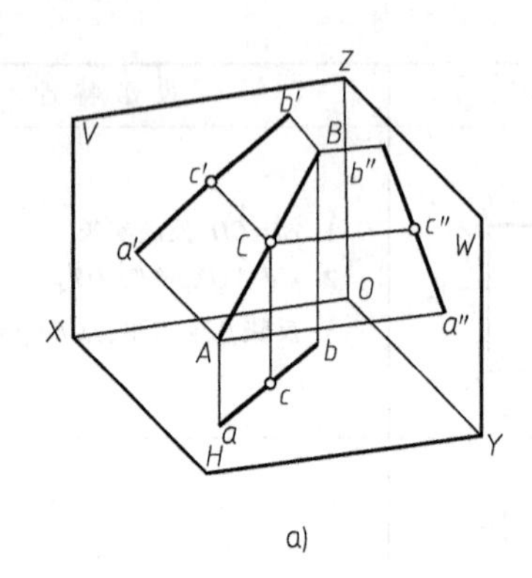

a)

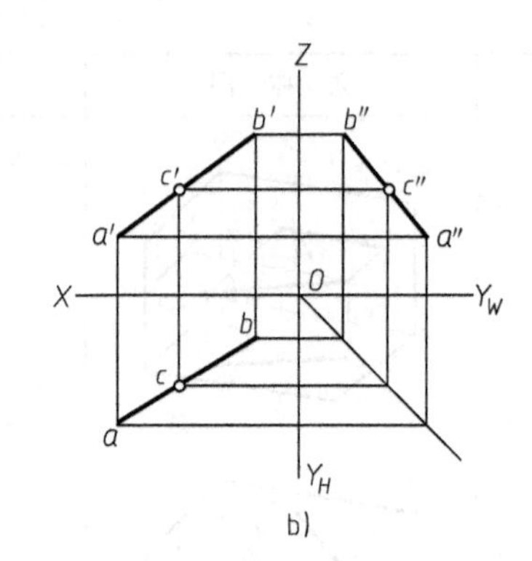

b)

图 2-21 直线上点的投影

1）过 a' 任作一射线，在其上截取 5 个单位长。

2）连接 $5b'$，过 2 作 $5b'$ 的平行线，交 $a'b'$ 于 c'。

3）过 c' 作 OX 轴的垂线，交 ab 于 c，则 C（c、c'）即为所求。

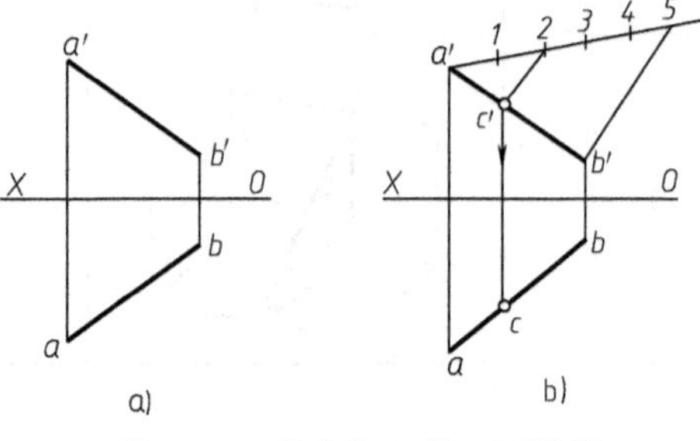

a) b)

图 2-22 求分点 C 的两面投影

例 2-5 已知直线 AB 及 K 点的投影，试判断 K 是否属于 AB，如图 2-23a 所示。

解 方法 1：图中 AB 是一条侧平线，在这种情况下，尽管 $k \in ab$，$k' \in a'b'$，但还不足以说明点 K 一定在 AB 上，由于 $ak : kb \neq a'k' : k'b'$，故 $K \notin AB$。

方法 2：做出 AB 及 K 的侧面投影，因 $k'' \notin a''b''$，故 $K \notin AB$，如图 2-23b 所示。直观图如图 2-23c 所示。

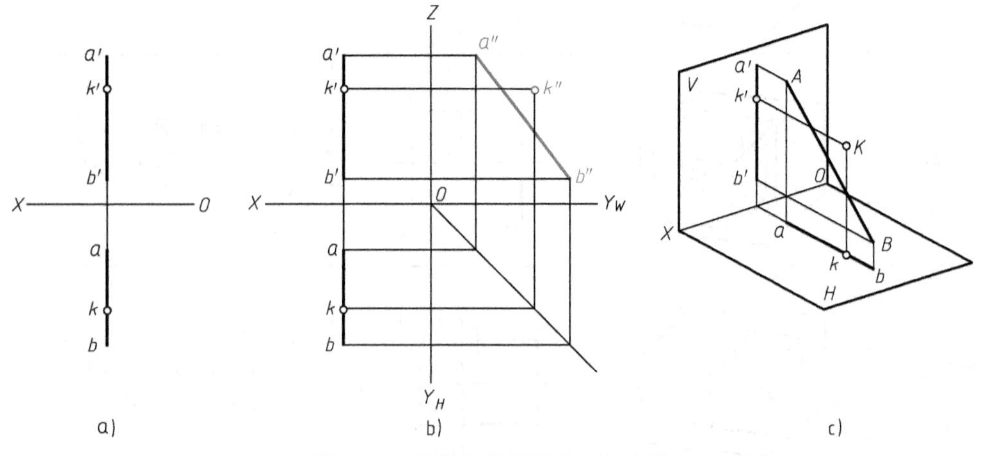

a) b) c)

图 2-23 判断点是否属于已知直线

四、求一般位置直线的实长及倾角——直角三角形法

特殊位置的直线，其实长和倾角在投影图中能够得到真实的反映，然而，对于一般位置

直线的实长和倾角，在投影图中则不能真实反映出来。工程上常用直角三角形法求一般位置直线的实长及倾角。

如图 2-24a 所示，AB 为一般位置直线，现过 A 点作 $AC//ab$，构成直角三角形 ABC。在该直角三角形中，直角边 $AC=ab$，$BC=Z_B-Z_A$（Z 坐标差），斜边 AB 即为实长，AB 与 AC 的夹角即为 AB 对 H 面的倾角 α，因此，可以利用投影图首先构造出该直角三角形 ABC，则斜边即为所求实长，斜边与相应投影所夹锐角即为倾角 α。具体作图如图 2-24b、c 所示。

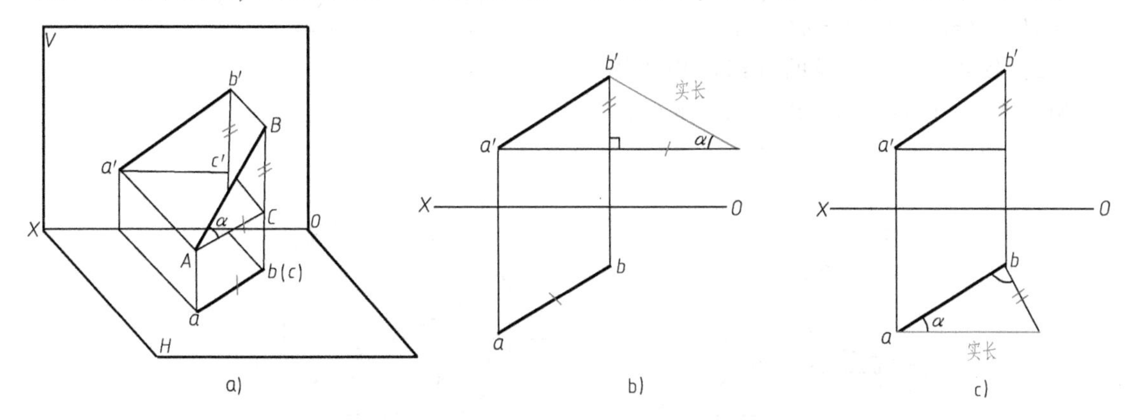

图 2-24　求线段实长及 α 角

例 2-6　已知△ABC 两面投影，求△ABC 的实形，如图 2-25 所示。

解　由于 BC 为正平线，$b'c'$即为 BC 实长，而 AB、AC 为一般位置直线，需利用直角三角形法求出实长。用三段实长连成△ABC 即为所求，作图过程如图 2-25 所示。

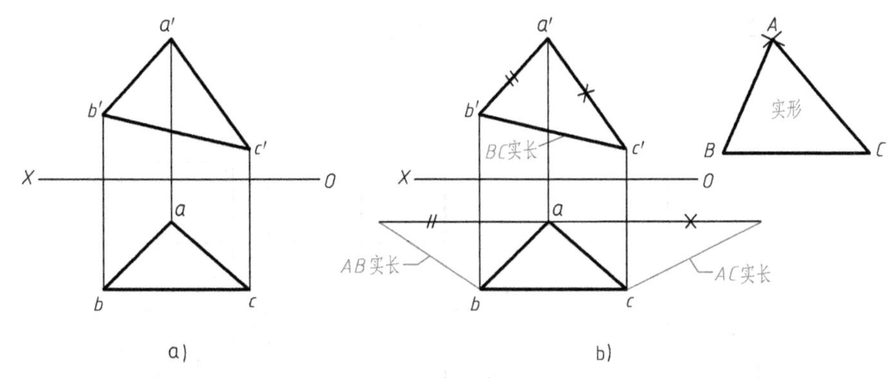

图 2-25　求三角形实形

五、直线的迹点

直线与投影面的交点称为迹点。如图 2-26 所示，直线与 H 面交点称为水平迹点，用 M 标记；与 V 面交点称为正面迹点，用 N 标记；与 W 面交点称为侧面迹点，用 S 标记。在三面系中，投影面平行线有两个迹点，投影面垂直线有一个迹点，一般位置直线有三个迹点。

六、两直线的相对位置

空间两直线的相对位置有三种情况：平行、相交、交叉。

1. 平行

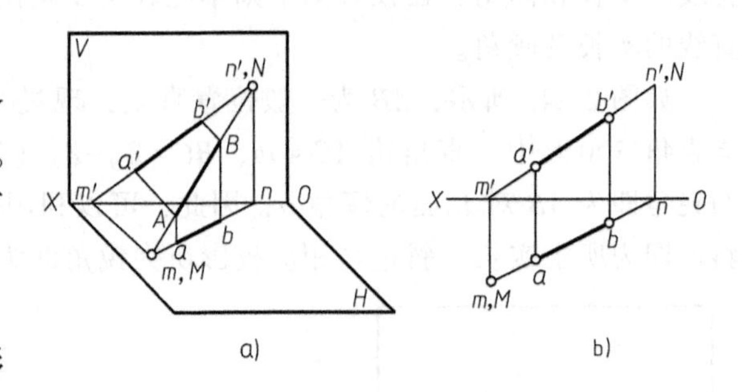

图 2-26 直线的迹点

空间平行两直线其投影有如下性质：

1）若空间两直线相互平行，则其各组同面投影必相互平行，且对应成比例。如图 2-27 所示，若 $AB // CD$，则必有 $ab//cd$、$a'b'//c'd'$、$a''b''//c''d''$，且有 $AB:CD=ab:cd=a'b':c'd'=a''b'':c''d''$。

2）反之，若两直线的各组同面投影都相互平行，则空间两直线必相互平行。

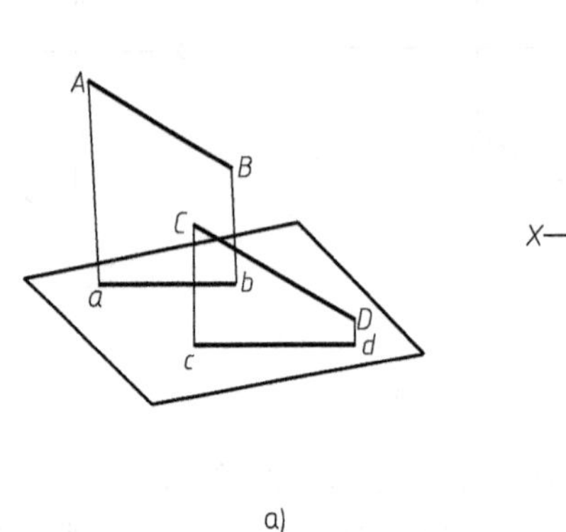

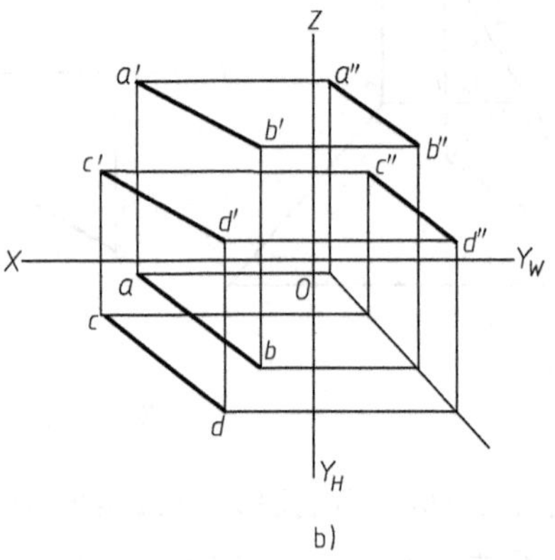

图 2-27 平行两直线

例 2-7 如图 2-28a 所示，判断 DE、FG 两直线是否平行。

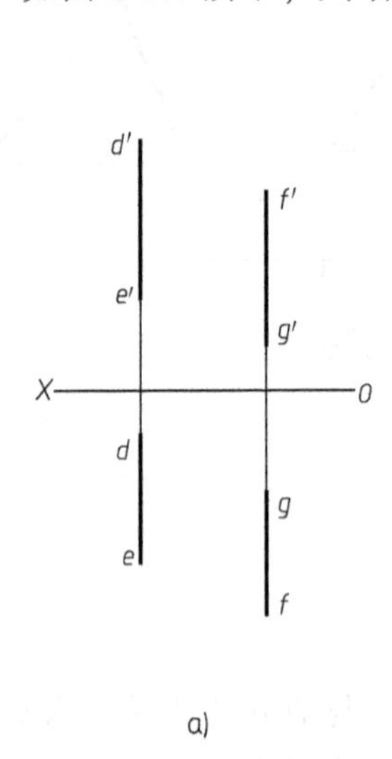

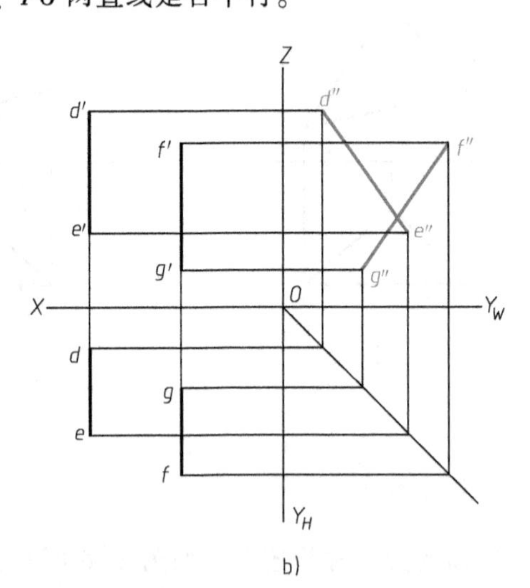

图 2-28 判断两直线是否平行（一）

解 方法 1：做出 DE、FG 的侧面投影，从而断定 DE、FG 不平行，如图 2-28b 所示。

方法 2：直接观察，虽然 $d'e'//f'g'$，$de//gf$，且 $d'e':f'g'=de:gf$，但从该两直线的两面投影字母的标注顺序分析，可知 DE、FG 空间走向不一致，因此，DE、EF 不平行。与

图 2-28b 所示利用侧面投影验证结果是一致的。

例 2-8　如图 2-29a 所示，判断 CD、EF 是否平行。

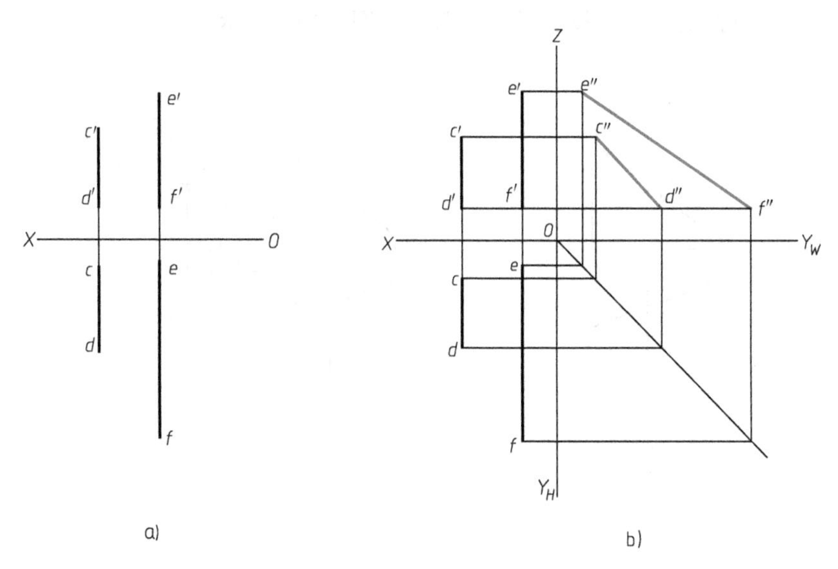

图 2-29　判断两直线是否平行（二）

解　方法 1：直接观察，$c'd' : e'f' \neq cd : ef$，所以 CD 不平行 EF。

方法 2：也可做出侧面投影来判断其是否平行，如图 2-29b 所示。

2. 相交

相交两直线的投影具有如下性质（图 2-30）：

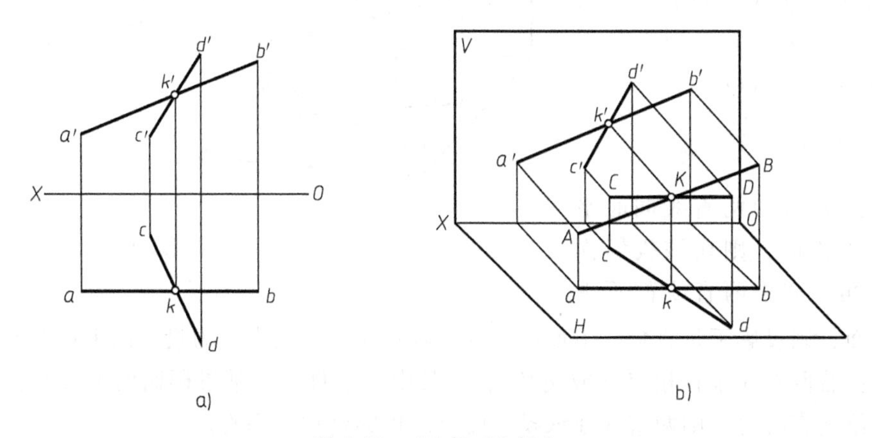

图 2-30　AB 与 CD 相交

1）各组同面投影必相交，即 AB 与 CD 交于 K，则 k、k'分别是 ab 与 cd、$a'b'$与 $a'b'$的交点。

2）交点的投影符合点的投影规律，即 $kk' \perp OX$ 轴。

3）交点的投影分两直线的投影成定比，即有 $AK : KB = ak : kb = a'k' : k'b'$；$CK : KD = ck : kd = c'k' : k'd'$。

例 2-9　如图 2-31a 所示，判断 AB 与 CD 是否相交。

解　方法1：直接观察，可以看出 $c'm':m'd' \neq cm:md$，所以 M 点不在 CD 上，故 AB、CD 不相交。

方法2：做出两直线的侧面投影进行判断，如图2-31b所示。

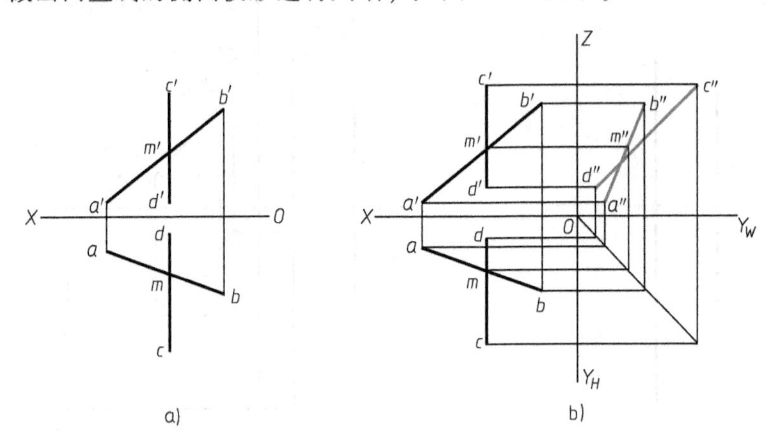

图2-31　AB 与 CD 不相交

3. 交叉

既不平行又不相交的空间两直线称为交叉两直线。如图2-28、图2-29、图2-31所示的两直线均为交叉直线。交叉两直线在投影图上可能有交点，但各投影面的交点不符合点的投影规律，为重影点的投影。如图2-32所示，AB 和 CD 为空间交叉两直线，在 V 面、H 面上分别有一对重影点 $m'(n')$ 和 $e(f)$。

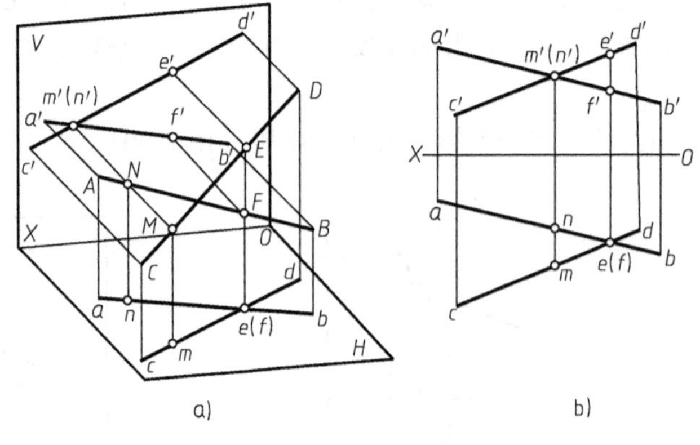

图2-32　交叉两直线

七、直角投影定理

当相互垂直的两直线同时平行于某投影面时，则在该投影面仍反映直角。如果两直线都不平行于投影面，则投影不是直角。下面讨论垂直两直线中一条直线为投影面平行线的情况。

定理：若两直线垂直相交（或交叉），且其中一条直线为某投影面的平行线，而另一直线为一般位置直线时，则两直线在该投影面上的投影仍相互垂直。

证明如图2-33所示。

已知：$AB \perp BC$，$BC /\!/ H$ 面，AB 不垂直于 H 面。

求证：$ab \perp bc$

证明：因 $BC /\!/ H$ 面，故 $BC \perp Bb$；又知 $AB \perp BC$，则 BC 垂直于由 AB、Bb 构成的平面 P。由于 $bc /\!/ BC$，所以 $bc \perp P$ 面，而 ab 属于 P，故 $ab \perp bc$。

图2-33b、c所示是垂直相交两直线，BC 为水平线，EF 为正平线，则 $ab \perp bc$、$e'f' \perp f'g'$。

逆定理：若相交（或交叉）两直线在某一投影面上的投影为直角，且其中一条直线为

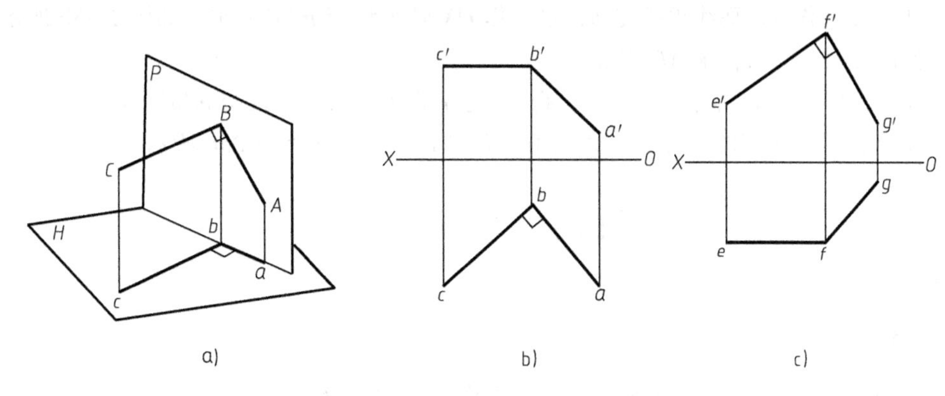

图 2-33　直角投影定理

该投影面的平行线时，则两直线在空间相互垂直。

作为特殊情况，当一条直线为投影面的垂直线时，有以下规律成立：

1）与铅垂线垂直的直线必为水平线。

2）与正垂线垂直的直线必为正平线。

例 2-10　作交叉两直线 *AB*、*CD* 的公垂线，如图 2-34a 所示。

解　图 2-34a 中，*AB* 为一般位置直线，*CD* 为铅垂线，由空间位置可知，与铅垂线垂直的直线必为水平线。又根据直角投影定理，水平线与 *AB* 垂直时，水平投影应反映直角，故作图应先从水平投影开始。自 $c(d)$ 引 ab 的垂线得垂足 m，如图 2-34b 所示，在 $a'b'$上得 m'，过 m'作 X 轴平行线交$c'd'$于 n'，水平投影 n 与 $c(d)$ 重合，则水平线 *MN*（mn、$m'n'$）即为所求。

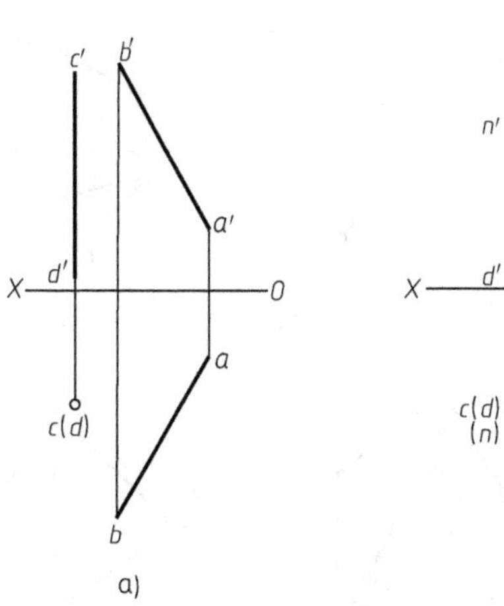

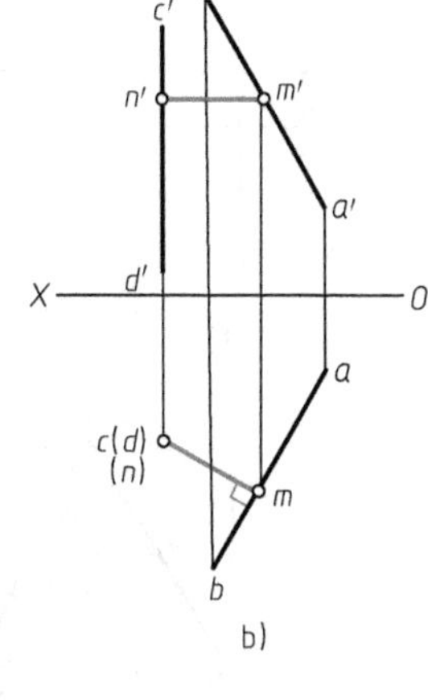

图 2-34　作交叉两直线的公垂线

例 2-11　已知水平线 *MN* 和点 *A*（图 2-35a），过 *A* 作一等腰直角三角形 *ABC*，使一直角边 *BC* 处于 *MN* 上，另一直角边为 *AB*。

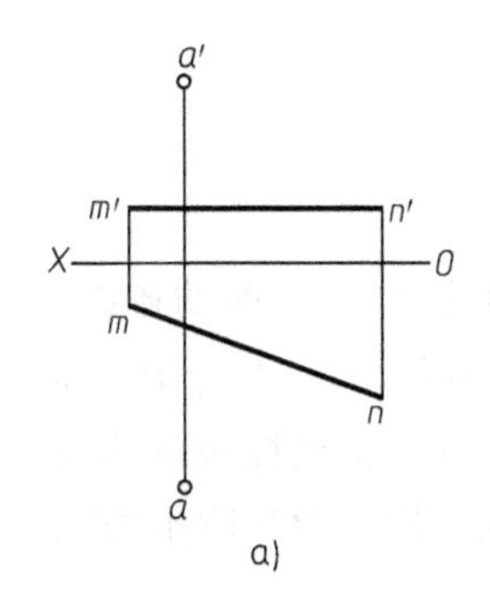

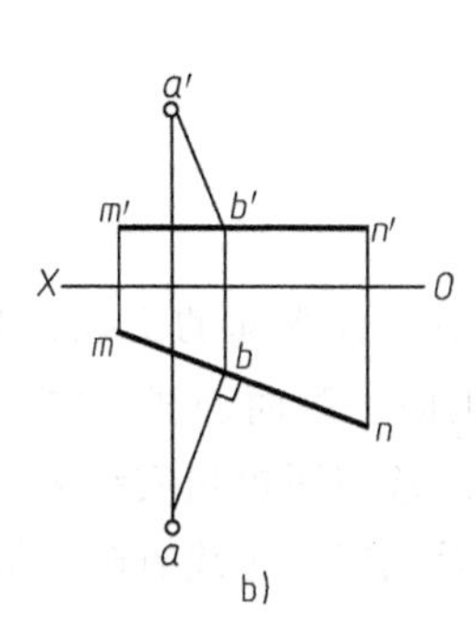

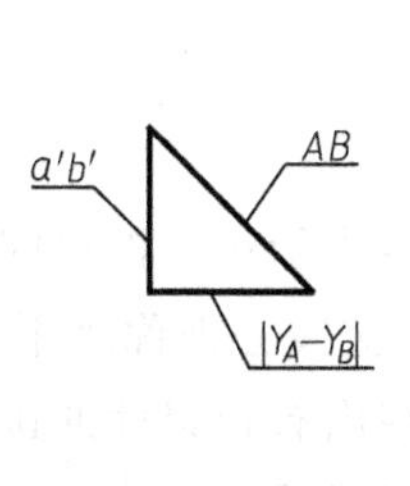

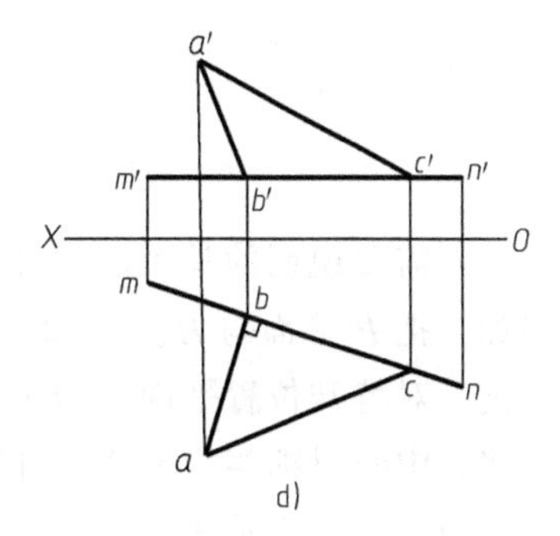

图 2-35　求作等腰直角三角形

解 1）过 a 作 mn 垂线得垂足 b，过 b 作 OX 轴垂线交 $m'n'$ 于 b'，如图 2-35b 所示。

2）如图 2-35c 所示，求 AB 实长。

3）在 mn 上量取 bc 等于 AB 实长，得 c，过 c 作 OX 轴垂直线交 $m'n'$ 于 c'。

4）连接 abc、$a'b'c'$ 即为等腰直角 $\triangle ABC$ 的两面投影，如图 2-35d 所示。

第四节 平面的投影

一、平面表示法

通常情况下，可用六种方法来表示一个平面，如图 2-36 所示。

1）不在同一直线上的三点（图 2-36a）。

2）一直线和直线外一点（图 2-36b）。

3）相交两直线（图 2-36c）。

4）平行两直线（图 2-36d）。

5）任意平面图形（图 2-36e）。

6）平面的迹线表示法（图 2-36f、g、h）。

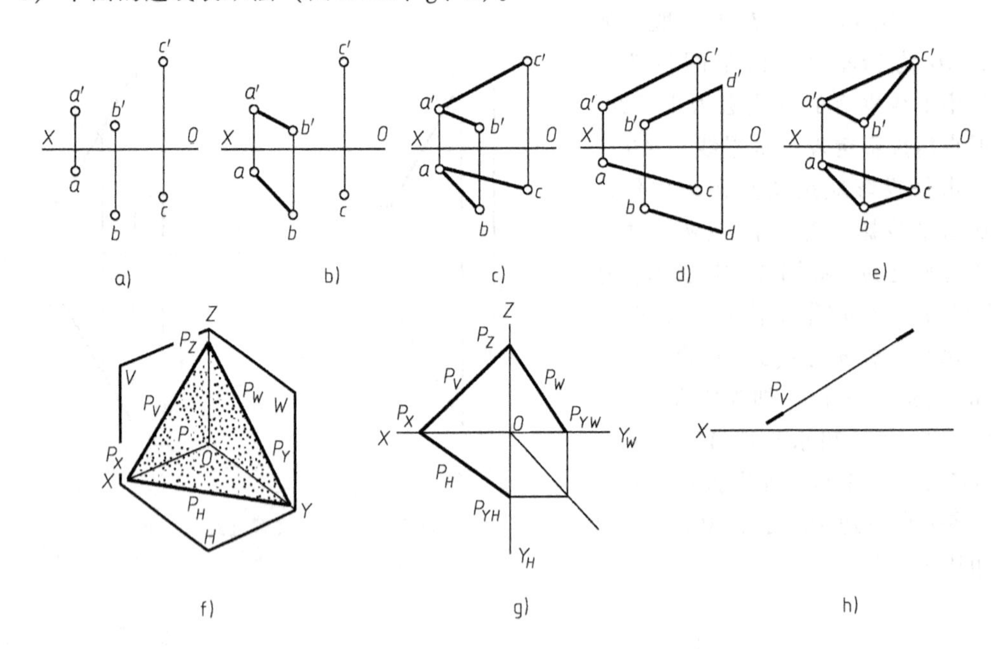

图 2-36 平面的表示法

需要说明的是平面的迹线表示法。把空间平面与投影面的交线称为该空间平面的迹线，如：把 P 平面与 H、V、W 的交线分别称水平、正面、侧面迹线，并分别用 P_H、P_V、P_W 标记。对特殊位置平面，为了突出有积聚性的迹线，常用两短粗实线表示具有积聚性迹线的位置，中间以细实线相连，并标以平面迹线符号，无积聚性迹线省略不画。图 2-36h 所示为正垂面的迹线表示法。

二、各种位置平面及其投影特性

各种位置平面及其投影特性

1. 倾角的概念

把空间平面与某投影面所夹锐角称为平面对该投影面的倾角，分别用 α、β、γ 来标记平面对水平面、正面、侧面的倾角。

2. 平面的分类

在三面投影体系中，根据平面对投影面的相对位置不同，可以将平面做如下分类：

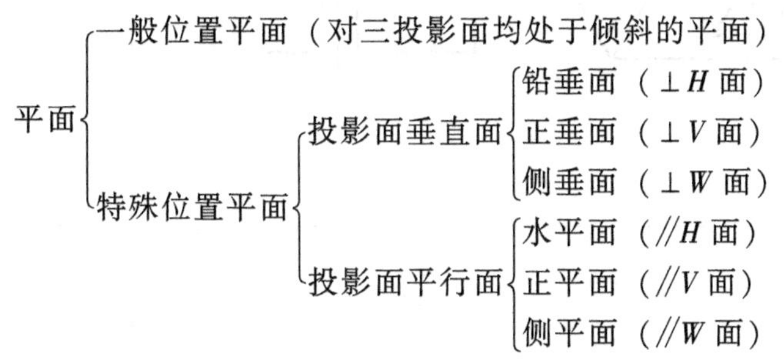

3. 平面的投影特性

（1）一般位置平面的投影特性　一般位置平面相对于投影面均处于倾斜位置，该平面的各面投影均不反映实形，是比原图形面积小的类似形，并且也不反映倾角 α、β、γ。所谓类似形是指边数相等的类似多边形，如图 2-37 所示。

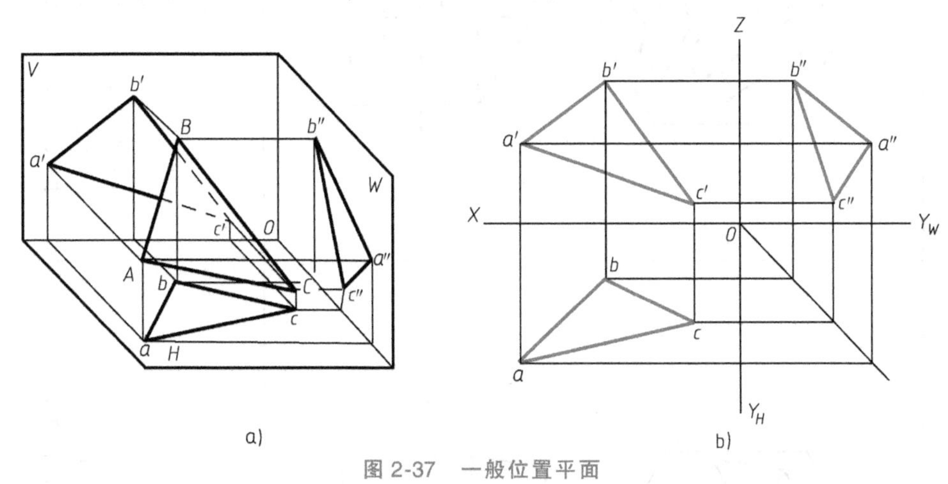

图 2-37　一般位置平面

（2）特殊位置平面的投影特性　投影面垂直面和投影面平行面的投影特性分别见表 2-3 和表 2-4。

三、平面内的点和直线

平面内的直线和点

1. 平面内取点、取线

要想保证点和直线在平面内，则需要满足以下几何条件：

1）若点在属于平面的某一直线上，则点在该平面内。

表 2-3 投影面垂直面投影特性

铅垂面	正垂面	侧垂面
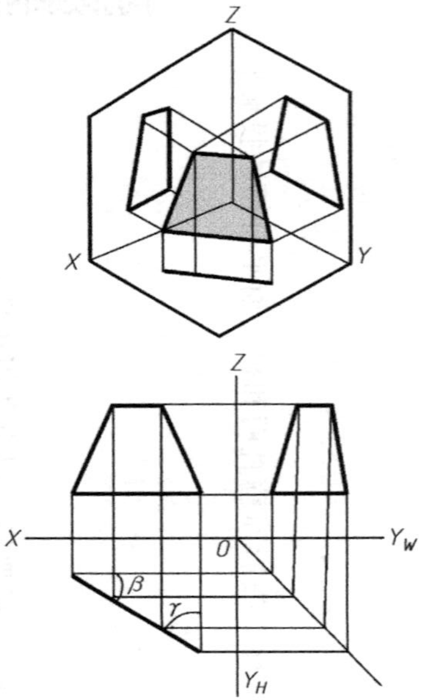 Z X Y Z X O Y_W β γ Y_H	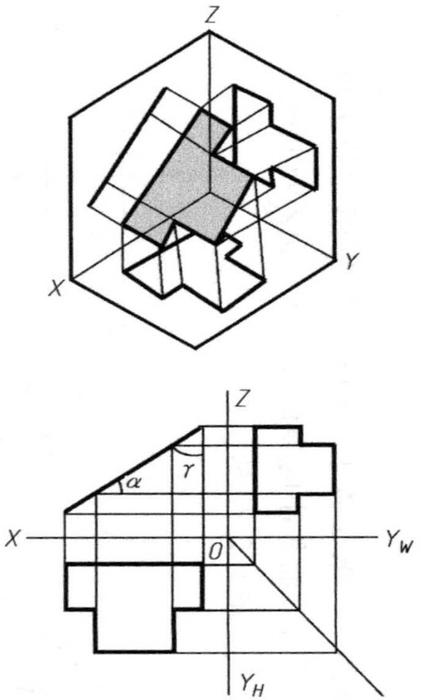 Z X Y Z X O Y_W α γ Y_H	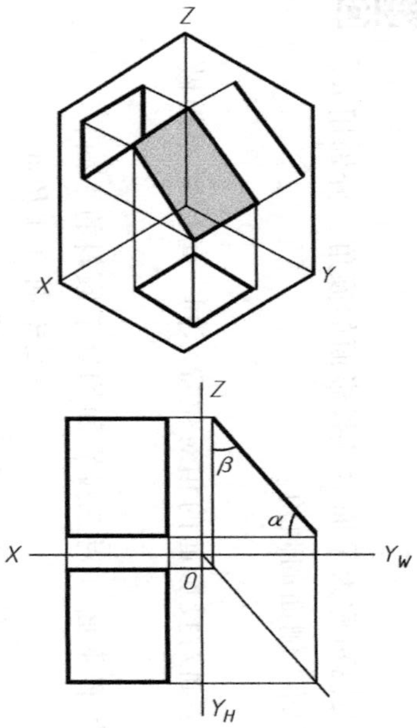 Z X Y Z X O Y_W β α Y_H
投影特性 1. 水平投影（或水平迹线）是积聚性投影 2. 积聚性投影与 OX、OY_H 的夹角为 β、γ 3. 正面、侧面投影为边数相同的多边形（类似形）	投影特性 1. 正面投影（或正面迹线）是积聚性投影 2. 积聚性投影与 OX、OZ 的夹角为 α、γ 3. 水平、侧面投影为边数相同的多边形（类似形）	投影特性 1. 侧面投影（或侧面迹线）是积聚性投影 2. 积聚性投影与 OY_W、OZ 的夹角为 α、β 3. 正面、水平投影为边数相同的多边形（类似形）

表 2-4　投影面平行面投影特性

水平面	正平面	侧平面
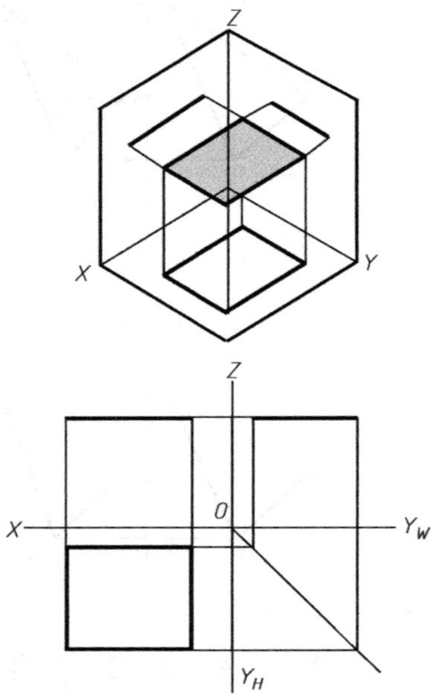 Z, X, Y, O, Y_W, Y_H	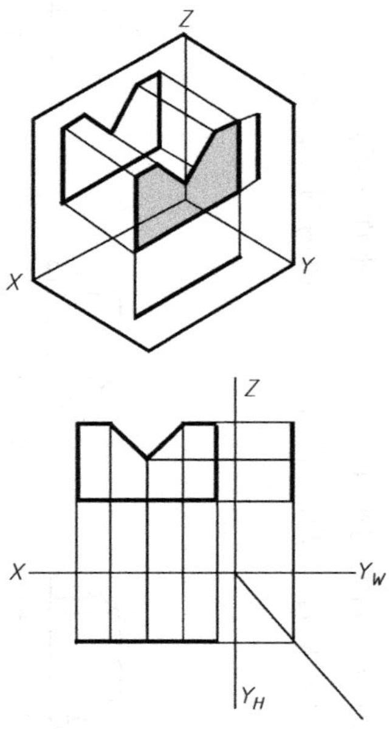 Z, X, Y, Y_W, Y_H	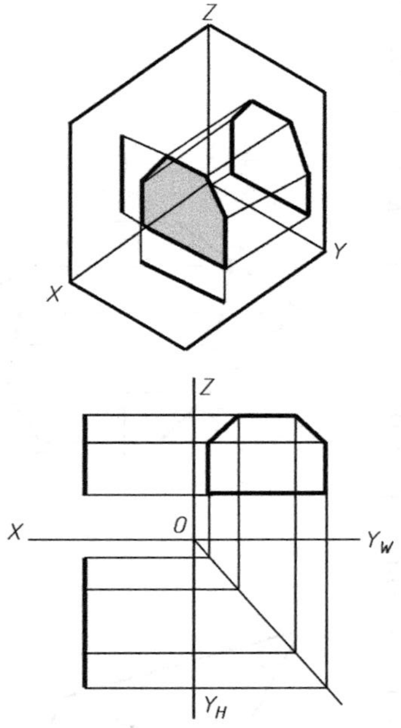 Z, X, Y, O, Y_W, Y_H
投影特性 1. 水平投影反映实形 2. 正面、侧面投影是积聚性投影，且分别平行于 OX、OY_W	**投影特性** 1. 正面投影反映实形 2. 水平、侧面投影是积聚性投影，且分别平行于 OX、OZ	**投影特性** 1. 侧面投影反映实形 2. 正面、水平投影是积聚性投影，且分别平行于 OZ、OY_H

2）若直线通过平面内的两点，则该直线在平面内。

3）若直线通过平面内一点，且平行于平面内的一条直线，则该直线在平面内。

如图 2-38 所示，点 *K* 在属于平面 *ABC* 的直线 *DE* 上，所以点 *K* 在平面 *ABC* 内。

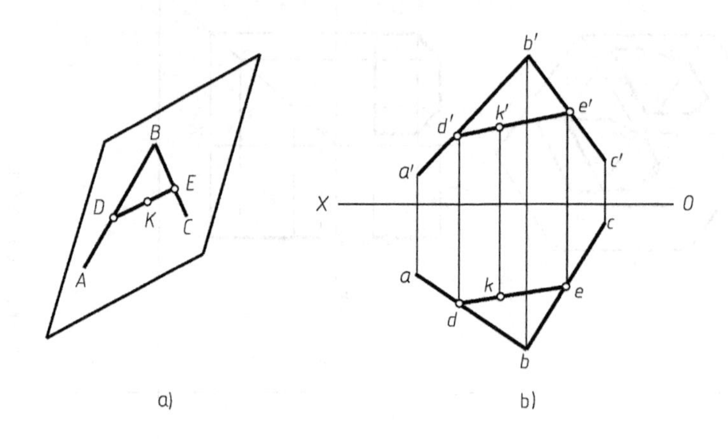

图 2-38 平面内的点

如图 2-39a、b、c 所示，*ABCD* 所确定的平面 *P*，*M*、*N* 为平面内两点，所以 *MN* 是属于平面 *P* 的直线；图 2-39d 所示 *GF* 平行于 *BC*，且 *G* 点为平面内的点，所以 *GF* 也属于平面 *P*。

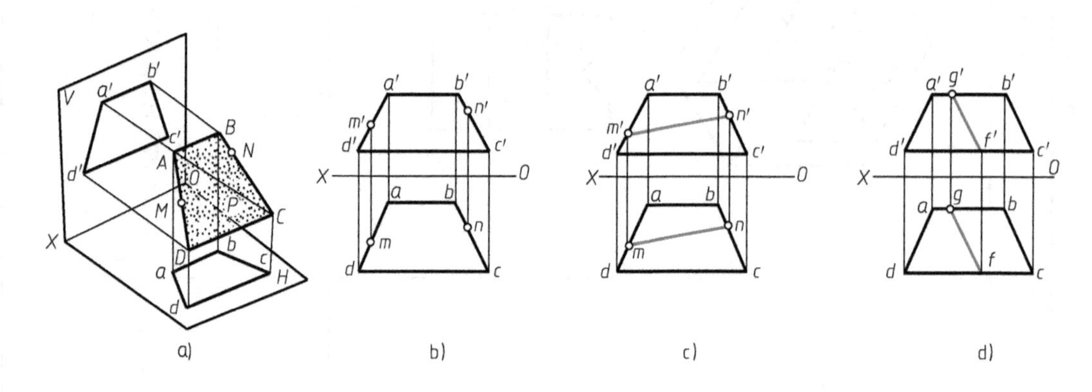

图 2-39 平面内的直线

例 2-12 如图 2-40 所示，判断 *ABCD* 是否在同一平面内。

解 *AB*、*AC* 两线决定一平面，只要判断 *D* 点是否在该平面内即可。连接 *BC*，在平面 *ABC* 内作辅助线 *AK*，先使 $a'k'$ 通过 d'，且交 $b'c'$ 于 k'；再看水平投影 ak 是否通过 d。现 $d \notin ak$，所以 *A*、*B*、*C*、*D* 四点不共面。

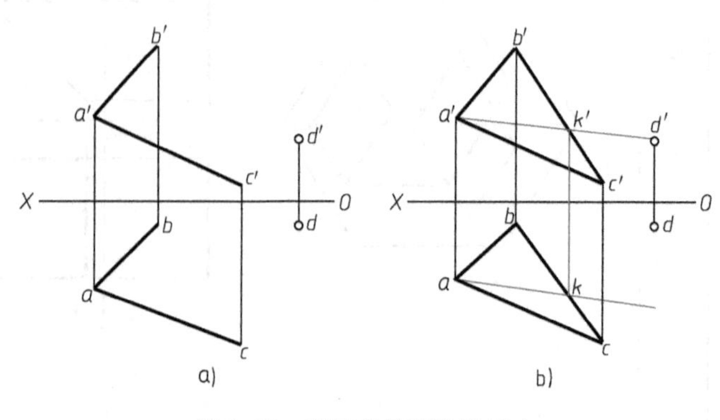

图 2-40 判断点是否在平面内

2. 平面内的投影面平行线

属于平面的投影面平行线有：平面内的水平线、平面内的正平线和平面内的侧平线，它们既要符合投影面平行线的投影特性，又要满足平面内直线的几何条件。

例 2-13　如图 2-41 所示，在△*ABC* 内，过 *A* 点作属于该平面的水平线，过 *C* 点作属于该平面的正平线。

解　1）水平线的正面投影平行于 *OX* 轴，因此，先过 *a′*作 *a′e′*平行于 *OX* 轴，交 *b′c′*于 *e′*；在 *bc* 上定出 *e*，连 *ae*，*AE* 即为所求水平线。

2）先过 *c* 作 *cd* 平行于 *OX* 轴，然后做出 *c′d′*，*CD* 即为所求正平线。

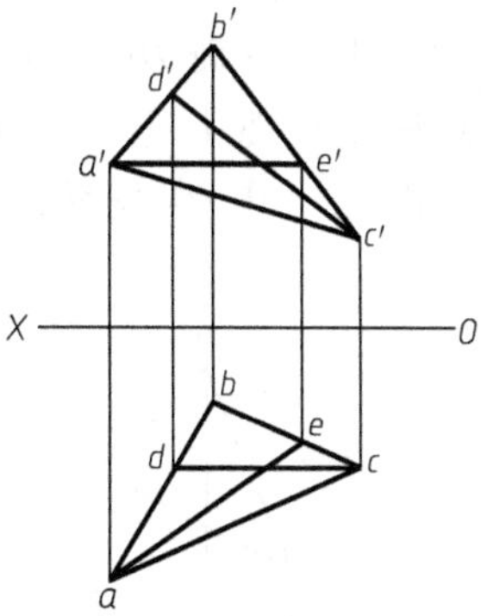

图 2-41　作属于平面内的水平线和正平线

3. 最大斜度线

平面内和某投影面倾角最大的直线，称为该平面的最大斜度线，其分为对水平面、正平面和侧平面的三种最大斜度线。如图 2-42a 所示，*CD* 为属于平面 *P* 的一水平线，*AE* 垂直于 *CD*，则 *AE* 称为对水平面的最大斜度线。在属于平面内的直线中，最大斜度线对投影面的倾角最大（读者可自己证明）。

例 2-14　如图 2-42b 所示，求△*ABC* 对 *H* 面的倾角 α。

解　首先在平面 *ABC* 中作水平线 *CD*，然后根据直角投影定理，在平面内作 *AE* 垂直于 *CD*，如图 2-42c 所示，*AE* 即为对水平投影面的最大斜度线；然后，利用直角三角形法求出 *AE* 与 *H* 面的倾角 α，则 α 即为△*ABC* 对 *H* 面的倾角，如图 2-42d 所示。

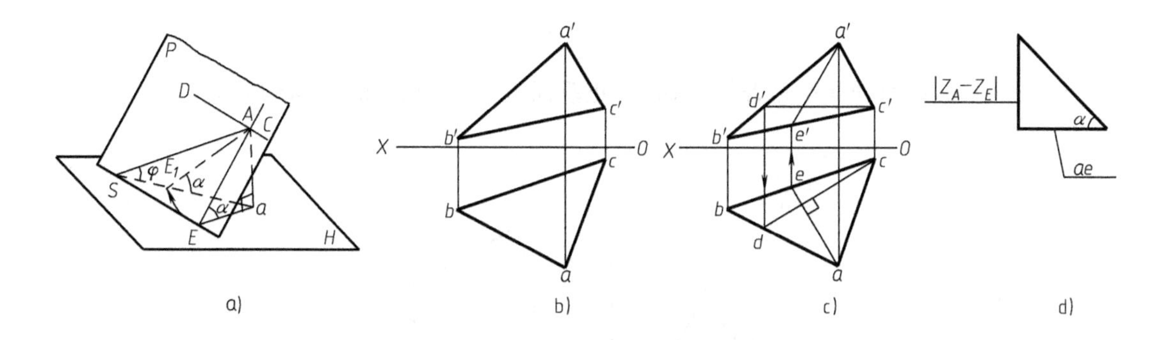

图 2-42　最大斜度线及平面对水平投影面的倾角

第五节　直线与平面、平面与平面的相对位置

直线与平面、平面与平面的相对位置分平行、相交、垂直三种情况进行讨论。

一、平行

1. 直线与平面平行

绘制和判断一直线与定平面平行的依据是：若一直线平行于定平面内的任一直线，则该直线与定平面平行。如图 2-43 所示，*CD* 属于平面 *P*，*AB*//*CD*，则 *AB* 平行于 *P* 平面。

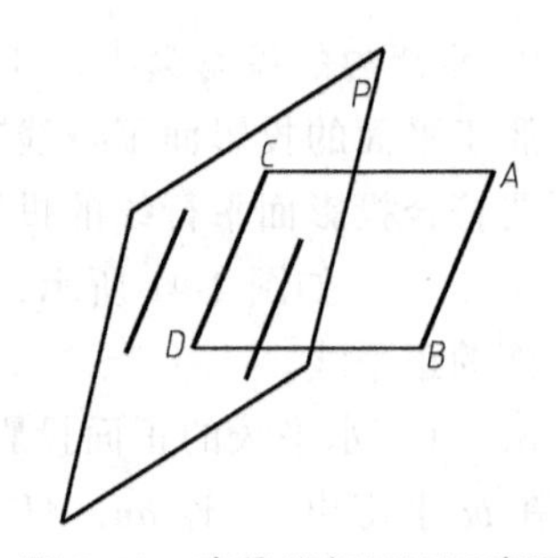

图 2-43 直线平行平面示意图

例 2-15 如图 2-44 所示，过 *K* 点作正平线 *KS* 平行于平面 *ABC*，作 *KP* 平行于铅垂面 *DEF*。

解 1）在平面 *ABC* 中取正平线 *AM*（*am*、*a'm'*），然后过 *k* 作 *ks*//*am*，过 *k'* 作 *k's'*//*a'm'*，则 *KS*（*ks*、*k's'*）即为所求正平线。

2）由于平面 *DEF* 为铅垂面，平行于铅垂面的直线，其水平投影必平行于铅垂面的积聚性投影，因此，作 *kp*//*def*，过 *p* 作 *OX* 垂线，在垂线上任取 *p'*，则 *KP*（*kp*、*k'p'*）即为所求直线。

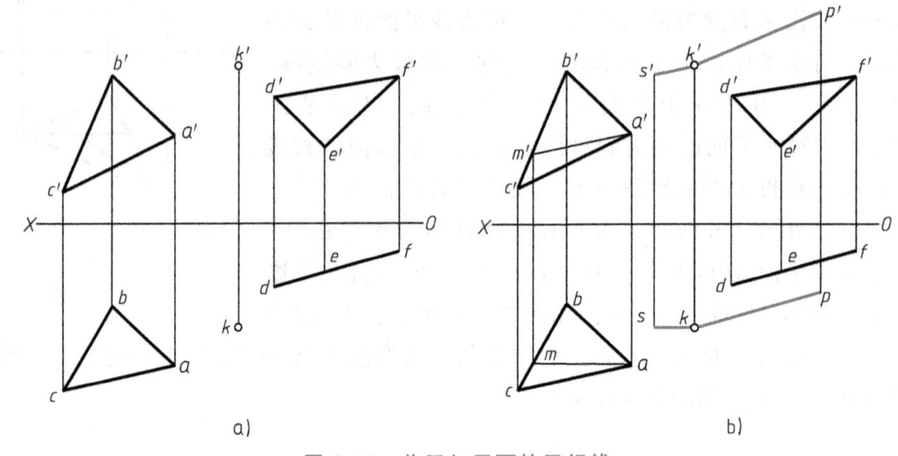

图 2-44 作已知平面的平行线

例 2-16 判断直线 *MN* 是否与△*ABC*、正垂面 *EFG* 平行，如图 2-45 所示。

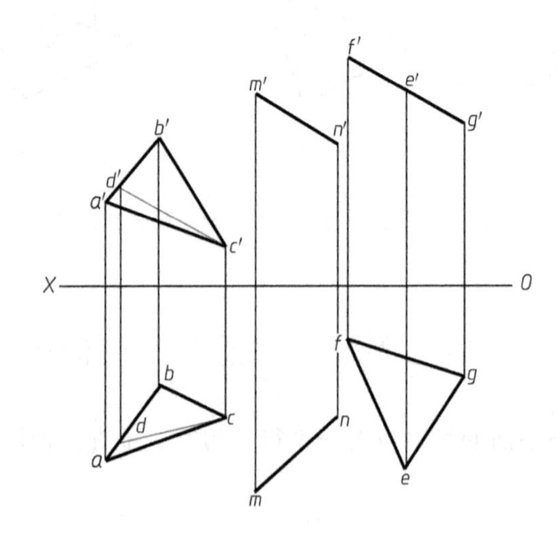

图 2-45 判断直线与平面是否平行

解 1）在平面 *ABC* 内作辅助线 *CD*，先使 *c'd'*//*m'n'*，再做出 *cd*，现 *cd* 不平行 *mn*，故

MN 不平行△ABC。

2）要判断 MN 是否平行于正垂面 EFG，只要看 $m'n'$ 是否平行于 EFG 的正面积聚性投影即可，现 $m'n'$ 平行于 $f'e'g'$，所以 MN 平行于平面 EFG。

2. 平面与平面平行

绘制与判断一平面与给定平面平行的依据是：若一平面内两相交直线对应平行于给定平面内两相交直线，则此两平面平行。

例 2-17　如图 2-46 所示，过 K 点作一平面平行于由 AB、CD 两平行线决定的平面。

解　首先将两平行直线决定的平面转化为两相交直线决定的平面（AB、MN），然后过 K 点作 EF、GH 分别平行于 AB、MN，则 EF、GH 决定的平面即为所求。

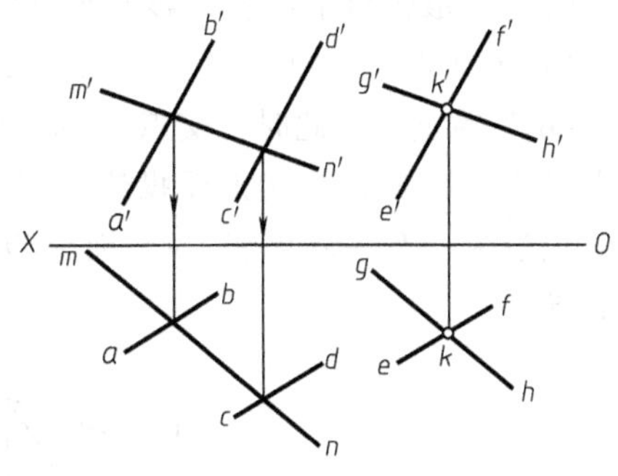

图 2-46　作平面平行于已知平面

例 2-18　如图 2-47 所示，试判断△ABC 与△DEF 是否平行。

解　1）在图 2-47a 中，两平面均为一般位置平面。先做属于△ABC 的一对相交直线 AN、CM，为简便起见，不妨将 CM、AN 分别作成水平线和正平线，为此，在△DEF 中也作水平线 DK、正平线 EL。现有 $CM/\!/DK$，$AN/\!/EL$，所以△ABC 平行于△DEF。

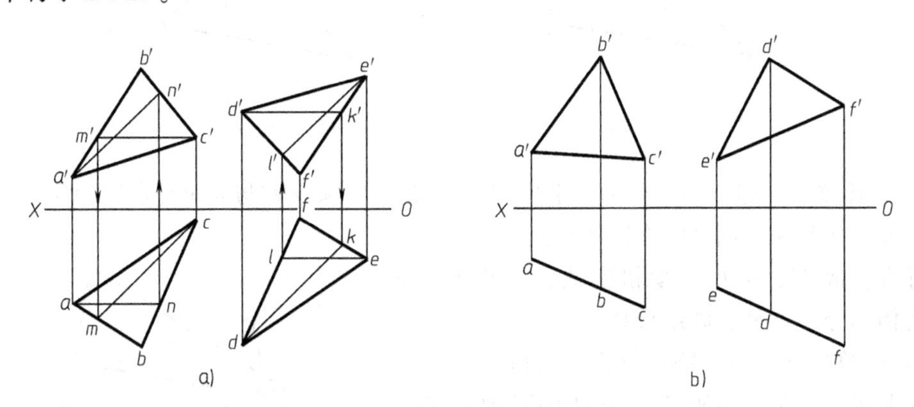

图 2-47　判断两平面是否平行

2）在图 2-47b 中，△ABC 与△DEF 均为铅垂面，此时，只需要看其积聚性投影是否平行即可。现有 $abc/\!/def$，所以△ABC 平行于△DEF。

二、相交

直线与平面相交，其交点为二者共有点；平面与平面相交，其交线为两平面的共有直线，交线上的点都是两平面的共有点，所以只要找出直线上的两点即可做出两平面的交线。

1. 特殊情况

（1）一般位置直线与特殊位置平面相交

1）求交点。在图 2-48 中，△ABC 为铅垂面，直线 MN 为一般位置直线，此时交点的水平投影即为 mn 与 bac 的交点 k，其正面投影为过 k 作 OX 轴垂线交 $m'n'$ 于 k'，则 K（k、k'）

即为交点。

2）可见性判断。由水平投影 kn 可知，KN 在 $\triangle ABC$ 前面，其正面投影 $k'n'$ 可见，画粗实线，而 KM 在 $\triangle ABC$ 后面，其正面投影 $k'm'$ 被遮挡部分不可见，画细虚线。

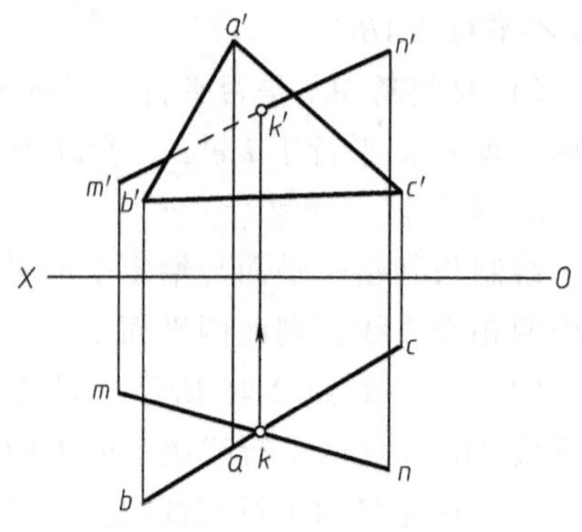

图 2-48 一般位置直线与特殊位置平面的交点

（2）一般位置平面与投影面垂直线相交

1）求交点。在图 2-49 中，$\triangle CDE$ 为一般位置平面，AB 为铅垂线，此时，交点 K 的水平投影 k 与 AB 的积聚性投影重合。其正面投影 k' 的求法是在平面 CDE 内过 K 点作一辅助线 CF，而 K 点应为 CF 与 AB 的交点。

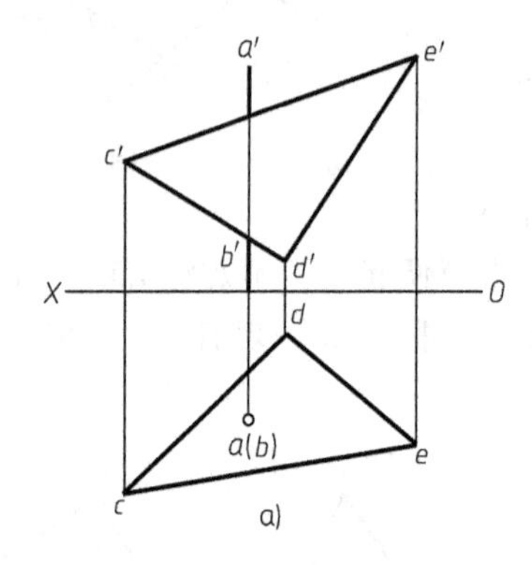

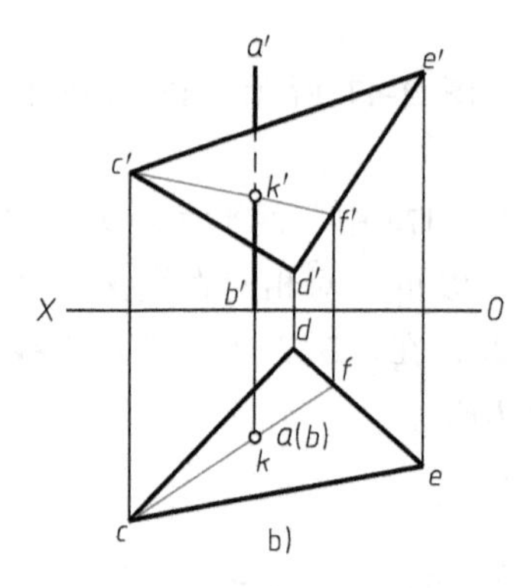

图 2-49 一般位置平面与投影面垂直线相交

具体作图如下：过 $a(b)$ 作 cf，求出 f'，连接 $c'f'$，则 $c'f'$ 与 $a'b'$ 交点即为所求 k'。

2）可见性判断。因 AB 的积聚性投影 $a(b)$ 在 CD 的前方，故 $k'b'$ 可见，画粗实线，而正面投影 $k'a'$ 被遮挡部分不可见，画细虚线。

（3）一般位置平面与特殊位置平面相交

1）求交点。在图 2-50 中，平面 DEF 为铅垂面，平面 ABC 为一般位置平面，其交线 KL 的水平投影 kl 和 $\triangle DEF$ 积聚性投影 def 重合（K、L 分别为 AC、BC 与 $\triangle DEF$ 的交点），求出 k'、l'，则 KL（kl、$k'l'$）即为交线。

2）可见性判断。由水平投影可知，四边形 $ABLK$ 在 $\triangle DEF$ 的前方，故其正面投影 $a'b'l'k'$ 可见，画粗实线，$\triangle CKL$ 在 $\triangle DEF$ 的后方，不可见，正面投影被遮住部分画细虚线。

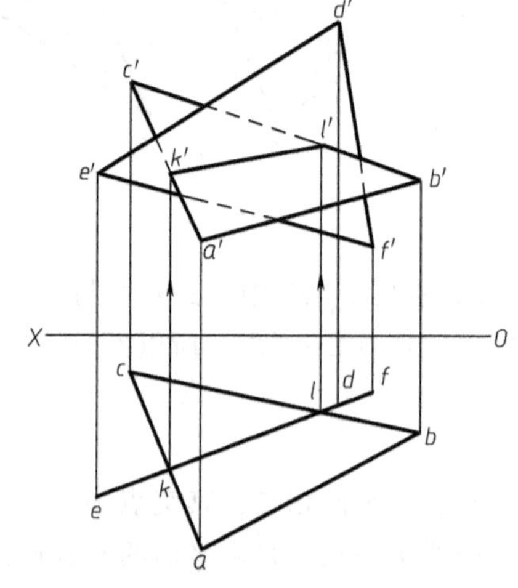

图 2-50 一般位置平面与特殊位置平面的交线

2. 一般情况

（1）一般位置直线与一般位置平面相交 如图 2-51a 所示，平面 ABC 为一般位置平面，DE 为一般位置直线，其交点的求法是：包含直

线 DE 作一辅助平面 S，求出 S 与△ABC 的交线 MN，则 DE 与 MN 的交点 K 即为 DE 与△ABC 的交点。为方便起见，选 S 为特殊位置平面（图 2-51b）。

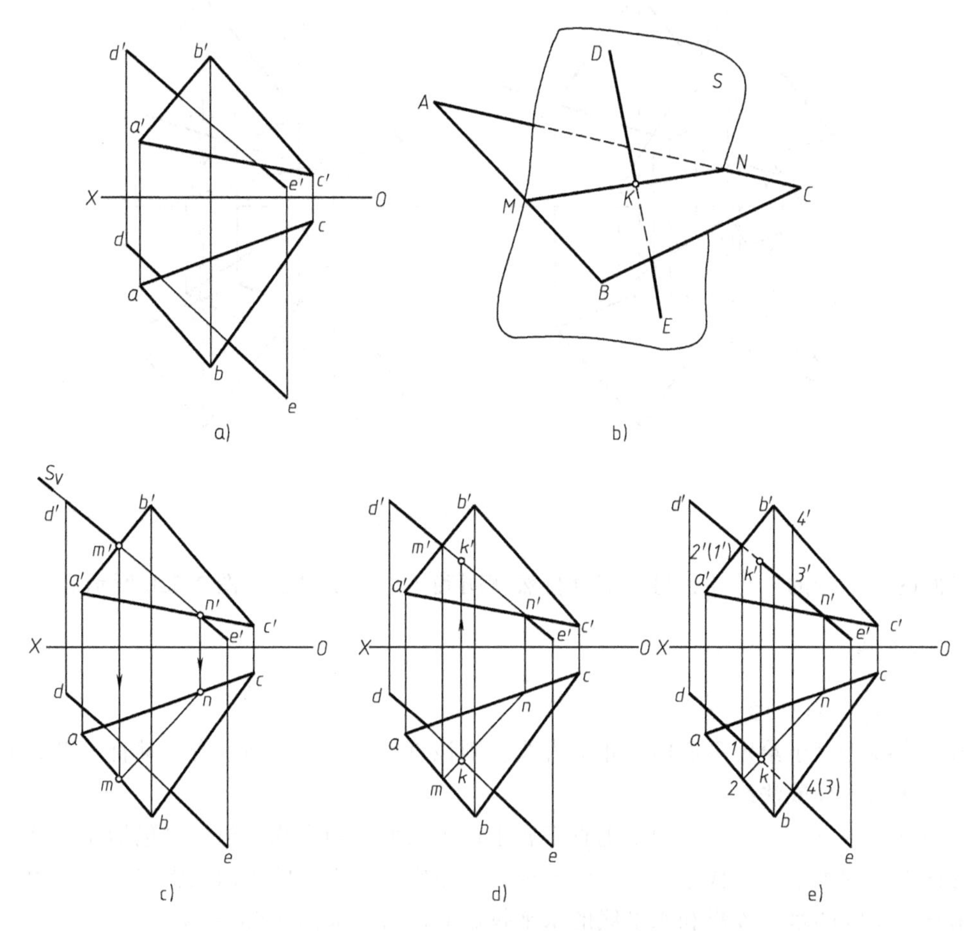

图 2-51　一般位置直线与一般位置平面的交点

作图步骤如下：

1）含 DE 作正垂面 S，其正面迹线 S_V 与 $d'e'$重合，如图 2-51c 所示。

2）求平面 S 与平面 ABC 的交线 MN（$m'n'$、mn），如图 2-51c 所示。

3）求 MN 和 DE 的交点 K（k、k'），则 K 即为所求，如图 2-51d 所示。

交点 K 为直线 DE 可见与不可见部分的分界点，利用重影点原理可判断其可见性。如图 2-51e 所示，取同一正垂线上的重影点 Ⅰ（1、1′）和 Ⅱ（2、2′），点 Ⅰ 属于 DE，点 Ⅱ 属于 AB。从水平投影看，点 Ⅰ 在点 Ⅱ 后方，故 $d'k'$不可见，$k'e'$可见。

同理，用同一铅垂线上的一对重影点 Ⅲ（3、3′）和 Ⅳ（4、4′），可判断 dk 可见，ke 不可见。

（2）两一般位置平面相交　如图 2-52a 所示，△ABC 和△DEF 均为一般位置平面，按一般位置直线与一般位置平面相交的方法可分别求出 DE、DF 两直线与△ABC 的交点 K（k、k'）L（l、l'），连接 KL（kl、$k'l'$）即为交线。

KL 是△ABC 与△DEF 两平面可见与不可见部分的分界线。根据平面的连续性，只需判

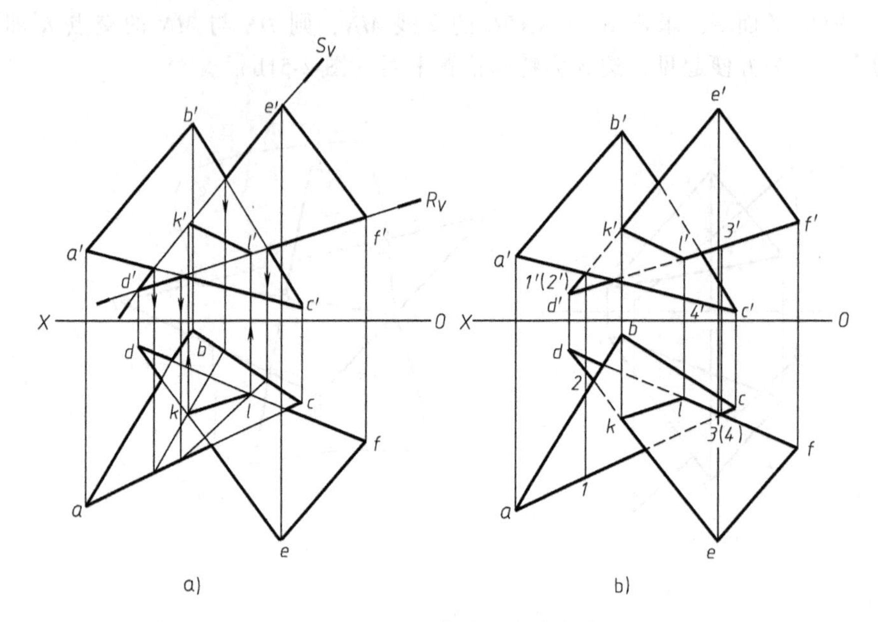

图 2-52 两一般位置平面的交线

别出平面的一部分的可见性，另一部分自然就明确了。判别过程如图 2-52b 所示。

三、垂直

1. 直线与平面垂直

若一直线垂直于给定平面内两相交直线，则该直线与给定平面垂直。垂直于平面的直线称为该平面的垂线或法线。

若一直线垂直于一平面，则必垂直于属于该平面的一切直线，当然也包括属于该平面的相交的正平线和水平线。根据直角投影定理，在投影图上垂线的正面投影与正平线的正面投影必垂直，垂线的水平投影和水平线的水平投影必垂直，如图 2-53 所示。

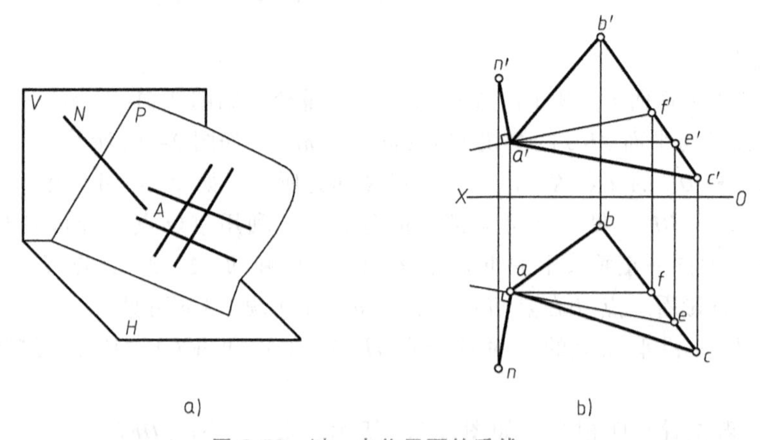

图 2-53 过一点作平面的垂线

因此，作给定平面的垂线或判断某一直线是否垂直于给定平面，可依据下列定理：

定理：若一直线垂直于一平面，则直线的水平投影必垂直于属于该平面的水平线的水平投影；直线的正面投影必垂直于属于该平面的正平线的正面投影。

逆定理：若一直线的水平投影垂直于属于定平面的水平线的水平投影，直线的正面投影垂直于属于该平面的正平线的正面投影，则直线必垂直于该平面。

例 2-19　过定点 S 作 $\triangle ABC$ 的垂线（图 2-54）。

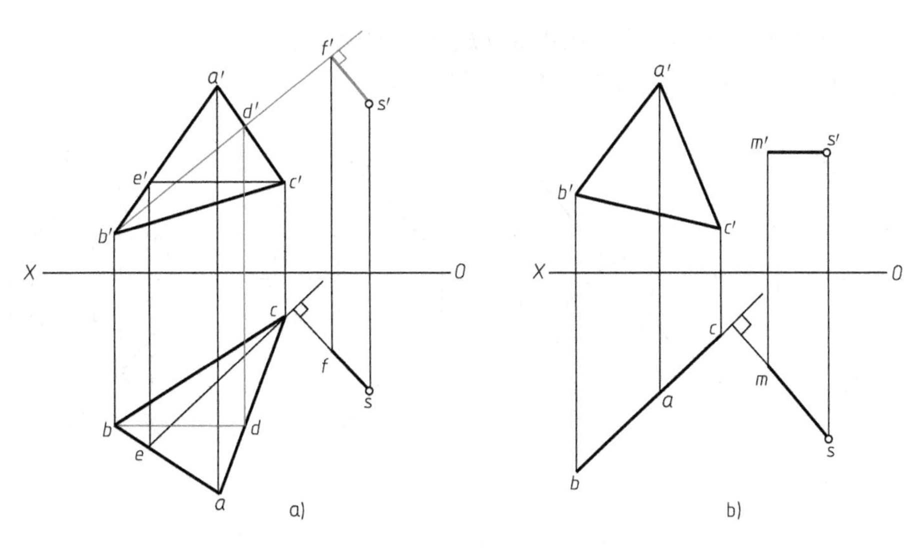

图 2-54　过点作平面的垂线

解　1）在图 2-54a 中，$\triangle ABC$ 为一般位置平面，因此，作属于 $\triangle ABC$ 的正平线 BD（bd、$b'd'$）和水平线 CE（ce、$c'e'$），过 s 作 $sf \perp ce$；过 s' 作 $s'f' \perp b'd'$，则 SF（sf、$s'f'$）即为过 S 点所作 $\triangle ABC$ 的垂线。

2）在图 2-54b 中，$\triangle ABC$ 是铅垂面，与铅垂面垂直的直线必为水平线。水平线的水平投影 sm 垂直于 $\triangle ABC$ 的积聚性投影；其正面投影 $s'm' // OX$ 轴。

2. 两平面垂直

定理：若一直线垂直于一平面，则包含这条直线的所有平面都垂直于该平面。

逆定理：如两平面相互垂直，则由属于第一个平面的任意一点向第二个平面所作的垂线一定属于第一个平面。

据此，可以处理有关两平面相互垂直的投影作图问题。

例 2-20　过点 S 作平面垂直于 $\triangle ABC$，如图 2-55 所示。

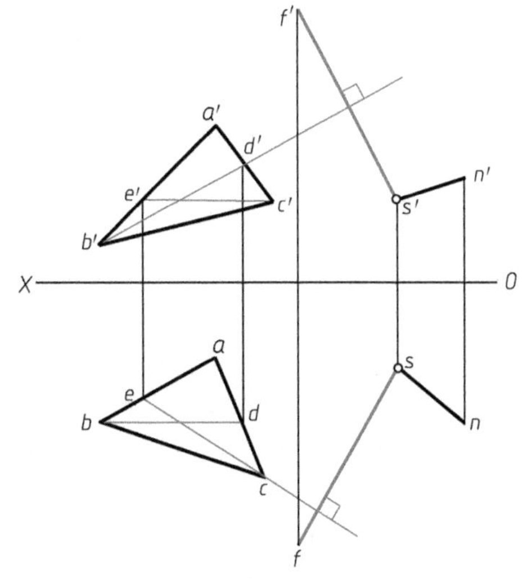

图 2-55　过定点作平面的垂直面

解　由空间几何可知，此题有无穷多解。首先过点 S 作 $\triangle ABC$ 的垂线 SF，再任意作一线 SN，则 SF、SN 所决定的平面便是其中一解。

例 2-21　过定点 A 作直线与已知直线 EF 垂直相交，如图 2-56 所示。

解 解此题的思路是：首先过 A 点作一与直线 EF 垂直的辅助平面 Q，然后求 EF 与 Q 面的交点 K，连接 AK 即为所求。

具体作图如下：

1）过点 A 作垂直于直线 EF 的辅助平面，该平面由水平线 AC 和正平线 AB 给定。图中，$ac \perp ef$，$a'b' \perp e'f'$。

2）求 EF 与辅助平面的交点，图中 K（k、k'）即为所求。

3）连接 AK（ak、$a'k'$），则 $AK \perp EF$，即为所求。

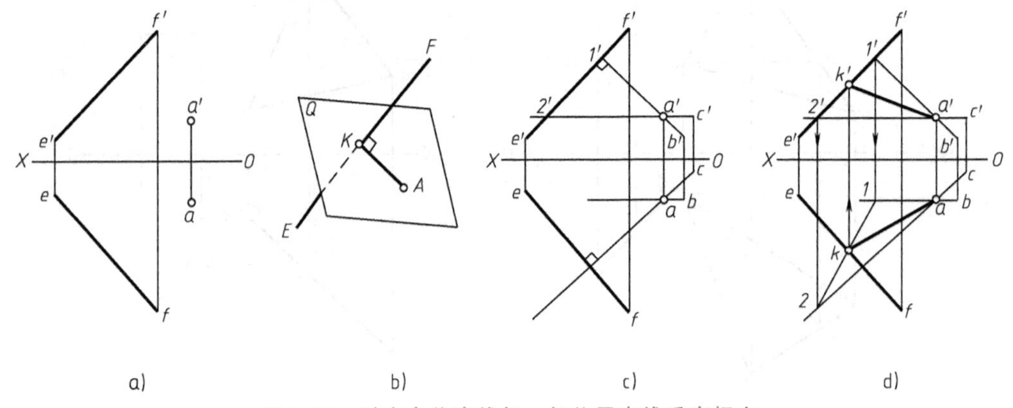

图 2-56 过定点作直线与一般位置直线垂直相交

第三章

投影变换——换面法

第一节　换面法的基本概念

一、问题的提出

在解决具体问题时，常会遇到空间几何元素的定位或度量问题。由前面的学习可知，当空间直线和平面在投影系中处于一般位置时，则它们的投影不反映真实大小，也不反映对投影面的真实倾角；当它们处于特殊位置时，就能够反映几何元素的实形或具有积聚性等。因此，如果能使空间几何元素由一般位置转换成特殊位置，使它们的投影能直接反映实形或具有积聚性，则空间几何元素的定位或度量问题就能很容易得到解决。投影变换正是研究通过改变空间几何元素对投影面的相对位置，以达到简化解题的目的。

常用的投影变换方法有三种：换面法、旋转法和斜投影法。本章只讲述换面法。

二、换面法的基本概念

如图 3-1 所示，平面 Q 为一铅垂面，其在 V 面和 H 面上的投影都不能反映该三角形的实形，如图 3-1a 所示。要想得到平面 Q 的实形，必须在进行投影时，设立一个平行于 Q 面，且垂直于 H 面的 V_1 面，则新的 V_1 面与原有的 H 面就构成一个新的两面投影体系。Q 在 V_1 面上的投影 q_1 就反映三角形的实形，如图 3-1b 所示，这就是换面法的基本原理。图 3-1c 所示为投影展开后的情形。

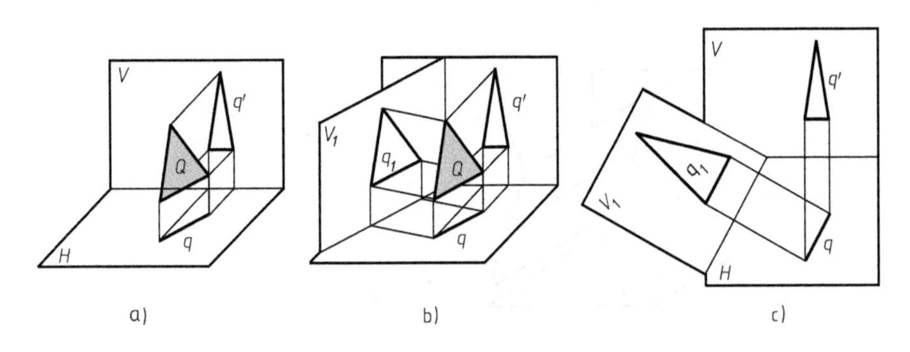

图 3-1　换面法基本原理

所谓换面法就是：空间几何元素的位置保持不动，用新的投影面代替旧的投影面，使空间几何元素对新投影面的相对位置变为有利于解题的位置，然后求出其在新投影面上的投影。

确定新投影面的原则：

1）新投影面必须垂直于原投影体系中的某一投影面（以便应用正投影原理作图）。

2）新投影面必须与空间几何元素处于某种特殊位置（平行或垂直），以利于解题。

第二节 点的换面

点是最基本的几何要素，因此，掌握了点的换面规律以后，其他几何要素的换面问题也就迎刃而解了。下面就以点的换面为例，来阐述换面法的基本原理。

一、点的一次换面

1. 变换 V 面

如图 3-2a 所示，点 A 为 V-H 投影体系中的一点，现在保持 H 面不动，重新设置一新的投影面 V_1 与 H 面垂直，这样，就构成了一个新的二面系 V_1-H。点 A 向 V_1 面进行投射得新投影 a'_1，a'_1的下角标 1 是指第一次换面。V_1 面与 H 面的交线称新轴 X_1。向后翻转 V_1 面使其与 H 面在同一平面内，连接 aa'_1交 X_1 轴于 a_{X1} 点。从上面的设置过程可得换面的基本规律：

1）新投影 a'_1与旧投影 a 的连线垂直于新轴 X_1，即 $a'_1a \perp X_1$ 轴。

2）新投影到新轴的距离等于旧投影到旧轴的距离，即 $a'a_X = a'_1a_{X1}$。

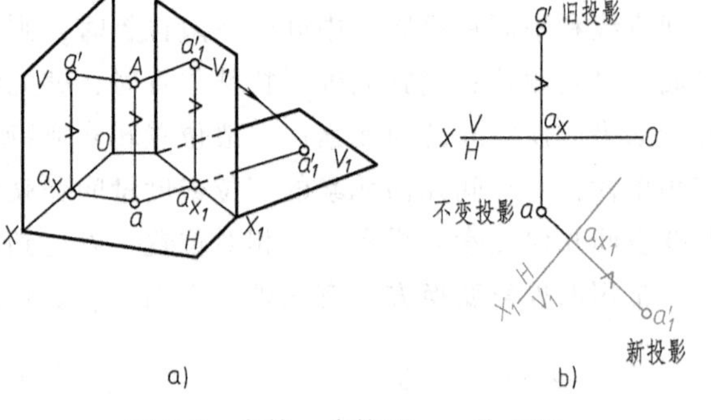

图 3-2 点的一次换面——换 V 面

根据这两点，可以得到点在新投影系中的投影，如图 3-2b 所示。

2. 变换 H 面

如图 3-3a 所示，保持 V 面不动，重新设置新投影面 H_1，从而构成一新的二面系 V-H_1，

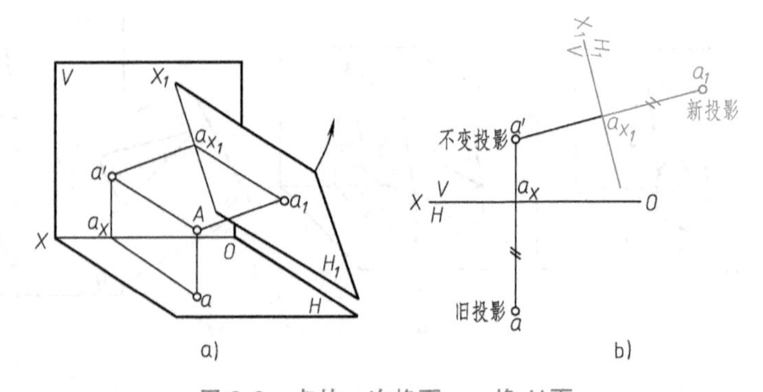

图 3-3 点的一次换面——换 H 面

得到新投影 a_1。作图过程如图 3-3b 所示。

二、点的二次换面

在运用换面法解决实际问题时，有时更换一次投影面并不能达到解题的目的，而必须更换两次或多次，图 3-4 即为二次换面的设置过程，其换面原理和作图步骤与一次换面相同。

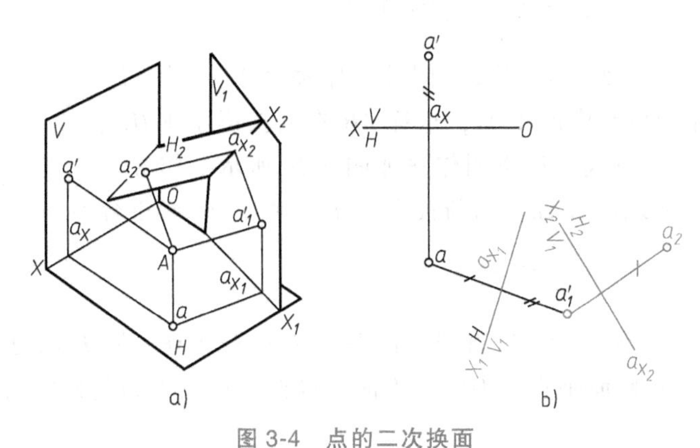

图 3-4　点的二次换面

但需注意：

1）H 面、V 面的变换必须交替进行，即若第一次更换 V 面，则第二次必须更换 H 面，第三次又要更换 V 面，依此类推。

2）每一新投影体系必须以上一投影体系为基础进行变换。

第三节　直线的换面

在点的换面中，没有涉及新投影面的位置设置，也没有体现换面的优越性，但对于直线和平面则不同，通过对直线和平面的换面，可以将一般位置的直线或平面变换为新投影体系中的特殊位置直线或平面，从而有利于解题。

一、一般位置直线变为投影面平行线

如图 3-5a 所示，直线 AB 在 V-H 体系中处于一般位置。现设置新投影面 V_1，使 V_1 面平行于 AB 并垂直于 H 面，此时，AB 在 V_1-H 系中成为新投影面 V_1 的平行线，则 AB 在 V_1 面上的投影 $a'_1b'_1$ 反映 AB 实长，并且 $a'_1b'_1$ 和 X_1 轴的夹角 α 即为直线 AB 对 H 面的倾角。

图 3-5b 为投影图的作法，首先作 X_1 轴平行于 ab（与 ab 间距离可任取）；然后求出 AB 两端点的新投

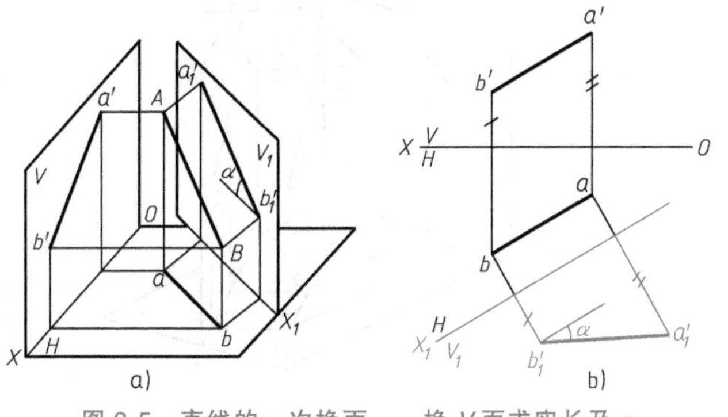

图 3-5　直线的一次换面——换 V 面求实长及 α

影 a_1'、b_1'，连a_1' b_1' 即为 AB 的新投影。

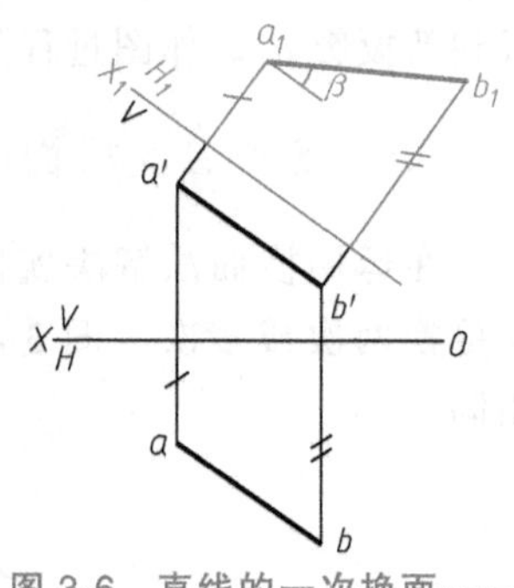

图 3-6 直线的一次换面——换 H 面求实长及 β

如果变换水平面，同样可以把 AB 变为新投影面 H_1 的平行线，如图 3-6 所示，作 X_1 轴平行于 $a'b'$，然后求出 AB 两端点的新投影 a_1、b_1，此时 a_1b_1 反映 AB 实长，a_1b_1 与 X_1 轴夹角 β 为 AB 对 V 面的倾角。

二、投影面平行线变为投影面垂直线

如图 3-7a 所示，AB 为一正平线，因此，作垂直于 AB 的新投影面 H_1 必垂直于原体系中的 V 面，这样 AB 在新投影系 V-H_1 中就变为新投影面的垂直线。投影图作法如图 3-7b 所示：作 X_1 轴 $\perp a'b'$，然后求出 AB 在 H_1 面上的新投影 a_1 b_1，则 a_1 b_1 必重合为一点。

三、一般位置直线变为投影面垂直线

如图 3-8 所示，AB 为一般位置直线，作平面 P 垂直于 AB，则 P 也为一般位置平面，它不和投影体系中任一投影面垂直，因此，不能直接将 P 面设置为新投影面而进行投影变换。

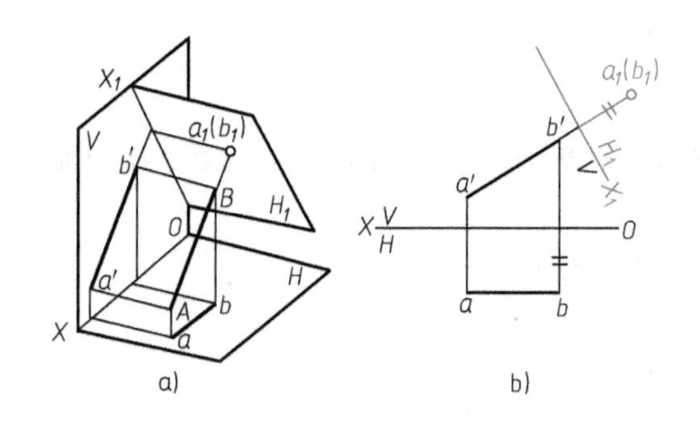

图 3-7 正平线变为投影面垂直线

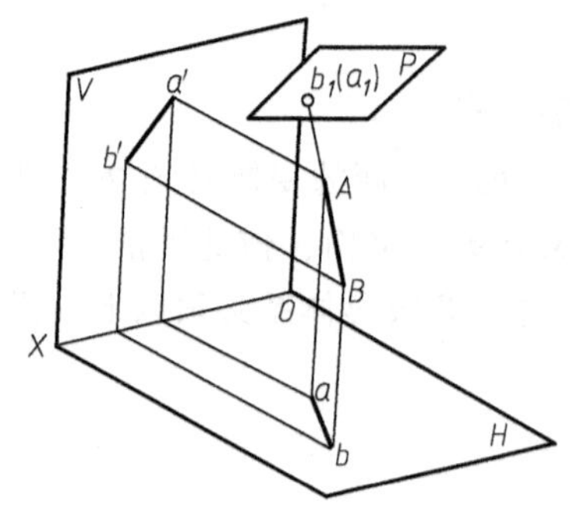

图 3-8 P 面与 V 面、H 面都不垂直

因此，要把一般位置直线变为投影面垂直线，只换一次投影面显然是不行的，必须经过两个步骤：

1）把一般位置直线变为投影面平行线。

2）把投影面平行线变为投影面垂直线。具体过程如图 3-9 所示。

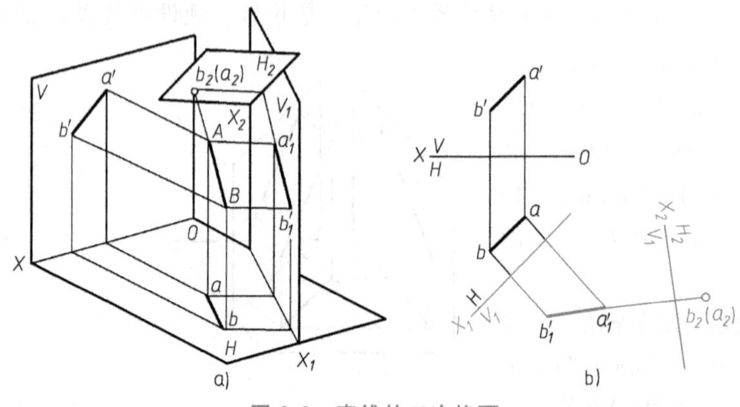

图 3-9 直线的二次换面

第四节　平面的换面

平面的换面过程也就是把一般位置平面换为特殊位置平面的过程，以有利于解题。

一、一般位置平面变为投影面垂直面

如图 3-10a 所示，△ABC 为一般位置平面，在△ABC 内取水平线 AD，设置新投影面 V_1 与 AD 垂直，那么△ABC 与新投影面 V_1 垂直，在 V_1 面上的投影为积聚性投影 $a'_1b'_1c'_1$。

图 3-10b 为作图过程：首先在平面内作水平线 AD 的两面投影 $a'd'$、ad；然后作 X_1 垂直于 ad，再按点的换面规律做出△ABC 三个顶点的新投影 a'_1、b'_1、c'_1，三点共线，即△ABC 在 V_1 面为积聚性投影，$a'_1b'_1c'_1$ 与 X_1 轴的夹角 α 为△ABC 对 H 面的倾角。

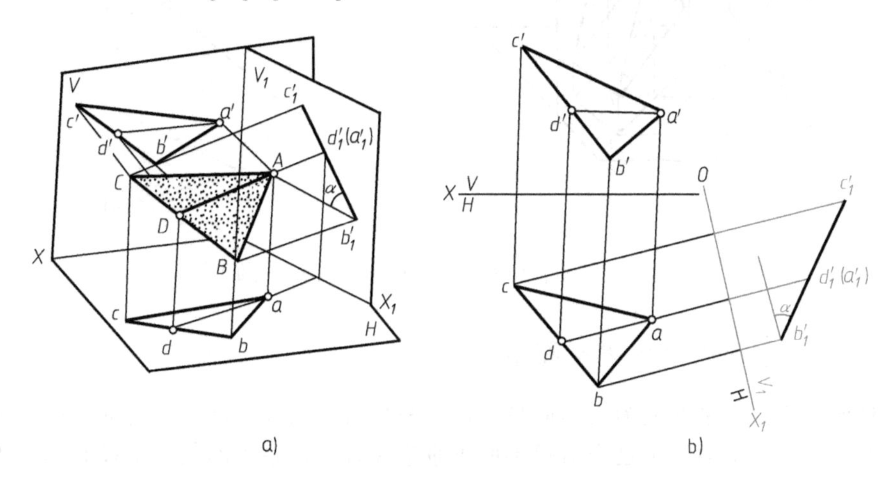

图 3-10　平面的一次换面——换 V 面求 α 角

此外，还可用同样的方法更换 H 面，使△ABC 成为新投影面 H_1 的垂直面，如图 3-11 所示。作图过程为：首先在平面内作正平线 AM（am，$a'm'$），然后作 X_1 垂直于 $a'm'$，最后按照点的换面规律做出新投影 $b_1a_1c_1$，$b_1a_1c_1$ 与 X_1 轴的夹角 β 为△ABC 对 V 面的倾角。

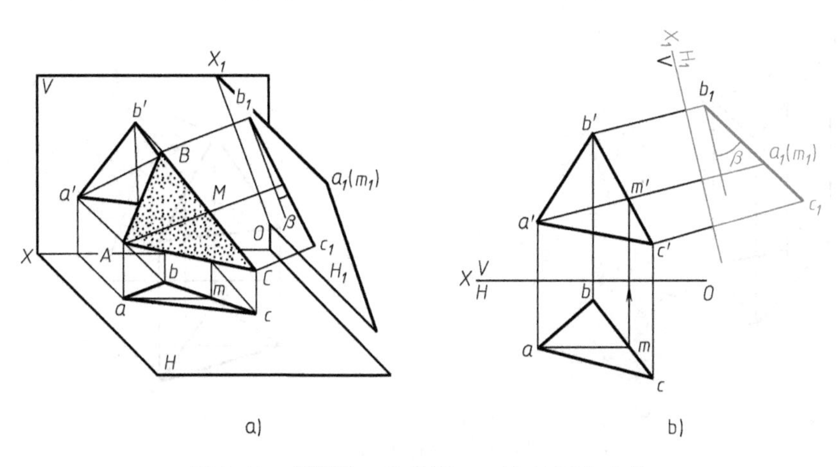

图 3-11　平面的一次换面——换 H 面求 β 角

二、投影面垂直面变为投影面平行面

如图 3-12a 所示，△DEF 为一铅垂面，设置一新投影面 V_1 与△DEF 平行，则 V_1 和 H 面垂直而构成二面系 V_1-H，因而，△DEF 在 V_1-H 二面系中就成为投影面 V_1 的平行面。作图过程如图 3-12b 所示：作 X_1 轴平行于 edf，按点的换面规律求出 d'_1、e'_1、f'_1，连接此三点，则△$d'_1e'_1f'_1$即为△ABC 在 V_1 面上的新投影，亦即△ABC 的实形。

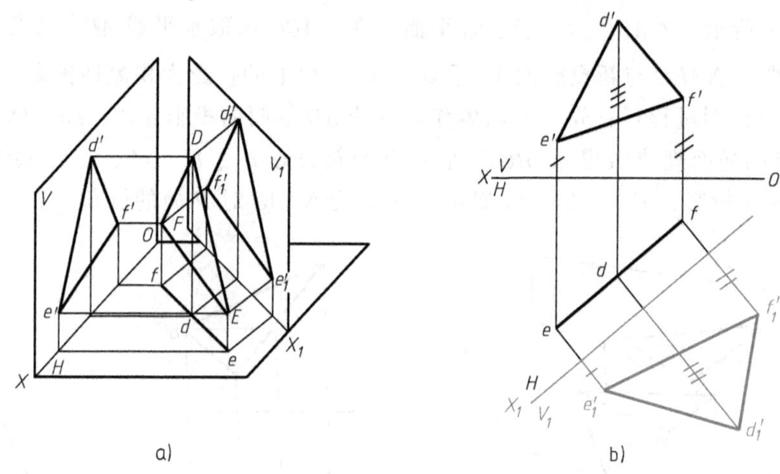

图 3-12 投影面垂直面变换为投影面平行面

三、一般位置平面变为投影面平行面

如果要把一般位置平面变为投影面平行面，只更换一次投影面是不行的，因为若取新投影面平行于一般位置平面，则这个新投影面不垂直原投影体系中的任一个投影面，因此，不能构成垂直的两面投影体系。

由以上分析可知，把一般位置平面变为投影面平行面，需要两个步骤：

1）把一般位置平面变为投影面垂直面。

2）把投影面垂直面换为投影面平行面。其具体作图过程如图 3-13 所示。

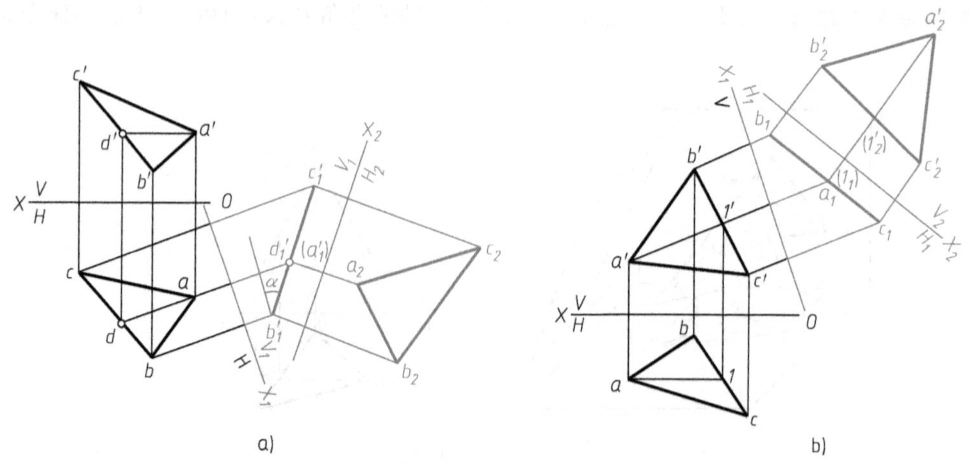

图 3-13 平面的二次换面

a）先换 V 面，后换 H 面 b）先换 H 面，后换 V 面

第五节　空间几何问题综合分析

用换面法将一般位置的平面或直线变换为特殊位置的平面或直线，利用特殊位置的平面或直线的投影的特殊性，问题将会得到大大简化。换面法在较为复杂的空间关系中更能体现其优势。下面的问题将以换面法为主、综合法为辅的方式来进行解答，一方面使二者得以比较，另一方面可加强用换面法解题的能力。

例 3-1　如图 3-14a 所示，试求直线 AB 对 H 面、V 面的倾角及实长。

解　AB 为一般位置直线，用换面法求解。

具体作图方法如图 3-14b 所示。

1）首先在原投影体系中设置新投影面 V_1，使 AB 在 V_1-H 体系中成为 V_1 面的平行线，则 $a'_1b'_1$ 为实长，α 角为 AB 对 H 面倾角。

2）在原投影体系中设置新投影面 H_1，使 AB 在 V-H_1 体系中成为 H_1 面的平行线，则 a_1b_1 为实长，β 为 AB 对 V 面的倾角。$a'_1b'_1$ 和 a_1b_1 应相等。

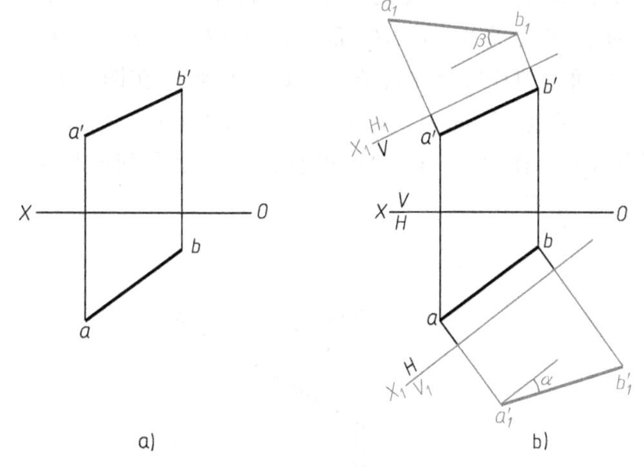

图 3-14　换面法求一般位置直线倾角、实长

例 3-2　如图 3-15 所示，试求一般位置平面△ABC 对 V 面的倾角 β 及△ABC 实形。

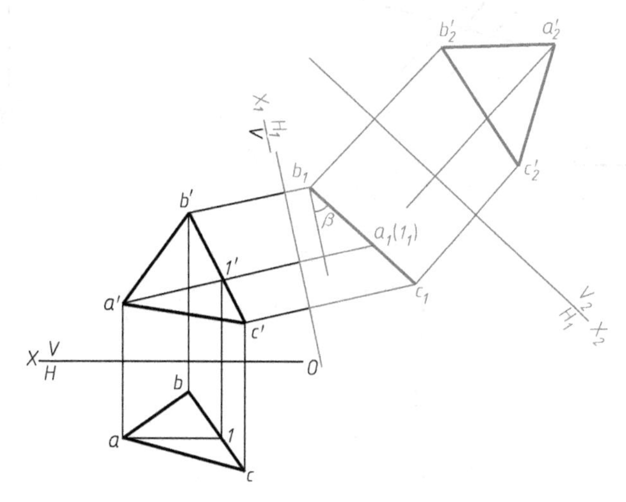

图 3-15　换面法求一般位置平面倾角、实形

解　前面用最大斜度线和直角三角形法解决这类问题，现在用换面法来求解。

具体作图过程如图 3-15 所示。

1）首先进行一次换面，得新投影体系 $V\text{-}H_1$，并使△ABC 在 $V\text{-}H_1$ 中成为 H_1 面的垂直面，图中 β 即为△ABC 对 V 面的倾角。

2）在 $V\text{-}H_1$ 基础上进行二次换面，得 $V_2\text{-}H_1$ 投影体系，并使△ABC 在 $V_2\text{-}H_1$ 中成为 V_2 面的平行面，则在 V_2 面上反映△ABC 的实形，即△$a'_2b'_2c'_2$，各边长度即为△ABC 各边实长。

例 3-3 已知交叉两直线 AB 与 CD，试作其公垂线，如图 3-16 所示。

解 换面法如图 3-17 所示。

AB、CD 为一般位置交叉直线，若经二次换面使 $AB \perp H_2$ 面，则公垂线 $ST /\!/ H_2$ 面（图 3-17a），并且 CD、ST 在 H 面上的投影反映直角，故此题可解。在图 3-17b 中，设置 X_1 轴 $/\!/ ab$，X_2 轴 $\perp a'_1b'_1$，自 $b_2(a_2)$ 引 c_2d_2 的垂线 s_2t_2，作 $s'_1t'_1 /\!/ X_2$ 轴；再将 s'_1、t'_1 返回到原投影中，$s't'$、st 即为所求。

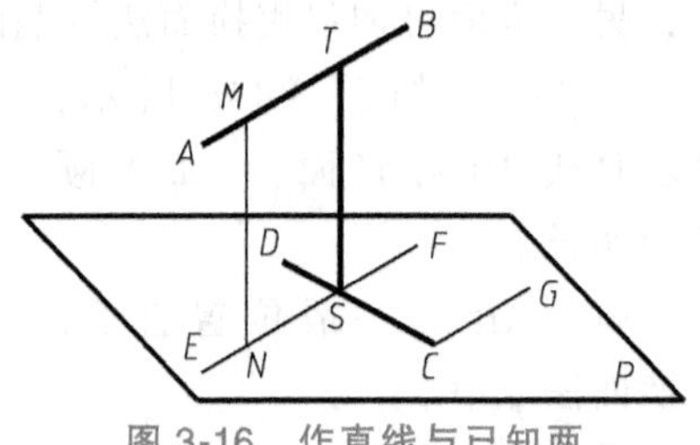

图 3-16 作直线与已知两交叉直线垂直相交

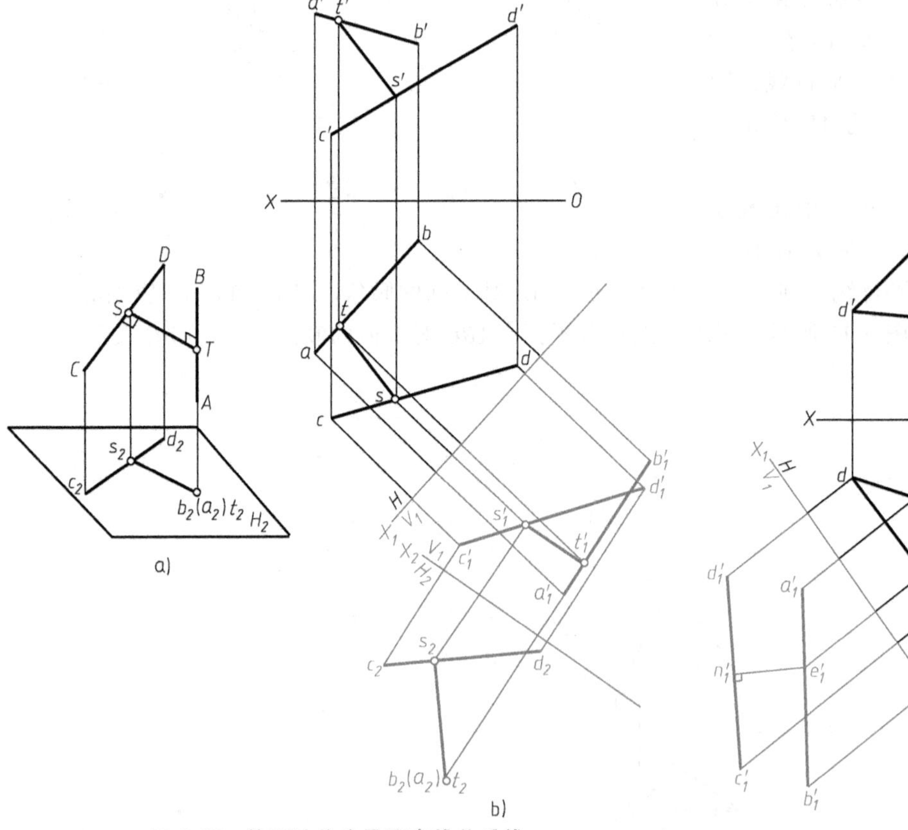

图 3-17 换面法作交叉两直线公垂线

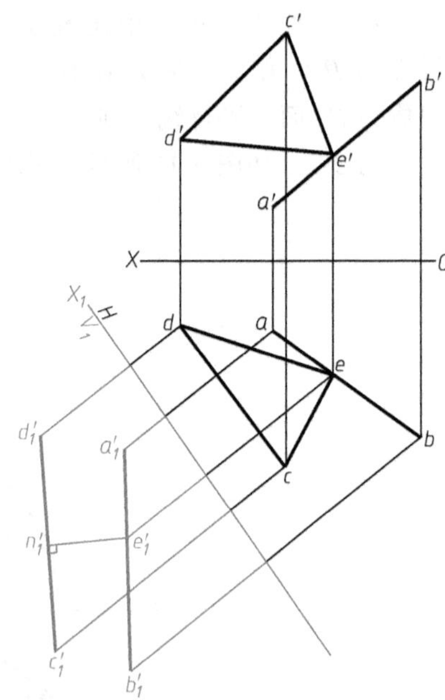

图 3-18 换面法解题

例 3-4 已知 AB、CD 两直线段，试在 AB 上找一点 E，作一以 CD 为底的等腰三角形 ECD。

解 换面法如图 3-18 所示。

1）设置 X_1 轴，使 X_1 轴$//cd$，将 CD 换面为投影面平行线。

2）过 $c'_1d'_1$ 中点 n'_1 作 $c'_1d'_1$ 的垂线交 $a'_1b'_1$ 于 e'_1 点。

3）按换面规律，做出 e、e'。

4）连接 ECD（ecd，$e'c'd'$）即为所求等腰三角形。

例 3-5　如图 3-19a 所示，求$\triangle ABC$ 与$\triangle ABD$ 所夹锐角。

解　欲求两面夹角，只要将两平面同时变换为某一投影面垂直面，则两平面积聚性投影的夹角即为两面夹角。在本题中，AB 为两平面交线，如果将 AB 换为 H_2 面的垂线，则$\triangle ABC$ 和$\triangle ABD$ 即为 H_2 面的垂直面。解题如图 3-19b 所示，经过两次换面，将一般位置直线 AB 换面为投影面垂直线 $b_2(a_2)$，则 b_2c_2、b_2d_2 所夹锐角 φ 即为所求。

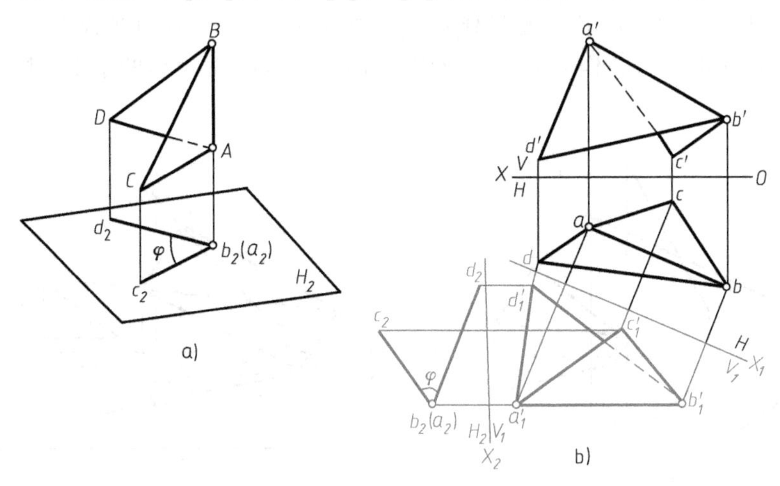

图 3-19　求两平面的夹角

例 3-6　求点 S 到直线 AB 的距离，如图 3-20a 所示。

解　如果将 AB 换面为 H_2 面垂直线，则过点 S 到 AB 的垂线必为 H_2 面平行线，且在该

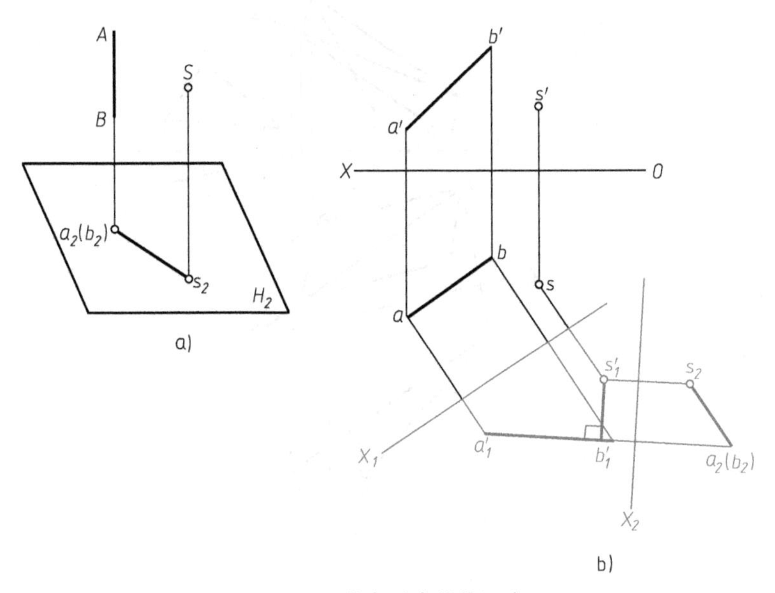

图 3-20　求点到直线的距离

面上投影能够反映垂线的实长。

作图如图 3-20b 所示，经过两次换面，将 AB 换面为投影面垂线 $a_2(b_2)$，则 s_2a_2 即为距离的实长。

例 3-7 试完成矩形 $ABCD$ 的两面投影，已知 AB 平行于△EFG，B、C 点分别属于 MN、AS（图 3-21a）。

解 1）过 A 作△EFG 的平行线交 MN 于 B，得矩形的 AB 边（图 3-21b）。

2）过 B 作 AB 的垂线交 AS 于 C，得矩形 BC 边（矩形邻边垂直）。

3）根据 AB、BC 做出其对边 CD、AD。

在图 3-21c 中，过 a 作△EFG 积聚性投影性 efg 的平行线交 mn 于 b，在 $m'n'$上确定 b'；使 X_1 轴$//ab$，做出 $a'_1b'_1$，$a'_1s'_1$；过 b'_1作 $a'_1b'_1$的垂线交 $a'_1s'_1$于 c'_1(直角投影定理)；在 as、$a's'$上确定 c、c'；连接 b、c，作 $cd//ab$、$ad//bc$，四边形 $abcd$ 为矩形的水平投影。同理可做出其正面投影。

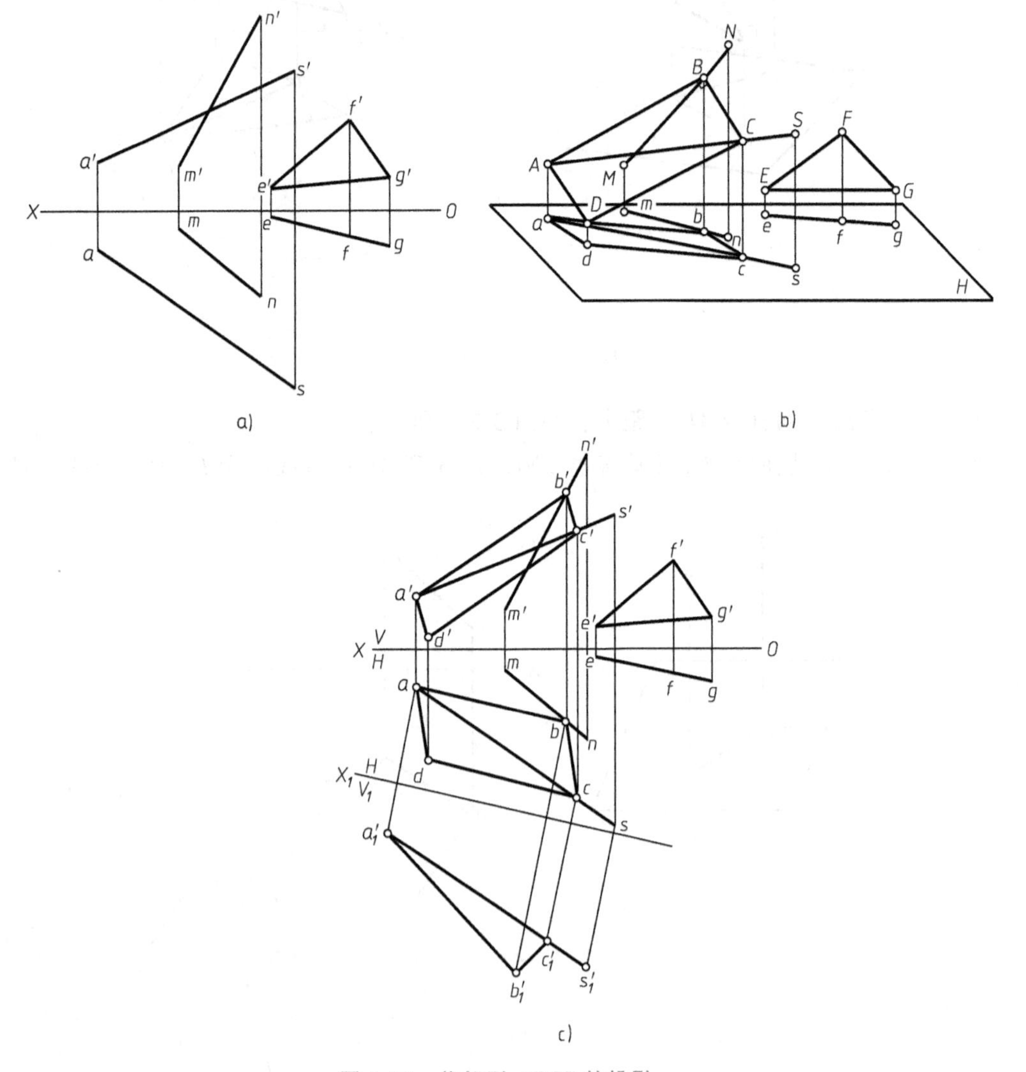

图 3-21 作矩形 $ABCD$ 的投影

第四章

立体及其表面交线的投影

组成机器的零件，不论其结构形状多么复杂，一般都可以看成是由一些形状简单的基本几何体（简称基本立体）按一定方式组合而成的。因此，在研究复杂物体的投影时，首先应该研究这些基本立体的投影。

根据其表面的几何性质，基本立体分为平面立体和曲面立体两类：

平面立体——由若干平面围成的立体，如棱柱、棱锥。

曲面立体——由曲面或曲面与平面围成的立体。最常见的曲面立体是回转体，如圆柱、圆锥、圆球和圆环。

第一节　平面立体的投影

平面立体的投影

由于平面立体的表面均为平面，因此，绘制平面立体的投影图可归结为绘制各表面的投影，并判断可见性。

一、棱柱

由两个相互平行的多边形底面和若干个侧面围成的立体称为棱柱，两侧面的交线称为棱线，棱线与底面均垂直的棱柱称为直棱柱，底面为正多边形的直棱柱称为正棱柱，如正三棱柱、正六棱柱等。

1. 棱柱的投影及三视图的形成

画棱柱的投影图时，首先应使棱柱的底面、侧面、侧棱处于与投影面平行或垂直的位置，以便简化作图；其次尽量使棱线或表面可见。画出各顶点的投影，然后依次连接它们的同面投影，连接的同时注意判别棱线的可见性，最后得到棱柱的三面投影图。

根据《技术制图　通用术语》有关标准和规定，用正投影法绘制出的物体的图形称为视图。正面投影称为主视图，水平投影称为俯视图，侧面投影称为左视图，如图 4-1 所示。由于物体在投影面上的投影与物体到投影面的距离无关，故作图时投影轴省略不画。

由图 4-1b 可知：

主视图反映物体的左右和上下的位置关系，即反映物体的长和高。

俯视图反映物体的左右和前后的位置关系，即反映物体的长和宽。

左视图反映物体的上下和前后的位置关系，即反映物体的高和宽。

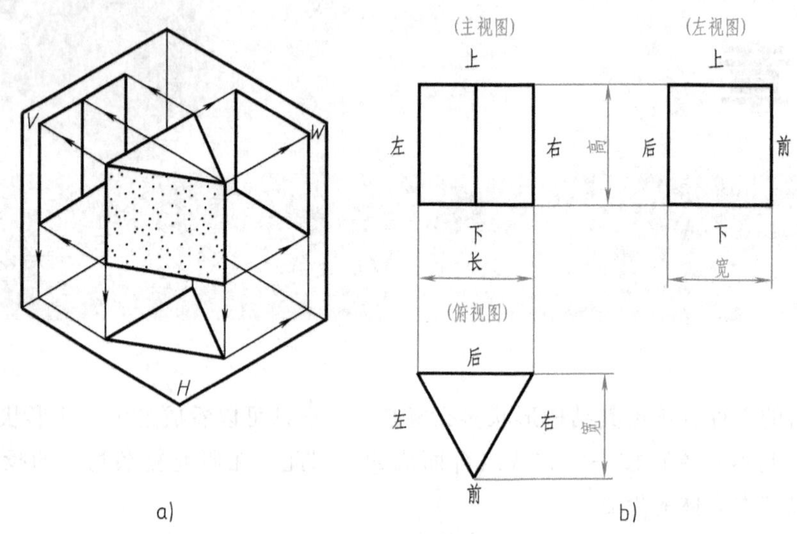

图 4-1 三视图的形成

由此可得到物体三视图的投影规律：主、俯视图“长对正”，主、左视图“高平齐”，俯、左视图“宽相等”。此规律简称“三等”规律，是画图和读图的基本规律。

例 4-1 图 4-2a 所示为一正六棱柱的直观图，画其三视图。

视图形成与分析：图 4-2a 所示的正六棱柱，上、下底面为水平面，水平投影反映实形并重合为一正六边形，正面投影和侧面投影积聚成直线段；前后两个侧面为正平面，正面投影反映实形并重合，侧面投影分别积聚成直线段；其余四个侧面为铅垂面，水平投影积聚成四条直线段，正面投影和侧面投影均为矩形。

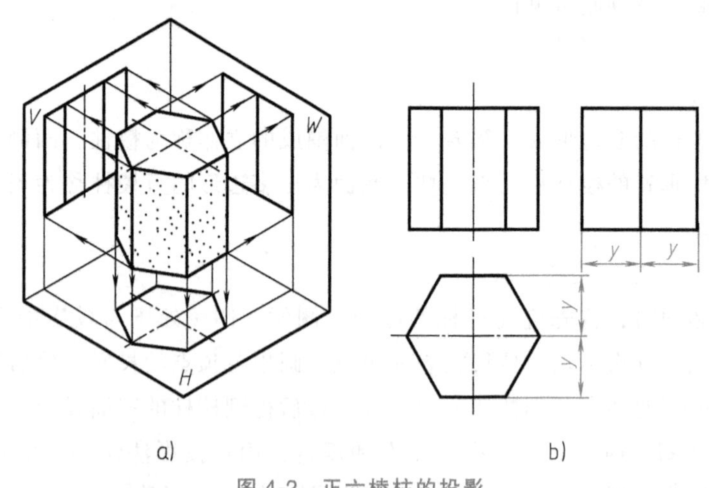

图 4-2 正六棱柱的投影

作图：如图 4-2b 所示，先画出三视图的作图基准线，再根据以上分析画出棱柱积聚为正六边形的俯视图，然后根据“三等”规律画出其主视图和左视图。

判别可见性：作图时，注意判别各表面或棱线的可见性，当表面可见，则其上的点、线的投影可见；当棱线可见，则其上的点的投影可见。把可见棱线的投影画成粗实线，不可见棱线的投影画成细虚线。当可见棱线的投影与其他图线重合时，应画成粗实线。

2. 棱柱表面上取点

在棱柱表面上取点，首先判断该点在哪个表面上。若点所在的表面为特殊位置平面，则利用其积聚性直接求点；若点所在的表面为一般位置平面，则利用平面内取点的原理求出点的其他投影。投影的可见性取决于该点所在表面的投影的可见性。

例如，已知正六棱柱表面上点 A 的正面投影 a'，求其水平投影和侧面投影，如图 4-3 所示。

由于点 A 的正面投影可见，所以点 A 必定在左前方的侧面上，而该侧面为铅垂面，因此，根据投影关系及该侧面的积聚性直接求出 a 和 a''。由于左前方侧面的侧面投影可见，所以 a''也可见。

又如，已知点 B 的正面投影 b'，求 b 和 b''。由于 b'不可见，所以点 B 必在后面的侧面上，该侧面为正平面，利用其积聚性可求出水平投影 b 和侧面投影 b''。

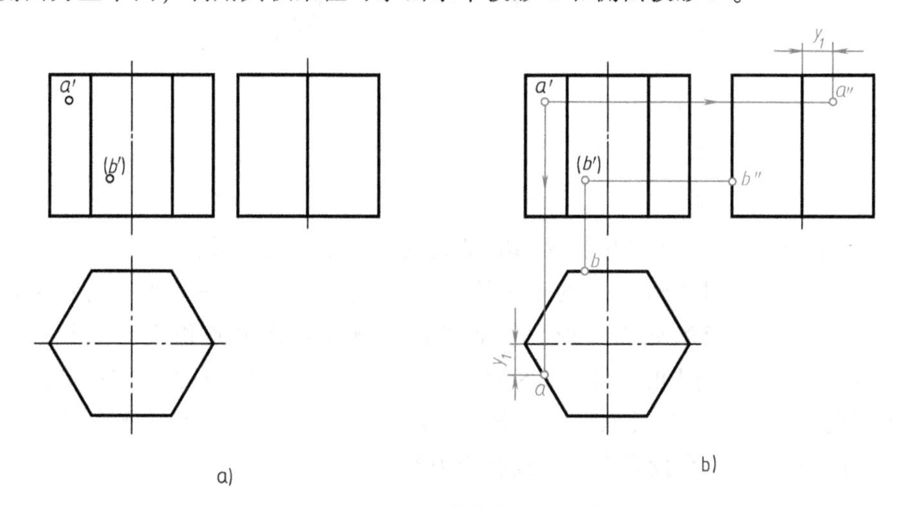

图 4-3　正六棱柱表面上取点

3. 棱柱表面上取线

在棱柱表面上取线，只要求出该段直线上两端点及该线与棱线的交点的投影，连接属于同一表面上的点的同面投影即可。投影的可见性取决于线段所在表面的投影的可见性。

如图 4-4a 所示，已知三棱柱表面上的折线 DEF 的正面投影 $d'e'f'$，求其水平投影和侧面投影。

由于 d'可见，故 D 点必在侧面 AA_0B_0B 上，此侧面的侧面投影不可见；E 点在棱线 BB_0 上，F 点在侧面 CC_0B_0B 上，如图 4-4b 所示。按上述求点的方法，可求出这三点的水平投影和侧面投影。由于三棱柱三个侧面的水平投影有积聚性，则折线 DEF 的水平投影也在此积聚性的投影上。DE 的侧面投影 $d''e''$不可见，画成细虚线；EF 的侧面投影 $e''f''$可见，画成粗实线，如图 4-4c 所示。

二、棱锥

由一个多边形的底面和几个具有公共顶点的三角形侧面围成的平面立体称为棱锥。当棱锥底面为正多边形，各侧面是全等的等腰三角形时，称为正棱锥，如正三棱锥、正四棱锥、正五棱锥等。

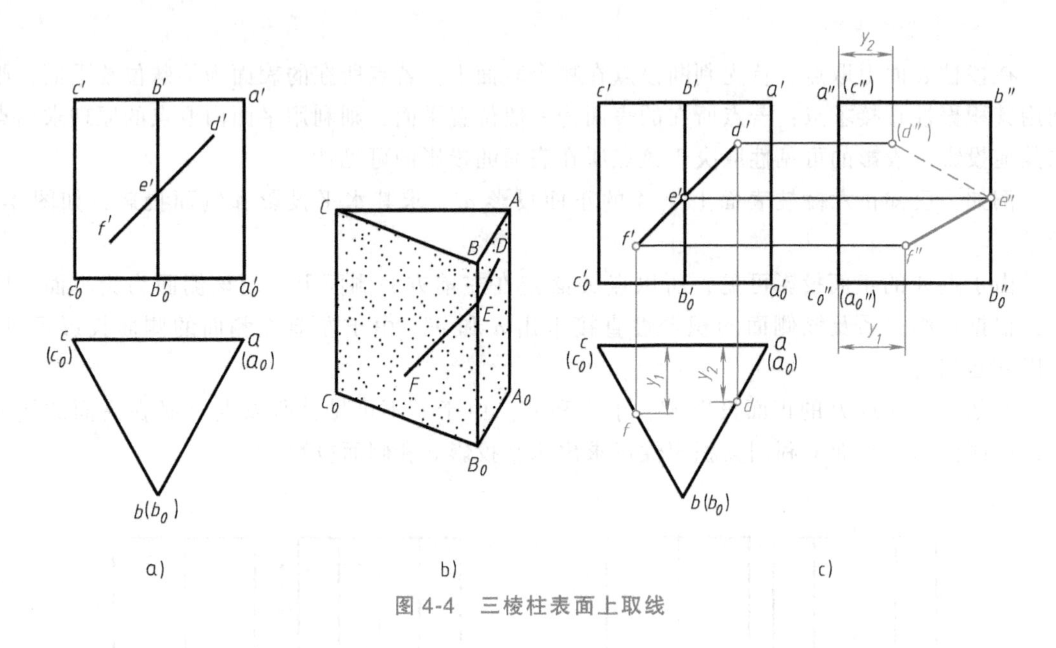

图 4-4 三棱柱表面上取线

1. 棱锥的三视图及画法

例 4-2 图 4-5a 所示为正三棱锥 *S-ABC* 的直观图，画其三视图。

视图形成与分析：图 4-5a 所示的正三棱锥 *S-ABC*，底面为正三角形，与水平投影面平行，其水平投影△*abc* 反映底面实形，正面投影和侧面投影分别积聚为直线段 *a′b′c′* 和 *a″*(*c″*)*b″*；*AC* 为侧垂线，因此，侧面△*SAC* 的侧面投影积聚为一直线 *s″a″*(*c″*)，水平投影△*sac* 和正面投影△*s′a′c′*均为类似形；而侧棱 *SB* 为侧平线，左、右两个侧面为一般位置平面且左右对称，它们在三个投影面上的投影均为类似形。

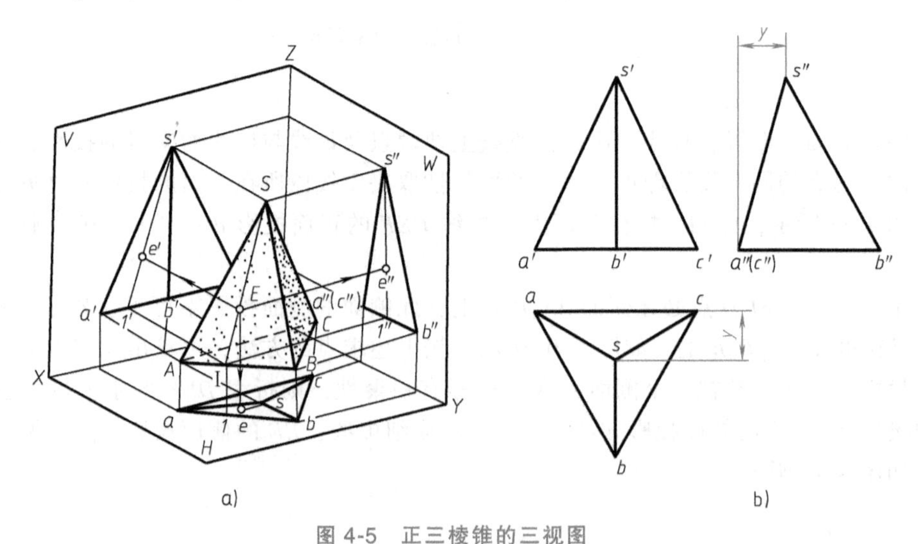

图 4-5 正三棱锥的三视图

作图：据以上分析，在画出基准线后，先画出底面和顶点的三面投影，然后分别连接棱线 *SA*、*SB*、*SC* 的同面投影，同时注意可见性判别，即完成正三棱锥的三视图，如图 4-5b 所示。

判别可见性：侧面△*SAB*、△*SBC* 处于前面，其正面投影、水平投影均可见；侧面△*SAB* 处于左侧，其侧面投影可见；侧面△*SBC* 处于右侧，其侧面投影不可见；底面△*ABC* 为水平面，其正面投影和侧面投影积聚为直线，水平投影不可见。

2. 棱锥表面上取点

（1）辅助线法　如图 4-6a 所示，已知 *E* 点的正面投影 *e*′，求其另两面投影 *e*、*e*″。

因 *e*′可见，故它是左前侧面 *SAB* 内的点，所以求 *E* 点的其他投影时，首先在 *SAB* 侧面上过 *E* 点作辅助直线（可以过 *E* 点和顶点 *S* 作辅助直线，也可以过 *E* 点作底边 *AB* 的平行线，作为辅助直线），求出水平投影 *e*，再求出侧面投影 *e*″，最后判别可见性，如图 4-6b 所示。

（2）利用积聚性　如图 4-6a 所示，已知 *F* 点的水平投影 *f*，求其另两面投影 *f*′、*f*″。

因 *f* 可见，故它是侧面 *SAC* 内的点，而 *SAC* 面为侧垂面，其侧面投影积聚为直线段，因此可直接根据 *Y* 坐标相等求出 *f*″，然后由 *f*、*f*″根据投影关系求出 *f*′。由于侧面 *SAC* 的正面投影不可见，因此 *f*′不可见，如图 4-6b 所示。

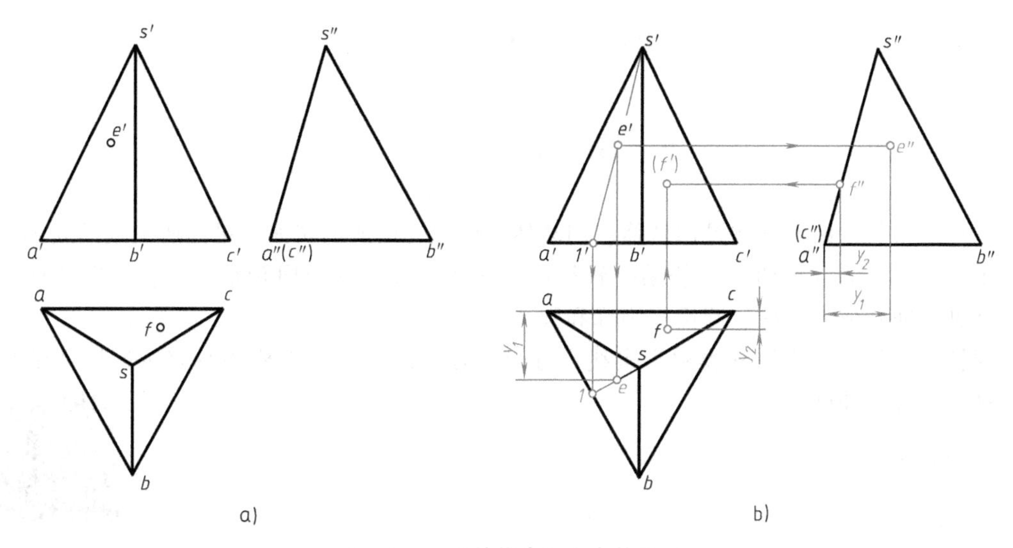

图 4-6　正三棱锥表面上点的投影

3. 棱锥表面上取直线

可分别求出直线上两点的投影，然后连接其同面投影即可。线的可见性取决于其所在侧面的可见性。

例 4-3　如图 4-7a 所示，已知正三棱锥表面上一折线 *RMN* 的正面投影 *r*′*m*′*n*′，求折线的另两面投影。

分析及作图：由于点 *R* 和 *N* 的正面投影可见，因此，点 *N* 和 *R* 分别在侧面 *SAB* 和侧面 *SBC* 上，如图 4-7b 所示。按照棱锥表面上取点的方法求出它们的水平投影 *n*、*r* 和侧面投影 *n*″、*r*″。点 *M* 在棱线 *SB* 上，因 *SB* 为侧平线，可先求出侧面投影 *m*″，然后再求出水平投影 *m*。由于三个侧面的水平投影均可见，所以水平投影 *rmn* 可见，画粗实线；*RM* 位于右侧面 *SBC* 上，侧面投影不可见，所以 *r*″*m*″画细虚线；*MN* 位于左侧面 *SAB* 上，侧面投影可见，故 *m*″*n*″画粗实线，如图 4-7c 所示。

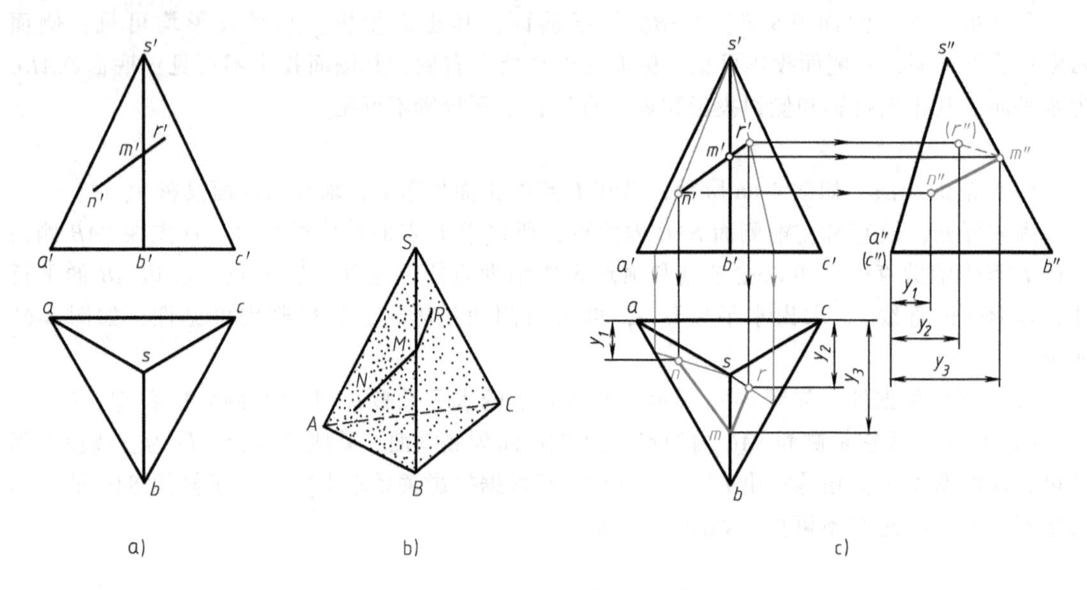

图 4-7 正三棱锥表面上取线

第二节 回转体的投影

工程上常见的曲面立体是回转体。回转体是由回转面或回转面与平面所围成的立体。回转面由一条线（直线或曲线）绕某一轴线旋转而成。轴线称为回转轴，旋转的动线称为母线。常见的回转体有圆柱、圆锥、圆球和圆环。

回转体上任一位置的母线称为素线；母线上各点的运动轨迹皆为垂直于回转体轴线的圆，这些圆称为纬圆。

一、圆柱

圆柱的投影

1. 形成

圆柱由圆柱面和顶圆平面、底圆平面围成。圆柱面可看作是一条直线（即母线）AA_0 绕与它平行的轴线 OO_1 旋转而成，如图 4-8a 所示。圆柱面上所有素线都与回转轴 OO_1 平行。

2. 圆柱的三视图

图 4-8b 所示为轴线处于铅垂位置时圆柱的直观图，画其三视图。

分析：

1）圆柱的顶圆、底圆平面为水平面，其水平投影反映实形且重合；正面投影和侧面投影均积聚为垂直于相应回转轴的直线 $a'c'(d')b'$、$a'_0c'_0(d'_0)b'_0$和 $d''a''(b'')c''$、$d''_0a''_0(b''_0)c''_0$，且长度等于顶圆、底圆的直径。

2）圆柱面为铅垂面，其水平投影积聚为一圆，与顶圆、底圆的水平投影圆相重合。

3）圆柱的正面投影是矩形 $a'b'b'_0a'_0$，其中 $a'b'$、$a'_0b'_0$是圆柱顶圆、底圆的积聚性投影，$a'a'_0$、$b'b'_0$是圆柱面最左、最右两条素线（AA_0、BB_0）的投影。这两条素线称为正视转向

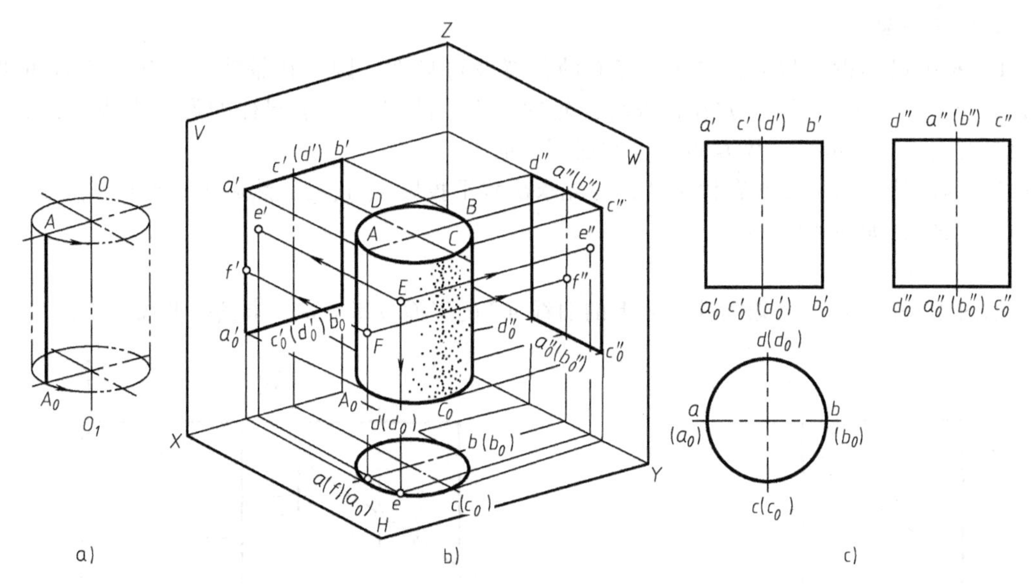

图 4-8　圆柱的三视图

轮廓线，是主视图可见与不可见部分（即前、后半个圆柱面）的分界线。

4）圆柱的侧面投影是矩形 $d''c''c''_0d''_0$，其中 $d''c''$、$d''_0c''_0$是圆柱顶面、底面的积聚性投影，$c''c''_0$、$d''d''_0$是圆柱面最前、最后两条素线（CC_0、DD_0）的投影。这两条素线称为左视转向轮廓线，是左视图可见与不可见部分（即左、右半个圆柱面）的分界线。

作图：如图 4-8c 所示，先用细点画线画出投影为圆的中心线和其他两视图的轴线，然后画积聚为圆的俯视图，再按投影关系画出投影为矩形的其他两视图。

3. 圆柱表面上取点

图 4-8 中圆柱面的水平投影具有积聚性，顶圆、底圆平面的正面和侧面投影有积聚性，因此，在此圆柱表面上取点时，可利用积聚性投影作图，并判别可见性。

例 4-4　如图 4-9a 所示，已知圆柱表面上的点 E、F、G 的正面投影 e'、f'、(g')，求其另两面投影。

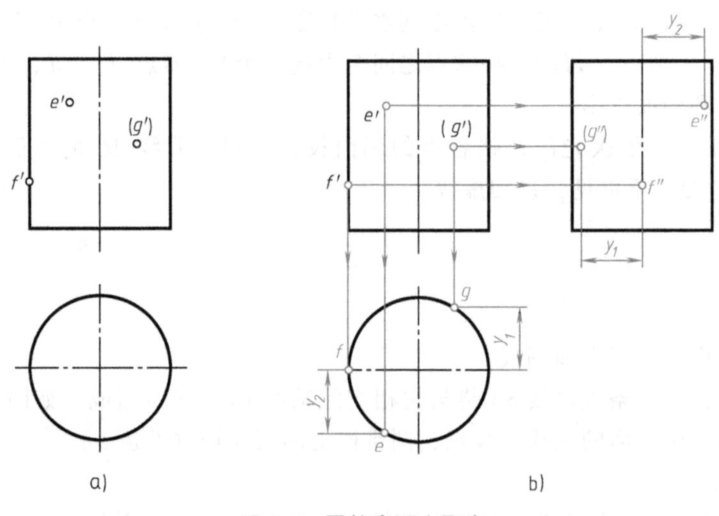

图 4-9　圆柱表面上取点

分析及作图：

1）根据已知投影判断点在圆柱表面的位置及可见性。因 e' 在轴线的左边，而且可见，故 E 点位于左前圆柱面上；f' 在正视转向轮廓线上，故 F 点位于圆柱的最左素线上；(g') 在轴线右边，且不可见，故 G 点位于右后圆柱面上。

2）因圆柱的水平投影有积聚性，故先求出水平投影 e、f、g，然后再根据投影关系求出 e''、f''、(g'')，如图 4-9b 所示。

4. 圆柱表面上取线

如图 4-10a 所示，已知圆柱表面上的曲线 AC 的正面投影 $a'c'$，求其另两面投影。

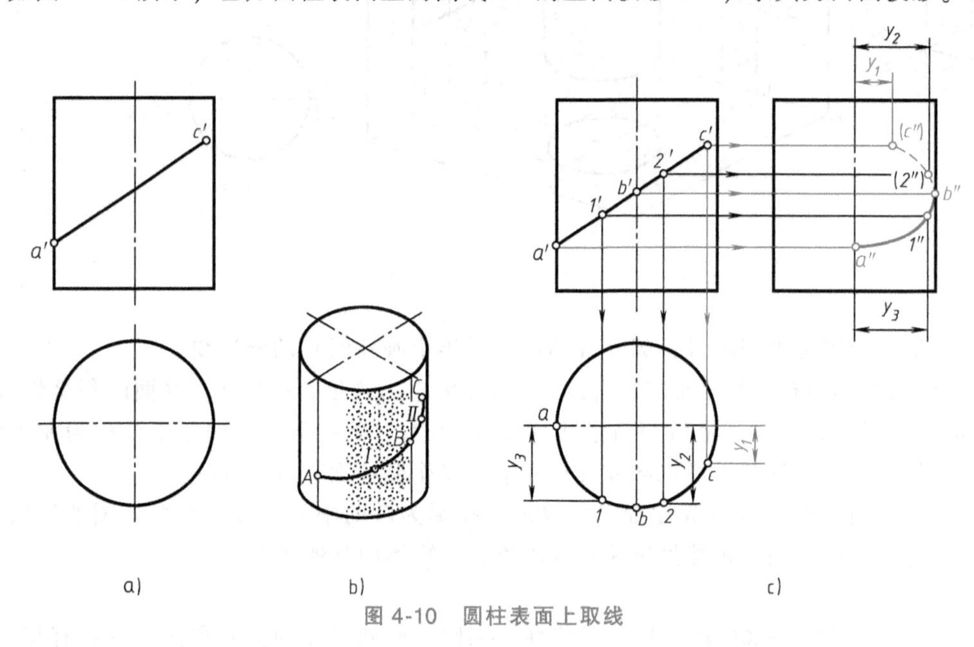

图 4-10 圆柱表面上取线

分析及作图：其作图步骤如图 4-10b、c 所示。

1）由于 AC 为曲线，故不能直接求 a''、c'' 连线，需找中间点。

2）求特殊点（即曲线上处于最上、最下、最左、最右、最前、最后的点或与转向轮廓线的交点），如点 A、B、C，可直接求出其水平投影 a、b、c 和侧面投影 a''、b''、c''。

3）选取几个一般点（每两个特殊点之间至少选一个），如点 Ⅰ、Ⅱ，据“三等”规律求出其水平投影和侧面投影。

4）判别可见性，依次光滑连接各点的侧面投影，即得曲线 AC 的侧面投影。$a''1''b''$ 可见，连粗实线；$b''2''c''$ 不可见，连细虚线。

二、圆锥

圆锥的投影

1. 形成

圆锥由圆锥面和底圆平面围成。

圆锥面可看作是一条直母线 SA 绕与它相交的轴线 OO_1 旋转而成，如图 4-11a 所示。任一位置的母线称为圆锥面的素线，显然，圆锥面上的素线均过锥顶 S。

2. 圆锥的三视图

图 4-11b 所示为轴线处于铅垂位置时圆锥的直观图，画其三视图。

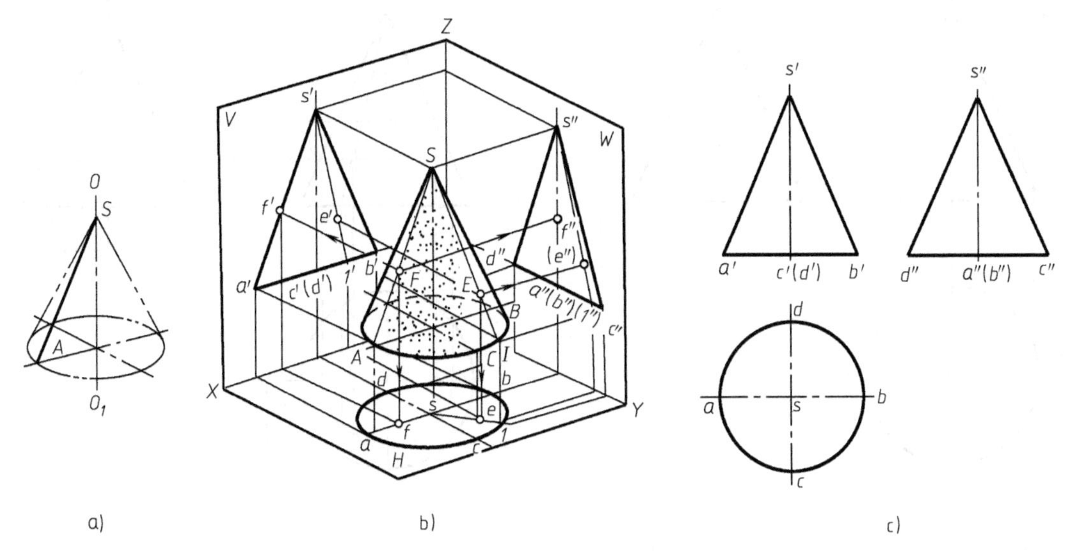

图 4-11　圆锥的三视图

分析：

1）圆锥的底圆为水平面，其水平投影反映实形，正面投影和侧面投影均积聚为直线，直线的长度等于底圆的直径。

2）圆锥面的水平投影为圆，与圆锥底圆平面的水平投影重合，而且可见。

3）圆锥面的正面投影是等腰三角形 $s'a'b'$，它表示前、后半锥面重合的投影。其中，两腰（$s'a'$、$s'b'$）是圆锥面的正视转向轮廓线的正面投影，也是前半（可见部分）与后半（不可见部分）圆锥面的分界线。

4）圆锥面的侧面投影是等腰三角形 $s''c''d''$，它表示左、右半圆锥面重合的投影，其中两腰（$s''c''$、$s''d''$）是圆锥面的左视转向轮廓线的侧面投影，也是左半（可见部分）与右半（不可见部分）圆锥面的分界线。

作图：画轴线处于特殊位置的圆锥投影图时，先用细点画线画出回转轴线和圆的对称中心线的各投影；然后画出圆锥投影为圆的视图；再根据投影关系画出圆锥的另两个视图（为相同的等腰三角形），如图 4-11c 所示。

3. 圆锥表面上取点

如图 4-12a 所示，已知锥面上 E、F 点的正面投影 e'、f'，求其另两面投影。

由于圆锥面的三面投影均无积聚性，在求圆锥面上点的投影时，可根据圆锥面的形成特性，利用辅助线作图，作辅助线的方法有两种：

（1）辅助素线法　过已知点在锥面上作一条辅助素线，求出该素线的各面投影，则已知点的投影应在辅助素线的同面投影上。图 4-12b 中，连接 $s'e'$ 并延长与圆锥底面的正面投影交于 $1'$，求出其水平投影 $s1$，自 e' 引投射线交 $s1$ 于 e 点，则 e 即 E 点的水平投影。然后再根据 e 求出 e''。

（2）辅助纬圆法　过已知点在圆锥面上作一辅助圆（纬圆），则已知点的投影应在纬圆的同面投影上。如图 4-12b 所示，先过 e' 作水平线 $2'3'$，即纬圆的正面投影，$2'3'$ 长度为该纬圆的直径；以顶点 S 的水平投影 s 为圆心，$2'3'$ 为直径画圆即辅助纬圆的水平投影；由 e'

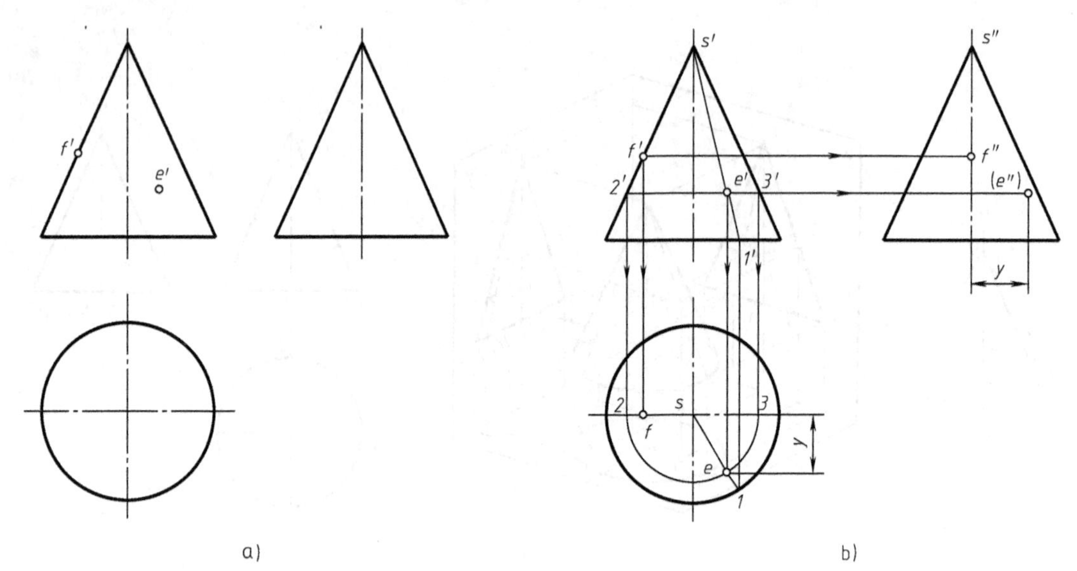

图 4-12 圆锥表面上取点

向下作垂线与纬圆交于点 e，再由 e'和 e 求出（e''）。

由于点 F 在最左素线上，为圆锥面上特殊位置的点，则由 f'根据“三等”规律可直接求出 f 和 f''，且均为可见。

4. 圆锥表面上取线

可先取属于线上的特殊点，再取属于线上的一些一般点。经判别可见性后，再顺次连接各点的同面投影即为所求。

如图 4-13a 所示，已知圆锥表面上过锥顶的直线 SA、曲线 $ABCD$ 和水平圆弧 DE 的正面投影 $s'a'$、$a'b'c'd'$、$d'e'$，求该线的其他两投影。

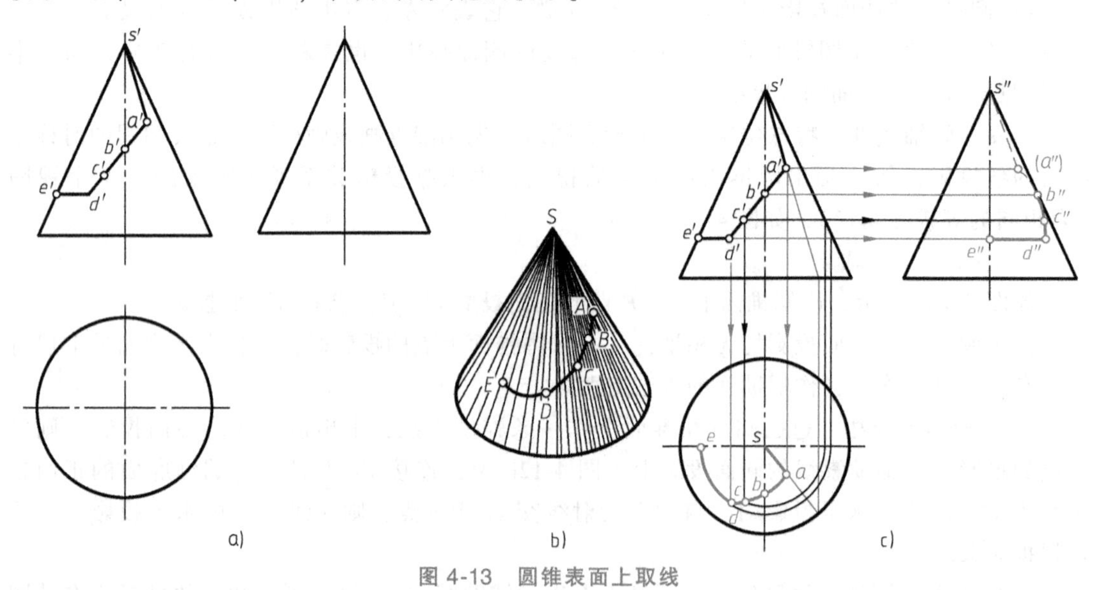

图 4-13 圆锥表面上取线

作图：其作图步骤如图 4-13c 所示。

1）因 SA 过锥顶，所以其三面投影都是直线，用辅助素线法可求得 sa 和 $s''a''$。

2）点 B 是圆锥最前素线上的点，其侧面投影必在圆锥面的左视转向轮廓素线上，由 b' 直接求出 b''，再由 b'和 b''求得 b。

3）C、D 两点为一般点，可用辅助圆法或辅助素线法求出它们的水平投影 c、d，再由 c'、d'和 c、d 求得 c''、d''。

4）$d'e'$是一段水平线，故 DE 是圆锥面上平行于底圆的一段圆弧，其水平投影反映实形，侧面投影为一水平直线。

5）判别可见性并连线。圆锥面上三段线的水平投影均可见，所以都画成粗实线；侧面投影中，因 E、C、D 在左半锥面上，均可见，而点 B 是曲线侧面投影可见与不可见的分界点，所以 $b''c''d''e''$画成粗实线。点 A 在右半圆锥面上，则其侧面投影 a''不可见，所以 $s''a''$及曲线 $a''b''$部分画成细虚线。

三、圆球

1. 形成

圆球由圆球面围成，如图 4-14a 所示，圆球面可看作由一半圆母线绕其直径旋转而成。

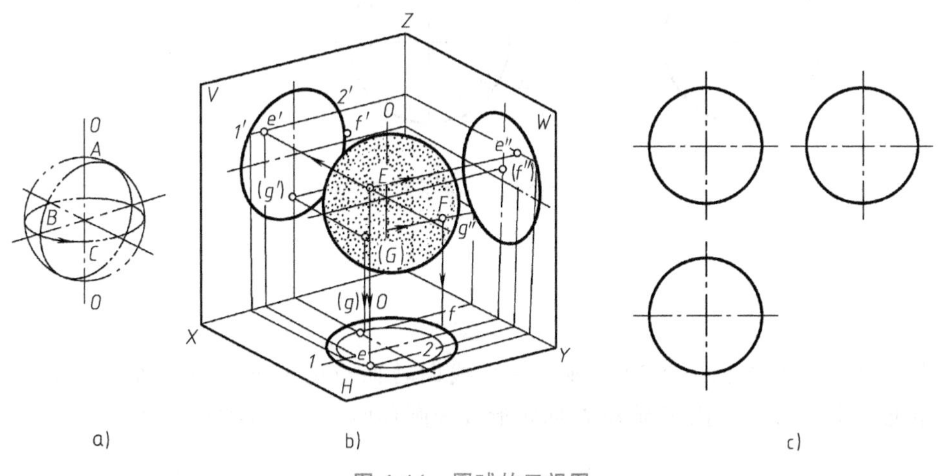

图 4-14 圆球的三视图

2. 圆球的三视图

图 4-14b 所示为圆球的直观图，画其三视图。

圆球的三个视图均为与圆球直径相等的圆。主视图用圆球面上最大的正平圆的投影表示；俯视图用圆球面上最大的水平圆的投影表示；左视图用圆球面上最大的侧平圆的投影表示。这三个圆分别是圆球相对于 V、H、W 面的转向轮廓线，即投影时圆球面可见与不可见两个半球面的分界线。

3. 圆球面上取点

由于圆球的三个视图均无积聚性，所以在圆球表面上取点，除特殊点可以直接求出外，其余处于一般位置的点，都需用辅助圆法作图，并判别可见性。

与图 4-14b 相对应，如图 4-15a 所示，已知圆球表面上的点 E、F、G 的正面投影 e'、f'、(g')，求其另两面投影。

作图：其作图步骤如图 4-15b 所示。

1）求 e、e''：由于 e' 可见，且为圆球面上一般位置点，故可作辅助圆（正平圆、水平圆或侧平圆）求解。如过 e' 作水平线与圆球正面投影（圆）交于点 $1'$、$2'$，以 $1'2'$ 为直径在水平投影上作水平圆，则点 E 的水平投影 e 必在该圆上，再由 e、e' 求出 e''。因点 E 位于上半圆球面上，故 e 为可见，又因点 E 在左半圆球面上，故 e'' 也为可见。

2）求 f、f'' 和 g、g''：由于点 F、G 是圆球面上特殊位置的点，故可直接根据投影关系求出。因点 F 位于上、右 1/4 球面上，故 f 可见，(f'') 不可见；而点 G 位于下半球的左右对称面上，故 (g) 不可见，g'' 可见。

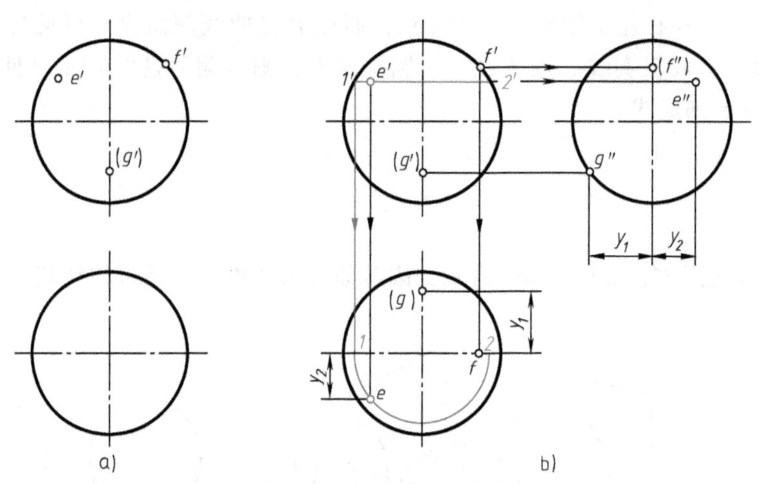

图 4-15　圆球表面上取点

四、圆环

1. 形成

一母线圆绕与其共面但不通过圆心的直线回转而成的曲面叫圆环面。其中，外半圆 BAD 回转形成外圆环面，内半圆 BCD 回转形成内圆环面，如图 4-16a 所示。

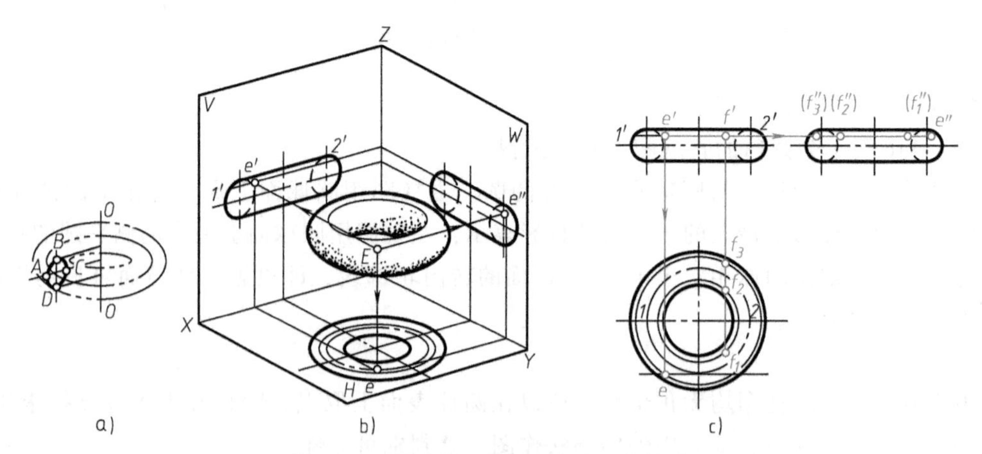

图 4-16　圆环的三视图及其表面上取点

2. 圆环的三视图

图 4-16b 所示为轴线处于铅垂线位置时的圆环直观图，画其三视图。

1）俯视图为三个同心圆，其中细点画线圆是母线圆圆心轨迹的投影；内外粗实线圆是圆环面上最小、最大纬线圆的投影，也是俯视转向轮廓线（环面的上、下环面分界线）的水平投影。

2）主视图上的两个小圆是圆环最左、最右两条素线圆的正面投影。由于内环面的正面投影不可见，故画成细虚线。与两小圆相切的水平直线是圆环内外环面的分界线的投影。

3）左视图上的两个小圆是圆环最前、最后两条素线圆的侧面投影。

3. 圆环表面上取点

在圆环表面上取点，需用辅助圆法作图求解。

如图 4-16c 所示，已知圆环表面上的点 E、F 的正面投影 e'、(f')，求其另两面投影。

1）求 e、e''：先过 E 点作一水平辅助圆，该圆的正面投影为过 e'的直线 $1'2'$。水平投影为一直径等于 $1'2'$的圆，则 e 必在此圆周上，故由 e'可求出 e，再由 e'、e 可求出 e''。由于 e'可见，且点 E 位于上半外环面上，故 e 为可见。又因点 E 在左半外环面上，故 e''也为可见。

2）求 f、f''：由于（f'）不可见，则过点 F 可有内外环面上的两条纬线圆，即点 F 可能在内环面（前或后）或后半外环面上，故共三个解。点 F 的水平投影可为 f_1 或 f_2 或 f_3，因为点 F 在上半个圆环面上，故为可见；侧面投影可为（f''_1）或（f''_2）或（f''_3），因为点 F 在右半个环面上，故为不可见。

第三节　平面与立体相交

在机器零件上，有些部分的形状可看作立体被平面截切的结果，该平面称为截平面，截平面与立体表面产生的交线称为截交线。由截交线围成的平面图形称为截断面，如图 4-17 所示。

截交线具有如下性质：

（1）共有性　截交线是截平面与立体表面的共有线，截交线上的点均为截平面与立体表面的共有点。

（2）封闭性　截交线所围成的图形是封闭的平面图形。

平面与立体相交所得截交线的形状取决于立体的几何性质及其与截平面的相对位置，通常由平面折线、平面曲线或平面曲线与直线组成。

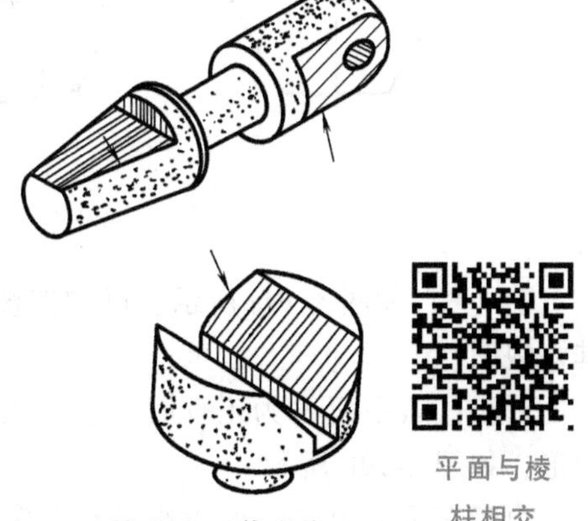

图 4-17　截交线

平面与棱柱相交

一、平面与平面立体相交

平面与平面立体相交，其截交线是一封闭的平面折线。求平面与平面立体的截交线，只要求出平面立体的棱线与截平面的交点，经判别可见性，然后依次连接各交点，即得所求的截交线。

当截平面为特殊位置时，它在所垂直的投影面上的投影具有积聚性。对于中心线为垂直线的正棱柱，因各表面都处于特殊位置，故可利用积聚性法求截交线；对于棱锥，因含有一般位置平面，故可采用辅助线法求其截交线。

例 4-5　如图 4-18a 所示，已知正六棱柱被正垂面 P 截后的主视图和俯视图，画其左视图。

分析：六棱柱被正垂面 P 截切，截平面切到了六条侧棱，截交线为六边形，如图 4-18b 所示。由于截平面为正垂面，故它的正面投影积聚成一条直线，水平投影和侧面投影都是类似形。

作图：其作图步骤如图 4-18c 所示。

1）画出完整六棱柱的左视图。

2）根据“三等”规律在六条棱线的侧面投影上求出截平面 P 与六条棱线交点的侧面投影 1″、2″、3″、4″、5″、6″。

3）将 1″、2″、3″、4″、5″、6″依次连接成六边形，因左视图六边形可见，故画成粗实线。

4）加深六棱柱被截切后的剩余棱线的侧面投影，其中棱线 4″1″部分不可见，画成细虚线。

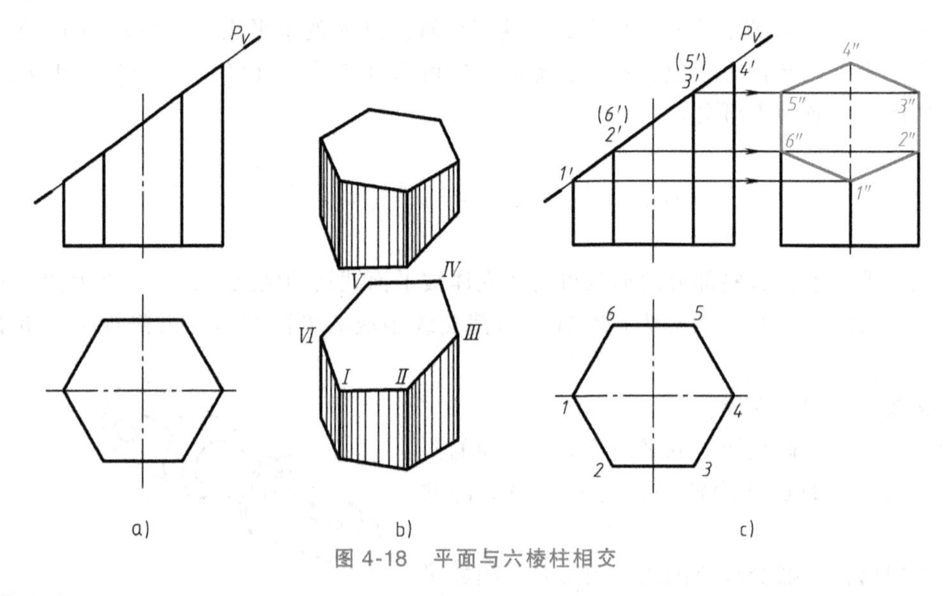

图 4-18　平面与六棱柱相交

例 4-6　如图 4-19a 所示，已知四棱锥被正垂面 P 截切后的主视图，补全俯视图，并画其左视图。

分析：截平面 P 为正垂面，它与正四棱锥的四个侧棱面都相交，故截交线围成一个四边形，如图 4-19b 所示。

由于正垂面 P 的正面投影具有积聚性，所以正四棱锥各棱线的正面投影 $s'a'$、$s'b'$、$s'c'$ 与 P_V 的交点 1′、2′、3′、(4′) 即为四边形四个顶点的正面投影，它们都在 P_V 上，故本题主要是求截交线的水平投影和侧面投影。

作图：其作图步骤如图 4-19c 所示。

1）用细实线画出棱锥完整的左视图。

2）根据点的投影规律，由截平面与被切到四条侧棱的交点 1′、2′、3′、4′求出四个交点的侧面投影和水平投影。判别可见性，然后依次连接各点的同面投影。

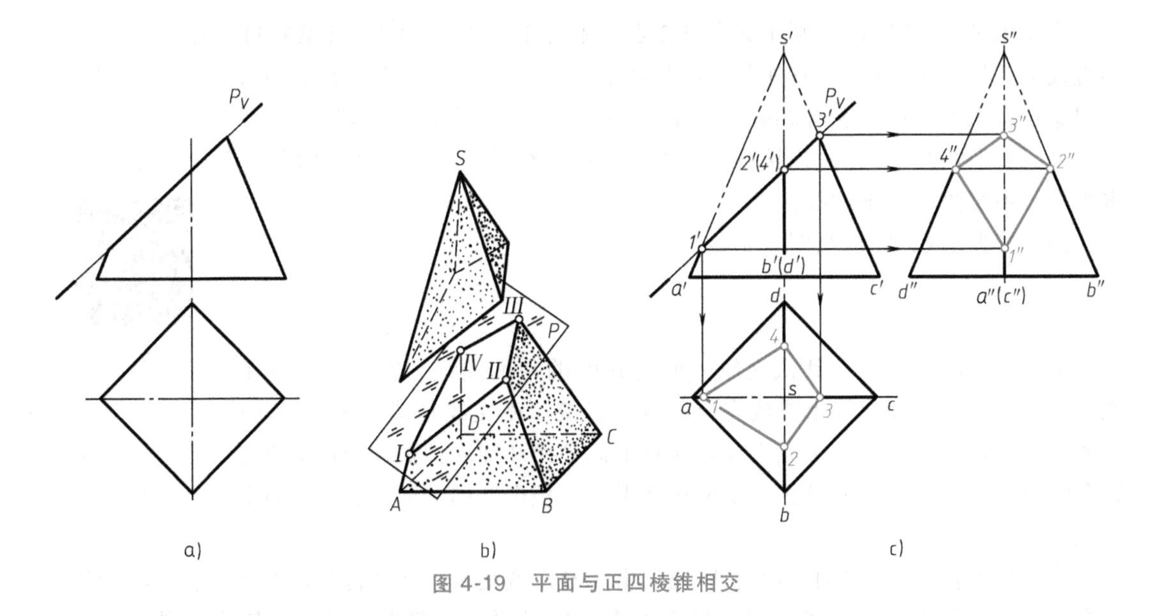

图 4-19　平面与正四棱锥相交

3）加深棱锥被截切后余下棱线的投影，注意判别可见性。

例 4-7　如图 4-20a 所示，三棱锥被两个平面所截，补全俯视图，并画其左视图。

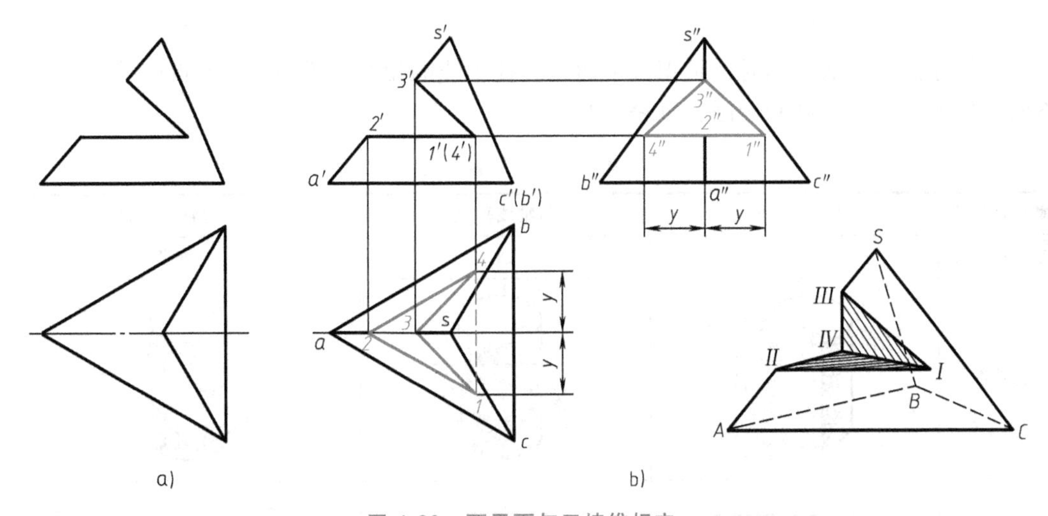

图 4-20　两平面与三棱锥相交

分析：截平面由水平截面和正垂截面组成，其正面投影均有积聚性。水平截面与三棱锥的底面平行，因此它与侧面△*SAC* 的交线 Ⅰ Ⅱ 必平行于底边 *AC*，与侧面△*SAB* 的交线 Ⅱ Ⅳ 必平行于底边 *AB*；正垂截面分别与侧面△*SAC*、△*SAB* 交于线段 Ⅰ Ⅲ 和 Ⅳ Ⅲ，如图 4-20b 所示。

作图：其作图步骤如图 4-20b 所示。

1）画出完整三棱锥的俯视图和左视图。

2）求截平面与 *SA* 的交点 Ⅱ、Ⅲ的投影。

由于 2′、3′在 *sa* 上，则根据投影关系可直接得到水平投影 2、3 和侧面投影 2″、3″。

3）求两截平面与侧面 *SAB*、*SAC* 的交点 Ⅰ、Ⅳ的投影。

由于 12//ac，24//ab，则 1 必在过 2 点且平行于 ac 的直线上，4 必在过 2 点且平行于 ab 的直线上，然后过 1′(4′) 点作竖直线与两平行线的交点即为 Ⅰ、Ⅳ点的水平投影 1、4。最后根据投影关系量取 Y 坐标相等，由 1′、(4′) 和 1、4 求得 1″、4″。

4）判别可见性，依次连接各点，即完成截交线的投影。注意：两截平面交线 Ⅰ、Ⅳ的水平投影不可见，画细虚线。

5）整理图线，完成全图。

二、平面与回转体相交

平面与圆柱相交

平面与回转体相交，其截交线一般是封闭的平面曲线，在特殊情况下，截交线可能由直线和曲线组成或完全由直线组成。截交线是截平面与回转体表面的共有点所组成的，求截交线也就是求截平面和回转体表面上的共有点。当截平面的投影有积聚性时，截交线的投影就积聚在截平面有积聚性的同面投影上，可利用回转体表面上取点、线的方法作截交线。

作图步骤：求截交线上的点，应先求出能确定截交线形状和范围的特殊点，如回转体的转向轮廓线上的点，截交线在对称轴上的点，以及最高、最低、最前、最后、最左、最右点。再求一些一般点（每两个特殊点之间至少求一个一般点，一般点越多作图就越准确），最后依次光滑连接各点的同面投影，连线时注意判别可见性。

1. 平面与圆柱相交

当圆柱面被平面截切时，根据截平面与圆柱轴线的相对位置不同，所得的截交线有三种不同的形状：矩形、圆和椭圆，见表 4-1。

表 4-1 圆柱截交线

截平面位置	与轴线平行	与轴线垂直	与轴线倾斜
立体线形状	矩形	圆	椭圆
立体图	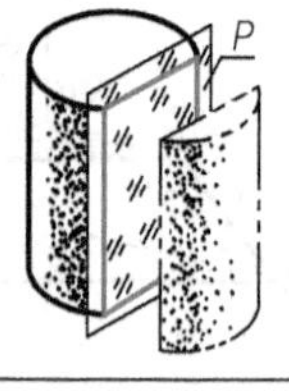	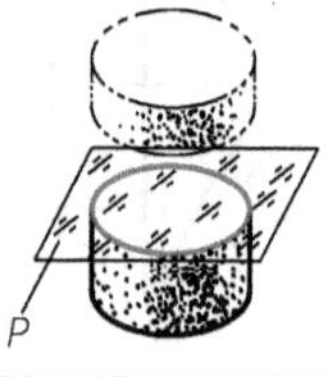	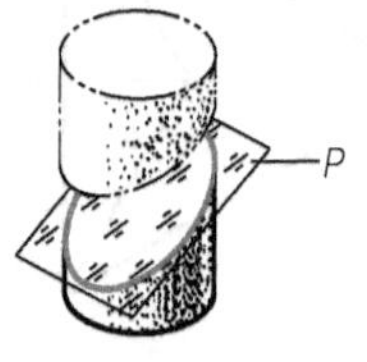
投影图	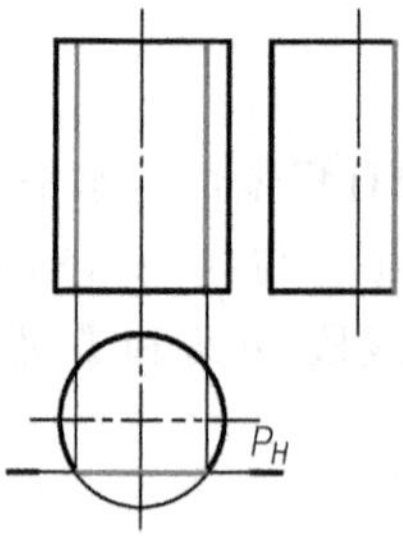	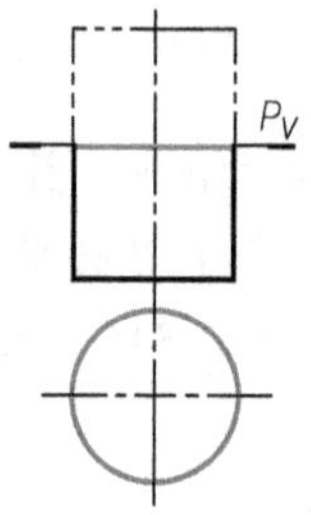	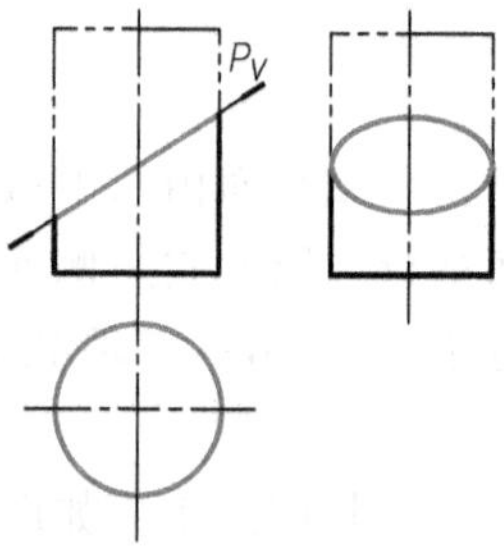

例 4-8 如图 4-21a 所示，已知圆柱被截切后的主视图和俯视图，画其左视图。

分析：由于圆柱轴线垂直于水平面，截平面 P 垂直于正立面且与圆柱轴线倾斜，故截交线为椭圆，如图 4-21b 所示。截交线的正面投影积聚在截平面的正面投影 P_V 上；截交线

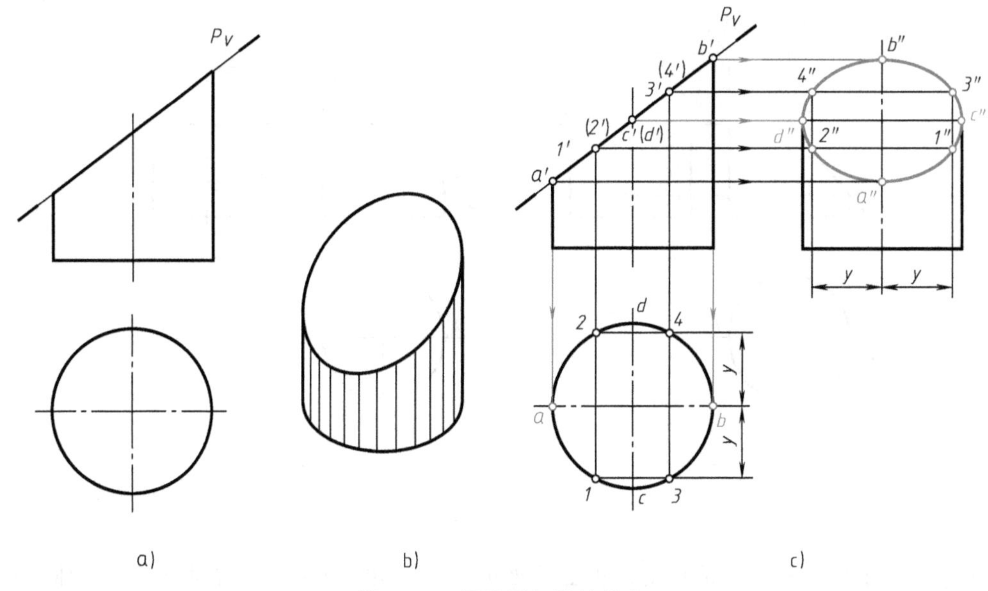

图 4-21　正垂面与圆柱相交

的水平投影积聚在圆柱的水平投影上；截交线的侧面投影为椭圆，但不反映实形。

作图：其作图步骤如图 4-21c 所示。

1）用细实线画出完整圆柱的三视图。

2）求特殊点：在已知的正面投影和水平投影上找出特殊点，A、B 是椭圆的最低点和最高点，且位于圆柱的最左、最右素线上，故也是最左、最右点。C、D 是椭圆的最前点和最后点，且位于圆柱的最前、最后素线上，故也是最前、最后点。这些点的正面投影是 a'、b'、c'、(d')，水平投影是 a、b、c、d，根据投影关系求出 a''、b''、c''、d''，它们也是椭圆长、短轴端点的投影。

3）求一般点：在特殊点之间选取若干一般位置点 Ⅰ、Ⅱ、Ⅲ、Ⅳ。可在有积聚性的水平投影上先标出 1、2、3、4 和正面投影 1′、(2′)、(3′)、4′，然后按点的投影规律求出侧面投影 1″、2″、3″、4″。依此可再求出若干一般点。

4）判别可见性：由于圆柱面的左上部分被切掉，截平面左低右高，所以截交线的侧面投影可见。

5）依次光滑连接各点的侧面投影 a''、2″、d''、4″、b''、3″、c''、1″、a''得椭圆，即为所求截交线的侧面投影。

6）整理圆柱截切后的剩余轮廓线，注意其左视转向轮廓线的侧面投影应分别画到 c''、d''处。

讨论：

正垂面 P 与铅垂圆柱相交时，其侧面投影椭圆的长、短轴与截平面对水平面的夹角 α 有关：当 $\alpha<45°$ 时，其椭圆长轴为 $c''d''$（图 4-21c）；当 $\alpha>45°$ 时，其椭圆长轴为 $a''b''$（图 4-22a）；当 $\alpha=45°$ 时，截交线的侧面投影为圆（图 4-22b）。

例 4-9　如图 4-23a 所示，已知开通槽的圆柱体的主视图，补全俯视图，并画其左视图。

分析：由图 4-23a、b 可知，主视图反映圆柱体上端开通槽的实形，它是由两个对称的

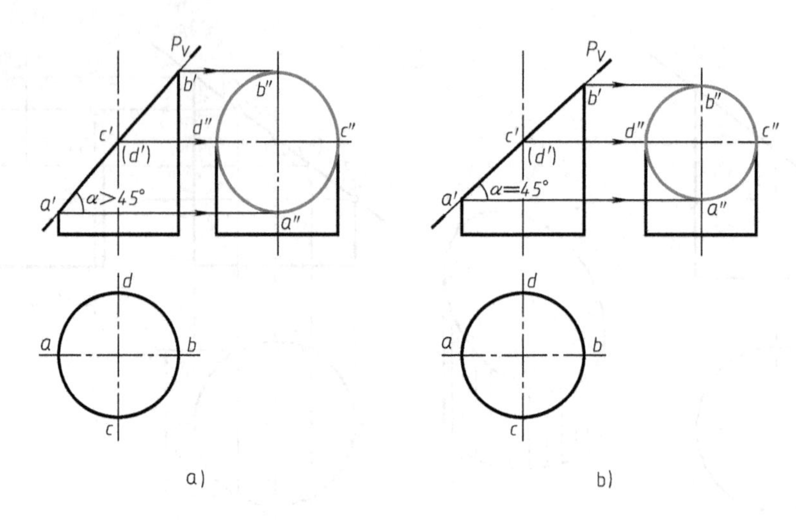

图 4-22 投影椭圆的变化趋势

侧平面和一个水平面截切后形成的。由截平面的位置可知，通槽左、右两侧面是相同的两个矩形 *ABCD* 和 *EFGH*，槽底是部分圆弧面 *CDHG*。

两矩形截平面的正面投影为直线段 $a'd'(c'b')$ 和 $e'h'(g'f')$，水平投影为两条直线段，侧面投影反映实形并重合。

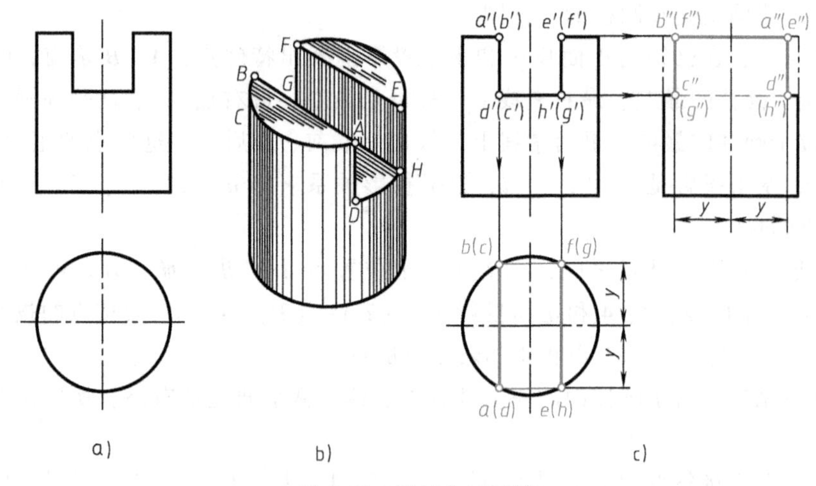

图 4-23 圆柱体开通槽

因槽底处于水平位置，故水平投影反映实形，而侧面投影应为水平直线段。

作图：其作图步骤如图 4-23c 所示。

1）画出完整圆柱的左视图。

2）自通槽两侧面的正面投影引投影连线与圆柱的水平投影（圆）相交得两直线段，即得两侧平截平面的水平投影 $ab(cd)$、$ef(gh)$。槽底部分圆弧的水平投影反映实形。

3）由三个截平面的正面、水平投影，根据“三等”关系可求出它们的侧面投影。注意判别平面 *CDHG* 侧面投影的可见性，$c''d''$不可见。

4）整理圆柱开槽后的剩余轮廓线。值得注意的是：圆柱最前、最后两条素线被截去一段，只描粗余下的部分。

例 4-10　如图 4-24a 所示，已知开通槽的空心圆柱体的主视图和俯视图，画其左视图。

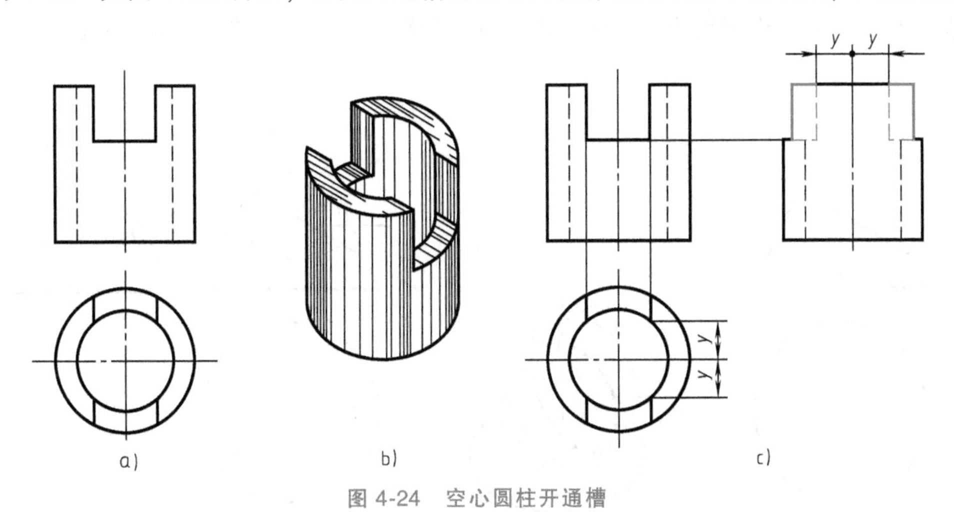

图 4-24　空心圆柱开通槽

本例和例 4-9 基本相似，只是两侧平面分别与内、外两个圆柱面产生截交线，其作图原理和方法完全相同。

2. 平面与圆锥相交

根据截平面与圆锥轴线的相对位置不同，平面截切圆锥面所得的截交线有五种情况：圆、椭圆、抛物线、双曲线、过锥顶的两条直线，见表 4-2。

表 4-2　圆锥截交线

截平面位置	与轴线垂直	与轴线倾斜且与所有素线相交	平行于一条素线	平行于轴线	通过锥顶
截交线形状	圆	椭圆	抛物线与直线组成	双曲线与直线组成	三角形
立体图					
投影图					

例 4-11 如图 4-25a 所示，已知圆锥被正垂面截切，补全俯视图，并画其左视图。

分析：由于截平面与圆锥轴线斜交且与所有素线相交，故截交线为椭圆，如图 4-25b 所示。截交线的正面投影积聚为一直线，水平投影和侧面投影均为椭圆，但不反映实形。

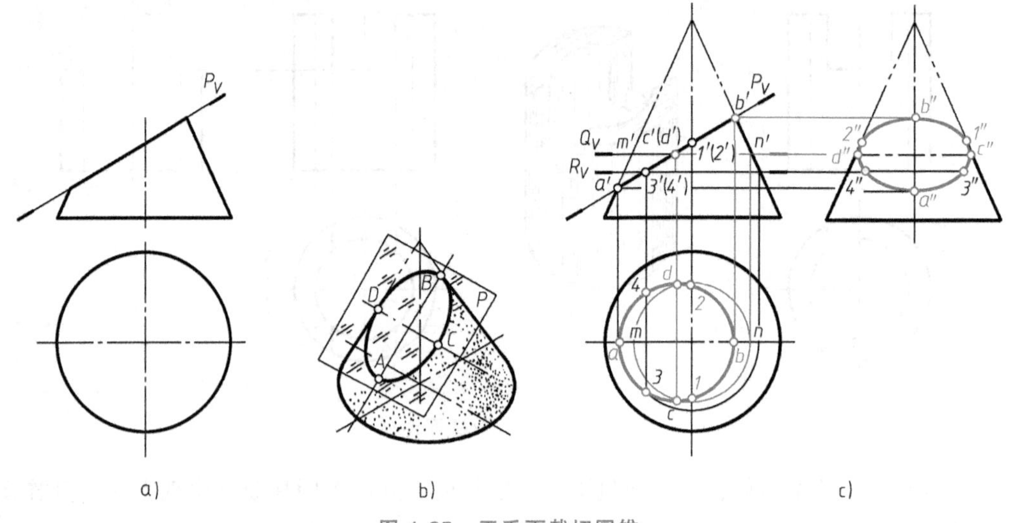

图 4-25 正垂面截切圆锥

作图：其作图步骤如图 4-25c 所示。

1）用细实线画出完整圆锥的左视图。

2）求特殊点：截交线上最低、最左点 A 和最高、最右点 B，分别是椭圆长轴的两个端点，是圆锥面最左和最右素线与截平面的交点，Ⅰ、Ⅱ两点是圆锥面最前、最后素线与截平面的交点，它们的三面投影均可按照“三等”关系直接求出。截交线的最前点 C 和最后点 D 是椭圆短轴的两个端点，其正面投影 c'、(d') 为 $a'b'$的中点，水平投影 c、d 和侧面投影 c''、d''，可利用辅助水平面 Q 过 C、D 两点水平截切，做出 Q 面与圆锥面相交所产生的截交线（圆），再按点从属于线的性质求出。

3）求一般点：可利用辅助平面法（图中用辅助水平面 R）求出Ⅲ、Ⅳ两点的水平投影 3、4 和侧面投影 3″、4″。

4）判别可见性：由于圆锥体的左上部分被切掉，截平面左低右高，所以截交线的水平投影和侧面投影均可见。

5）连线：将截交线上所求点的水平投影和侧面投影依次光滑地连成椭圆，连线时注意曲线的对称性。

6）擦去多余线，整理圆锥外形轮廓线，注意圆锥的左视转向轮廓线只加深到 1″、2″。

例 4-12 如图 4-26a 所示，已知圆锥被正平面截切，补全主视图。

分析：由于截平面为正平面，与圆锥轴线平行，故截交线为双曲线，如图 4-26b 所示。截交线的正面投影反映实形，左右对称；水平投影和侧面投影分别积聚为水平和垂直方向的直线。

作图：其作图步骤如图 4-26c 所示。

1）求特殊点：截交线上最低、最左点 A 和最低、最右点 B 在底圆上，因此，可由其水平投影 a、b 直接求得 a'、b'。截交线上的最高点 C 在圆锥最前素线上（左视转向轮廓线

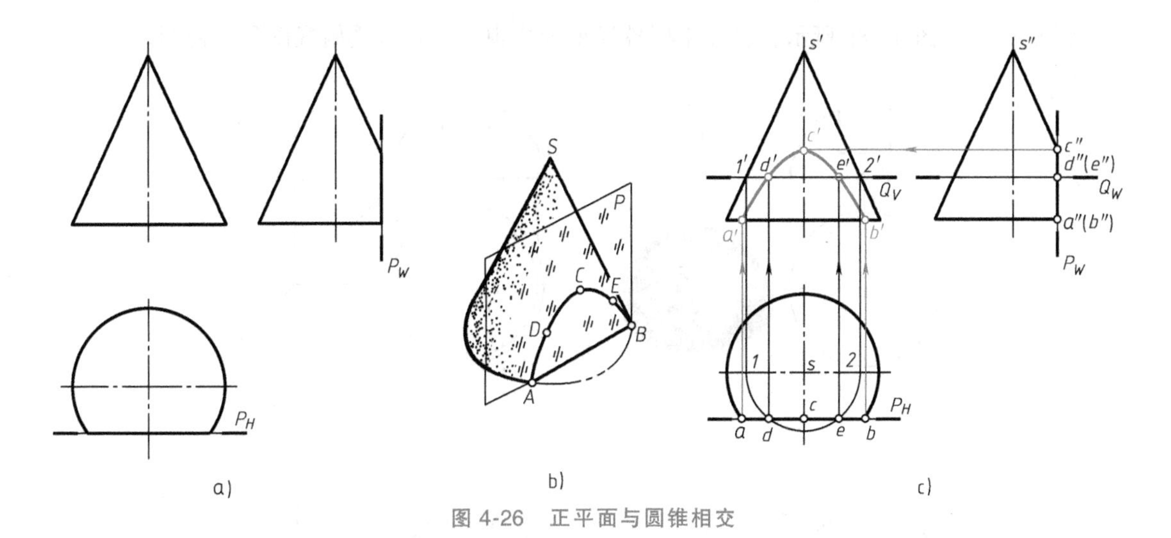

图 4-26　正平面与圆锥相交

上），因此，可由侧面投影 c''直接求得正面投影 c'。

2）求一般点：作辅助水平面 Q 的正面投影 Q_V 及侧面投影 Q_W，该辅助面与圆锥面交线的水平投影是以 $1'2'$为直径的圆，它与 P_H 相交得 d、e，再求出 d'、e'。

3）判别可见性：由于圆锥体的前面部分被切掉，所以截交线的正面投影为可见。

4）连线：按截交线水平投影的顺序，将 a'、d'、c'、e'、b'依次光滑地连接起来，即得截交线的正面投影 $a'd'c'e'b'$。

5）整理加深圆锥剩余外轮廓线的投影。

3. 平面与圆球相交

圆球被任意方向的平面截切，其截交线都是圆。当截平面为投影面的平行面时，截交线在其所平行的投影面上的投影是圆，其余两个投影积聚成直线；当截平面为投影面的垂直面时，截交线在其所垂直的投影面上的投影积聚成直线，其余两个投影为椭圆，如图 4-27 所示。

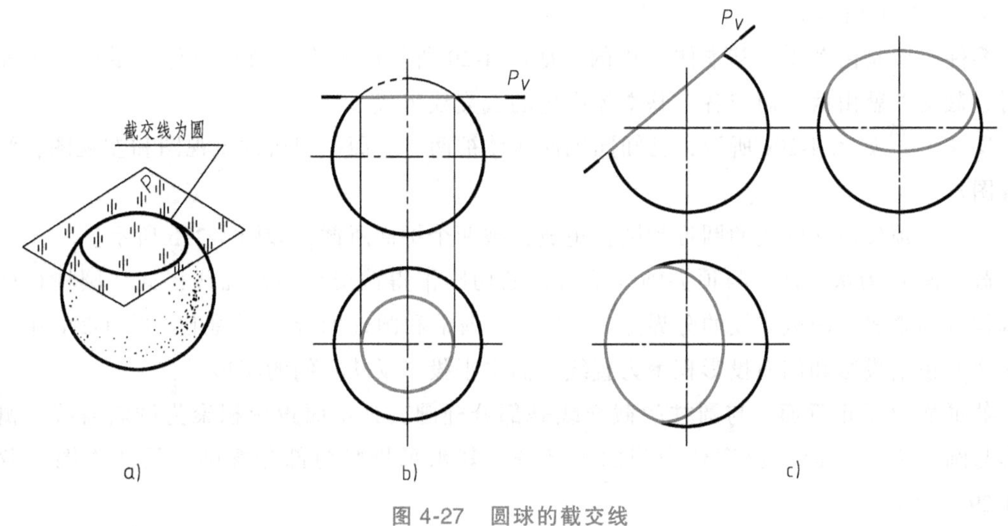

图 4-27　圆球的截交线

例 4-13　如图 4-28a 所示，已知半圆球通槽的主视图，补全其俯视图和左视图。

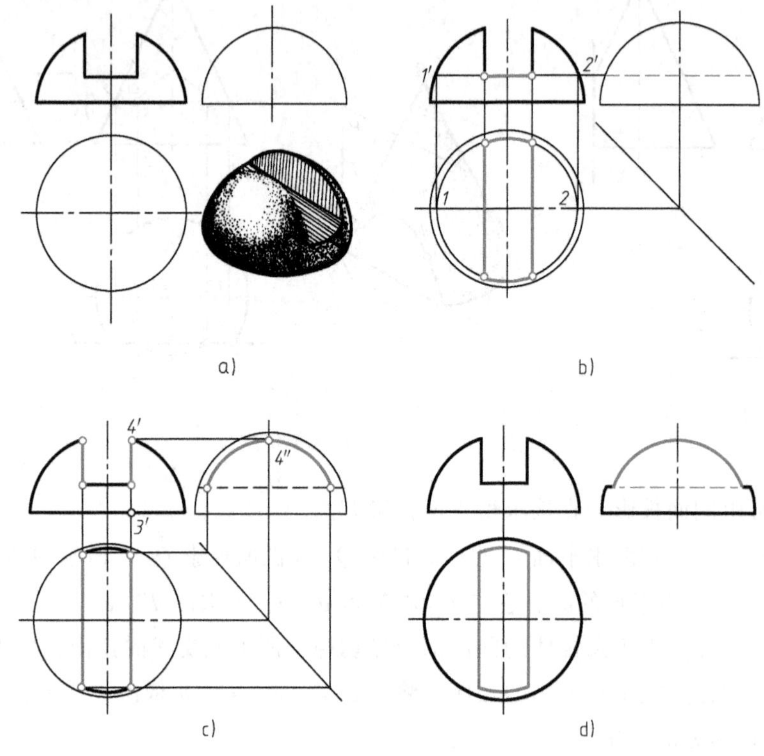

图 4-28　半圆球通槽

分析：由图 4-28a 的正面投影可看出，通槽是用两个侧平面和一个水平面切割所得。通槽底面的水平投影反应实形，由前、后两段圆弧（其直径为正面投影中的 1′2′）和两段直线围成，底面的侧面投影积聚为一直线，注意该线的可见性。槽的两侧面的侧面投影由一段圆弧（其半径为正面投影中的 3′4′）和一段直线围成。具体作图步骤如图 4-28c 所示。

4. 组合回转体的截切

零件一般是由若干个基本体组成的，如图 4-29 所示的顶尖。当平面与该零件的表面相交时，截交线就由截平面与各个基本体产生的截交线组成。

例 4-14　如图 4-29a 所示，已知同轴回转体被两个平面截切后的主视图和左视图，画其俯视图。

分析：顶尖由同轴线的圆锥和圆柱组成，被两个平面所截，如图 4-29b 所示。

截平面 Q 为水平面，与顶尖轴线平行，截切圆锥得截交线为双曲线，截切圆柱得两条侧垂位置的素线，两截交线的分界点 E、F 位于圆锥和圆柱的分界圆周上。图 4-29c 中，两截交线的正面投影和侧面投影积聚为直线，而水平投影反映它们的实形。

截平面 P 是正垂面，与圆柱的截交线是部分椭圆，其正面投影积聚为倾斜直线，侧面投影与圆柱面的侧面投影重合为圆的一部分，其水平投影为部分椭圆。具体作图步骤如图 4-29c 所示。

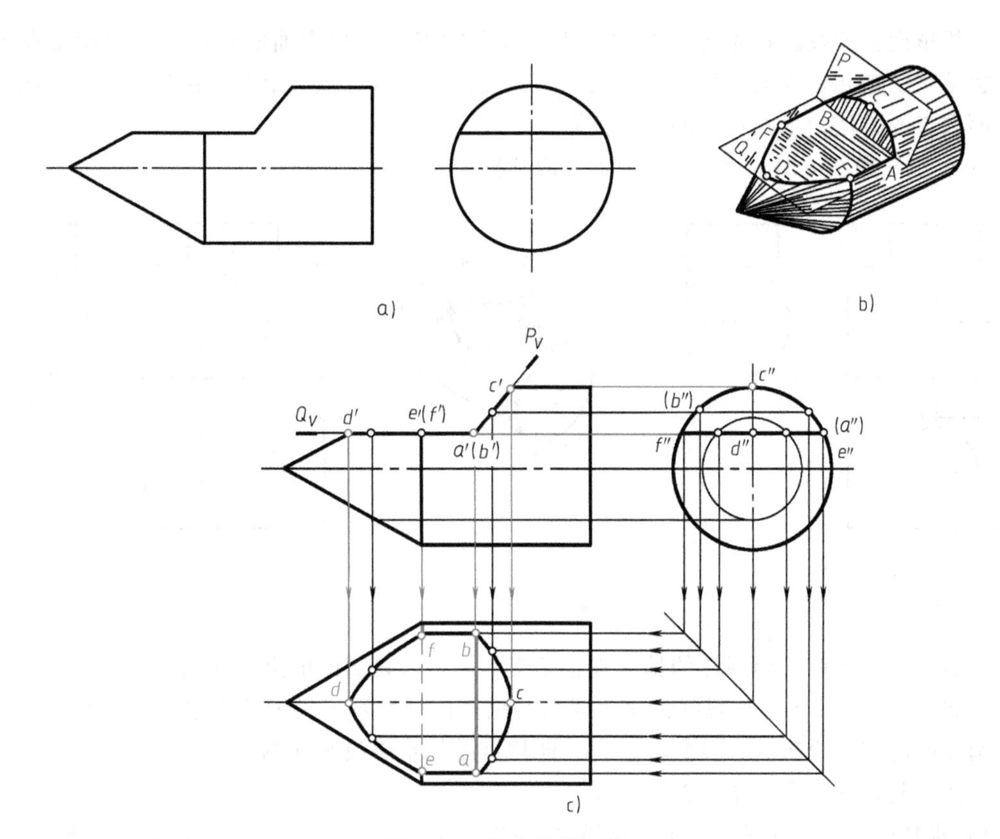

图 4-29　顶尖的截交线

两圆柱表面相交

第四节　两回转体相交

零件上常遇到两回转体相交的情况，如图 4-30 所示。相交的两立体称为相贯体，其表面产生的交线称为相贯线。

图 4-30　相贯线

一、相贯线的性质

由于各相贯体的形状、大小和位置不同，相贯线表现为不同的形状，但任何形体表面相交的相贯线都具有下列性质：

（1）共有性　相贯线是两立体表面的共有线，也是两立体表面的分界线，相贯线上的点一定是两相交立体表面的共有点。

（2）封闭性　由于形体具有一定的空间范围，所以相贯线一般都是封闭的空间曲线，特殊情况下也可能是平面曲线或直线。

二、相贯线的作图方法

求相贯线常用的方法是表面取点法和辅助平面法。

1. 表面取点法

当相交的两个回转体中有一个（或两个）圆柱面，且其轴线垂直于投影面时，则圆柱面在该投影面上的投影积聚为一个圆，相贯线上的点在该投影面的投影也一定积聚在该圆上，也就是已知相贯线的一个投影为圆，求其他投影，可在该圆上取一系列的点，利用回转体表面取点的方法做出相贯线的其他投影。

例 4-15 如图 4-31a 所示，补全正交两圆柱相贯线的正面投影。

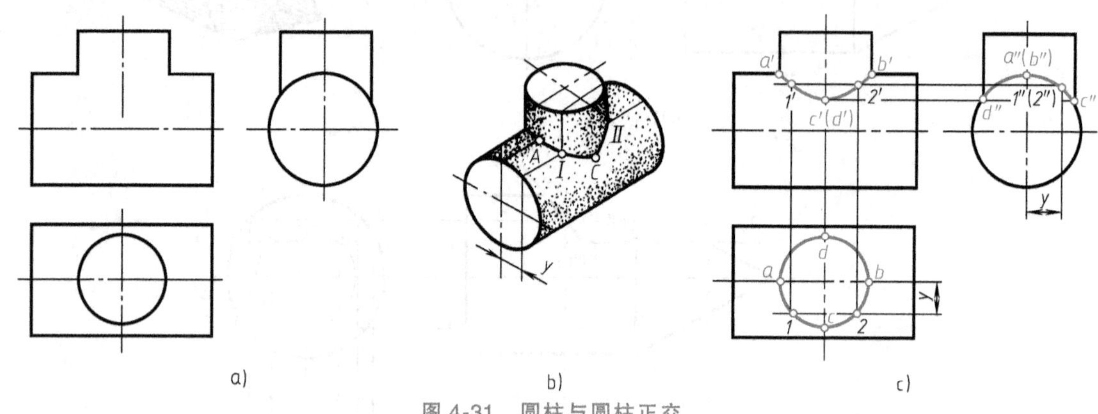

图 4-31 圆柱与圆柱正交

分析：直径不等的两圆柱的轴线垂直相交，相贯线是封闭的空间曲线，且前后、左右均对称，如图 4-31b 所示。相贯线的水平投影与铅垂圆柱面水平投影的圆重合，其侧面投影与侧垂圆柱面的侧面投影的一段圆弧重合，即相贯线的水平投影和侧面投影已知。

作图：其作图步骤如图 4-31c 所示。

1）求特殊点：由于两圆柱的正视转向轮廓线处于同一正平面上，故可直接求得 A、B 两点的投影。点 A 和点 B 是相贯线上的最高点（A 是最左点，B 是最右点），其正面投影为两圆柱正视转向轮廓线的正面投影的交点 a'、b'。点 C 和点 D 是相贯线上的最低点（C 是最前点，D 是最后点），其侧面投影是铅垂圆柱面的转向轮廓线与侧垂圆柱的侧面投影的交点 c''、d''。而水平投影 a、b、c 和 d 均在铅垂圆柱面的水平投影圆上。由 c、d 和 c''、d''即可求得 c'和（d'）。

2）求一般点：在相贯线的侧面投影上取 1″和（2″），根据 y 坐标相等确定其水平投影 1 和 2，再按投影关系求出 1′和 2′。

3）判别可见性、光滑连接：按各点顺序光滑地连接 a'、1′、c'、2′、b'各点，即得到相贯线的正面投影。因前后对称，相贯线正面投影的可见部分与不可见部分重合。

当两正交圆柱的大小不同时，其相贯线的投影也将有所不同。当两正交圆柱的直径不相等时，其相贯线在平行于两轴线的投影面上的投影为两条曲线，并且凸向大圆柱的轴线；当两正交圆柱的直径相等时，其相贯线在该投影面上的投影为两条相交直线，如图 4-32 所示。

两圆柱正交，除了两外表面相交之外，还有外表面与内表面相交、两内表面相交，其交线的形状和作图方法完全相同，如图 4-33 所示。

2. 辅助平面法

辅助平面法原理：用与两基本体都相交的辅助平面分别截切两基本体得出两组截交线，此两组截交线的交点既属于两基本体表面，又属于辅助平面（三面共点），即为相贯线上的点。若作一系列的辅助平面，便可得到相贯线上的若干点，然后判别可见性，依次光滑连接各点，即得所求的相贯线，如图 4-34 所示。

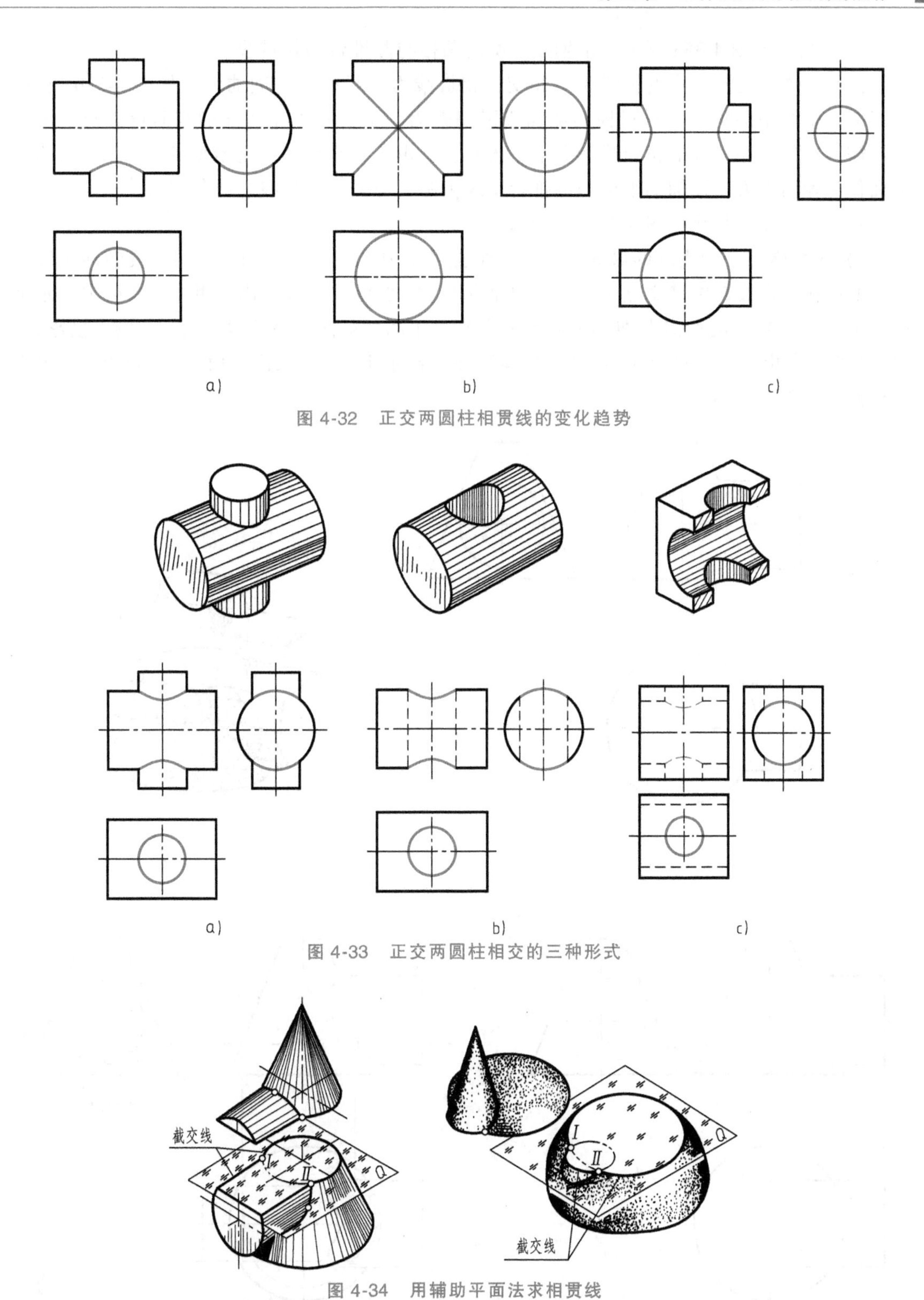

图 4-32　正交两圆柱相贯线的变化趋势

图 4-33　正交两圆柱相交的三种形式

图 4-34　用辅助平面法求相贯线

辅助平面的选择原则：选取的辅助平面与相贯两立体的交线的投影应为简单易画的圆或直线，常选投影面的平行面做辅助平面。

例 4-16　如图 4-35a 所示，求轴线正交的圆柱与圆锥台的相贯线。

分析：圆柱与圆锥台的轴线垂直相交，相贯线为一封闭的空间曲线，如图 4-35b 所示。由于圆柱轴线是侧垂线，则圆柱的侧面投影积聚为一圆，所以相贯线的侧面投影与此圆重合，需要求的是相贯线的正面投影和水平投影；又由于圆锥台轴线是铅垂线，所以可采用水平面作为辅助平面，该辅助平面与圆锥台交线为圆，与圆柱面交线为两条直线。

作图：其作图步骤如图 4-35c、d 所示。

1）求特殊点：相贯线的最高点 *Ⅰ* 和最低点 *Ⅱ* 分别位于圆柱和圆锥台的正视转向轮廓线上，所以在正面投影中其交点 1′、2′和侧面投影 1″、2″可以直接求出，由 1′、2′可求得水平投影 1、2。相贯线的最前点 *Ⅲ* 和最后点 *Ⅳ* 分别位于圆柱最前、最后素线上，其侧面投影 3″、4″可以直接求出。水平投影 3、4 可通过圆柱轴线作水平面 P_2 求出，由 3、4 和 3″、4″可求得正面投影 3′、(4′)。

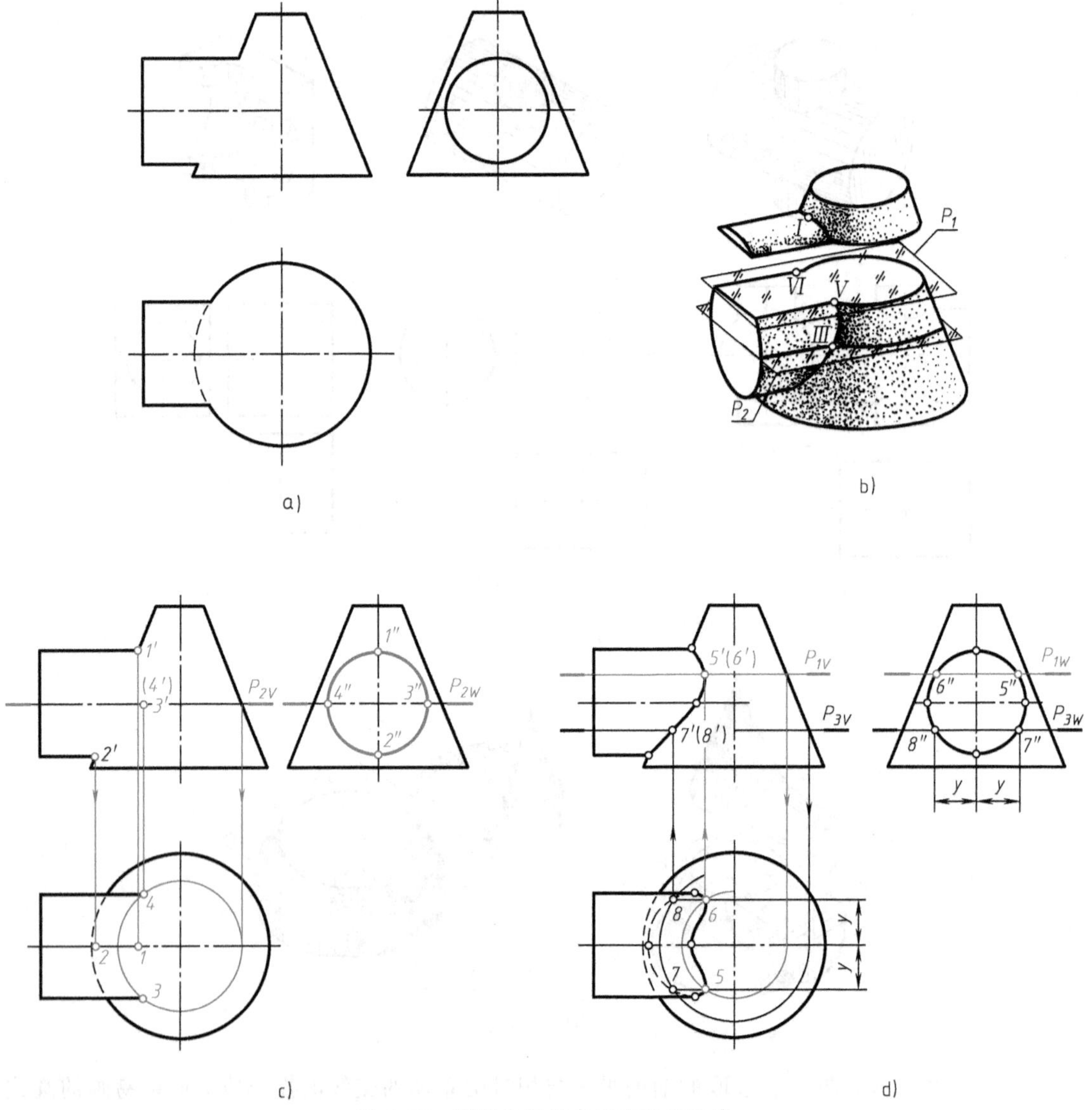

图 4-35　圆柱与圆锥台正交的相贯线

2）求一般点：过 Ⅴ、Ⅵ作辅助水平面 P_1，根据投影关系确定侧面投影 5″、6″；水平面 P_1 与圆锥台的截交线为圆，与圆柱的截交线为两平行直线。作两截交线的水平投影，它们的交点 5、6 即为相贯线上点 Ⅴ、Ⅵ的水平投影，由此可做出正面投影 5′、(6′)，5′、(6′) 两点重合。同理作辅助水平面 P_3，可求出相贯线上 Ⅶ、Ⅷ两点的水平投影（7）、(8）和侧面投影 7″、8″，正面投影 7′、(8′)。

3）判别可见性：水平投影中位于下半圆柱面的相贯线是不可见的，3、4 两点是相贯线水平投影的可见与不可见部分的分界点。正面投影中相贯线前、后部分的投影重合为一条可见曲线。

4）连线：将各点的同面投影依次连成光滑的曲线。正面投影中可见点 1′、5′、3′、7′、2′连成粗实线，水平投影中可见点 3、5、1、6、4 连成粗实线，4、(8)、(2)、(7)、3 各点连成细虚线。

5）整理外形轮廓线：在水平投影中，圆柱的转向轮廓线应画到 3、4 点为止，圆锥底面圆被圆柱遮挡部分为细虚线。

例 4-17　如图 4-36a 所示，求圆柱与半圆球的相贯线。

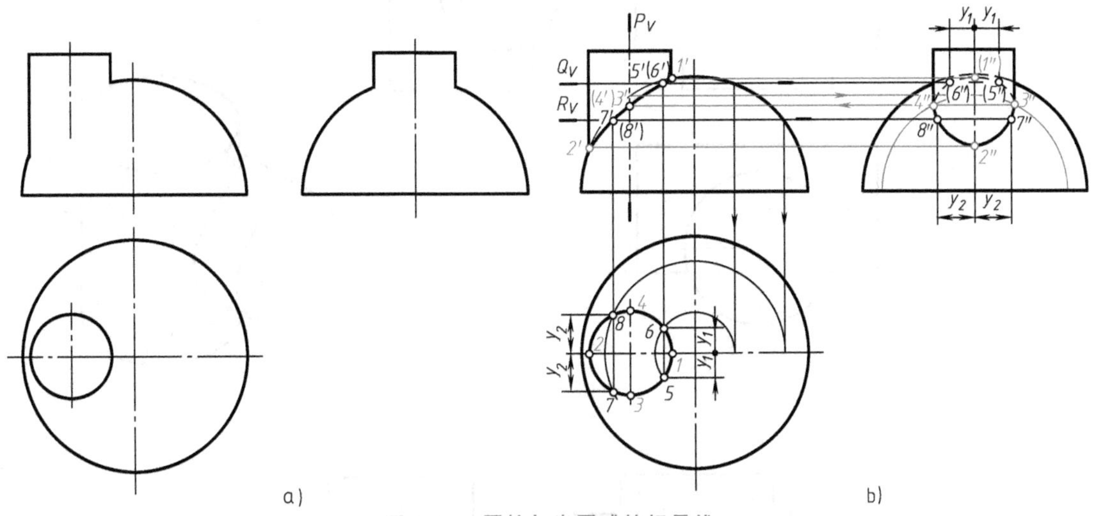

图 4-36　圆柱与半圆球的相贯线

分析：由图 4-36a 可知，由于圆柱的轴线是铅垂线，其水平投影具有积聚性，所以相贯线的投影与圆柱面的水平投影重合，故需做出相贯线的正面投影和侧面投影。因两立体具有平行于正面的公共对称面，故相贯线的正面投影重合为一条可见曲线，而侧面投影有可见与不可见之分。

作图：其作图步骤如图 4-36b 所示。

1）求特殊点：在水平投影中可直接确定相贯线上最右、最高点 Ⅰ，最左、最低点 Ⅱ，最前点 Ⅲ，最后点 Ⅳ的投影 1、2、3、4。Ⅰ、Ⅱ两点的正面投影是两立体正面投影轮廓线的交点 1′、2′，根据投影关系可确定侧面投影（1″)、2″。为求 Ⅲ、Ⅳ点的另两面投影，可过 Ⅲ、Ⅳ点作一侧平面 P，P 平面截圆柱得最前、最后两条素线（即圆柱侧面投影的转向轮廓线），P 平面截半圆球的截交线为半圆，该半圆的侧面投影反映实形。在侧面投影中两截交线的交点 3″、4″即为 Ⅲ、Ⅳ点的侧面投影，最后求出 3′、(4′)。

2）求一般点：任取水平面 Q、R 作辅助平面，并利用圆柱面的水平投影具有积聚性的特性，先求出 Ⅴ、Ⅵ、Ⅶ、Ⅷ各点的水平投影 5、6、7、8，再求正面投影 5′、（6′）、7′、（8′），最后求侧面投影（5″）、（6″）、7″、8″。

3）判别可见性：侧面投影中，右半个圆柱面上的相贯线是不可见的，3″、4″两点是相贯线侧面投影可见与不可见的分界点。相贯线正面投影为一条可见曲线。

4）连线：将各点的同面投影依次连成光滑的曲线。侧面投影中，将 3″、7″、2″、8″、4″连成粗实线，3″、（5″）、（1″）、（6″）、4″连成细虚线。

5）整理外形轮廓线：在侧面投影中，圆柱的两条转向轮廓线应画到 3″、4″点处。圆球最大侧平圆被圆柱遮挡部分为细虚线。

例 4-18　如图 4-37a 所示，求轴线垂直交叉的两圆柱的相贯线。

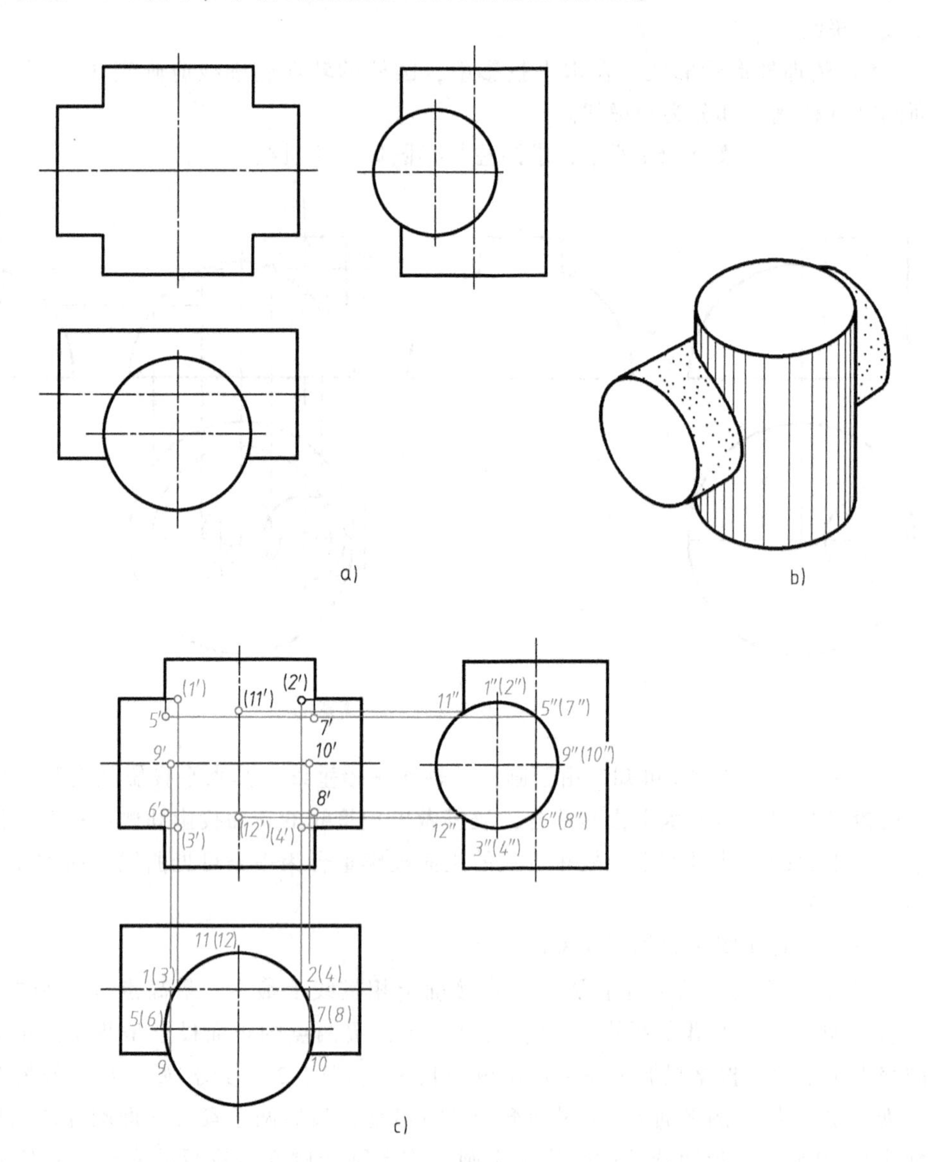

图 4-37　两

分析：如图 4-37b 所示，两圆柱偏贯，相贯线是一条空间曲线，其水平投影积聚在铅垂圆柱的水平投影上，侧面投影积聚在水平圆柱的侧面投影上，因此只需求相贯线的正面投影。

作图：

1）求特殊点：如图 4-37c 所示，通过水平圆柱的轴线作辅助正平面，可求出四个点 Ⅰ、Ⅱ、Ⅲ、Ⅳ的各个投影，其中 Ⅰ、Ⅱ为最高点，Ⅲ、Ⅳ为最低点；通过铅垂圆柱的轴线作辅助正平面，求出四个点 Ⅴ、Ⅵ、Ⅶ、Ⅷ的三面投影，其中，Ⅴ、Ⅵ为最左点，Ⅶ、Ⅷ为最右点；此外，从有积聚性的水平投影可直接求得最前点 Ⅸ、Ⅹ，从有积聚性的侧面投影可求得最后点 Ⅺ、Ⅻ的正面投影。

2）求一般点：如图 4-37d 所示，另作辅助平面求一般点 A、B、C、D 的三面投影。

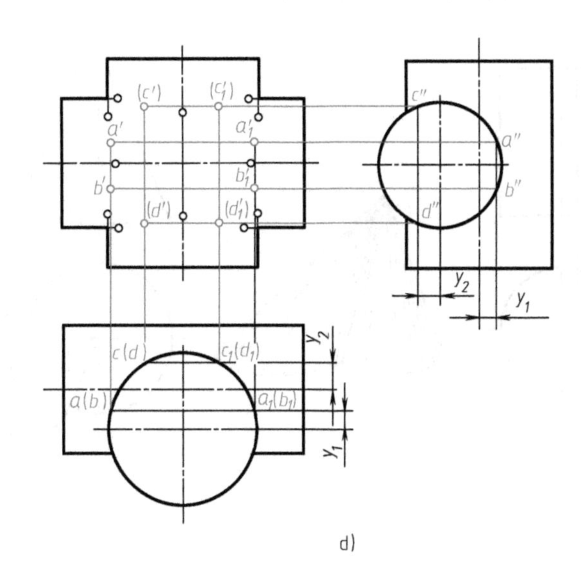

d)

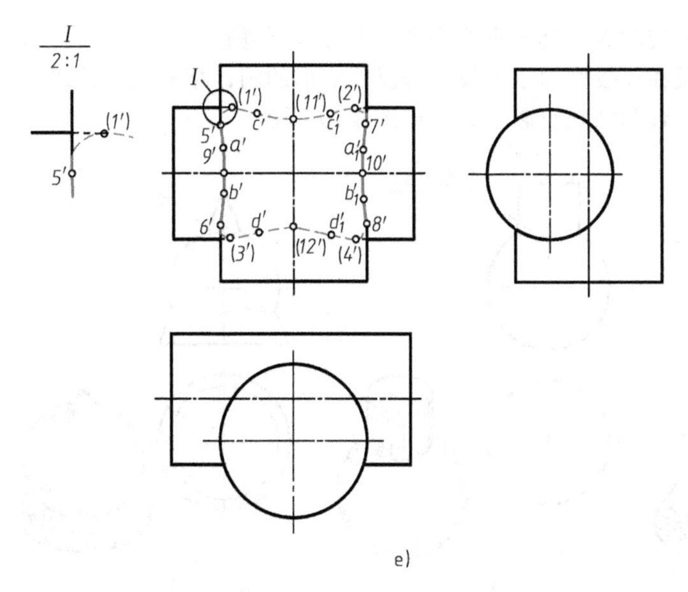

e)

圆柱偏贯

3）判别可见性：由于铅垂圆柱轴线在水平圆柱轴线前，所以Ⅴ、Ⅵ、Ⅶ、Ⅷ四个点是相贯线正面投影可见部分与不可见部分的分界点。

4）连线依次光滑连接各点的正面投影，并注意轮廓素线连接情况（可参看放大图），即得所求相贯线，如图4-37e所示。

三、相贯线的特殊情况

两曲面立体的相贯线一般是空间曲线，特殊情况下可能是直线或平面曲线，这时可直接画出相贯线，不必选择辅助面求解。下面讨论几种特殊情况。

1. 相贯线为直线

两圆柱轴线平行或两圆锥共顶相贯时，其相贯线为直线，如图4-38所示。

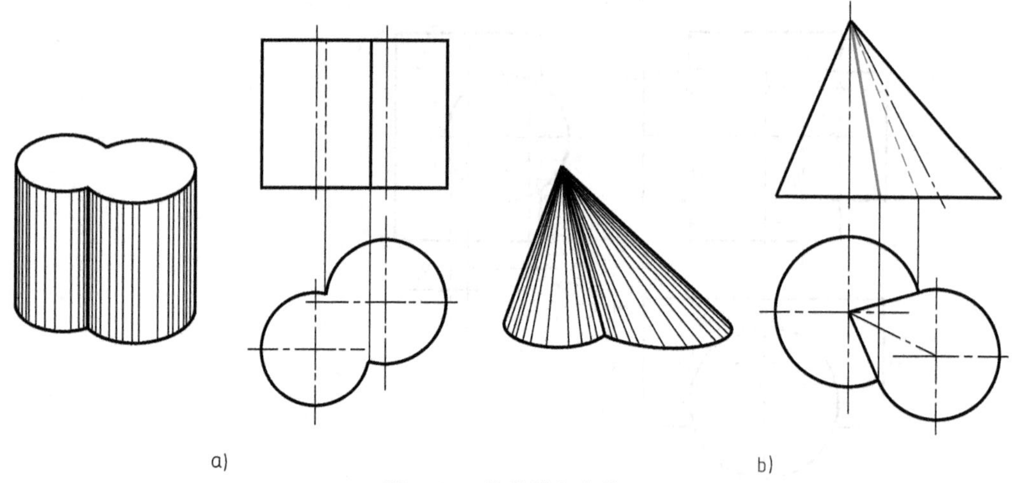

图4-38 相贯线为直线

2. 相贯线为圆

当两相贯回转体有公共回转轴时，其相贯线为圆，并且该圆垂直于公共轴线。当公共轴线垂直于某投影面时，相贯线在该投影面上的投影为反映实形的圆，相贯线在轴线平行的投影面上的投影积聚为直线段，且和轴线投影垂直，如图4-39所示。

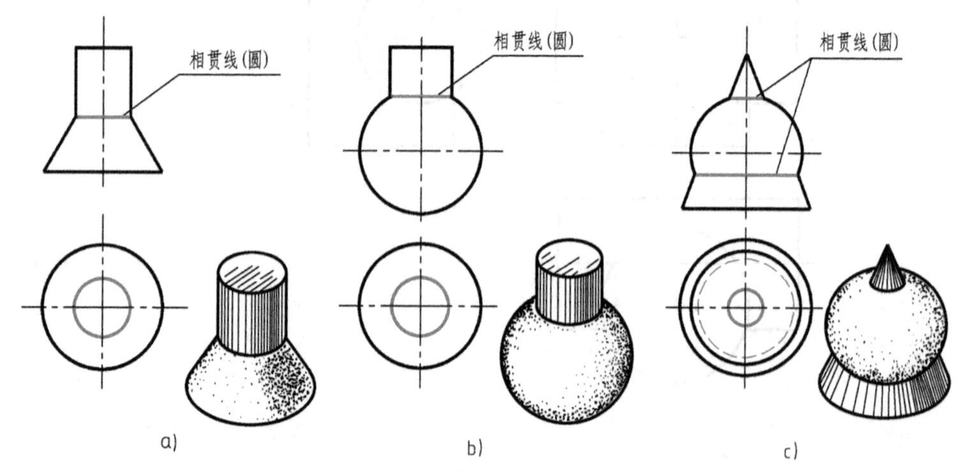

图4-39 相贯线为圆

3. 相贯线为椭圆

轴线相交的圆柱、圆锥相贯，若它们公内切于一个球面时，则其相贯线为两条平面曲线——椭圆。当两曲面立体的轴线同时平行于某投影面时，则此两椭圆曲线在该投影面上的投影为相交两直线，即两曲面立体转向轮廓线交点的连线，如图 4-40 和图 4-41 所示。

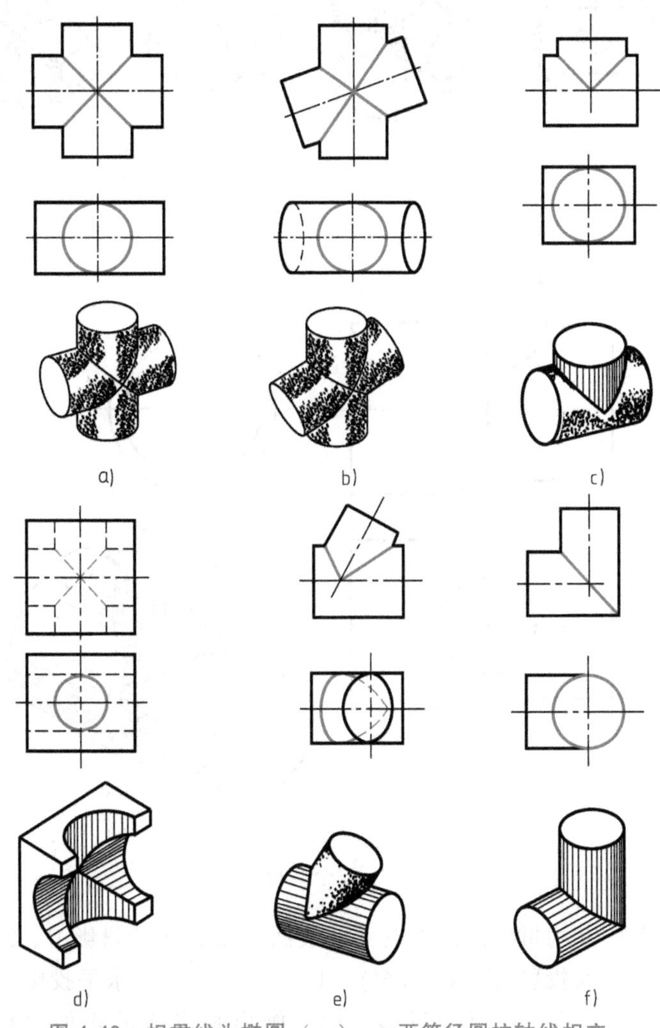

图 4-40　相贯线为椭圆（一）——两等径圆柱轴线相交

4. 多个曲面立体的交线

在实际工程中，多个立体相交的情况也是常见的，其相贯线比较复杂，作图方法与两个曲面立体相交时相贯线的求法相同。因为每段相贯线分别为两个立体的表面交线，所以在求相贯线之前，首先要进行认真分析，用求两个曲面立体相贯线的方法，把它们彼此相交部分的相贯线分别求出来，再合并为一条封闭的线，这样便可求出多曲面立体相交的相贯线。

例 4-19　求三个回转体相交的相贯线，如图 4-42 所示。

从图 4-42 可知，圆锥台 *A* 与小圆柱 *B* 及大圆柱 *C* 均相贯，故相贯线有两条，因是侧垂圆柱，故两条相贯线的侧面投影分别积聚在两圆柱侧面投影的圆周上，因此，首先在侧面投影中确定圆锥台 *A* 与大圆柱 *C* 产生的相贯线的最高点 Ⅱ、最低点 Ⅳ、Ⅵ的投影（2″）、4″、

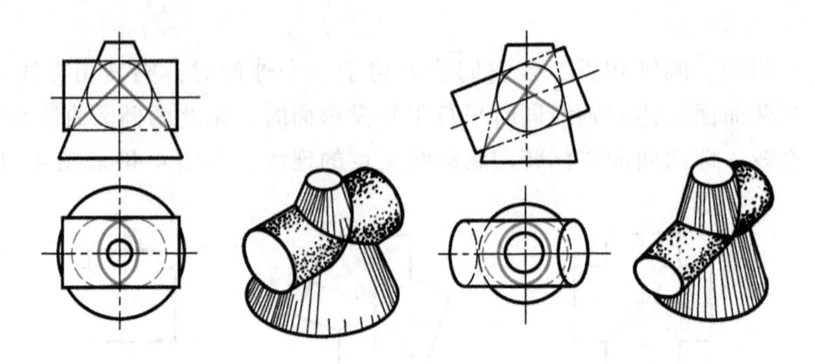

图 4-41 相贯线为椭圆（二）——圆柱和圆锥轴线相交

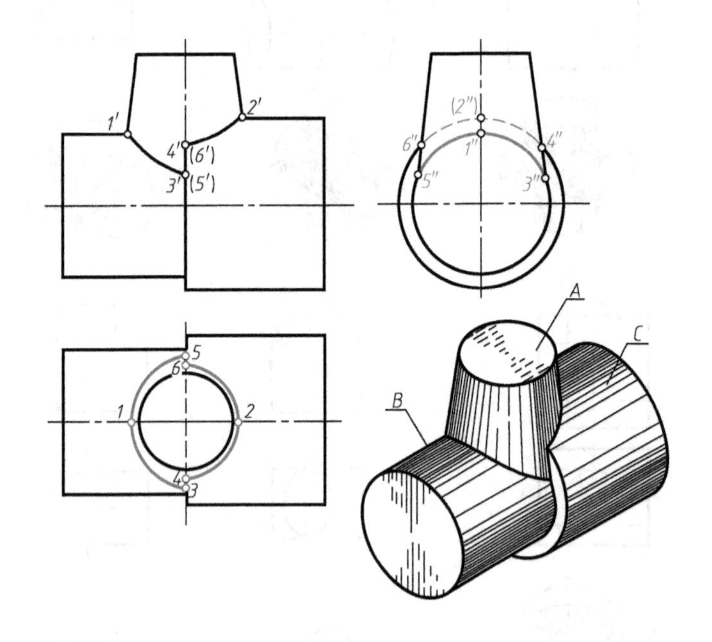

图 4-42 三个回转体相交

6″和圆锥台 *A* 与小圆柱 *B* 相贯线的最高点 *Ⅰ*、最低点 *Ⅲ*、*Ⅴ* 的投影 1″、3″、5″，根据投影关系依次求出这些点的正面投影 2′、4′、(6′)、1′、3′、(5′) 和水平投影 2、4、6、1、3、5，再用辅助水平面求得若干一般点的投影，最后画出相贯线的正面投影 3′1′（5′）、4′2′（6′），圆台 *A* 与大圆柱 *C* 端面交线的正面投影 4′3′和水平投影 315、426、56、34 及小圆柱 *B* 与大圆柱 *C* 交线的水平投影 5643（64 为细虚线）。

第五章

组合体的构形与表达

任何复杂的形体，从几何角度看，都可以看成是由一些基本形体（柱、锥、球、环等）按照一定的方式组合而成的。这种由两个或两个以上的基本形体所构成的较复杂形体称为组合体。

本章主要介绍组合体的构形、视图的画法和阅读、轴测图表达以及尺寸标注等内容。

第一节　组合体的构形与分析

组合形式及邻接表面连接关系

一、组合体的构形方式

组合体的构形方式，按其结构可分为叠加和挖切两种，如图 5-1 所示。叠加是实形体与实形体堆积拼合而成；挖切是从实形体中挖去另一个实形体，被挖去的部分形成切角、凹槽、空腔或空洞（称为空形体）。

有时叠加与挖切并无严格的界限，同一物体既可按叠加分析，也可以从挖切去理解，如图 5-2 所示。这时应根据具体情况，以便于作图和易于理解为原则进行考虑。

大多数组合体都是综合式的，其构形方式既有叠加，又有挖切，如图 5-1c 所示。

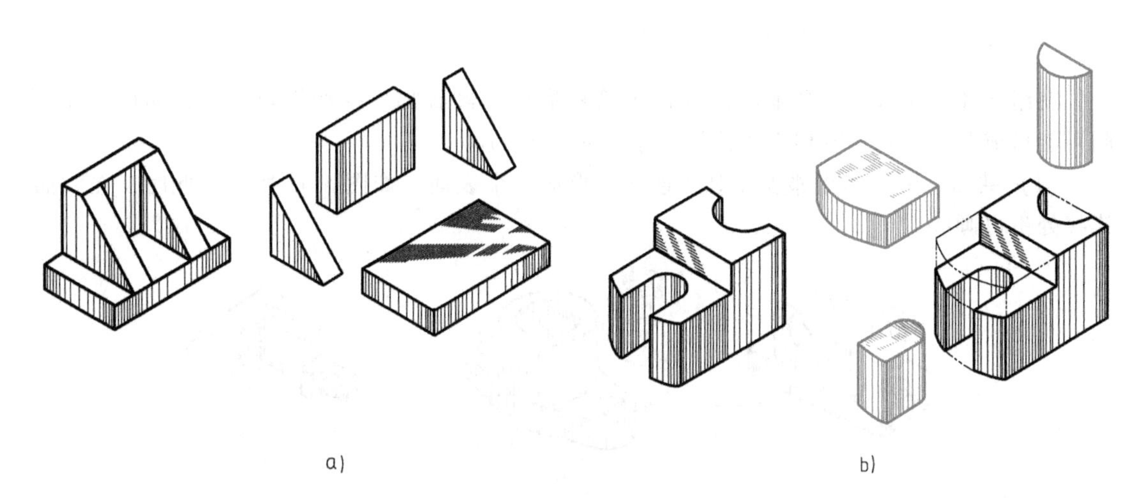

图 5-1　组合体的构形方式

a）叠加式组合体　b）挖切式组合体

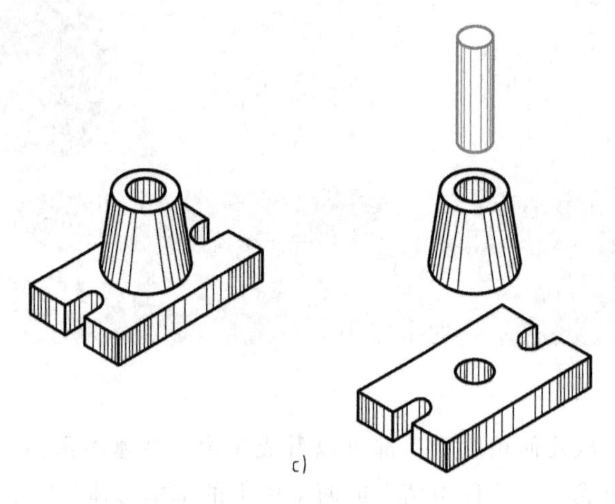

图 5-1　组合体的构形方式（续）

c）综合式组合体

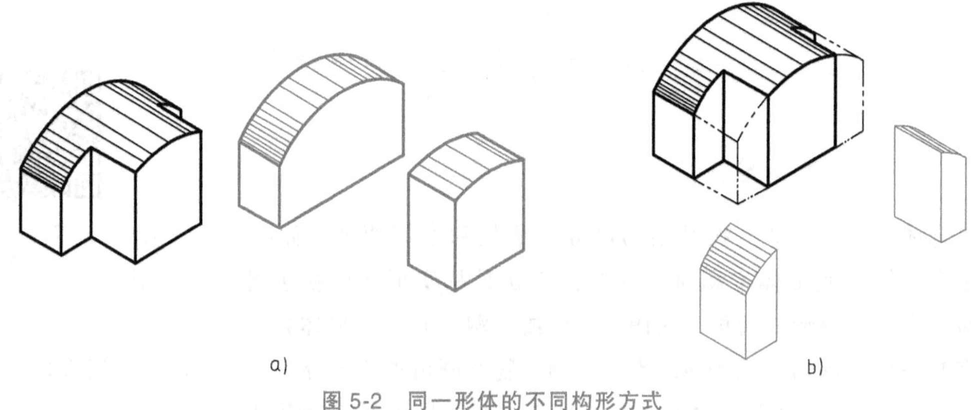

图 5-2　同一形体的不同构形方式

a）叠加　b）挖切

二、组合体邻接表面间的连接关系

就组合体整体来看，基本形体（以下简称形体）经叠加、挖切组合后，其邻接表面之间可能形成共面、相切或相交等连接关系，如图 5-3 所示。

（1）共面　两形体相邻表面对齐连接，形成一个表面，如图 5-4a 所示。此时，在共面连接处不再画线。

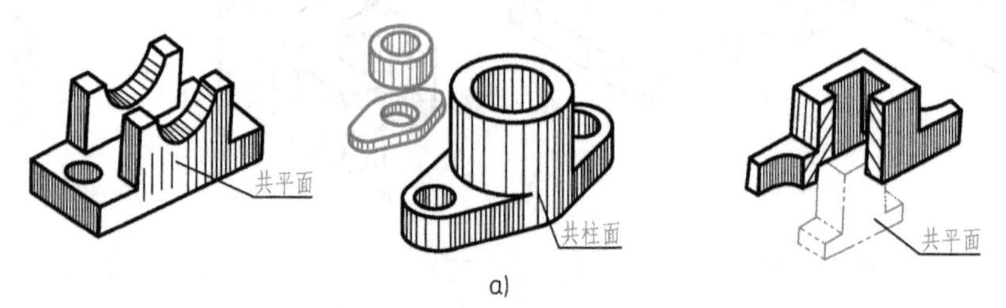

图 5-3　组合体邻接表面间的连接关系

a）两形体共面

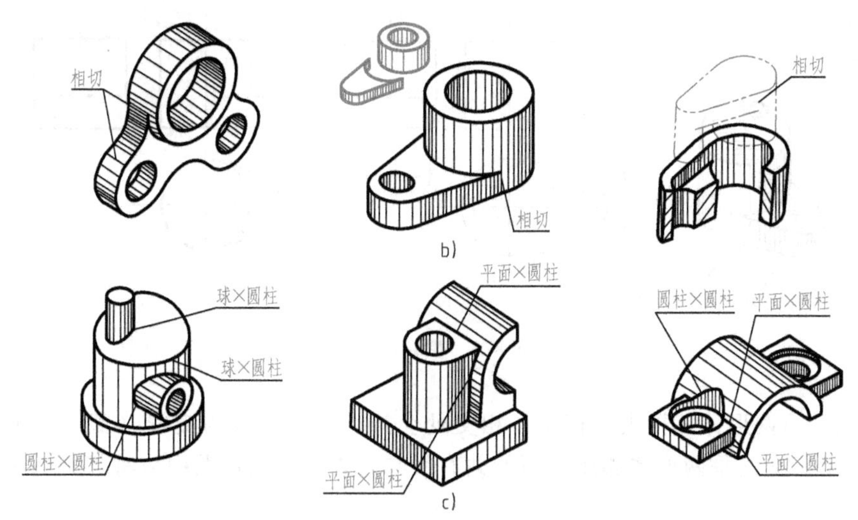

图 5-3　组合体邻接表面间的连接关系（续）

b）两形体相切　c）两形体相交（图中×表示相交）

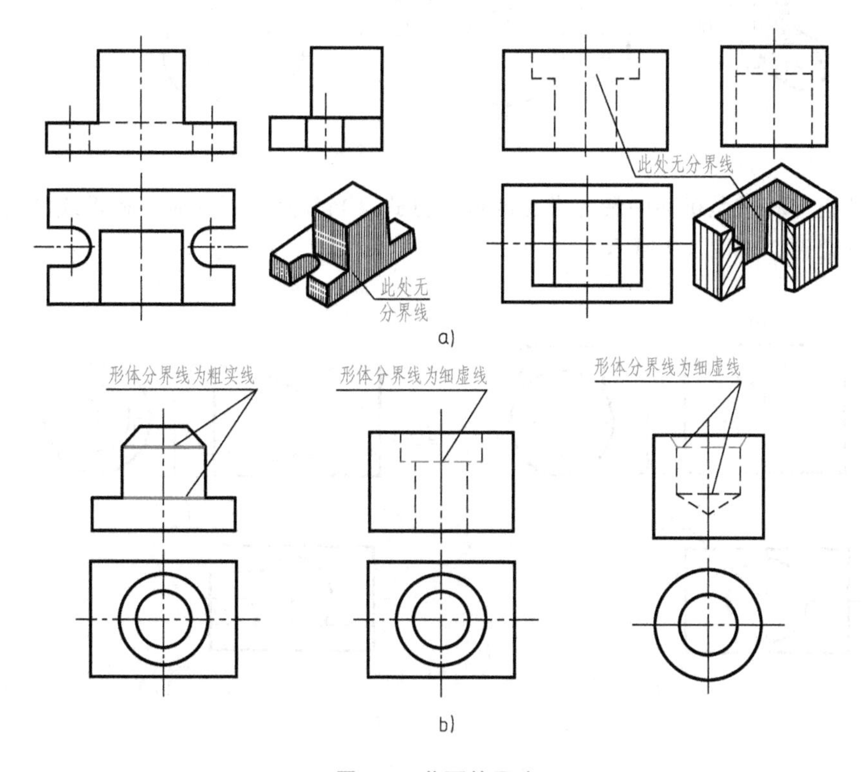

图 5-4　共面的画法

a）两形体共面　b）两形体不共面

（2）相切　两形体邻接表面（平面与曲面、曲面与曲面）光滑过渡，如图 5-5a 所示，相切时连接处无分界线。两形体邻接表面相切时，应从相切表面的积聚性投影画起，确定切点的位置，再画其他投影，如图 5-5b、c 所示。

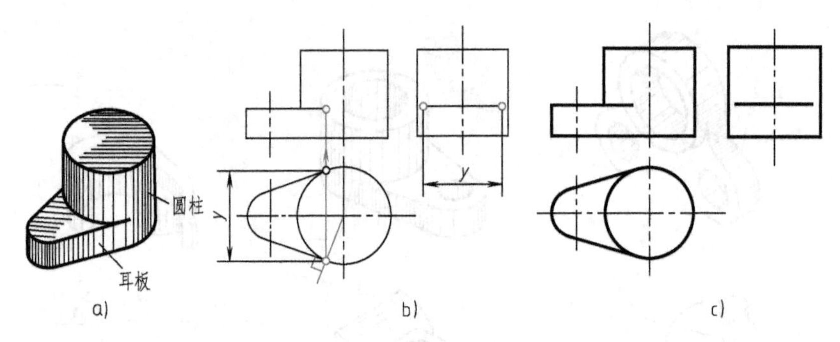

图 5-5　相切的画法

(3) 相交　两形体邻接表面相交，相交处会产生不同形式的交线（截交线或相贯线），如图 5-6 所示。交线是两形体邻接表面的共有线与分界线，在视图中应将其画出来。

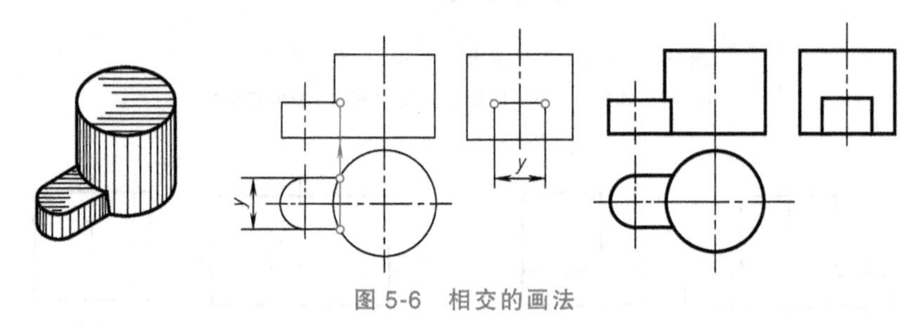

图 5-6　相交的画法

两圆柱正交相贯是机件中最为常见的构形方式，当其直径不等时，相贯线的投影一般采用近似画法绘制，如图 5-7 所示。

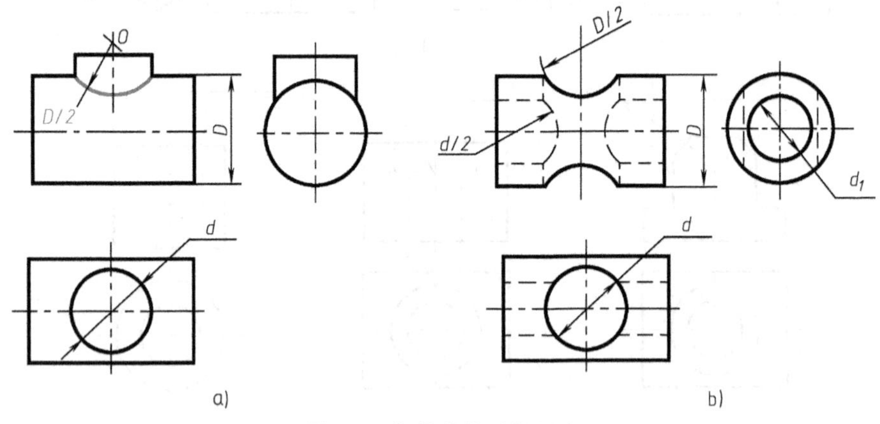

图 5-7　相贯线的近似画法

三、形体分析法

画、看组合体的视图时，一般先根据组合体的结构特征，假想将组合体合理地分解成若干基本形体，分析其构形方式并确定各形体相对位置和邻接表面间的连接关系，这种方法称为形体分析法。形体分析法可以把画、看生疏复杂的组合体视图转化为画、看熟悉简单的基本形体视图，是绘制和阅读组合体视图最基本的方法。

如图 5-8a 所示的组合体，可分解成由形体 Ⅰ、Ⅱ(侧垂圆柱）和形体 Ⅲ(铅垂圆柱）叠加而成。形体 Ⅰ 上挖去三个形体 Ⅵ，形成均布孔，并与形体 Ⅱ 同轴挖去形体 Ⅳ 形成左右方向贯通孔；形体 Ⅱ 与形体 Ⅲ 正交相贯并挖去形体 Ⅴ 形成上下贯通孔。

需要注意的是，把组合体分解成若干形体，仅是一种假想的分析问题的方法，实际上组合体是一个有机的整体，各形体仅在表面存在分界线，内部完全融合为一体，形体之间没有“缝”。同时，运用形体分析法分析组合体时，分解过程并非是唯一和固定的。如图 5-9 所示的立体，既可看成是由 Ⅰ、Ⅱ 两形体共柱面叠加，如图 5-9a 所示，也可看成图 5-9b 中 Ⅰ、Ⅱ 两形体相切叠加。

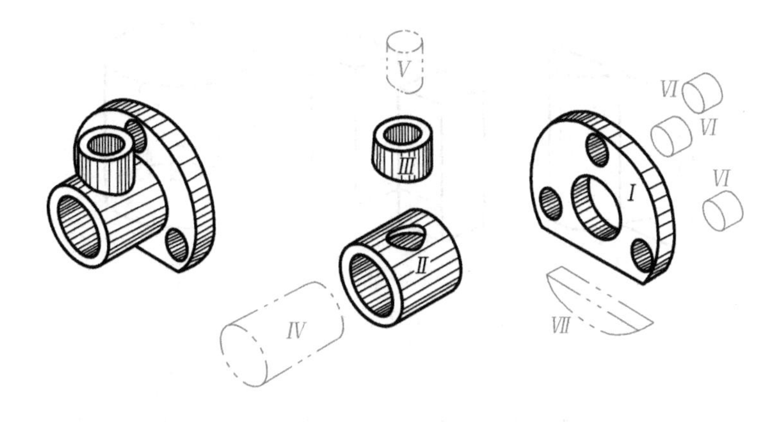

图 5-8　组合体的形体分析

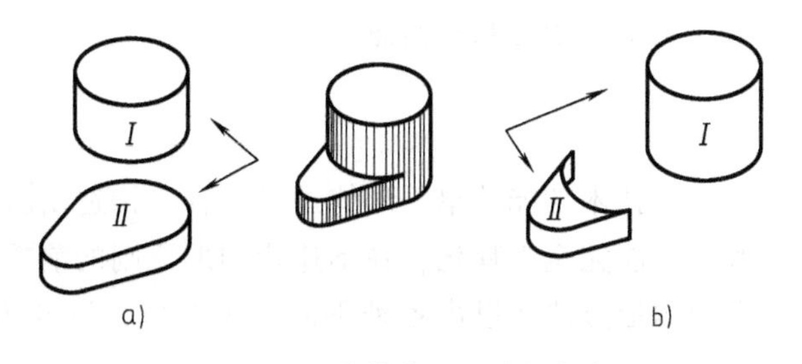

图 5-9　组合体的不同分解方案

第二节　组合体的构形设计

组合体的构形设计，实际上是一个占有三维空间立体的构成，目的是把空间想象、形体构思和表达三者结合起来，促进画图、读图，培养与发展空间想象力，提高形体构思的创造力。

一、组合体的构形原则

1. 功能原则

组合体是零件的抽象与简化，因此，构形设计出的组合体应尽可能体现工程产品或零件的结构形状与功能。例如，要求两相配合零件允许相对旋转，设计时，其形状一般应为圆柱形，显然，为了满足旋转运动而不能设计成方形，因此，功能原则是构形的目标。

2. 工艺性原则

构思出的物体要经过加工才能予以实现，因此，构形设计出的形体必须满足加工工艺的要求，既要考虑加工的可能性，又要考虑加工的经济性，避免设计出不能加工或加工极为困难的形体。例如，不能出现两形体线接触、面相连的情况（见图 5-10a、b）；不能出现不便于成形的封闭内腔（见图 5-10c）；当需要曲面设计时，应尽可能用回转曲面而不用任意曲面。

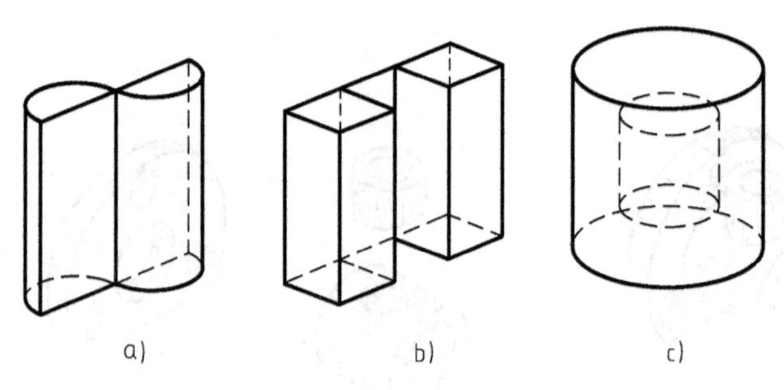

图 5-10 不合理和不易成形的构形

3. 美学原则

物体构形要具有稳定、协调、美观及款式新颖等特点，体现平稳、动静等构形的艺术法则。例如，要使组合体具有平衡、稳定的效果，常设计成对称的结构；非对称结构应注意形体的分布，以获得力学与视觉上的稳定和平衡感。

二、构形设计方法

构形设计实际上是把具有技术功能的单一形体进行组合，构造出新的整体形状。

组合体作为一种模型，不能完全工程化，在不违背构形原则的前提下，可以凭自己的想象，将单一形体通过一定的构形方法构思出各种不同的组合体，以开拓思维、培养创造力。构形方法主要有：

（1）形体组合法 利用基本形体的叠加或挖切构成组合体。

（2）运动轨迹法 利用平面按一定规律做连续运动形成三维形体。如：当平面图形绕一直线做回转运动，其轨迹构成一回转体（图 5-11a）；当平面图形沿其法线方向做平移运动，其轨迹构成一拉伸柱体（图 5-11b）；当平面图形沿曲线运动或当平面图形运动时形状发生变化时，可构成一更复杂的三维形体。

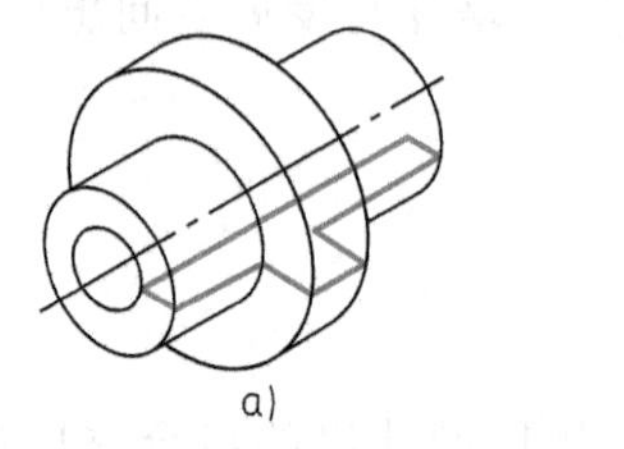

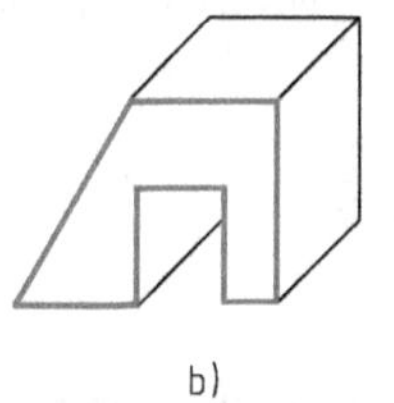

图 5-11 构形方法

三、构形设计举例

例 5-1　根据图 5-12a 给出的主视图，设计组合体，并画出其俯视图。

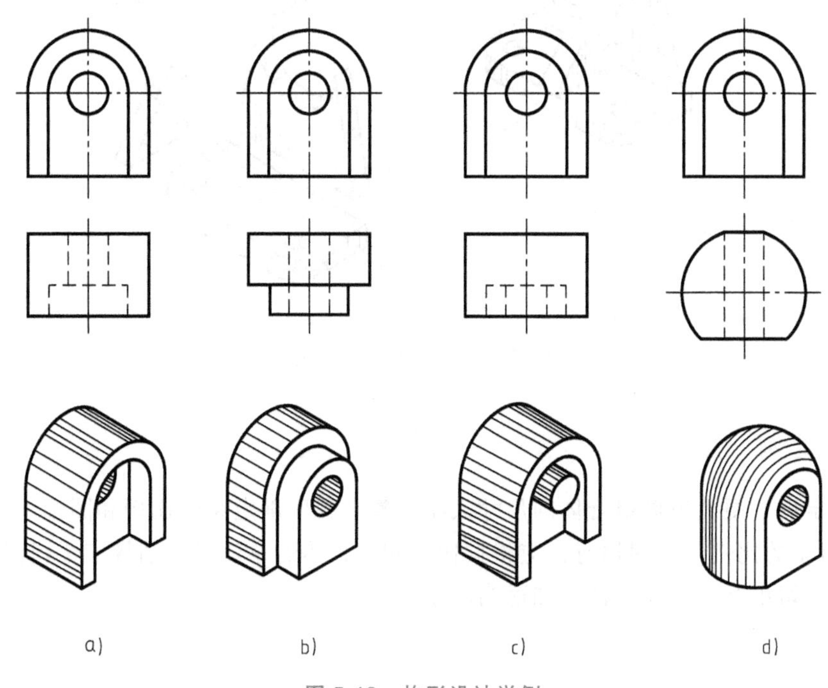

图 5-12　构形设计举例

第三节　组合体的视图表达

叠加式组合体三视图的画法

挖切式组合体三视图的画法

现以图 5-13a 所示的支架为例，说明组合体三视图的画图方法和步骤。

一、形体分析

按其形体特点，可认为支架由底板、圆筒、连接板和肋板四部分叠加组合而成。底板、连接板、圆筒后表面共面靠齐，连接板的左右两侧面与圆筒外表面相切，肋板与底板、连接板相接，与圆筒相交。整个形体左右对称，如图 5-13b 所示。

二、视图选择

主视图是表达机件最主要的视图，主视图选择得恰当与否，对画图和看图有很大影响，画图时应先选择主视图。通常，应将组合体按平稳位置安放，并选择最能反映其结构形状特征的方向作为主视图的投射方向。选择投射方向时，还应兼顾尽量减少其他视图中的虚线以及图幅布局的匀称合理等问题。支架按图 5-13a 前方箭头方向作为其主视图的投射方向。

主视图确定之后，俯视图及左视图的投射方向也随之确定。

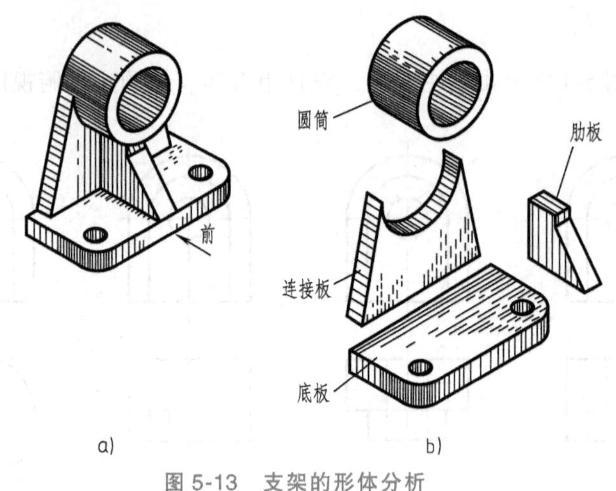

图 5-13　支架的形体分析

三、选比例、定图幅

视图选定后，便可根据组合体的尺寸大小及复杂程度确定绘图比例和图幅。绘图时，应尽量采用 1∶1 的比例。选图幅时，应根据比例和组合体的总体尺寸估算三个视图所占面积，并在视图之间留出标注尺寸的位置和适当间距。

四、画底稿

（1）布置视图、画基准线　图纸固定后，根据各视图的大小及间距，画出基准线以确定每个视图的具体位置。基准线是画图的出发点，也是以后标注尺寸的起点。通常选择组合体的对称中心平面、较大回转体的轴线、较大平面等作为基准线。每一视图均反映两个方向的基准线，如图 5-14a 所示。

（2）逐个画出各形体的视图　根据各形体的相对位置，按照“三等”规律，逐个画出各自的视图。画形体的顺序通常是：先大（大形体）后小（小形体）；先实（实形体）后

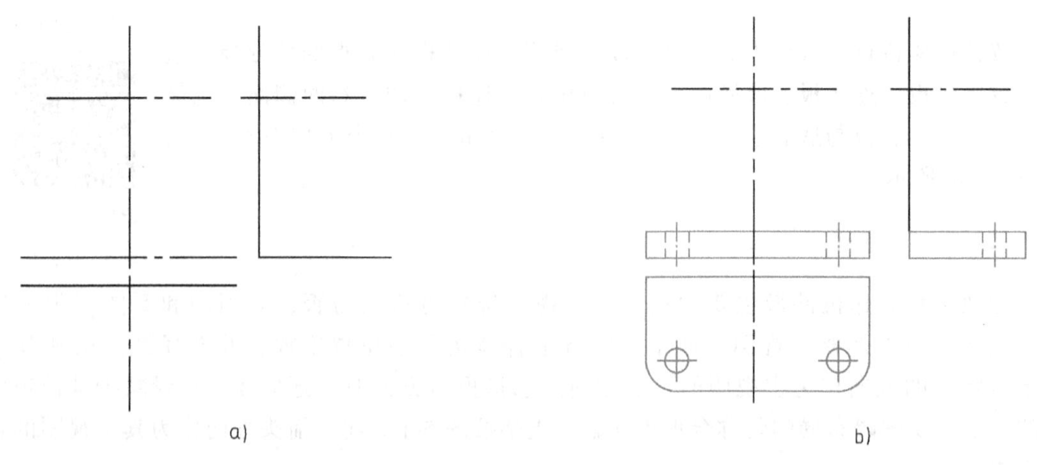

图 5-14　支架三视图的画法

a）布置视图，画出各视图的基准线　b）画底板

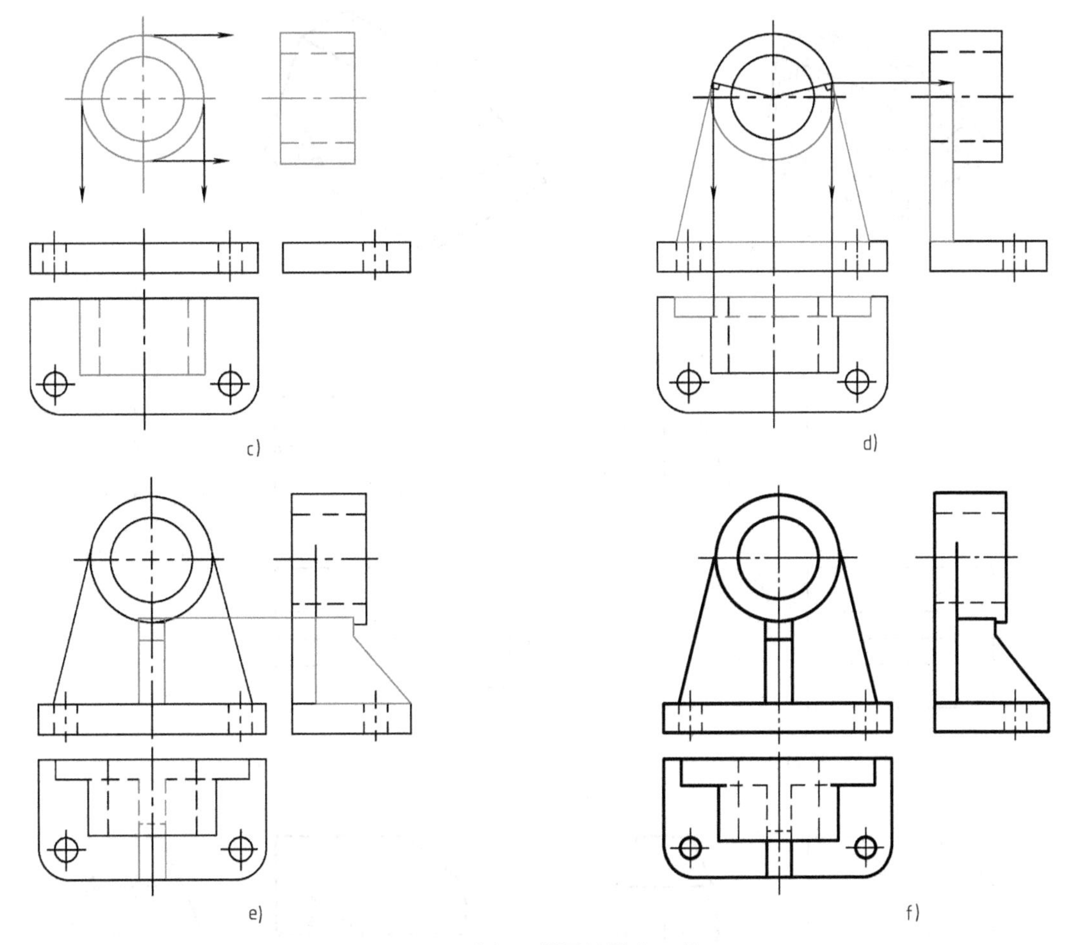

图 5-14　支架三视图的画法（续）

c）画圆筒　d）画连接板　e）画肋板　f）检查底稿，清理图面，按规定线型加深图形

空（空形体）。在画每一形体时，应先从反映该形体结构特征明显的视图入手，按照先整体后细节的顺序，完成其投影，如图 5-14b～e 所示。这里应注意，要几个视图配合着一起画，不要画完一个视图再画另一个。

对于图 5-15 所示的挖切式组合体的视图，画底稿的一般步骤为：先形体分析（图 5-15b），画出未挖切前完整基本形体的视图（见图 5-15c），然后按合理的挖切过程画出相应交线或截断面的投影（见图 5-15d～e）。各切口部分应从反映其形状特征明显的视图入手，再画其他视图。具体作图过程如 5-15 所示。

五、检查、描深

画完底稿后，按各形体及其邻接表面相对位置，仔细检查投影关系，特别是当形体邻接表面有共面、相切、相交关系时更应重点查对，确定无误后，方可按规定线型加深图线，如图 5-15f 所示。对于视图中出现的对称图形，圆、半圆以及大于 180°的圆弧均应画出对称中心线，回转体应画出轴线。

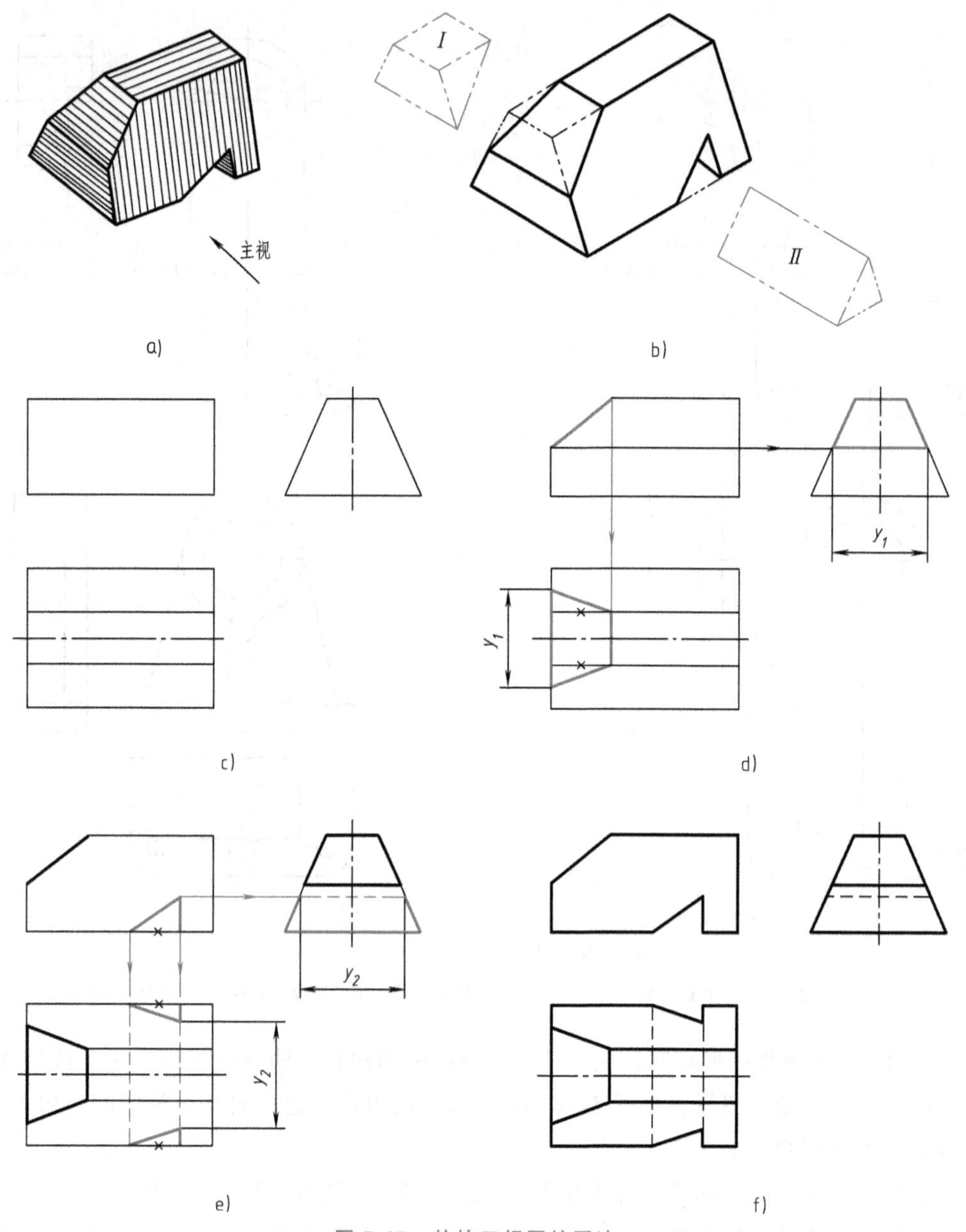

图 5-15 垫块三视图的画法

a）垫块 b）形体分析 c）画基准线，作梯形四棱柱的三视图

d）作截去形体 I 的三视图 e）作截去形体 II 的三视图 f）检查、描深，完成作图

第四节 组合体视图的尺寸标注

视图只能表达组合体的形状，各形体的真实大小及其相对位置，则要靠尺寸来确定。标注组合体尺寸的基本要求是正确、完整和清晰。

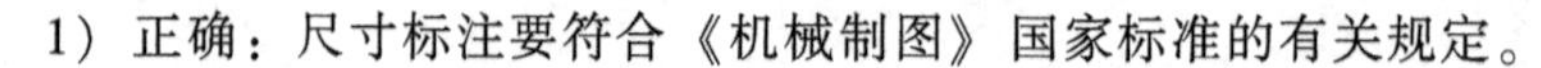

1）正确：尺寸标注要符合《机械制图》国家标准的有关规定。

2）完整：所注尺寸应能完全、唯一地确定各组成部分的大小和相对位置，尺寸既无遗漏，又不重复多余。

3）清晰：所注尺寸布局应整齐、醒目，便于看图。

本书第一章已经介绍了《机械制图》国家标准中尺寸注法的有关规定，下面主要就尺寸的完整以及在图上的布局进行讨论。

一、尺寸标注要完整

形体分析法是确保尺寸标注完整的基本方法。组合体的结构形状是由各组成形体的形状大小及形体间的相对位置决定的，确定各基本体形状大小的尺寸称为定形尺寸，确定各形体间相对位置的尺寸称为定位尺寸。

1. 定形尺寸

在三维空间中，定形尺寸一般包括长、宽、高三个方向的尺寸，由于各基本形体的形状特点不同，因而定形尺寸的数量也各不相同。常见基本形体的尺寸标注如图 5-16 所示，括号中的不是必需尺寸，生产中为了下料方便又往往注上，作为参考尺寸。

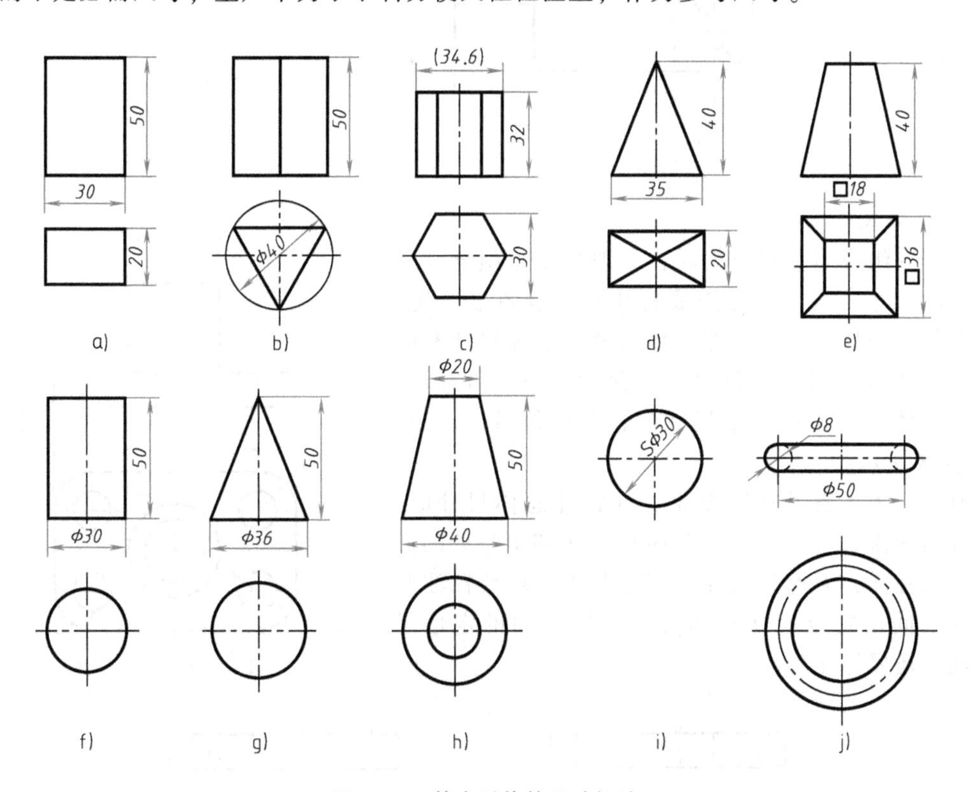

图 5-16　基本形体的尺寸标注

2. 定位尺寸和基准

标注定位尺寸时，首先要确定标注尺寸的起点——尺寸基准。组合体一般具有长、宽、高三个方向的尺寸，因此，确定形体间的相对位置时，每个方向都应有基准。通常选择组合体的对称中心平面、较大回转体的轴线或较大平面作为该方向的尺寸基准。一般情况下，应从基准出发标注定位尺寸，但当几何形体对称分布时，通常采用对称的标注形式。图 5-17 中 30、16、26、52 为定位尺寸。

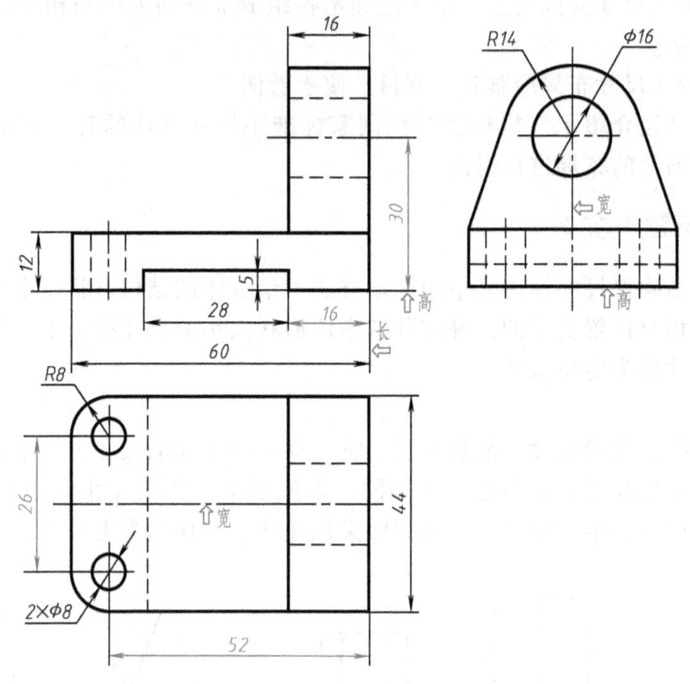

图 5-17 定位尺寸和基准

3. 总体尺寸

在研究组合体空间结构时，一般要知道组合体所占空间的大小，因此，常需要标出组合体在长、宽、高三个方向的最大尺寸，即总体尺寸。总体尺寸有时就是某形体的定形或定位尺寸，此时一般不再标注。当标注总体尺寸出现多余尺寸时，需要作适当调整，如图 5-18 所示。

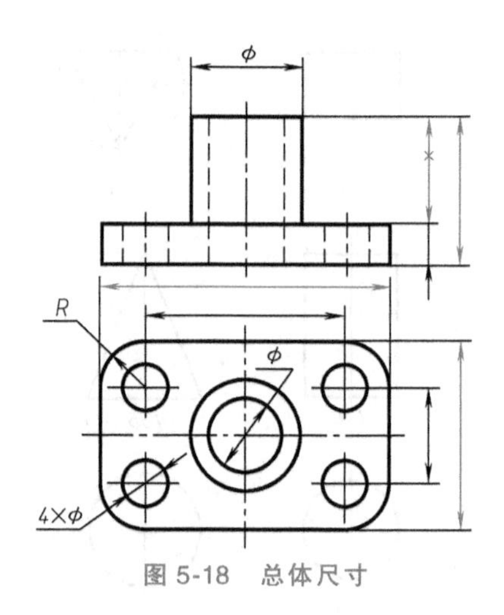

图 5-18 总体尺寸

有时，为了满足加工要求，在标注总体尺寸时，也允许出现多余尺寸。如图 5-19 中底板四个角处的四分之一圆柱面，无论与圆柱孔同轴与否，均要标注圆柱孔轴线间的定位尺寸和四分之一圆柱面的定形尺寸，同时还要标注总体尺寸。

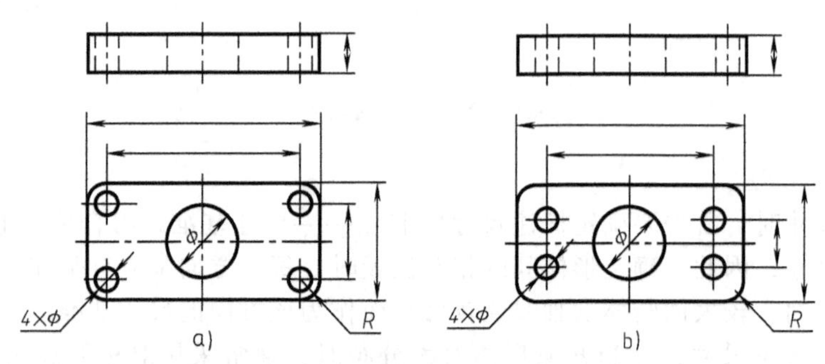

图 5-19 底板和圆角的尺寸注法

有些机件的总体尺寸，是根据形体结构和工艺要求而间接得出的，考虑制作方便，必须做出回转体轴线之间的定位尺寸和回转体半径（或直径），一般不直接标注总体尺寸，如图 5-20 所示。

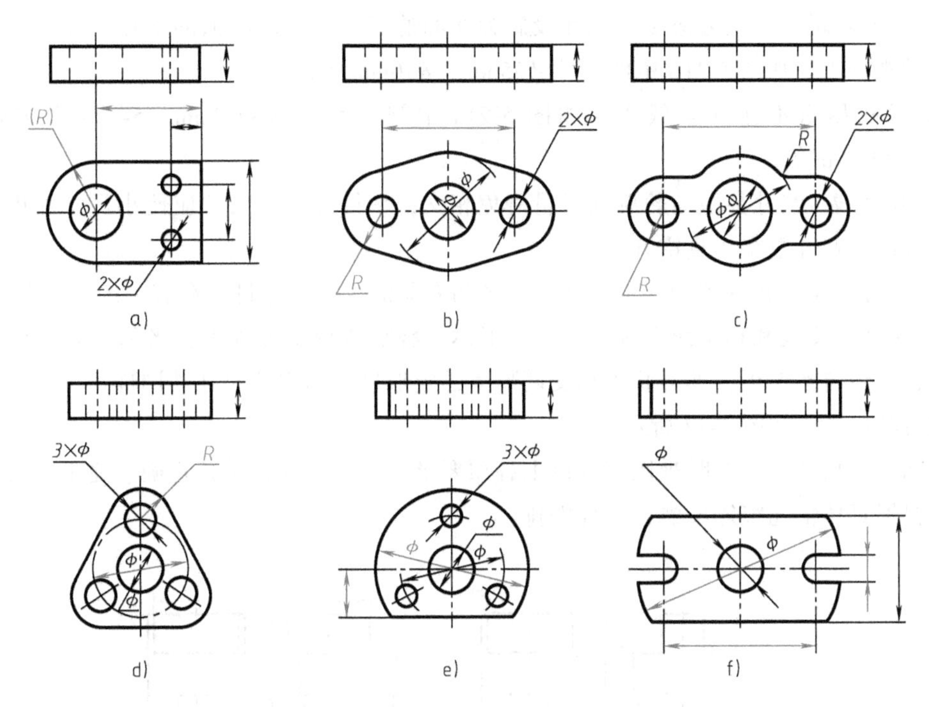

图 5-20　不直接标注总体尺寸的情况

二、尺寸标注要正确、清晰

要使尺寸标注正确、清晰，除了严格遵守国家标准有关规定外，还应注意合理地布置尺寸，以方便看图。

1）尺寸应尽量注在形体特征明显的视图上，如图 5-21a 所示的弯板，底板的长度尺寸 50mm、宽度尺寸 38mm 注在反映其形状特征明显的俯视图上；而竖板的厚度尺寸 10mm 注在主视图上。

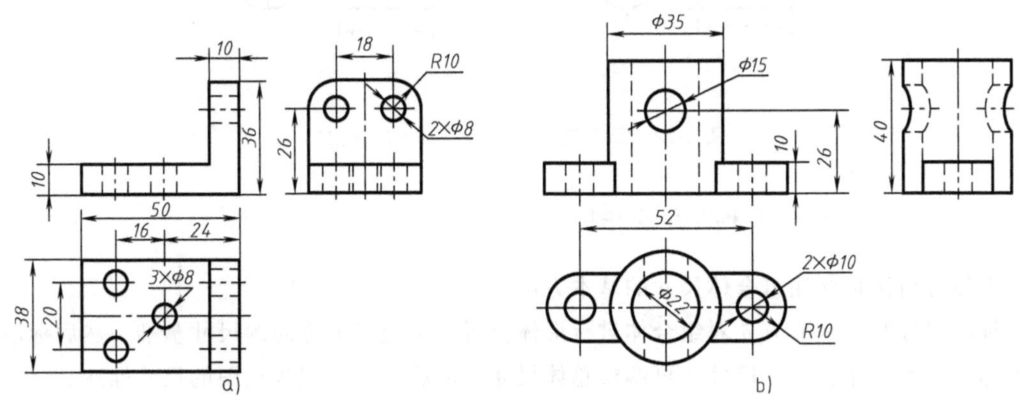

图 5-21　尺寸的合理布置

2）同一形体的定形、定位尺寸应尽量集中标注。如图 5-21a 所示底板上孔的定形尺寸 3×ϕ8mm、定位尺寸 16mm、24mm 和 20mm 集中注在俯视图上；竖板上孔的定形尺寸 2×ϕ8mm、定位尺寸 18mm 和 26mm 集中注在左视图上。

3）回转体的直径尺寸应尽量注在投影为非圆的视图上，而圆弧的半径尺寸应注在投影为圆弧的视图上。如图 5-21b 中的尺寸 ϕ35mm，R10mm 等。

4）尺寸尽量不注在虚线上，如图 5-21a 中圆孔尺寸 3×ϕ8mm，5-21b 中圆孔尺寸 ϕ22mm，ϕ15mm 等。

5）尺寸线、尺寸界线与轮廓线尽量避免相交，平行排列的尺寸应使小尺寸在里面，大尺寸在外面，尺寸数字尽量错开。

6）尺寸尽量注在视图的外部，与两个视图有关的尺寸应尽量注在有关的两视图之间。

7）不在截交线和相贯线上标注尺寸。形体在叠加或挖切过程中，当邻接表面处于相交位置时，交线自然产生，其形状由相交两形体的定形尺寸和定位尺寸共同确定，因而在交线上不应再注尺寸，如图 5-22 所示。

实际标注尺寸时，有时难以兼顾以上各项要求，此时应该在保证正确、完整、清晰的前提下，根据具体情况统筹考虑，合理安排。

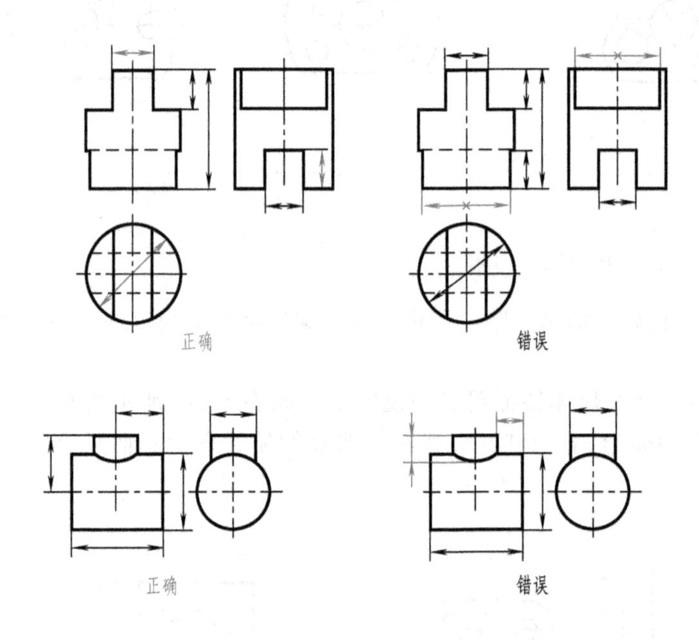

图 5-22 不在截交线和相贯线上标注尺寸

三、标注组合体尺寸的方法步骤

形体分析法是标注组合体尺寸的基本方法。

标注尺寸时，一般应先对组合体进行形体分析，选定三个方向的尺寸基准，然后标注各个形体的定形尺寸、定位尺寸，再调整总体尺寸，最后检查、完成全图的尺寸标注。

图 5-23 给出了标注支架尺寸的步骤。

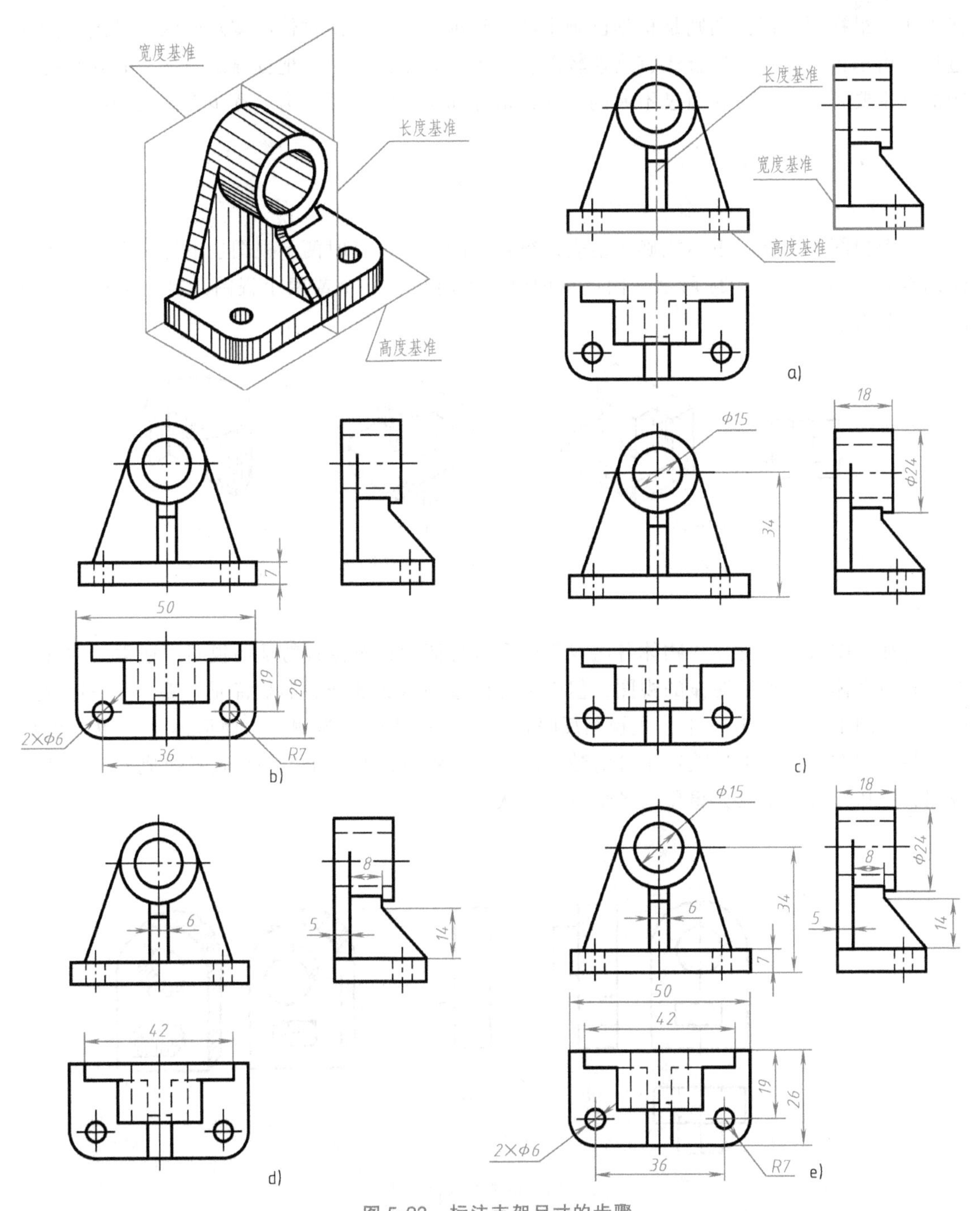

图 5-23　标注支架尺寸的步骤

a）选择长、宽、高三个方向的尺寸基准　b）标注底板的定形、定位尺寸　c）标注圆筒的定形、定位尺寸　d）标注连接板、肋板的定形、定位尺寸　e）标注总体尺寸，完成尺寸标注

第五节　组合体视图的阅读

学习机械制图的主要任务是培养画图和读图两方面的能力。画图是将实际物体按投影规

律绘出一组视图，而读图则是根据已画出的一组视图，想象出物体的实际形状，是画图的逆过程。由于视图表达的组合体直观性较差，因此，要正确、快速地读懂组合体，必须掌握读图的基本要领和方法，并通过不断的实践，培养和发展空间想象力，逐步提高读图能力。

一、读图的基本要领

1. 要几个视图联系起来一起看

一个视图一般情况下不能确切地表达组合体的形状，有时两个视图也不能完全确定组合体的空间结构，如图 5-24 所示。因此读图时，不能只看一个或两个视图，要几个视图联系起来一起看。

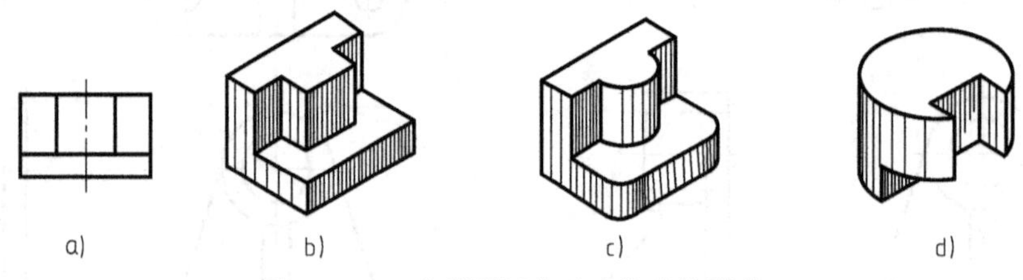

图 5-24 一个视图不能确定物体的形状

2. 要抓住特征视图

特征视图就是最能反映物体各组成部分形状特征和相对位置特征的视图。通常，主视图是反映组合体形体特征明显的视图，但就组合体每一组成部分的形状特征来说，不一定都集中在主视图上。如图 5-25 中，主视图反映各部分形状特征较为明显，而形体 *Ⅰ*、*Ⅱ* 的前后位置特征则在左视图上反映得十分清楚。因此，读图时，要善于抓住反映各组成部分特征的视图，并从该视图出发，想象出各部分的形状。

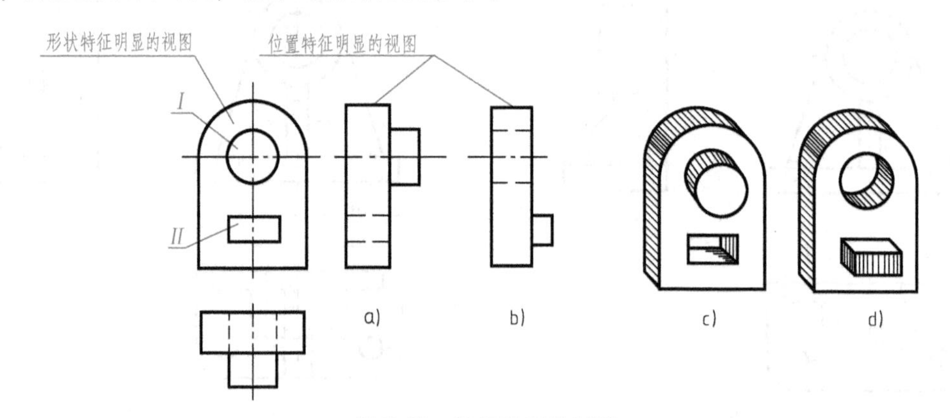

图 5-25 特征明显的视图

3. 注意视图中虚、实线的变化

形体之间连接关系的变化，会使视图中的图线也产生相应的变化。如图 5-26a 主视图中，三角形线框与 L 形线框之间是粗实线，说明二者前表面不共面，再结合其他视图的投影关系，可确定三角形肋板叠加在底板和侧板中间；图 5-26b 主视图中，三角形线框与 L 形线框之间是细虚线，这说明二者前表面共面，根据其他视图的投影关系，可知两块三角形肋板一前一后叠加在底板和侧板之间，中间为空腔。

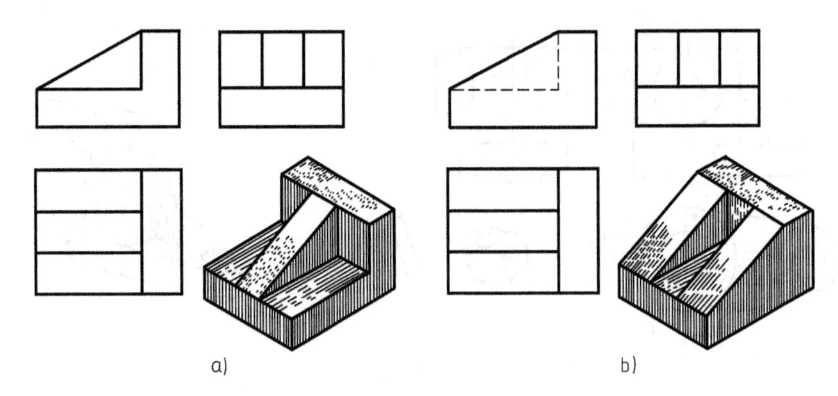

图 5-26　虚、实线的变化与形体连接关系

二、读图的基本方法

读组合体视图常用的方法有形体分析法和线面分析法两种。

1. 形体分析法

线面分析法读组合体视图

形体分析法是读组合体视图最基本的方法。一般从反映组合体形体特征明显的主视图入手，对照其他视图，初步分析组合体由哪些基本形体组成以及它们之间的连接关系，然后运用投影规律，逐个找出每个形体在其他视图上的投影，以确定各基本形体的形状及其位置关系，最后综合想象出组合体的整体结构。

形体分析法读图的着眼点是体，而不是体上的线、面。下面以图 5-27 所示的三视图为例，说明形体分析法看图的步骤。

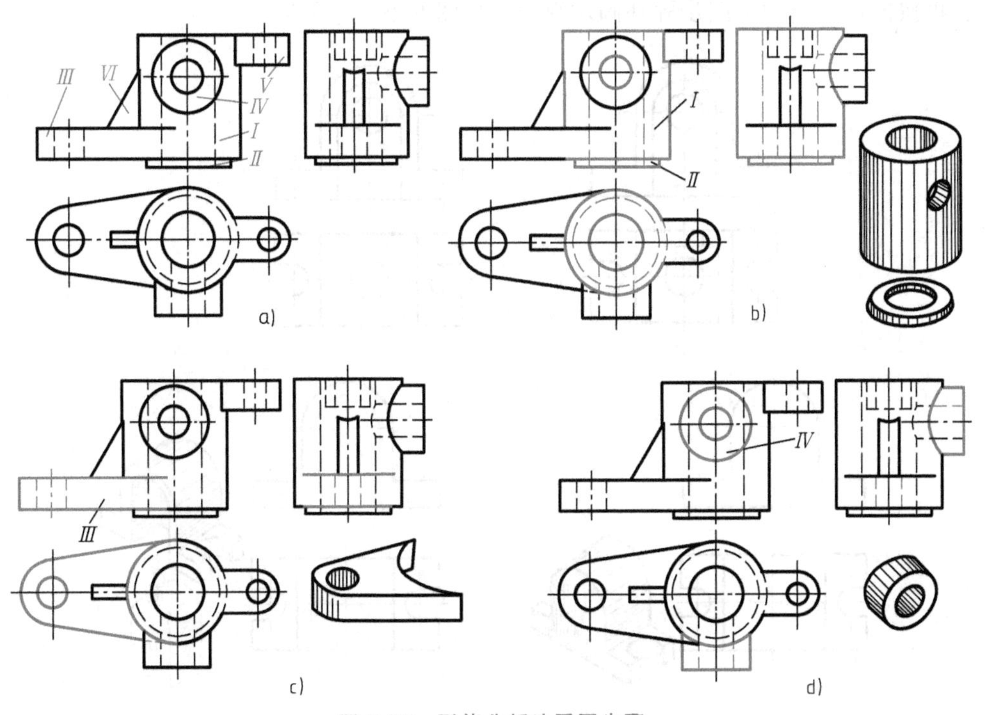

图 5-27　形体分析法看图步骤

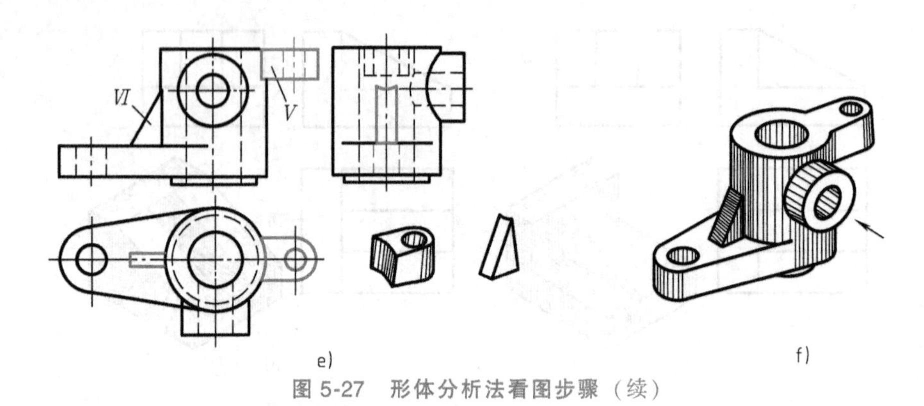

图 5-27 形体分析法看图步骤（续）

(1) 分析视图，划分线框 根据已知视图，从一个视图（一般为主视图）出发，配合其他视图，粗略对照投影关系，按线框将组合体分成几个较为简单的组成部分。如图 5-27a 所示，在主视图中按线框分成六个组成部分。

(2) 逐个对出各部分的投影，想象出其形状 按照“三等”规律，借助三角板、圆规等绘图工具，找出各部分在其他视图中的投影，然后根据其特征视图，想象出每一部分的形状。分部分看视图时，一般应先从主要的、大的线框开始，然后再分析次要的、细节的部分，逐个读懂，如图 5-27b ~ e 所示。

(3) 综合起来想象整体 搞清每一部分的形状后，再根据各部分的方位关系及邻接表面的连接关系综合想象出组合体的整体结构，如图 5-27f 所示。

例 5-2 根据图 5-28a 所示组合体的主、俯两视图，想象出其形状，并补画左视图。

此例是看图和画图的综合。首先按看图的方法想象出组合体的空间形状，如图 5-28b ~ f 所示，再按前面介绍的画图步骤补画左视图，如图 5-28g ~ j 所示。

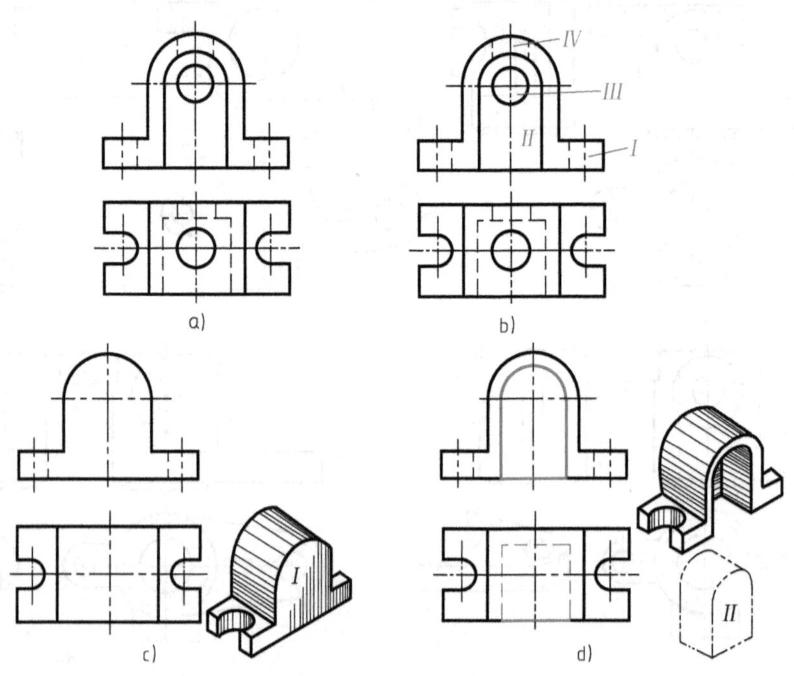

图 5-28 补画左视图

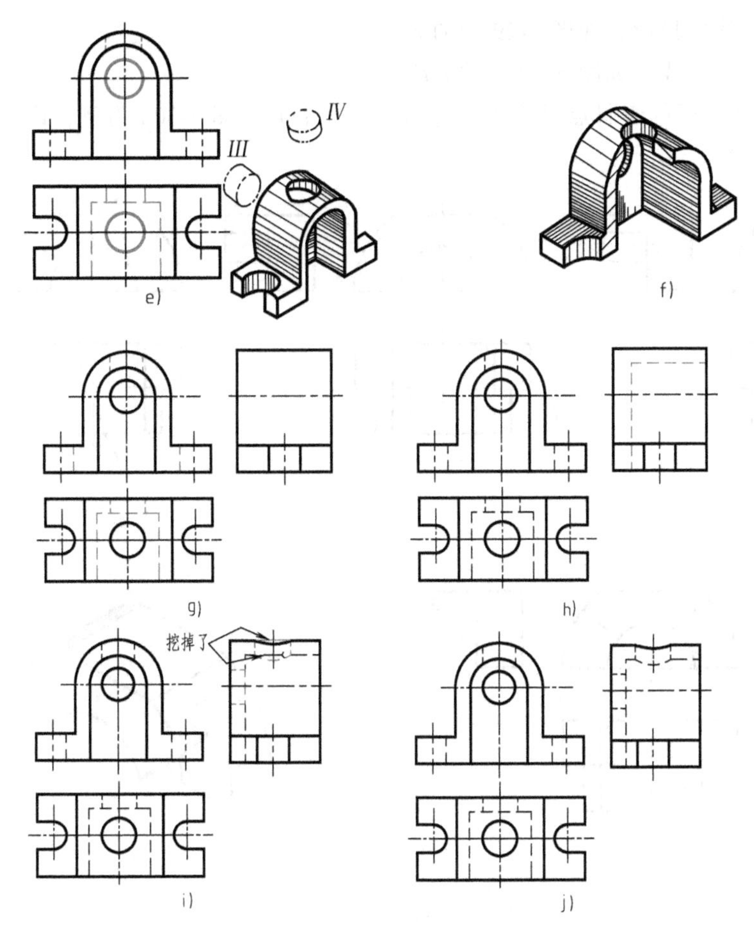

图 5-28 补画左视图（续）

组合体视图的尺寸标注

2. 线面分析法

当读切割形体、不规则形体或结构的投影关系有重叠的组合体视图时，采用形体分析法往往难以看懂，此时，还必须进行细致的线面分析，才能想象出组合体的正确形状。

线面分析法是通过分析视图中的封闭线框及线段，逐步搞清组合体各表面的位置和形状，再综合想象出组合体的整体结构。

视图中的一个封闭线框，可能表示三种情况：

1）平面的投影，如图 5-29 中的 p、p'、p''。

2）曲面的投影，如图 5-29 中的 q'、q''。

3）平面与曲面相切投影，如图 5-29 中的 r'。

视图中的一条线段，可能表示三种情况：

1）表面的积聚性投影，如图 5-29 中的 s。

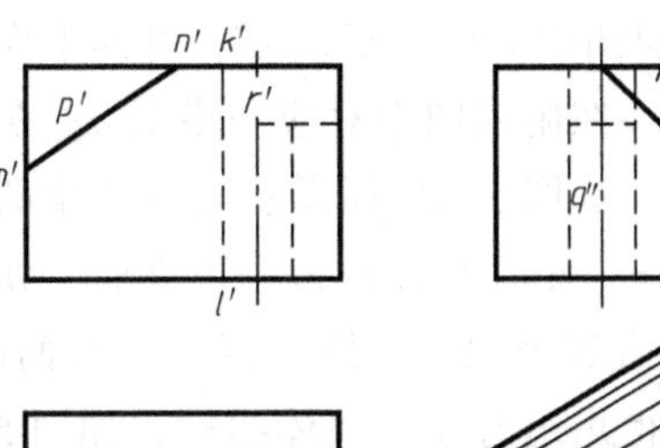

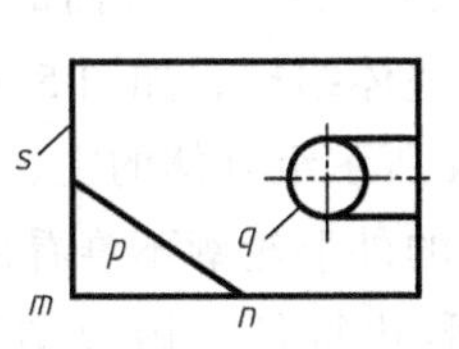

图 5-29 视图中线框、线段的含义

2）表面交线的投影，如图 5-29 中的 $m'n'$。

3）曲面轮廓素线，如图 5-29 中的 $k'l'$。

线面分析法读图的着眼点是视图中的面、线。下面以图 5-30a 为例，说明线面分析法读图的方法、步骤。

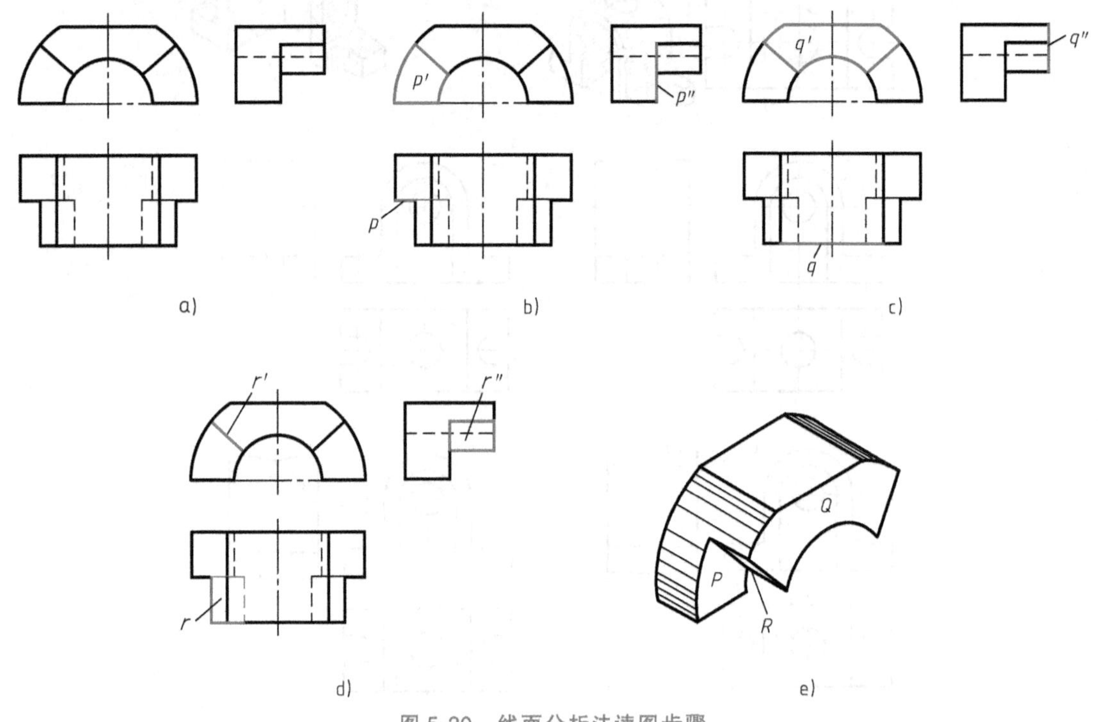

图 5-30 线面分析法读图步骤

（1）分析视图 初步分析图 5-30a 视图中的三个线框，通过与俯、左视图对应投影关系，发现它们并不适合于单独构成一个基本形体，此时，用形体分析法很难直接看懂。而从视图的整体外形看，该组合体是由一空心半圆柱体被切割而成，显而易见，主视图上方缺口为水平面所切而致。对于俯视图及左视图中难以看懂的其他图线是如何产生的，还需做进一步的线面分析。

（2）确定线面的位置和形状 主视图中的线框 p'在俯视图中按“三等”关系对应一横线 p，在左视图中对应一竖线 p''，可知平面 P 为正平面，如图 5-30b 所示；线框 q'与线框 p'为相邻线框，在俯视图中对应一横线 q，在左视图中对应一竖线 q''，可知平面 Q 为空心半圆柱体前表面，如图 5-30c 所示；左视图中的线框 r''在主视图中对应一斜线 r'，在俯视图中对应矩形线框 r，可知平面 R 为一正垂面，如图 5-30d 所示。

（3）综合起来想象整体 搞清各表面的位置和形状后，通过对基本体进行挖切或表面组合，便可得出组合体的整体结构，如图 5-30e 所示。

例 5-3 根据图 5-31a 所示组合体的主、俯视图，补画其左视图。

分析：由已知两视图的外形轮廓不难看出，该物体是由四棱柱挖切而成。主视图较明显地反映出左上方切角的形状特征，俯视图较明显地反映出后部方形切槽的形状特征如图 5-31b 所示。对于挖切不明显的部分，经进一步的线面分析后可知，线框 p'为一正平面，

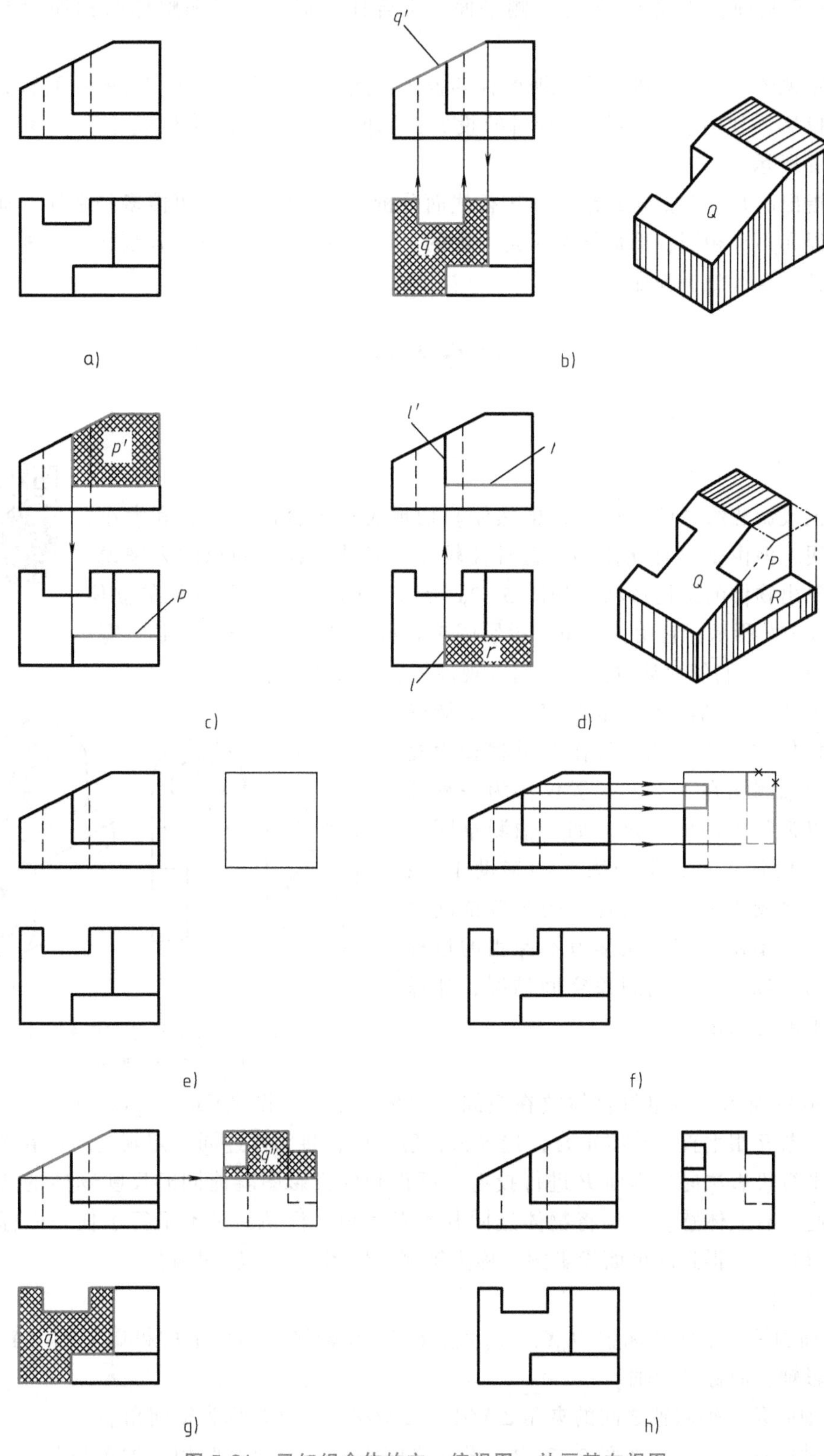

图 5-31　已知组合体的主、俯视图，补画其左视图

线框 r 为一正垂面，线段 l'、l 为一侧平面。组合体的形成过程和整体结构如图 5-31b ~ d 所示。

补画左视图时，可先画出完整四棱柱的投影，然后分别补画反映实形的断面和具有积聚性断面的投影，接着补画类似形断面的投影，同时判断可见性并整理轮廓。具体步骤如图 5-31e ~ h 所示。

需要指出的是，对挖切式组合体进行线面分析时，分析的方式可能多种多样，补画第三视图的过程亦不尽相同，但最终结果是一致的。如上例中，还可以用补画交线的画法绘制左视图，读者可自行分析验证。

第六节 组合体的轴测图表达

一、轴测图的基本知识

轴测投影图概述

应用正投影法绘制的三视图，虽然能确切地表达组合体的形状和大小，且作图简便，但由于没有立体感，直观性较差，对缺乏读图知识的人来说，不容易想象出物体的结构形状，如图 5-32a 所示。轴测图是一种常见的立体图，如图 5-32b 所示，它用一个单面投影图来表示物体的三维空间（长、宽、高），比较符合人们的视觉习惯，因而直观性好，富有立体感。

和视图相比，轴测图度量性较差，不能确切地表达物体的真实形状，且作图过程较为复杂，因此，轴测图在工程上一般仅作为一种辅助图样，以弥补视图的不足。如：轴测草图常被用来作为设计人员构形与表达的辅助工具；另外，用轴测图来表达交叉管道的布置情况则比正投影图要清晰得多。在学习本课程的过程中，轴测图可以帮助我们想象空间情况，加深对结构的理解与记忆。

图 5-32 视图与轴测图的比较
a）视图 b）轴测图

1. 轴测图的形成

如图 5-33 所示，假想将物体放在空间直角坐标系中，设坐标轴 O_0X_0、O_0Y_0、O_0Z_0 与物体上的三条互相垂直的棱线重合，选 S 为投射方向，将物体连同确定其空间位置的直角坐标系，用平行投影法向投影面 P 进行投射，所得到的投影图就能同时反映物体的三个坐标方向，因此具有立体感。这种将物体连同其参考直角坐标系，沿不平行于任一坐标面的方向，用平行投影法得到的单面投影图，称为轴测投影图，简称轴测图。

2. 轴测图的基本术语

（1）轴测轴 空间坐标轴 O_0X_0、O_0Y_0、O_0Z_0 在轴测投影面上的投影 OX、OY、OZ 称为轴测投影轴，简称轴测轴。

（2）轴间角 轴测轴之间的夹角 $\angle XOY$、$\angle XOZ$、$\angle YOZ$ 称为轴间角。

（3）轴向伸缩系数 在图 5-33 中，设在空间直角坐标轴上取相等的单位长度 u，它们在轴测轴 OX、OY、OZ 上的对应投影长度分别为 i、j、k，i、j、k 与原来的单位长度 u 之比称为轴向伸缩系数。

OX 轴的轴向伸缩系数 $p_1=OX/O_0X_0=i/u$；

OY 轴的轴向伸缩系数 $q_1=OY/O_0Y_0=j/u$；

OZ 轴的轴向伸缩系数 $r_1=OZ/O_0Z_0=k/u$。

3. 轴测图的投影特性

轴测图是用平行投影法得到的，因此，具有平行投影的一切投影特性。这里特别强调：

1）空间平行的两线段，其轴测投影仍互相平行，且投影之比等于其空间长度之比。

2）与空间坐标轴平行的线段，其轴测投影平行于相应的轴测轴，且轴向伸缩系数与相应轴的轴向伸缩系数相同。

图 5-33　轴测图的形成

4. 轴测图的分类

根据轴测投射方向与轴测投影面是否垂直，轴测投影可分为两类：

（1）正轴测图　投射方向与轴测投影面垂直。

（2）斜轴测图　投射方向与轴测投影面倾斜。

以上两类轴测图又根据轴向伸缩系数的不同，每类中又分为三种：

1）当 $p=q=r$ 时称为正（或斜）等测图。

2）当有两个轴向伸缩系数相等时称为正（或斜）二测图。

3）当 $p\neq q\neq r$ 时称为正（或斜）三测图。

由于各坐标轴与轴测投影面可形成大小不同的倾角，因此，正（或斜）二测图和正（或斜）三测图的轴向伸缩系数可以有不同的数值。为使图形具有较好的直观性、度量性以及作图方便，在正（或斜）二测图中一般取轴向伸缩系数 $p=r=2q$，而正（或斜）三测图由于作图较繁，在实际中很少采用。

本节只介绍工程上常用的两种轴测图——正等轴测图和斜二等轴测图的基本知识和画法。

二、正等轴测图

平面立体的正等轴测图

当投射方向垂直于轴测投影面，且物体上三个直角坐标轴 O_0X_0、O_0Y_0、O_0Z_0 对投影面的倾角相同时，所得到的轴测投影图称为正等轴测图，简称正等测。

1. 轴间角、轴向伸缩系数

根据理论分析与计算，当物体上三个坐标轴与轴测投影面的倾角均为 35°16′时，可获得正等测。此时，各轴向伸缩系数相等，即 $p=q=r=0.82$，其轴测轴的轴间角均为 120°，如图 5-34 所示。

实际绘图时，为了作图简便，轴向尺寸一般都不按轴向伸缩系数 0.82 量取，而是采用简化为 1 的简化伸缩系数，即 $p=q=r\approx 1$。采用简化伸缩系数画出的图形，其形状不变，但比原投影放大了 1.22（1/0.82）倍。

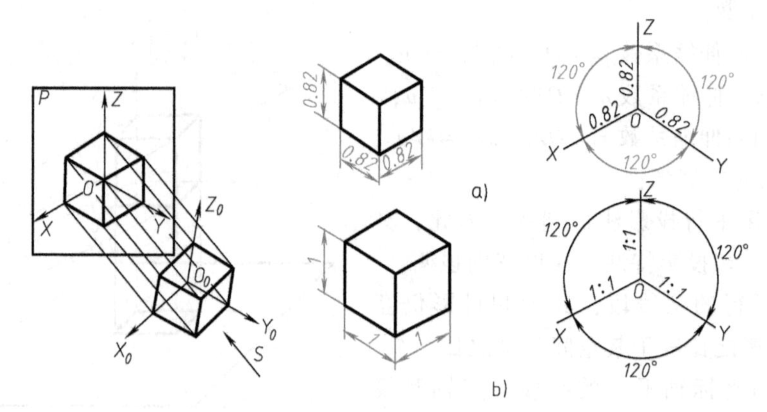

图 5-34 正等测的轴间角、轴向伸缩系数

2. 画轴测图的基本方法

画轴测图最基本的方法是坐标定点法，即根据组合体的结构特点，选择恰当的坐标轴，然后根据组合体上各顶点的位置关系，画出相应点的轴测投影，最后连线，从而得到组合体的轴测图。

例 5-4 画图 5-35a 所示正六棱柱的正等测图。

分析：正六棱柱是由上下两个平行且全等的正六边形和前后、左右大小相等且对称分布的矩形组成，因此，应充分利用其形体特点，选择其对称中心线分别作 O_0X_0 轴和 O_0Y_0 轴，取六棱柱轴线作为 O_0Z_0 轴，原点位于上底面中心，这样可使轴测图作图简便，并且避免不必要的作图线。具体作图步骤如下：

1）建立空间坐标轴，如图 5-35a 所示。

2）画出相应的轴测轴，如图 5-35b 所示。

3）作顶面的轴测投影，如图 5-35c 所示。

4）作侧棱的轴测投影，描深、完成图形，如图 5-35d 所示。

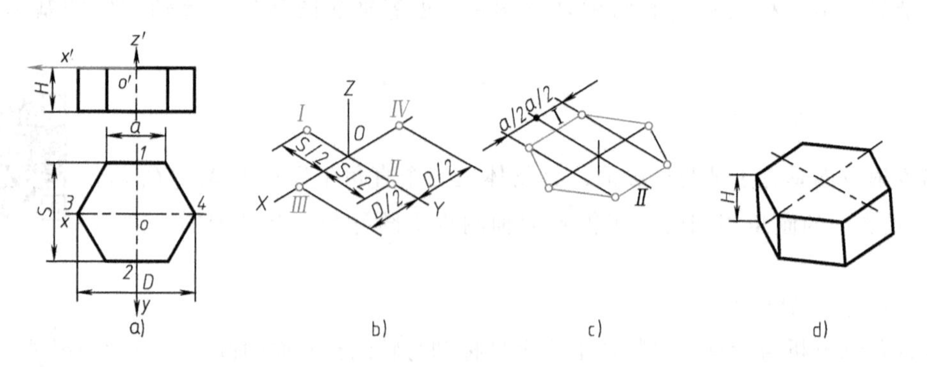

图 5-35 正六棱柱的正等测画法

例 5-5 画图 5-36a 所示圆的正等测图。

分析：用弦线法将圆分解成若干份。建立坐标系，将其中一中心线 DC 分成若干等分，作另一中心线的平行线将圆周分成若干份，具体作图过程如图 5-36b～d 所示。

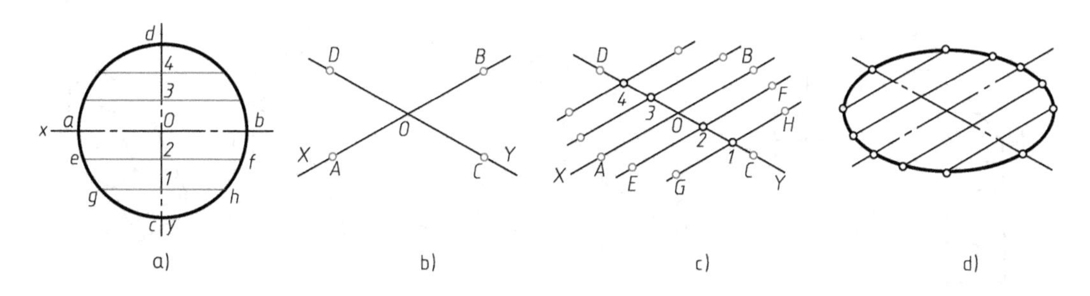

图 5-36　圆的正等测画法

3. 平面立体的正等测画法

画平面立体正等测图时，常用的方法是叠加法和挖切法。

（1）叠加法　对于形体划分清晰的叠加式组合体，用形体分析法将物体分解成若干个简单的组成部分，然后按照各部分的位置关系分别画出各自的轴测图，并根据彼此表面的过渡关系叠加起来，形成组合体的轴测图。

例 5-6　根据 5-37a 所示平面立体的三视图，画其正等测。

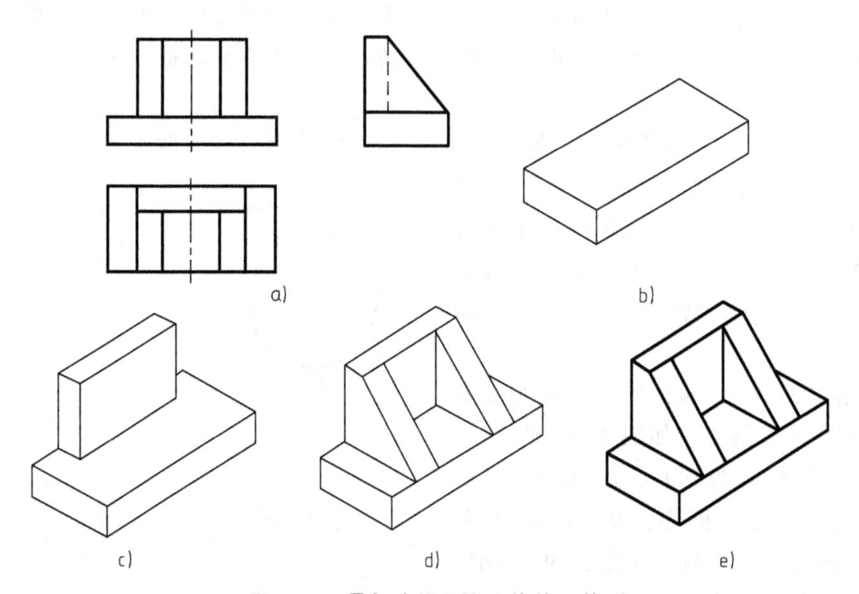

图 5-37　叠加法画平面立体的正等测

a）视图　b）画底板的轴测图　c）画竖板的轴测图　d）画肋板的轴测图　e）描深，完成图形

作图步骤如图 5-37b～e 所示。

（2）切割法　对于切割式组合体，可先按完整基本形体画出其轴测图，然后再按截平面的相对位置逐个地切去多余的部分，从而完成整个形体的轴测图。

例 5-7　根据 5-38a 所示切口平面立体的三视图，画其正等测。

分析：该立体可看成是由四棱柱经三次挖切而成的组合体，可先画出其完整四棱柱的正等测，然后用坐标定点法分别做出各截切点，逐步切去多余部分即可，作图步骤如图 5-38b～d 所示。

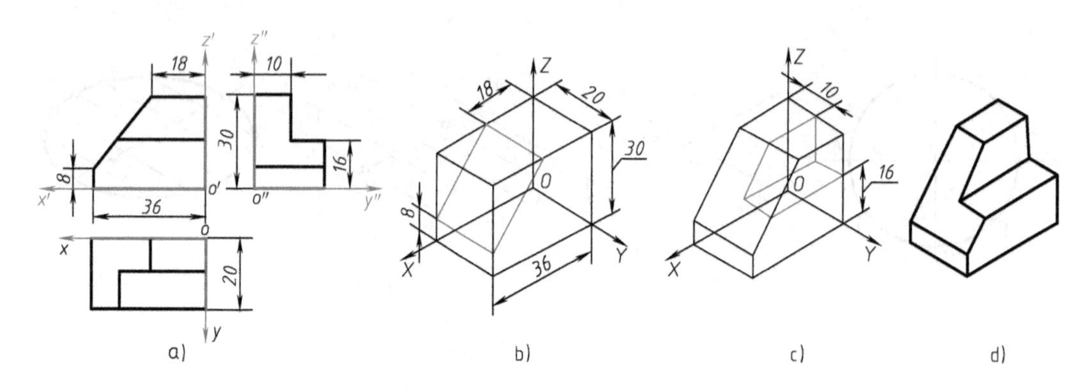

图 5-38 切割法画平面立体的正等测

a）视图 b）画轴测轴，作四棱柱的正等测，按尺寸切去左上角

c）按尺寸切出前上方 d）擦去多余图线，完成图形

4. 回转体的正等测画法

回转体的正等轴测图

对于常见的圆柱、圆锥、圆球等回转体，在画其正等测时，首先应画出回转体上平行于坐标面的圆的正等测，然后再做出整个回转体的正等测。

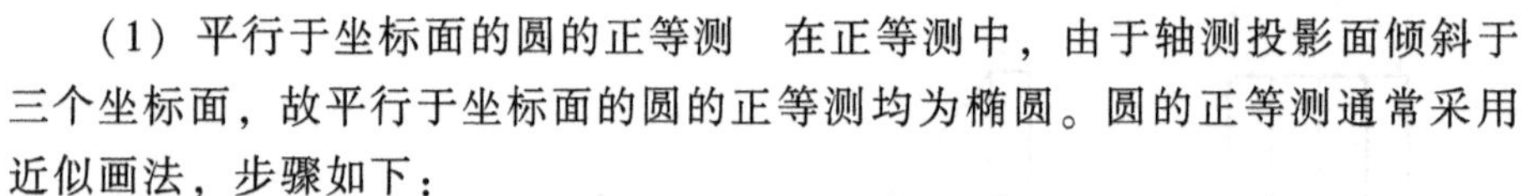

(1) 平行于坐标面的圆的正等测 在正等测中，由于轴测投影面倾斜于三个坐标面，故平行于坐标面的圆的正等测均为椭圆。圆的正等测通常采用近似画法，步骤如下：

1）在正投影图上标出坐标轴，做出相应的轴测轴，如图 5-39a 所示。

2）在正投影图中作圆的外切正方形，并做出其相应的正等测——菱形，菱形的长、短对角线方向即为椭圆的长、短轴方向，两顶点 3、4 为大圆弧圆心，如图 5-39b 所示。

3）连接 $D3$，$C3$，$A4$，$B4$，两两相交得点 1、2，即为小弧圆心，如图 5-39c 所示。

4）分别以 3、4 为圆心，$D3$ 或 $A4$ 为半径画大弧，以 1、2 为圆心，$D1$ 或 $B2$ 为半径画小弧，即为近似椭圆，如图 5-39d 所示。

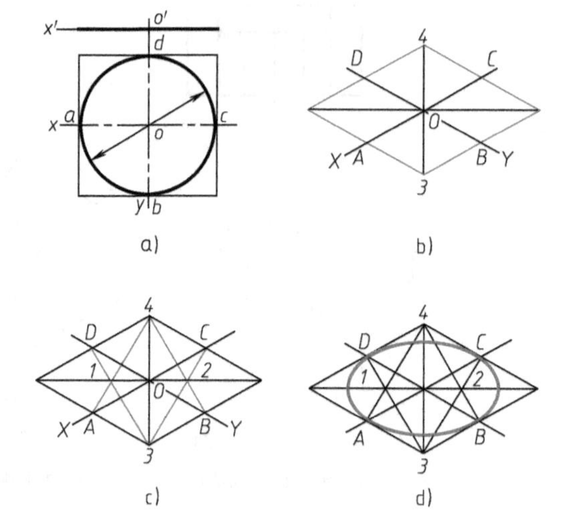

图 5-39 近似法画圆的正等测

a）作外切正方形 b）画外切正方形的轴测图 c）确定圆弧圆心及各弧连接点 d）画四段圆弧，完成图形

图 5-40a 给出了平行于各坐标面的圆的正等测，从图中可以看出，它们形状相同，大小相等，只是椭圆长、短轴方向不同。椭圆的长、短轴方向与轴测轴有如下关系：

平行于 $X_0O_0Y_0$ 坐标面的圆的正等测，其长轴垂直于 OZ 轴，短轴平行于 OZ 轴。

平行于 $Y_0O_0Z_0$ 坐标面的圆的正等测，其长轴垂直于 OX 轴，短轴平行于 OX 轴。

平行于 $X_0O_0Z_0$ 坐标面的圆的正等测，其长轴垂直于 OY 轴，短轴平行于 OY 轴。

当按简化轴向伸缩系数作图时，椭圆的长、短轴均放大了 1.22 倍，如图 5-40b 所示。

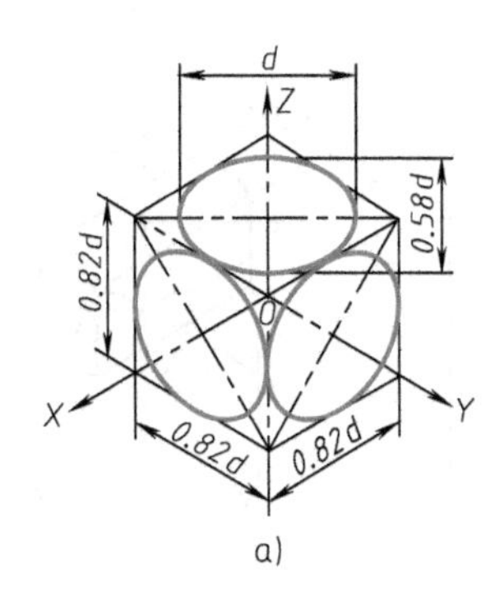

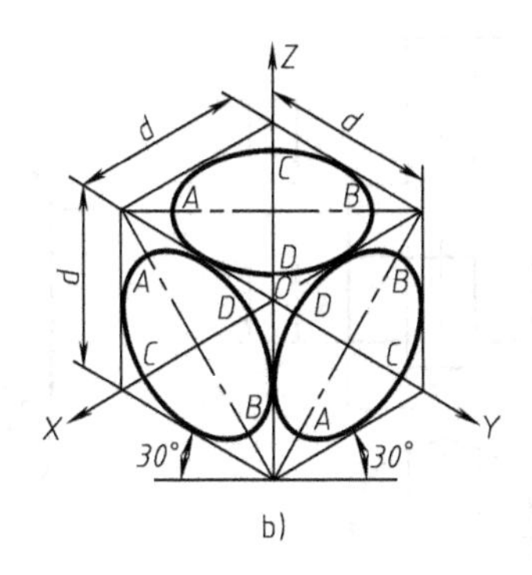

图 5-40　平行于坐标面的圆的正等测

a）$p_1=q_1=r_1=0.82$　b）$p=q=r=1$

（2）圆柱正等测　圆柱体的正等测的作图步骤如下：

1）在视图上建立恰当的坐标系，如图 5-41a 所示。

2）画出相应的轴测轴，确定顶面圆、底面圆的位置，如图 5-41b 所示。

3）画顶面圆、底面圆的轴测图，如图 5-41c 所示。

4）作顶面圆、底面圆的公切线，完成图形，如图 5-41d 所示。

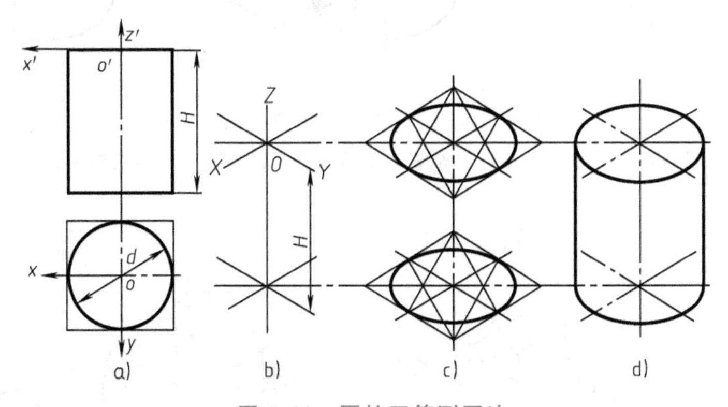

图 5-41　圆柱正等测画法

例 5-8　作图 5-42a 所示的切割圆柱的正等测。

其作图步骤如图 5-42b～f 所示。

例 5-9　作图 5-43a 所示两圆柱相贯的正等测。

其作图步骤如下：

1）在视图上建立恰当的坐标系，如图 5-43b 所示。

2）画出两圆柱的轴测图，并作侧垂圆柱顶面与铅垂圆柱左端面的交线 L（$/\!/OY$），如图 5-43b 所示。

3）作一系列正平面与两圆柱相交，其截交线的交点即为相贯线上的点，如图 5-43c 所示。

4）连接各点，完成图形，如图 5-43d 所示。

（3）圆角的正等测　在机件上经常有四分之一圆柱面的圆角，其正等测为椭圆的一部分，作图步骤如图 5-44 所示。

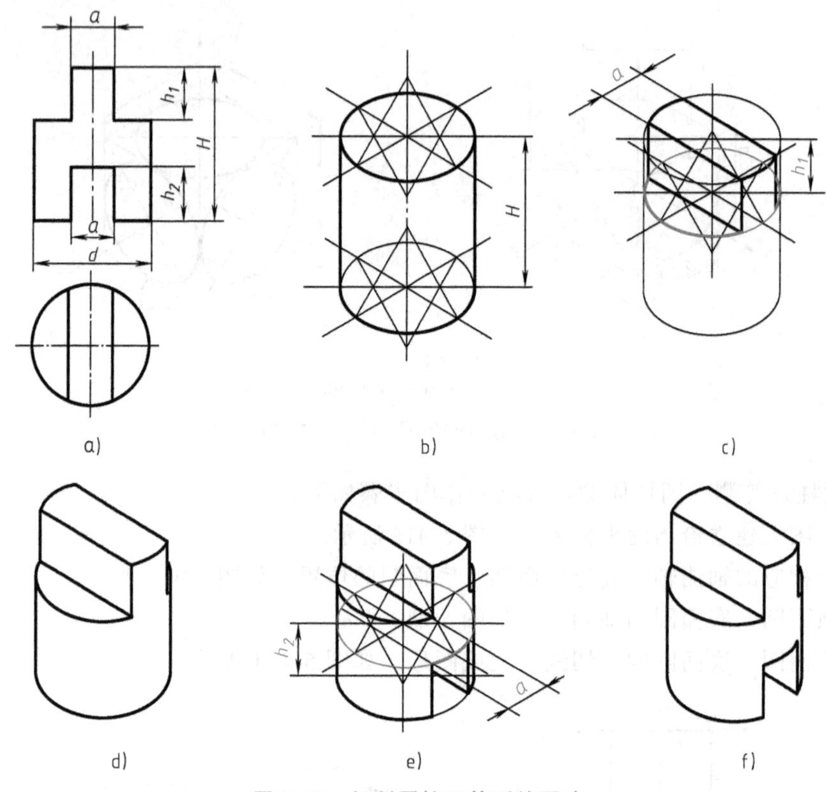

图 5-42 切割圆柱正等测的画法

a）题目 b）画圆柱正等测 c）画凸台正等测 d）完成凸台正等测 e）画切槽正等测 f）完成图形

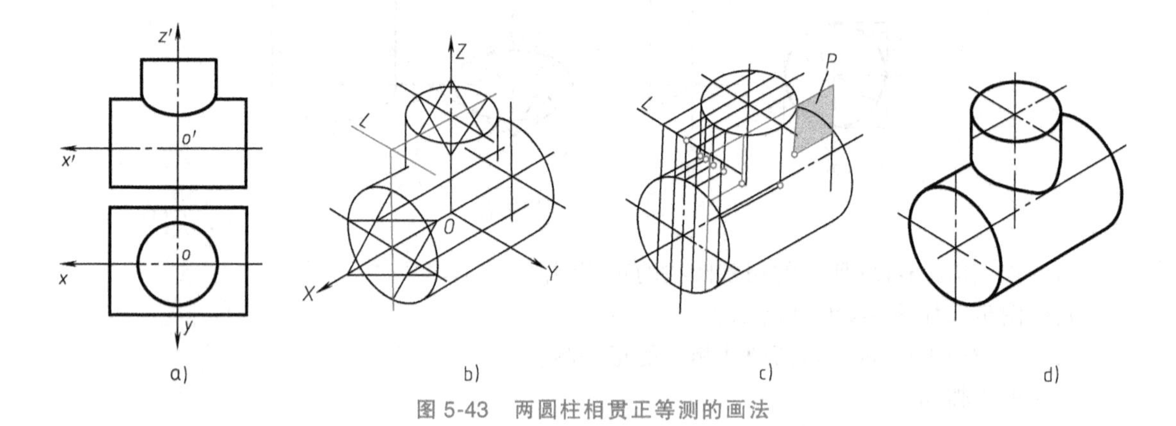

图 5-43 两圆柱相贯正等测的画法

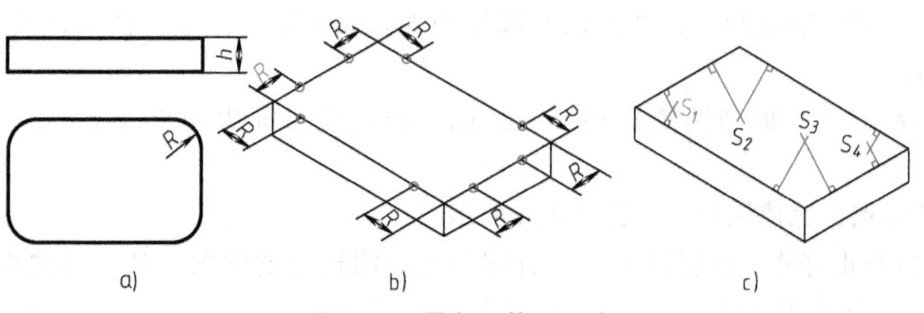

图 5-44 圆角正等测画法

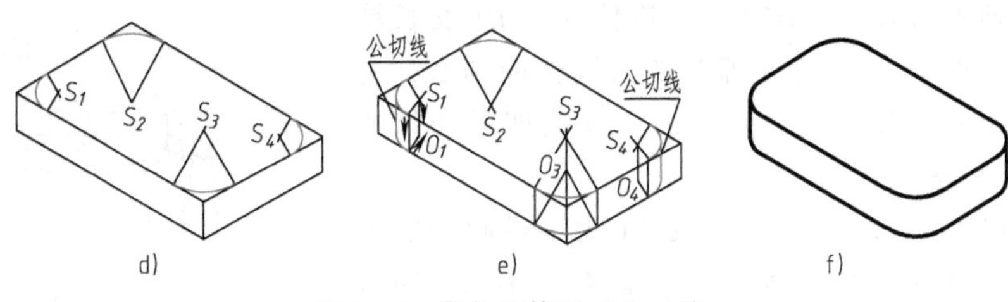

图 5-44　圆角正等测画法（续）

三、斜二等轴测图

斜二等轴测图

如图 5-45 所示，设置轴测投影面 P 与坐标面 $X_0O_0Z_0$ 平行，投射方向 S 与 P 倾斜，这样得到的轴测投影图称为斜二等轴测图，简称斜二测。

1. 轴间角、轴向伸缩系数

由于斜二测中，$X_0O_0Z_0$ 坐标面平行于轴测投影面，因此，OX、OZ 的轴向伸缩系数 $p=r=1$，轴间角 $\angle XOZ=90°$，OY 的轴向伸缩系数和相应的轴间角随投射方向的不同而变化，为了作图简便，同时又具有较强的立体感，国家标准推荐斜二测的 OY 轴的轴向伸缩系数 $q=0.5$，轴间角 $\angle XOY=\angle YOZ=135°$，如图 5-46 所示。

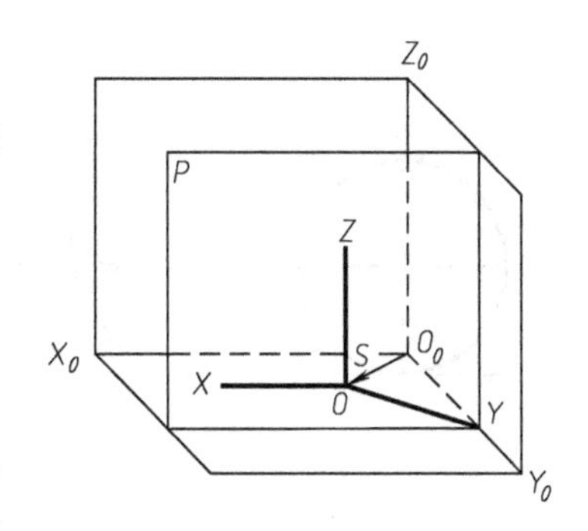

图 5-45　斜二等轴测图的形成

2. 平行于坐标面的圆的斜二测

如图 5-47 所示，平行于 $X_0O_0Z_0$ 坐标面的圆，其斜二测仍为直径相等的圆；平行于 $X_0O_0Y_0$、$Y_0O_0Z_0$ 坐标面的圆，其斜二测均为椭圆，它们形状相同，作图方法相同，只是椭圆的长、短轴方向不同：其长轴与相应的轴测轴夹角为 7°10′，长度为 $1.06d$；短轴与长轴垂直平分，长度为 $0.33d$。作图时，考虑作图方便，常采用 $\tan 7°10' \approx 1/8$ 确定长轴位置。

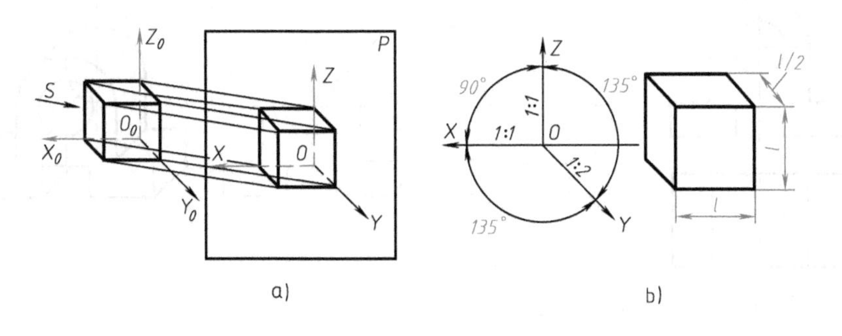

图 5-46　斜二测的轴间角、轴向伸缩系数

现以平行于 $X_0O_0Y_0$ 坐标面的圆为例，说明其斜二测的近似画法，如图 5-48 所示。

1）作轴测轴，在 OX、OY 上分别按 d 、$d/2$ 量取 A、B 和 C、D 各点，作圆的外切正方形的斜二测。过 O 作与 OX 轴成 7°10′的直线，即为椭圆长轴位置，过 O 作长轴的垂线即为短轴位置，如图 5-48b 所示。

2）在短轴方向取 $O1=O2=d$，连接 $A2$、$B1$ 交长轴于3、4两点，点1、2、3、4即为四段圆弧的圆心，连接1、3，2、4并延长。$A2$、$B1$、13、24为四段圆弧的分界线，如图5-48c所示。

3）分别以1、2为圆心，$A2$ 或 $B1$ 为半径画两段大弧；以3、4为圆心，$A3$ 或 $B4$ 为半径画两段小弧，即得所求椭圆，如图5-48d所示。

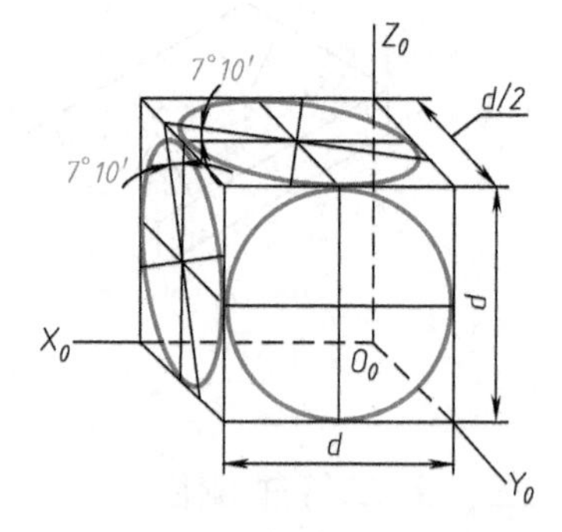

图5-47 平行于坐标面的圆的斜二测

3. 斜二测画图举例

在斜二测中，由于 $X_0O_0Z_0$ 坐标面平行于轴测投影面，故凡是平行于 $X_0O_0Z_0$ 坐标面的图形，其轴测投影均反映实形，因此，当物体某一方向形状比较复杂，特别是有较多圆（弧）或曲线时，将其放置成与 $X_0O_0Z_0$ 坐标面平行，采用斜二测作图比较方便。

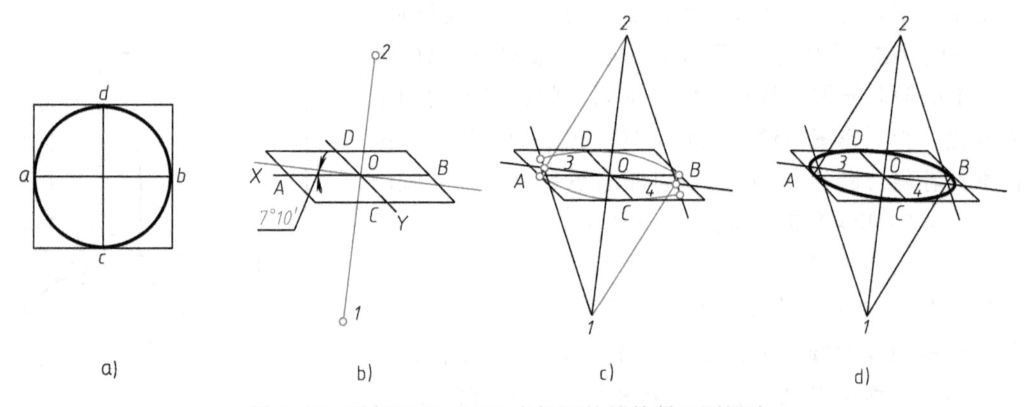

图5-48 平行于 $X_0O_0Y_0$ 坐标面的圆的斜二测画法

例5-10 根据图5-49a所示的支座的视图，画其斜二测。

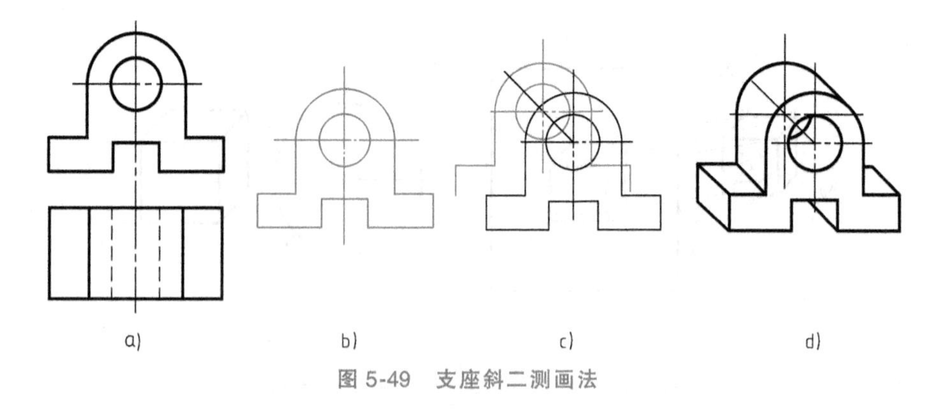

图5-49 支座斜二测画法

作图步骤如图5-49b~d所示。

四、轴测图尺寸标注

根据GB/T 4458.3—2013规定，在轴测图中标注尺寸，应遵循以下几点：

1）轴测图的线性尺寸，一般应沿轴测轴方向标注。尺寸数值为零件的公称尺寸，尺寸数字应按相应的轴测图形标注在尺寸线的上方，尺寸线必须和所标注的线段平行，尺寸界线一般应平行于某一轴测轴。当在图形中出现数字字头向下时，应用引出线引出标注，并将数字按水平位置注写，如图 5-50 所示。

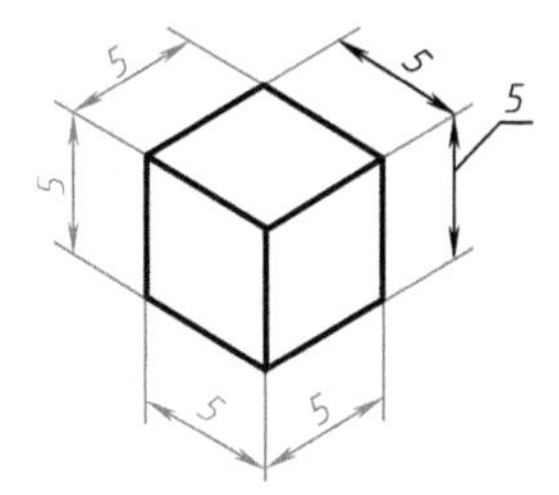

图 5-50　轴测图线性尺寸注法

2）标注圆的直径时，尺寸线和尺寸界线应分别平行于圆所在平面内的轴测轴，标注圆弧半径或较小圆的直径时，尺寸线可从（或通过）圆心引出标注，但注写尺寸数字的横线必须平行于轴测轴，如图 5-51 所示。

3）标注角度的尺寸线，应画成与该坐标平面相应的椭圆弧，角度数字一般写在尺寸线的中断处，字头向上，如图 5-52 所示。

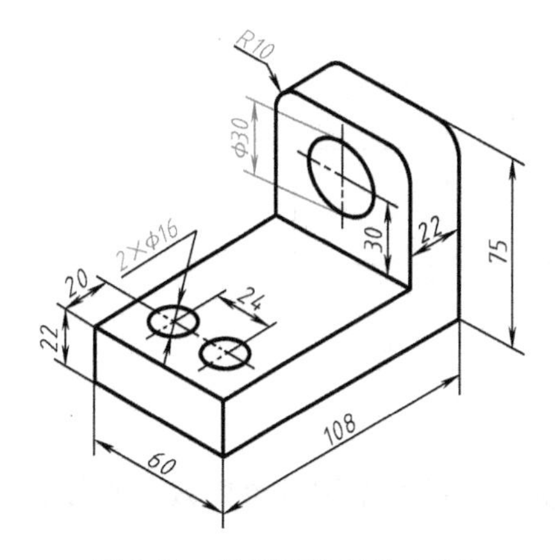

图 5-51　轴测图直径尺寸注法

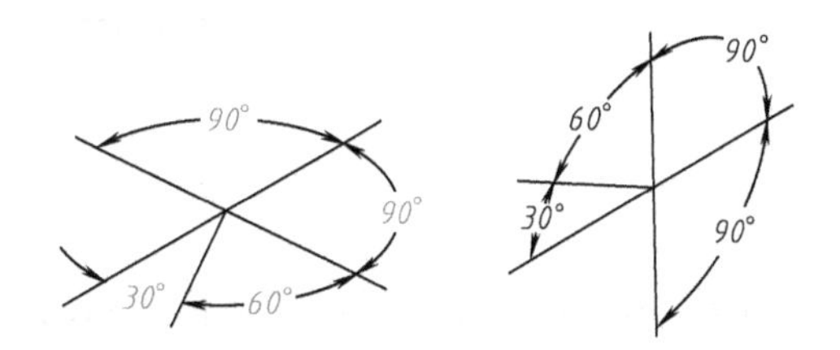

图 5-52　轴测图角度尺寸注法

五、轴测草图的绘制

轴测图一般只是作为一种辅助图样和对多面正投影视图的补充使用，如帮助识图、初步构思以及概略地表达设计思想等，而不作为正式的技术依据。此外，正规轴测图的绘制过程比较繁琐，因此，在很多应用场合，快速徒手绘制轴测草图是一项非常实用的基本功。

快速绘制轴测草图需注意以下事项并掌握一些基本的绘图技巧：

（1）选择合适的轴测图种类　绘图前，先对组合体进行分析，在综合考虑明显性（清楚地反映较多的结构和全貌）以及作图简便的情况下，选择合适的轴测图种类和投射方向，建立恰当的坐标系。

（2）快速绘制轴测轴　较准确地绘出轴测轴，其关键在于使轴间角尽量准确。可以采用图 5-53 所示的方法画出轴测轴。

（3）平行线段的绘制　注意保持轴向线段与相应轴测轴平行以及立体上相互平行的线段的平行性，在此基础上，熟练地画好长方体的轴测图极为有用（图 5-54），它可以作为其他基本体的“包容体”起到初步的定形、定位作用。

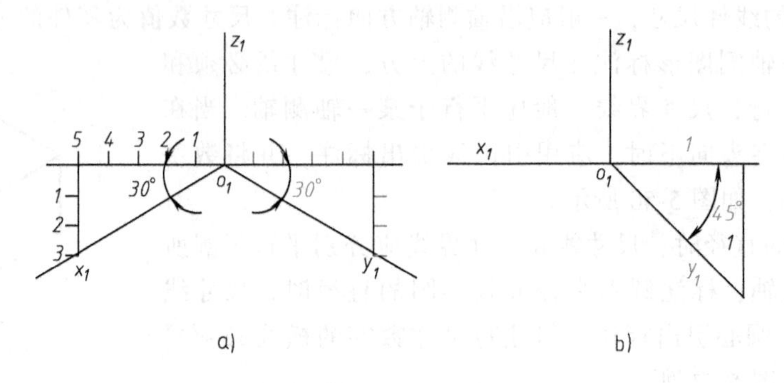

图 5-53 轴测轴的草图绘制

a）正等轴测轴 b）斜二等轴测轴

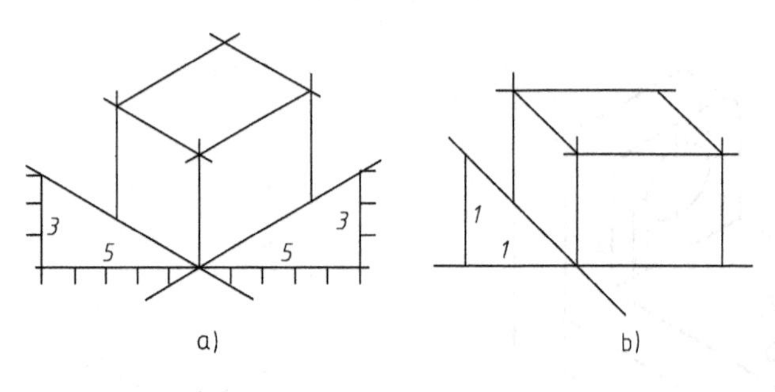

图 5-54 长方体的轴测图

（4）椭圆的绘制 平行于坐标面圆的正等测为椭圆，椭圆草图的绘图效果直接影响整张轴测草图的质量。徒手绘制椭圆应注意以下两点：

1）确保椭圆长、短轴方向的正确性。

2）熟练掌握八点法画椭圆的技巧，如图 5-55 所示。

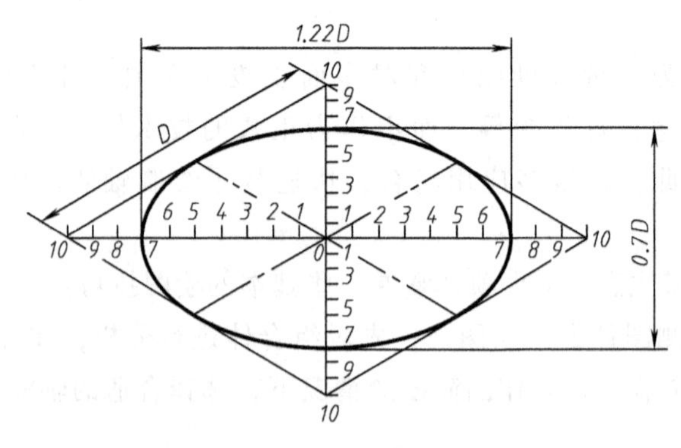

图 5-55 正等测草图椭圆的画法

（5）利用对角线对图形缩放和定中 掌握在草图上合理利用对角线对图形放大、缩小和定中的作图技巧，如图 5-56 所示。

（6）利用轴测网格纸绘草图 利用轴测网格纸绘轴测草图可以明显地提高草图的绘图质量和速度，如图 5-57 所示。

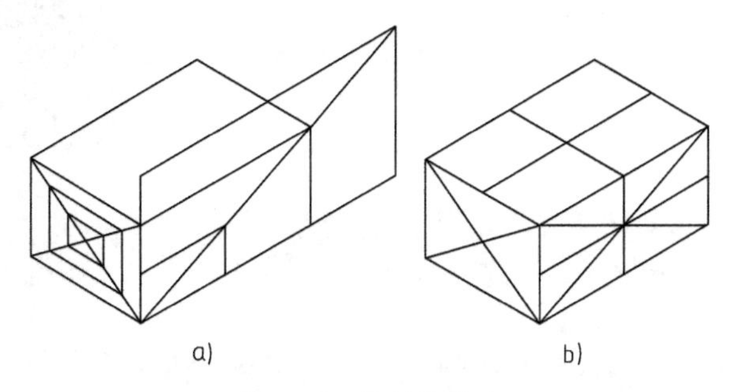

图 5-56　缩放和定中

a）利用对角线缩放图形　b）确定中心线和中点

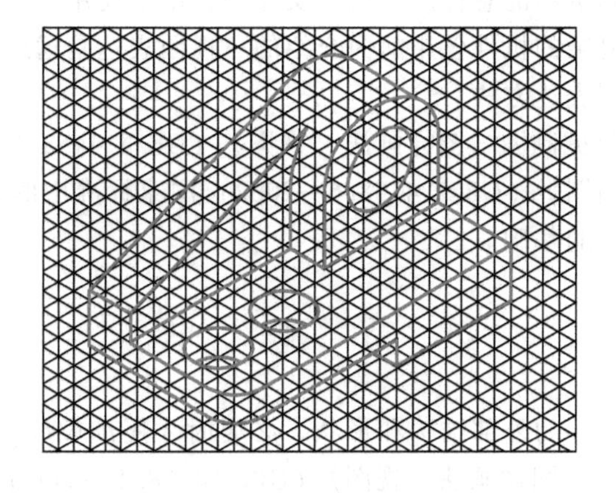

图 5-57　在轴测网格纸上绘图

第六章

机件的常用表达方法

机件是零件、部件和机器的总称。在生产实际中，由于使用要求的不同，机件的结构形状千差万别，对于形体复杂的机件仅用前面介绍的三视图表达是远远不够的，因此，国家标准规定了机件的其他常用表达方法。

本章将重点介绍《机械制图　图样画法　视图》（GB/T 4458.1—2002）和《机械制图　图样画法　剖视图和断面图》（GB/T 4458.6—2002）国家标准中的有关内容，这部分内容是学好画零件图和装配图的基础。

第一节　视　　图

视图

视图主要用来表达机件的外部结构和形状，必要时才用细虚线画出不可见部分。根据《机械制图　图样画法　视图》（GB/T 4458.1—2002）国家标准规定，视图通常分为基本视图、向视图、局部视图和斜视图四种。

一、基本视图

1. 基本视图的概念

基本视图是机件向基本投影面投射所得的视图。国家标准规定以正六面体的六个面作为六个基本投影面，机件放在其中（图 6-1a），采用第一分角投影（机件放在观察者与投影面之间），将机件向这六个基本投影面投射可获得六个基本视图：

1）自前向后投射得到的视图——主视图。

2）自上向下投射得到的视图——俯视图。

3）自左向右投射得到的视图——左视图。

4）自右向左投射得到的视图——右视图。

5）自下向上投射得到的视图——仰视图。

6）自后向前投射得到的视图——后视图。

前面章节所讲的组合体的三视图（主视图、俯视图和左视图）属于基本视图的范畴。

2. 基本视图的展开及配置

六个基本视图按照图 6-1b 所示的方法展开，即保持正立投影面不动，其余投影面按照图中箭头所指的方向旋转至与正立投影面共面，就得到机件在同一平面内的投影图，如

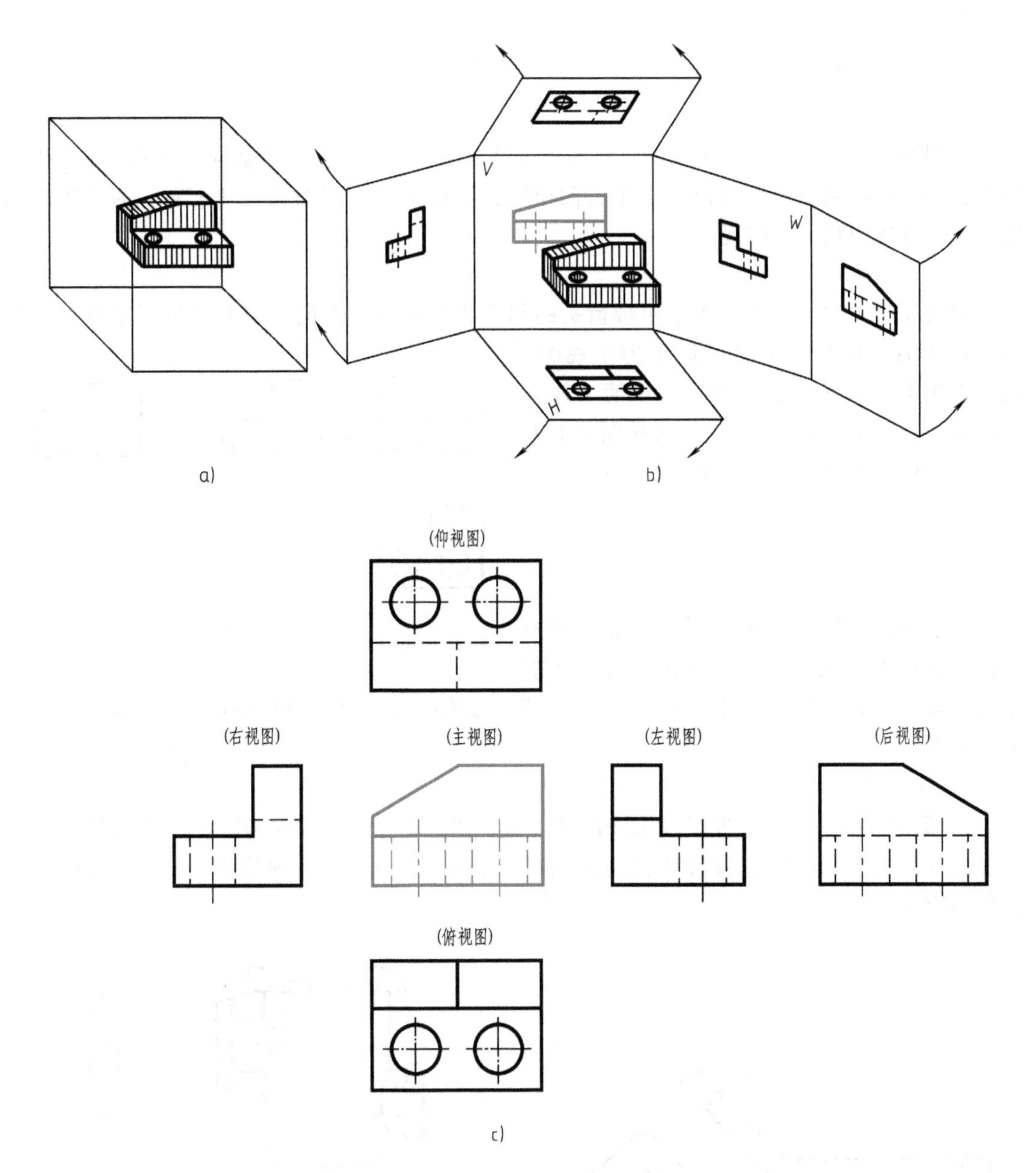

图 6-1　六个基本视图

a）立体图　b）投影面的展开方法　c）基本视图的配置

图 6-1c 所示。按图 6-1c 配置的基本视图，不需标注视图的名称。

3. 基本视图的投影规律

主、俯、仰、后视图长对正；主、左、右、后视图高平齐；左、右、俯、仰视图宽相等。左、右、俯、仰视图远离主视图的一侧表示机件的前面，靠近主视图的一侧表示机件的后面。

实际绘图时，应根据机件的复杂程度，灵活选择适当数量的基本视图，而不必把六个基本视图都画上，选哪几个基本视图，应根据机件要表达的结构确定。

二、向视图

1. 向视图的概念

向视图是可以自由配置的视图。在实际设计绘图过程中，往往不能同时将六个基本视图都画在同一张图纸上；或者由于图纸空间所限，不能按基本视图的位置配置。为解决此问题，国家标准中规定了向视图。

2. 向视图的标注

向视图必须进行标注，通常用带箭头的细实线表示投射方向，用大写拉丁字母表示名称。绘图时，在某一视图（通常为主视图）的附近用箭头指明投射方向，并在箭头线上方标注大写拉丁字母“×”，在向视图的上方中间位置标注相同的字母，如图 6-2 所示。

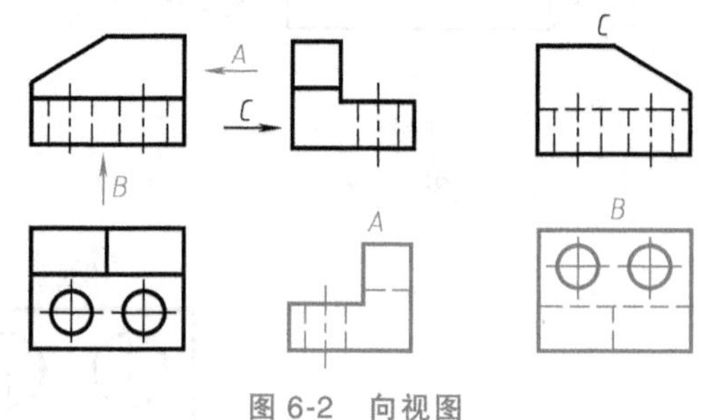

图 6-2 向视图

三、局部视图

1. 局部视图的概念

局部视图是将机件的某一部分向基本投影面投射所得的视图。当物体在平行于某基本投影面的方向上仅有局部结构需要表达，而又没有必要画出其完整的基本视图时，适宜画局部视图。

2. 局部视图表达

1）局部视图的断裂边界通常用波浪线（或双折线）表示，如：图 6-3 中弯板的水平部分和图 6-4 中的 A 向视图。波浪线表示机件的断裂边界，所以不能画在空心处，也不能超出机件的边界。

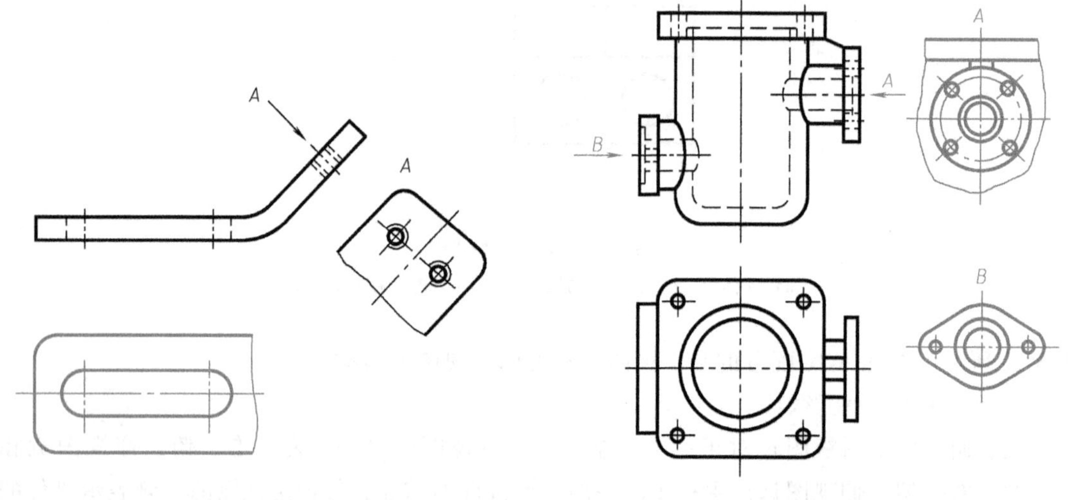

图 6-3 局部视图和斜视图

图 6-4 局部视图的配置

2）当所表达机件的局部结构完整且外形轮廓又封闭时，可以省略表示断裂边界的波浪线（或双折线）。这种表达形式既简洁，又能突出重点，如图 6-4 中的 B 向视图。

3. 局部视图的配置及标注

1）按基本视图的形式配置。当局部视图按投影关系配置，中间又没有其他图形隔开时，通常省略标注，如图 6-3 所示弯板的水平部分表达。

2）按向视图的形式配置，并标注。为了合理地利用图纸，可以将局部视图配置在图纸的合适位置，但必须标注，标注规则同向视图，如图 6-4 中的 *A* 向视图与 *B* 向视图。

四、斜视图

1. 斜视图的概念

斜视图是将机件的倾斜部分向不平行于基本投影面的平面投射所得的视图。当机件上的倾斜结构不平行于任一基本投影面时，在基本视图中不能反映该结构的实形，这时，可以选择一个新的辅助投影面，使其与机件上的倾斜部分平行，然后将倾斜部分向该辅助投影面投射，就可得到反映该部分实形的视图，即斜视图，如图 6-5 所示。

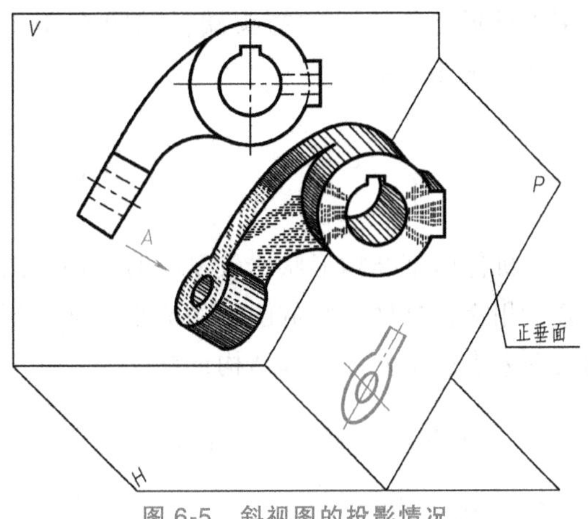

图 6-5　斜视图的投影情况

2. 斜视图的表达

斜视图只反映机件上倾斜部分的实形，因此，原来平行于基本投影面的一些结构，在斜视图中不必画出。斜视图的断裂边界用波浪线（图 6-3 中的 *A* 向视图）或双折线（图 6-6）表示。

3. 斜视图的配置与标注

1）斜视图通常按投影关系配置并标注，必要时也可配置在其他适当位置。标注时用带箭头的细实线表示投射方向，用大写拉丁字母表示名称。画投射线时，一定要垂直于机件的倾斜部分，字母要水平书写，不要倾斜，如图 6-7a 中的 *A* 向视图所示。

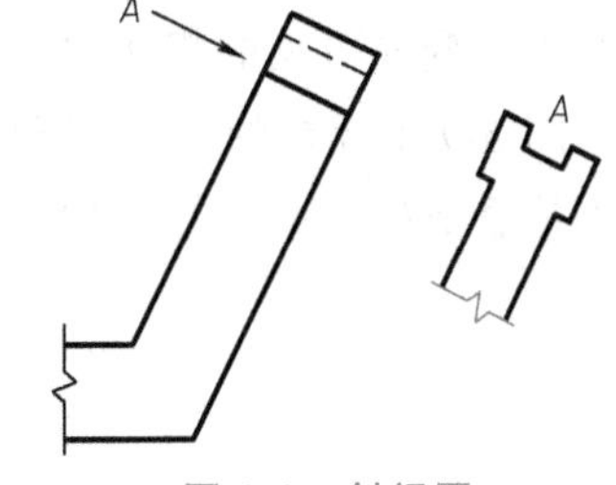

图 6-6　斜视图

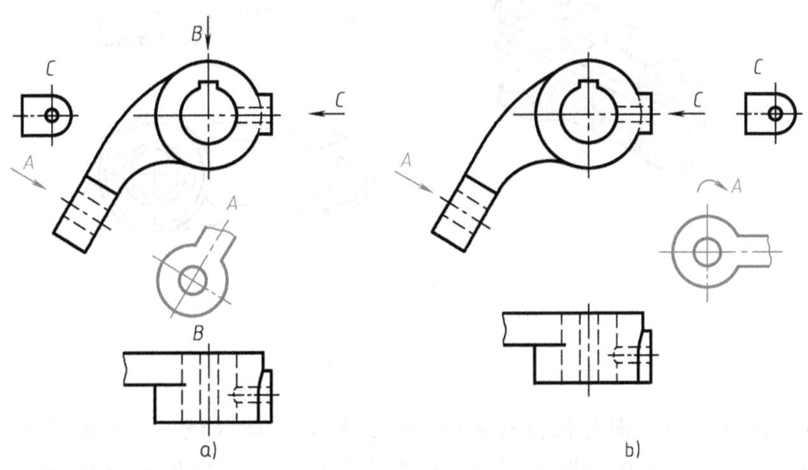

图 6-7　压紧杆的表达

a）按投影关系配置　b）旋转配置

2）旋转配置并标注。旋转配置是为了画图方便，标注时必须加注旋转符号，国家标准中给出了旋转符号的尺寸和比例，如图 6-8 所示。不论斜视图是顺时针旋转还是逆时针旋转，标注时要让表示视图名称的字母靠近旋转符号的箭头端，如图 6-7b 中的 A 向视图所示。

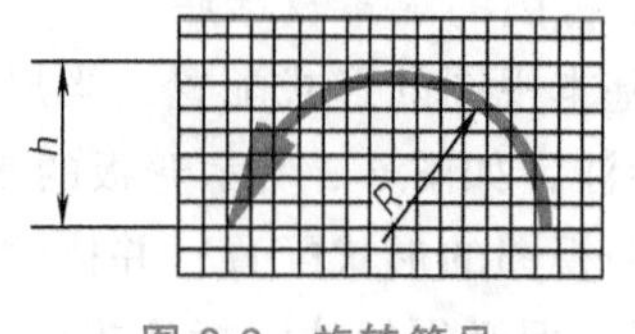

图 6-8 旋转符号

h=字体高度 $R=h$ 符号宽度$=\frac{1}{10}h$ 或 $\frac{1}{14}h$

第二节 剖 视 图

当机件内部结构形状比较复杂时，用视图表达会出现大量的细虚线，细虚线之间还可能重叠或相交，这样既影响图形的清晰，又不便于看图和标注尺寸，为此国家标准中引入了用剖视图来表达机件的内部结构形状。

剖视图概念

一、剖视图的概念及画法

1. 剖视图的概念

（1）剖视图 假想用剖切面剖开机件，移去在观察者和剖切面之间的部分，将其余部分向投影面投射所得的图形称为剖视图（简称剖视）。理解这个概念要记住是假想剖切，剖切的目的是为了表达机件内部的孔、槽等结构，使原本不可见的细虚线变成可见的粗实线，以便于读图和标注尺寸。

图 6-9 是摇杆的立体图和视图，图 6-10 是摇杆的剖视图。通过对比可知，剖视图比视图更易看清机件的内部结构。

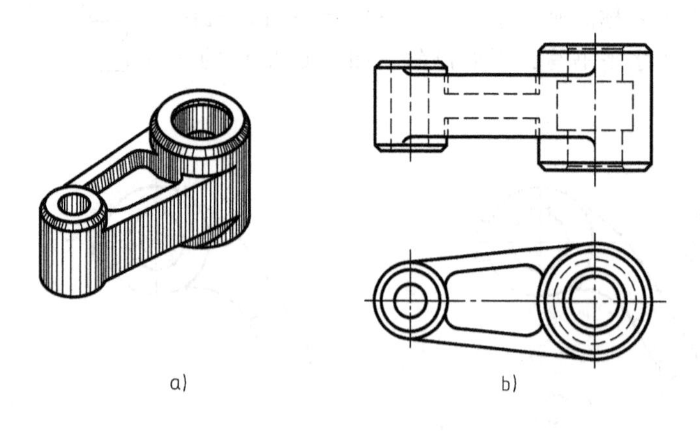

a) b)

图 6-9 摇杆的立体图和视图

a）立体图 b）视图

（2）剖面区域 剖切面与机件接触的部分，称为剖面区域。国家标准 GB/T 4457.5—2013 中规定，在绘制剖视图或断面图时，通常在剖面区域画出机件的剖面符号。不同材料有不同的剖面符号，常用材料的剖面符号见表 6-1。

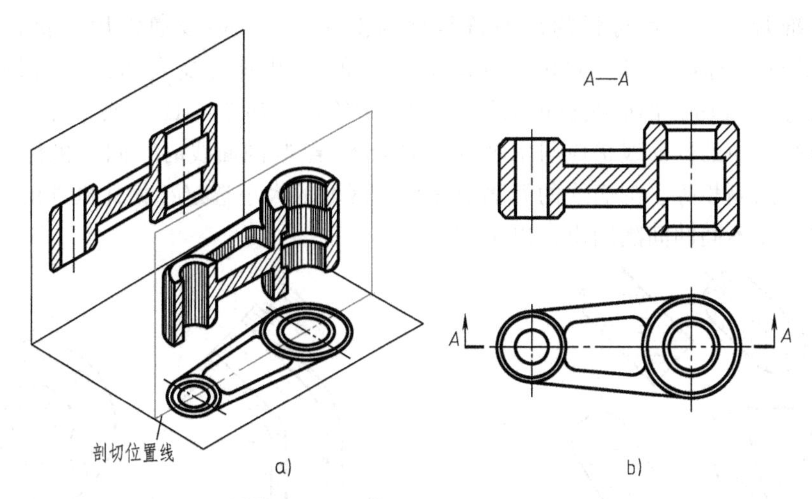

图 6-10　摇杆的剖视图

表 6-1　常用材料的剖面符号（GB/T 4457.5—2013）

材料	剖面符号	材料	剖面符号
（金属材料） （已有规定剖面符号者除外）		非金属材料 （已有规定剖面符号者除外）	
线圈绕组元件		型砂、填砂、粉末冶金、砂轮、 陶瓷刀片、硬质合金刀片等	
转子、电枢、变压器和 电抗器等的叠钢片		玻璃及供观察用 的其他透明材料	
木材　纵剖面		钢筋混凝土	
木材　横剖面			
木质胶合板 （不分层数）		砖	
基础周围的泥土		格网 （筛网、过滤网等）	
混凝土		液体	

注：1. 剖面符号仅表示材料的类别，材料的名称和代号必须另行注明。
2. 叠钢片的剖面线方向，应与束装中叠钢片的方向一致。
3. 液面用细实线绘制。

国家标准规定，金属材料的剖面符号称为剖面线，剖面线通常用与机件的主要轮廓（或剖面区域的对称线）成 45°角，且间隔相等的一组细实线表示，左右倾斜均可，如图 6-11 所示。必要时，剖面线也可采用 30°或 60°绘制，如图 6-12 主视图中的剖面线按 30°绘制，但俯视图中的剖面线仍应与水平方向成 45°。绘制剖面线时，同一机件的剖面线要倾斜方向相同、间隔相等，剖面线的间隔应按剖面区域的大小选定；相邻机件的剖面线必须以不同的方向或以不同的间隔画出，以示区分。

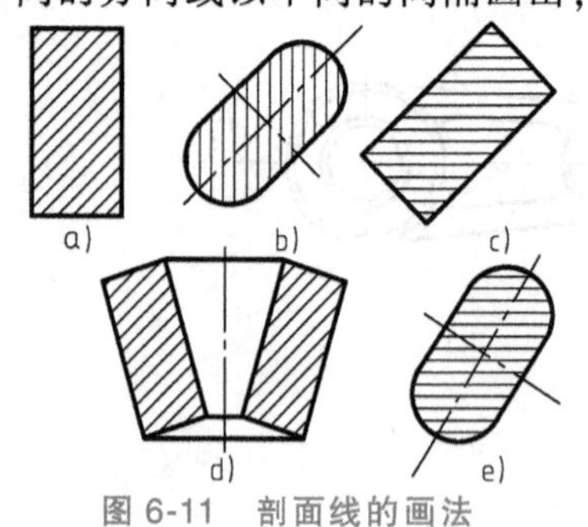

图 6-11 剖面线的画法

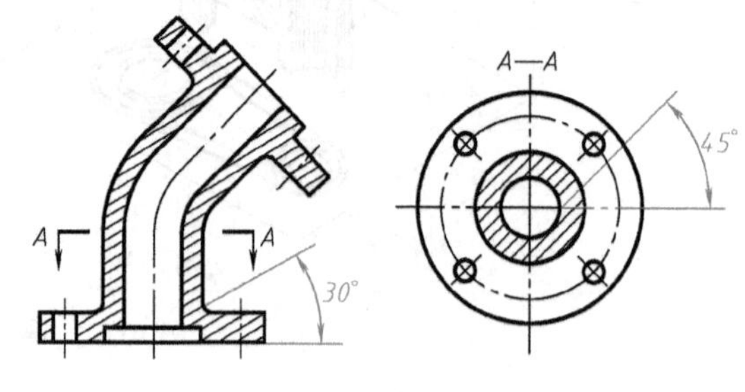

图 6-12 30°剖面线画法

剖视图画法

2. 剖视图的画法

下面以图 6-13a 所示的机件为例，说明画剖视图的方法步骤。

1）画出机件的视图，如图 6-13b 所示。

2）确定剖切面的位置，画出剖面区域。选取通过两个孔轴线的平面为剖切面，画出剖切面与机件的截交线，得到剖面区域的投影图形，并画上剖面线，如图 6-13c 所示。

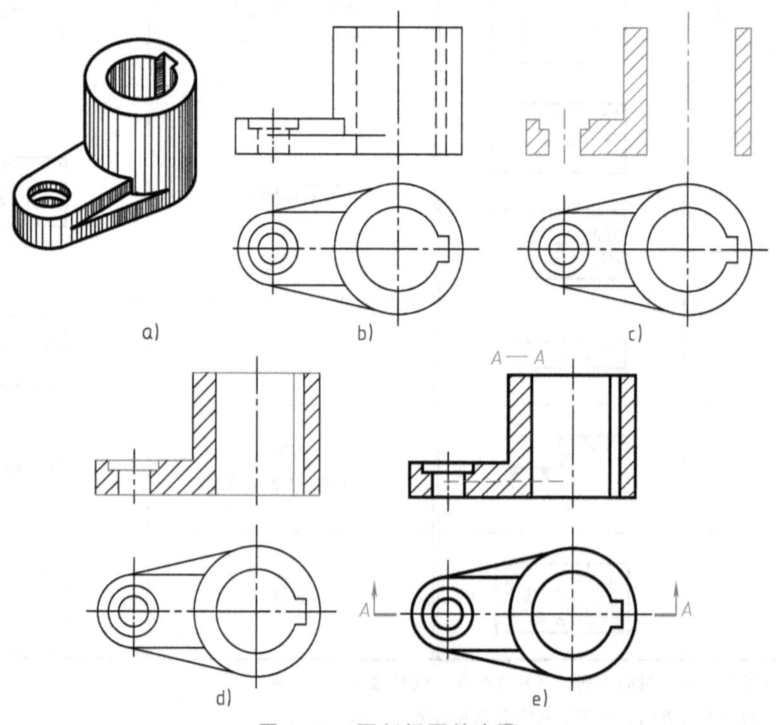

图 6-13 画剖视图的步骤

3）画出剖面区域后的可见轮廓线。图 6-13d 中台阶面的轮廓线和竖槽的轮廓线必须画出，应引起注意。

4）画出必要的细虚线。图 6-13e 中的细虚线表示底板台阶的高度，应画出。

5）检查、描深。

6）标注。剖视图的标注包括标注剖切位置、投射方向和剖视图的名称。在俯视图上，用剖切符号（线宽 1d，长约 5~10mm 的粗实线）表示剖切面的位置，在粗短线外侧画出与其垂直的带箭头细实线表示投射方向，两侧写上相同的大写拉丁字母“×”，在所画剖视图的上方中间位置用相同的字母标出剖视图的名称“×—×”，如图 6-13e 所示。

以上画图步骤是初学者常采用的，熟练后，可直接从第二步画起。

3. 画剖视图的注意事项

（1）剖切位置的选取　剖切面通常平行于投影面且尽量多地通过孔或槽的轴线或对称中心面。

（2）其他视图的表达　因为是假想剖切，实际上机件是完整的，所以机件的某个图形画成剖视图，其他视图仍应完整地画出。

（3）剖视图中的细虚线　原则上剖视图中不画细虚线或少画细虚线。对于剖面区域后的不可见部分，如果借助其他视图能表达清楚，细虚线一律不画；如果借助其他视图不能表达清楚，又没有必要增加一个新视图时，细虚线必须画出，如图 6-13e 中的细虚线（表示底板台阶的高度）应画出。

（4）国家标准规定　对于机件的肋、轮辐结构，如按纵向剖切，不画剖面符号，而用粗实线将其与相邻的部分分开，如图 6-14 所示。

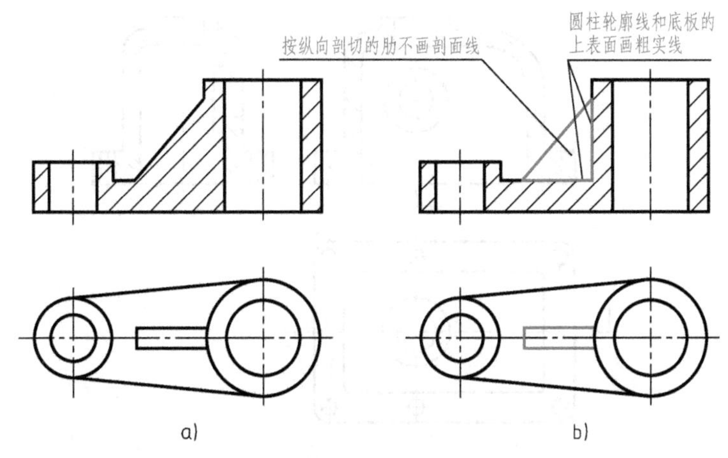

图 6-14　纵向剖切肋板的规定画法

a）错误　b）正确

（5）省略标注

1）当剖视图按投影关系配置，中间又没有其他图形隔开时，可省略箭头。

2）当单一剖切平面通过机件的对称平面或基本对称平面且剖视图按投影关系配置、中间又没有其他图形隔开时，可省略标注，如图 6-14b 所示。

二、剖视图的种类

按剖切面剖开机件的范围不同，剖视图可分为全剖视图、半剖视图和局部剖视图三种。

1. 全剖视图

全剖视图是假想用剖切面完全地剖开机件所得的剖视图。全剖视图主要用于表达内部结构形状复杂的不对称机件，或内部结构形状复杂、外形简单的对称机件，如图 6-15 所示。全剖视图的画法及标注见上述剖视图法。

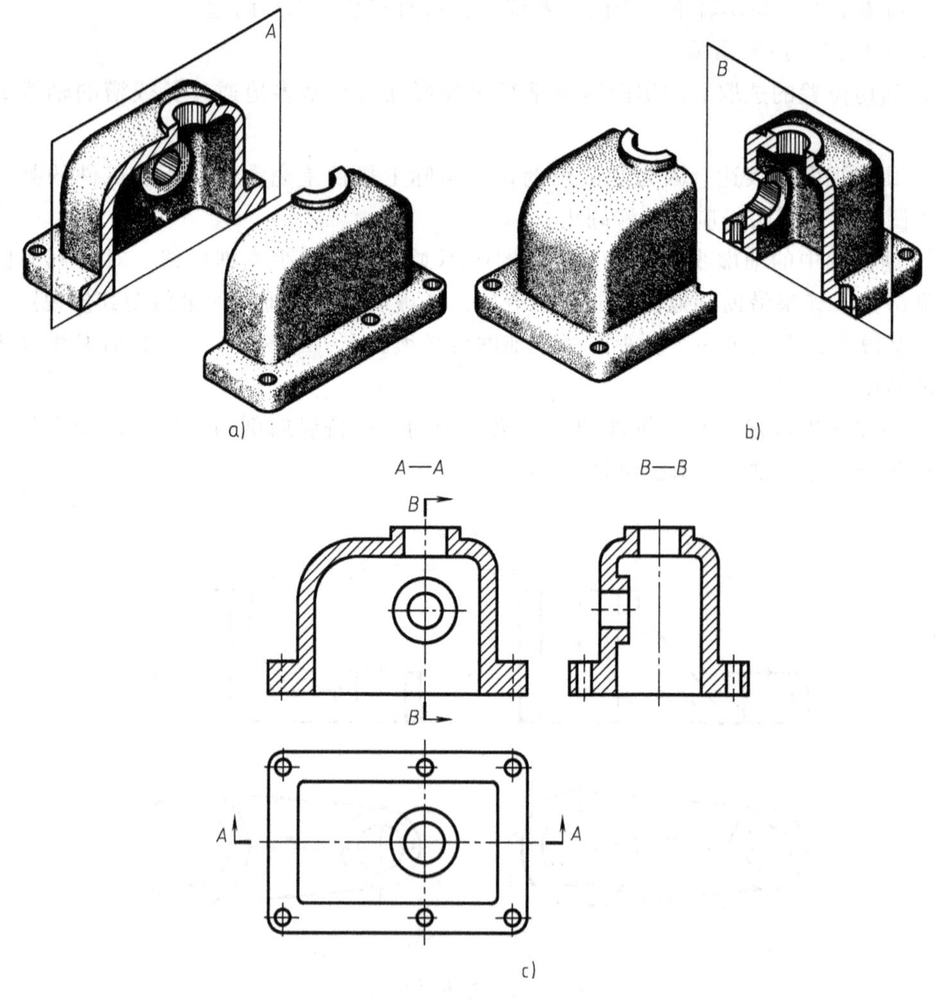

图 6-15 全剖视图

2. 半剖视图

当机件具有对称平面，向垂直于对称平面的投影面投射时，以对称中心线（细点画线）为界，一半画成剖视图表达机件的内部结构形状，另一半画成视图表达机件的外部结构形状，这样组合的图形称为半剖视图，如图 6-16 所示。

若机件的结构形状接近于对称，且不对称的部分已在其他图形中表达清楚，也可采用半剖视图，以便将机件的内外结构形状简明地表达出来。如图 6-17 所示圆柱斜齿轮的上半部分多一个键槽，但整体上基本对称。

画半剖视图时，应注意以下几点：

1）半剖视图中的分界线为细点画线，而不是粗实线。

2）半剖视图中表达外形的一半通常不画细虚线，因为机件对称，在剖开的一半中已表达清楚了机件的内部结构。

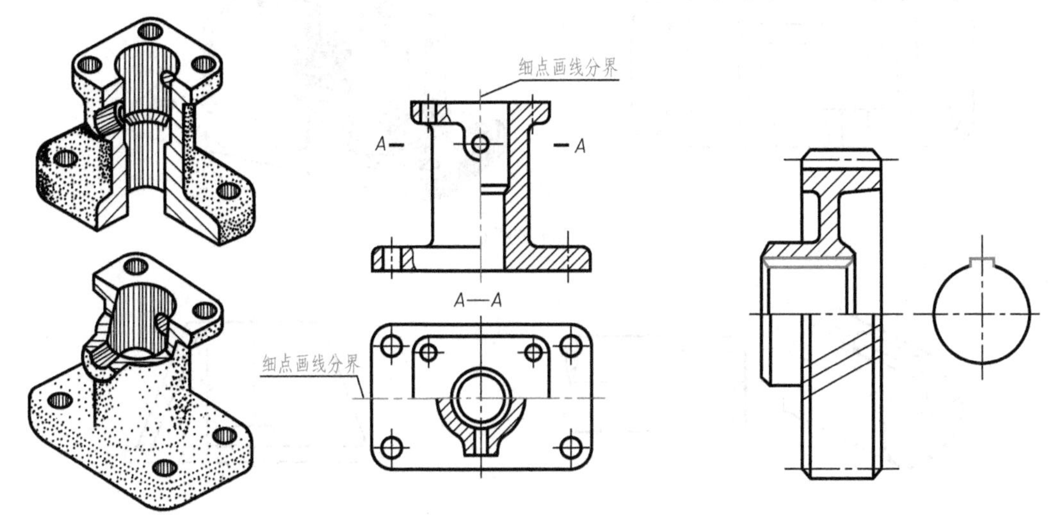

图 6-16　半剖视图

图 6-17　基本对称机件的半剖视图

3）因为是假想剖切，实际上机件是完整的，所以机件的某个图形画成半剖视图，其他视图仍应完整地画出。

4）半剖视图中画剖视的一半通常按以下原则配置：主视图中位于对称中心线右侧，俯视图中位于对称中心线前方，左视图中位于对称中心线前方。

5）半剖视图的标注与全剖视图相同。

3. 局部剖视图

局部剖视图是用剖切面局部地剖开机件所得的剖视图。局部剖视图主要用于表达机件的局部内部形状结构，或不宜采用全剖视图或半剖视图的地方（譬如轴、连杆、螺钉等实心零件上的某些孔或槽等）。在一个视图中，选用局部剖的次数不宜过多，否则会显得零乱，影响图形清晰，如图 6-18 所示。

画局部剖视图时，应注意以下几点：

1）局部剖视图存在一个被剖切部分与未剖切部分的分界线，这个分界线用波浪线表示，如图 6-19 所示；为了计算机绘图方便，也可采用双折线表示，如图 6-20 所示。波浪线是局部剖视图的一项重要内容，在什么位置画波浪线，要根据机件的具体结构而定。波浪线应画在机件的实体处，不能画在机件的空心部位，不能超出实体轮廓，不能与视图上的其他图线重合，不能画在轮廓线的延长线上，如图 6-21 所示。

2）当对称机件在对称中心线处有轮廓线而不宜采用半剖视图时，可使用局部剖视图表示，如图 6-22 所示。

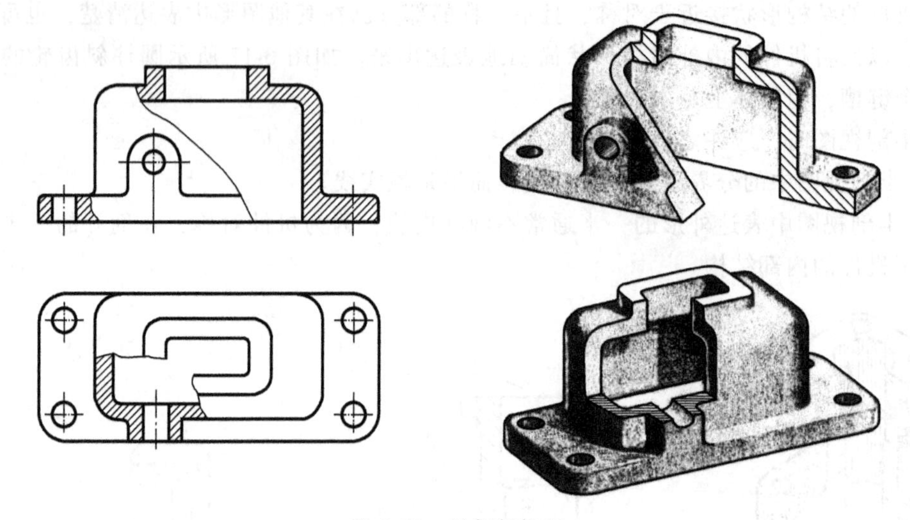

图 6-18 局部剖视图

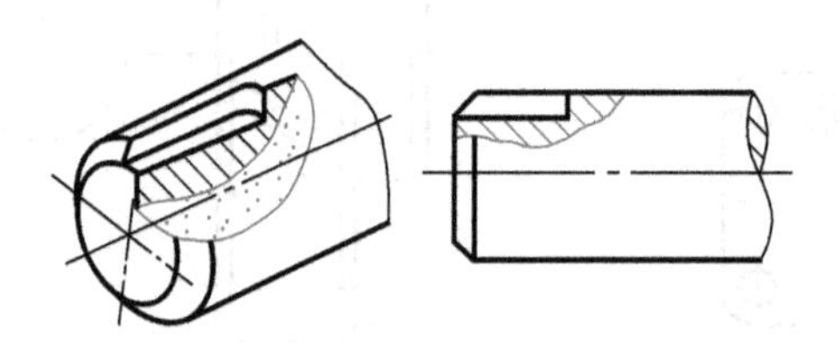

图 6-19 轴键槽的局部剖视图

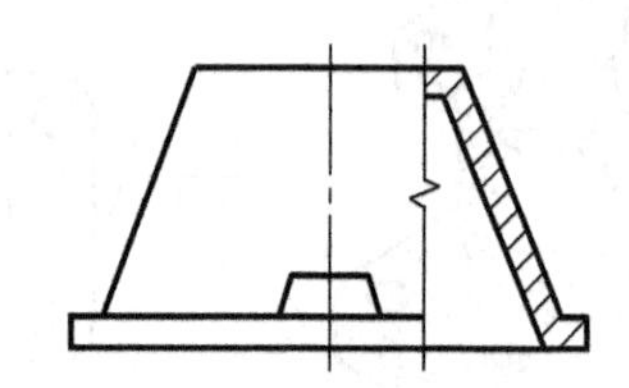

图 6-20 用双折线作分界线的局部剖视图

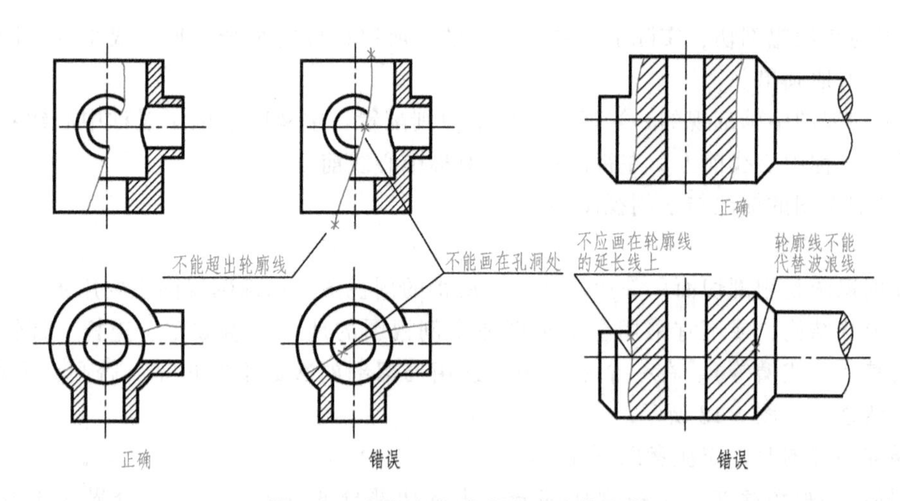

图 6-21 局部剖视图中波浪线的画法

3）当被剖切的局部结构为回转体时，可将该结构的中心线作为局部剖视图与视图的分界线，如图 6-23 所示。

4）当采用剖视后某些结构仍未表达清楚时，可在剖视图的剖面中再作一次局部剖。采用这种画法时，两个剖面的剖面线方向应相同，间隔应相等，但要相互错开，并用引出线标注其名称“×—×”，这种形式的局部剖习惯上称为“剖中剖”，如图 6-24 中的 *B*—*B*。

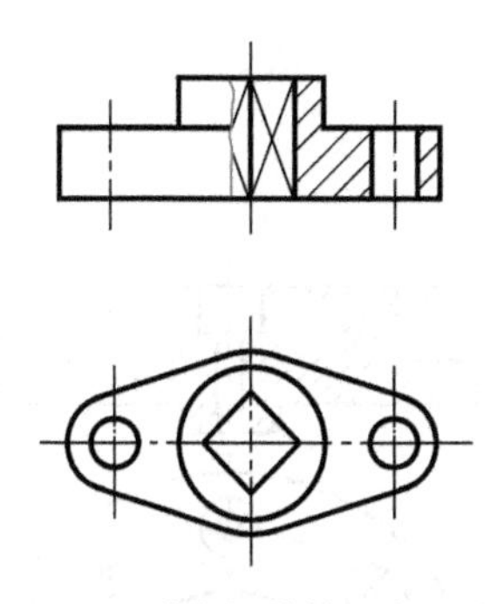

图 6-22　对称机件的局部剖视图

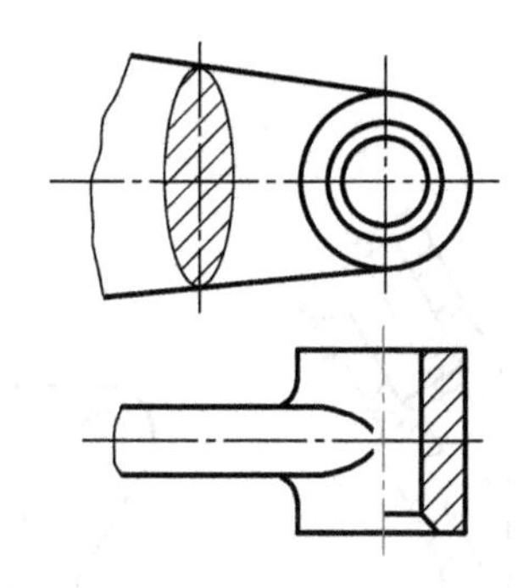

图 6-23　中心线作局部剖视图的分界线

局部剖视图的标注与全剖视图相同。常见的局部剖视图多采用单一的剖切平面剖切，这种情况容易被看懂，一般省略标注。根据机件的实际结构，局部剖视图也可以采用多个剖切面剖切得到。

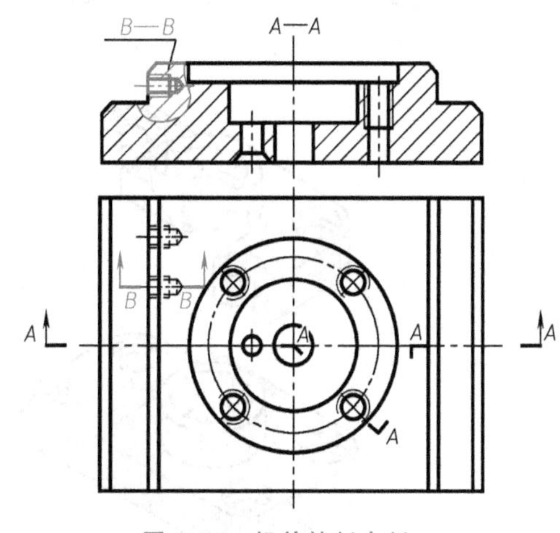

图 6-24　机件的剖中剖

剖切面的种类

三、剖切面的种类与数量

在实际绘图时，剖切面可以是平面，也可以是柱面；可以是单一剖切面，也可以是多个剖切面。全剖视图、半剖视图和局部剖视图都可以采用下述剖切方法获得。

1. 单一剖切面

（1）平行于基本投影面的单一平面　适合于内部孔、槽的轴线或对称中心处于一个平面上的机件，这种剖切方法应用较常见。前面所述的全剖视图、半剖视图和局部剖视图的例图都是采用这种剖切方法获得的，这里不再举例。

（2）不平行于基本投影面的单一平面　当单一剖切平面不平行于任何基本投影面时，常称为斜剖，如图 6-25 中的 *B—B* 所示。这种剖视图应进行标注，必要时允许将图形转正，并加注旋转符号。

（3）单一柱面　柱面剖切适合于表达圆周分布的某些结构，通常采用展开画法，在剖视图名称后加“展开”二字，如图 6-26 所示。

2. 几个平行的剖切平面

几个平行的剖切平面可能是两个或两个以上，各剖切平面的转折处必须是直角。这种剖切方法常用于表达内部各结构的轴线或中心平面处于两个或多个相互平行的平面内的机件。

画图时，要先选择剖切平面的位置及转折处；画完图，要进行标注。标注时，应在剖切平面的起、迄和转折处标注剖切符号，写上相同的字母，在两端用带箭头的细实线指明投射方向，在剖视图的上方标出名称“×—×”，如图 6-27 所示。当剖视图按投影关系配置时可省略箭头，当转折处位置有限又不致引起误解时，允许省略转折处的字母。

采用几个平行的剖切平面剖切时，要注意以下几个问题：

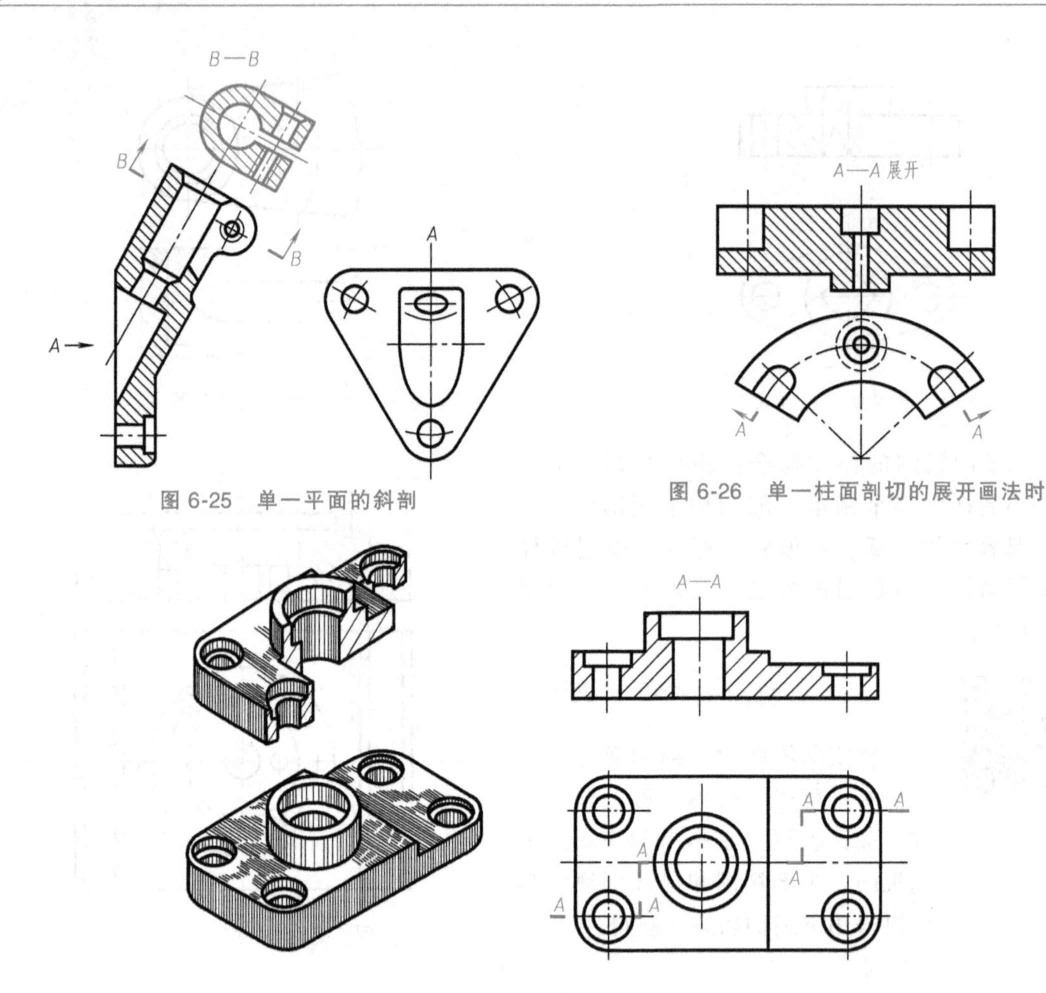

图 6-25 单一平面的斜剖

图 6-26 单一柱面剖切的展开画法时

图 6-27 几个平行的剖切平面剖切

1）因为是假想剖切，所以不能在剖视图中画出各剖切平面转折处的交线，如图 6-28 所示。

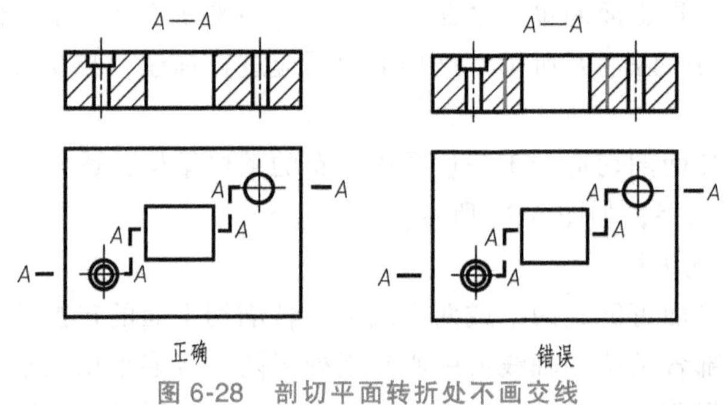

图 6-28 剖切平面转折处不画交线

2）正确选择剖切平面的位置，在图形内不应出现不完整要素。当图形内出现不完整要素时，应适当调整剖切平面的位置，如图 6-29 所示。

3）机件上的两个要素在图形上具有公共对称中心面或轴线时，可以各画一半，此时应以对称中心面或轴线为界，这是一种规定画法，如图 6-30 所示。

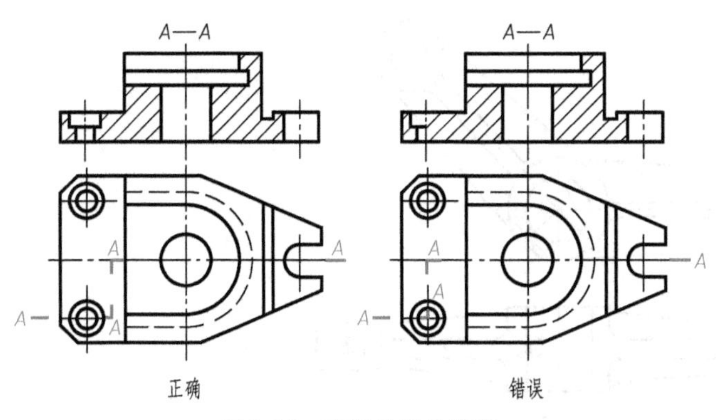

图 6-29 剖切位置的选取

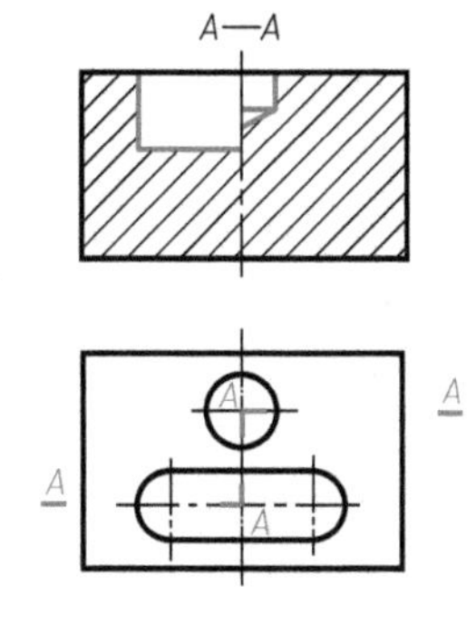

图 6-30 公共对称中心面的规定画法

上述例图为几个平行的剖切平面获得的全剖视图。图 6-31 为用两个平行的剖切平面剖切的半剖视图，图 6-32 为用两个平行的剖切平面剖切的局部剖视图。

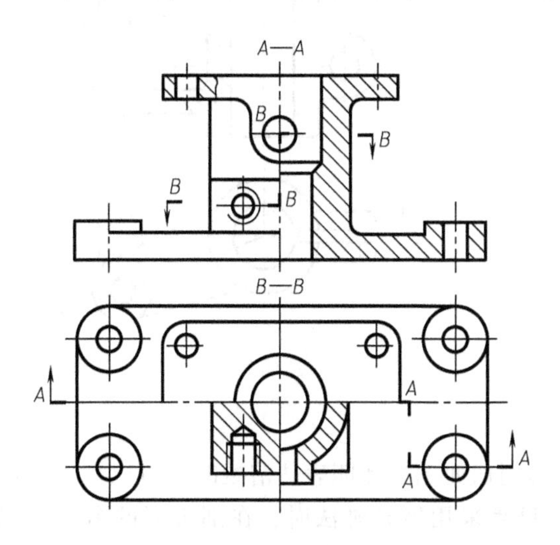

图 6-31 两个平行的剖切平面剖切的半剖视图

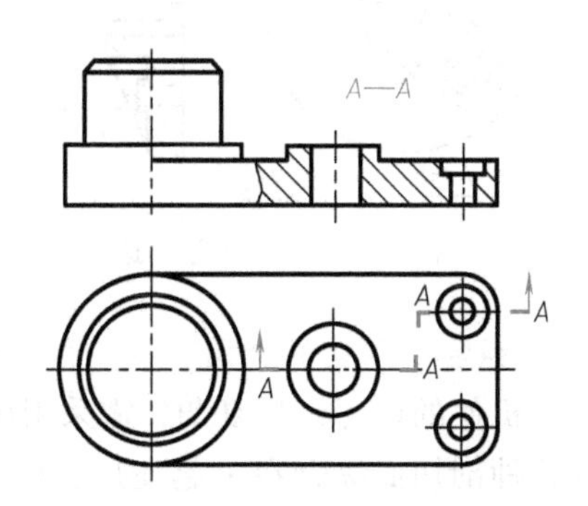

图 6-32 两个平行的剖切平面剖切的局部剖视图

3. 两个相交的剖切平面

当机件的内部结构形状用一个剖切平面剖切不能表达完全，且这个机件在整体上又具有回转轴时，可用两个相交的剖切平面（交线垂直于某一基本投影面）剖切。标注时，在剖切平面的起、迄和转折处画上剖切符号，写上相同的字母，并在起、迄两端用带箭头的细实线指明投射方向，在剖视图的上方标出名称“×—×”，如图 6-33 所示。

画图时，首先应把已剖开的倾斜结构连同“相关部分”绕回转轴旋转到与选定的基本投影面平行，然后再进行投影，画剖视图。这时倾斜部分旋转后投影会伸长，这点需要注意。

采用两个相交的剖切平面剖切时，要注意以下几个问题：

1）上面提到的“相关部分”是指与所要表达的被剖切结构密切相关或不一起旋转就难以表达的部分，如图 6-33 中的圆孔 ϕ_1 和图 6-34 中的肋板。

2）当剖切后产生不完整要素时，应将该部分按不剖绘出，如图 6-35 中臂部分的表达。

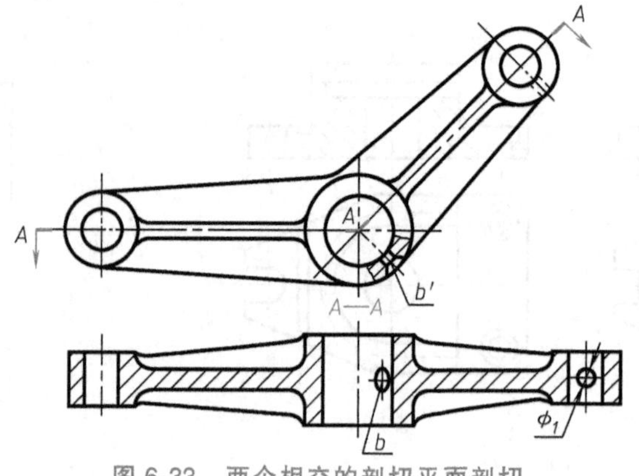

图 6-33 两个相交的剖切平面剖切

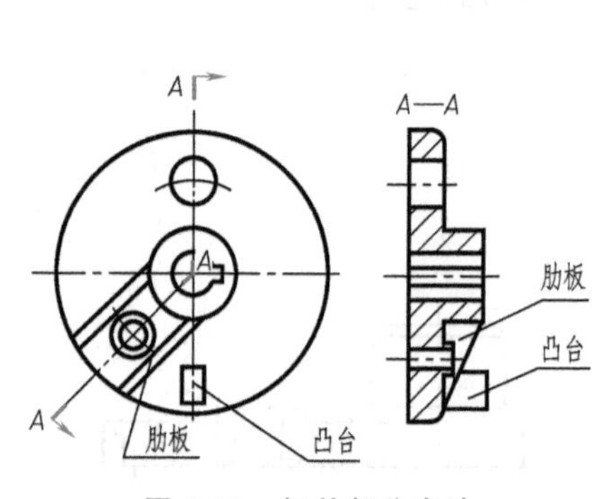

图 6-34 相关部分表达

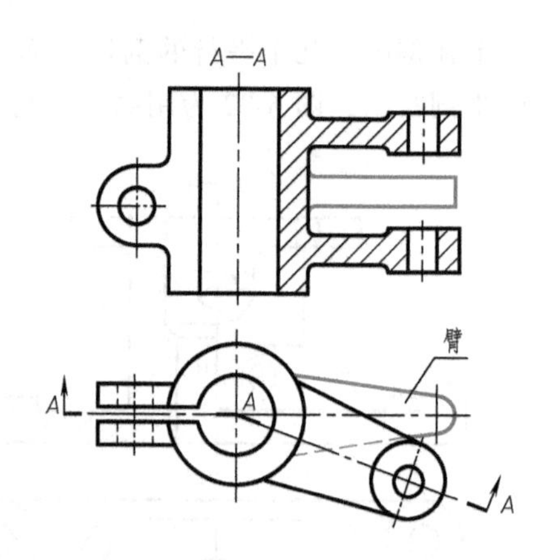

图 6-35 剖切到不完整要素的表达

4. 组合的剖切面剖切（复合剖）

当机件的内部结构复杂，需采用两个以上的剖切面剖切才能表达清楚时，可以把前面所讲的几种剖切面综合在一起使用，标注同前，只是采用展开画法时，在剖视图的名称后加“展开”二字，如图 6-36 所示。图 6-37 为剖切平面和柱面组合剖切。

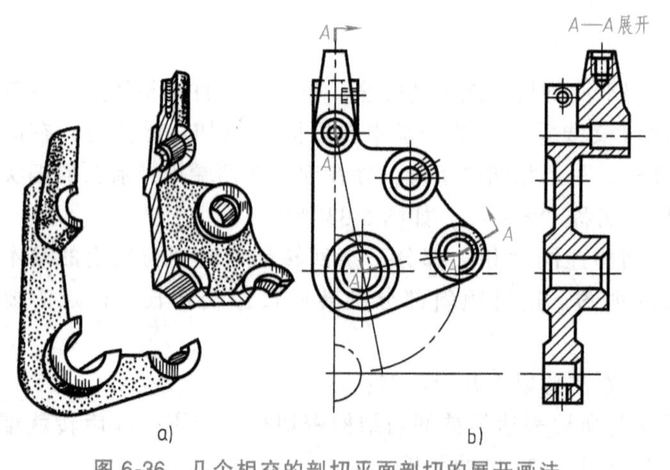

图 6-36 几个相交的剖切平面剖切的展开画法

a）立体图 b）剖视图

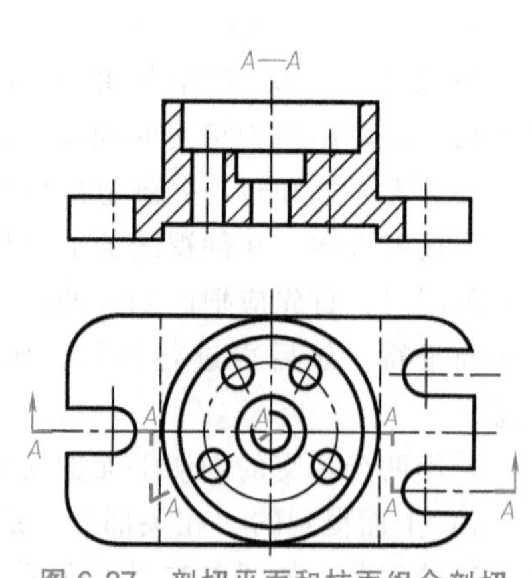

图 6-37 剖切平面和柱面组合剖切

第三节　断　面　图

一、断面图的概念

假想用剖切面将机件的某处切断，仅画出该剖切面与机件的接触部分的图形，该图形称为断面图（简称断面），如图 6-38b 所示。断面图主要用于表达机件的某一部位的断面形状，如臂、轮辐、肋、键槽、型材等结构的断面。

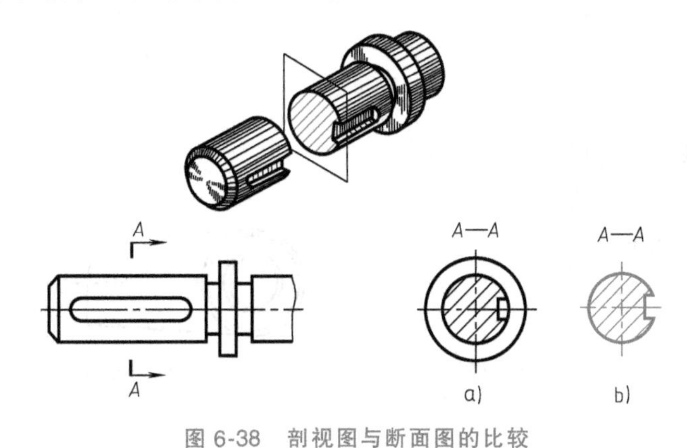

图 6-38　剖视图与断面图的比较

a）剖视图　b）断面图

通过图 6-38 断面图与剖视图的对比可知：断面图是断面的投影，而剖视图是整体的投影。剖视图中使用的几种剖切方法也适合断面图。

二、断面图的种类及画法

断面图按其配置位置的不同，可分为移出断面和重合断面两种。

1. 移出断面

画在视图轮廓线之外的断面图称为移出断面。移出断面的轮廓线用粗实线绘制。

移出断面的配置：

1）移出断面应尽量配置在剖切平面迹线的延长线或剖切符号的延长线上，如图 6-39 和图 6-40 所示。

2）为了能表达机件断面的真实形状，剖切平面应垂直机件的轮廓线，由两个或多个相交的剖切平面剖切获得的移出断面，中间应断开，如图 6-41 所示。

3）剖面区域对称时，移出断面可配置在视图的中断处，如图 6-42 所示。

4）必要时可将移出断面配置在其他适当的位置，如图 6-43 中的 *D—D* 所示。在不致引起误解时，允许将移出断面旋转配置，但必须加旋转符号，如图 6-43 中的 *B—B* 所示。

移出断面的标注方法基本上与剖视图相同（图 6-38b），当断面对称且配置适当时可省略标注（图 6-39、图 6-41、图 6-42）。

画移出断面时，应注意以下几点：

1）当剖切面通过回转面形成的孔或凹坑的轴线时，这些结构应按剖视图绘制，如

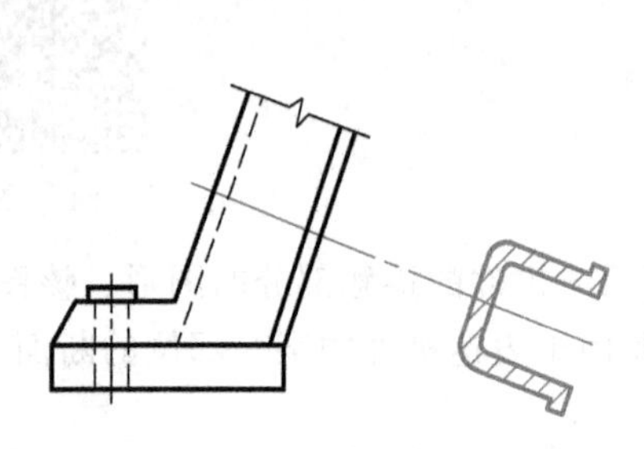

图 6-39 配置在剖切平面迹线延长线上的移出断面

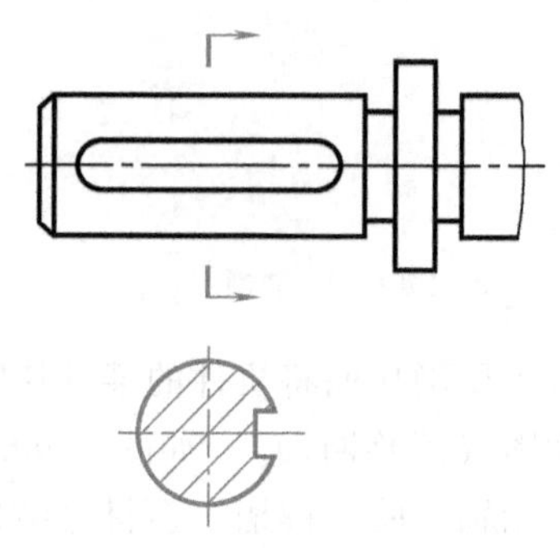

图 6-40 配置在剖切符号延长线上的移出断面

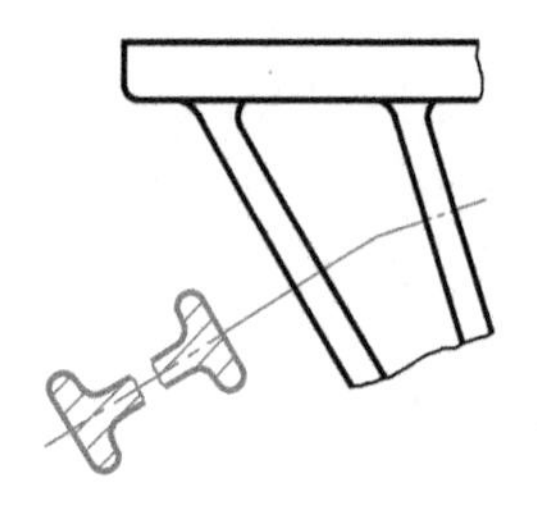

图 6-41 两个相交剖切平面剖切的移出断面

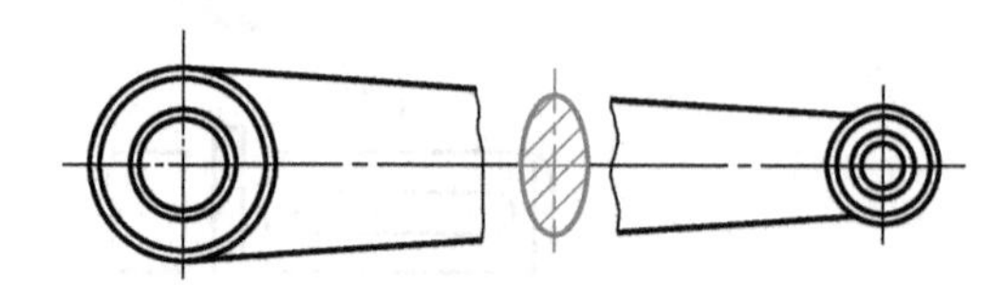

图 6-42 配置在视图中断处的移出断面

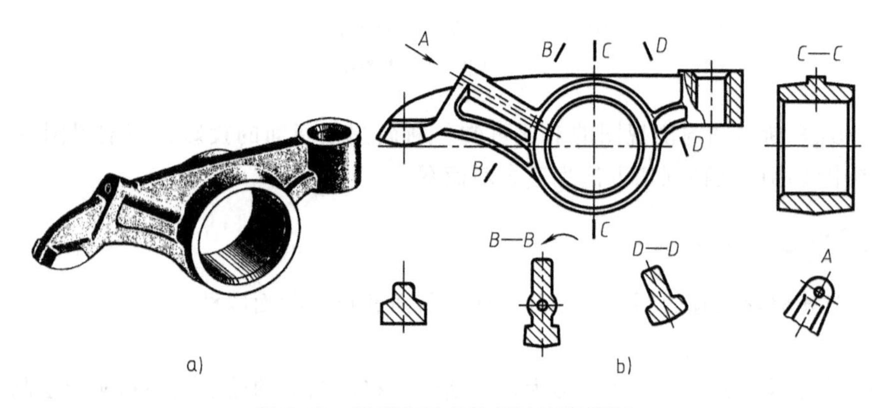

图 6-43 配置在其他位置的移出断面

图 6-44 所示。

2）当剖切面通过非圆孔，会导致出现完全分离的断面时，这些结构应按剖视图绘制，如图 6-45 所示。

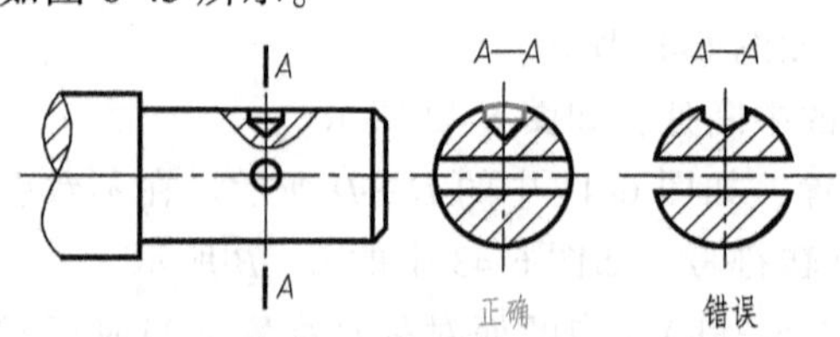

图 6-44 按剖视图绘制的移出断面（一）

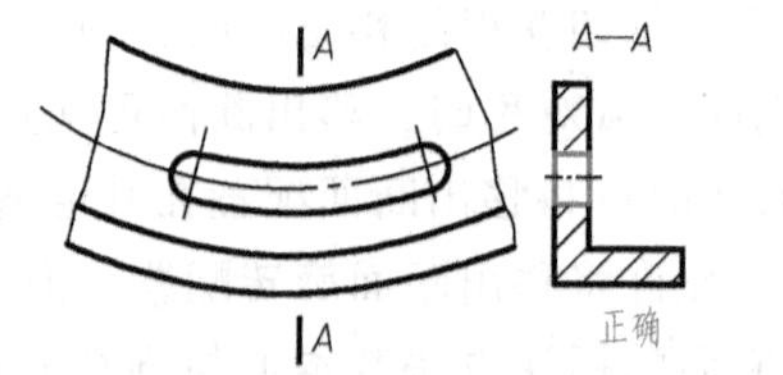

图 6-45 按剖视图绘制的移出断面（二）

2. 重合断面

画在视图轮廓线之内的断面称为重合断面。重合断面的轮廓线用细实线绘制，它是假想用剖切面垂直地通过结构要素的轴线或轮廓线，然后将所得的断面旋转 90°，使之与视图重合。当视图中的轮廓线与重合断面的图形重叠时，视图中的轮廓线仍应连续画出，不可间断，如图 6-46 所示。

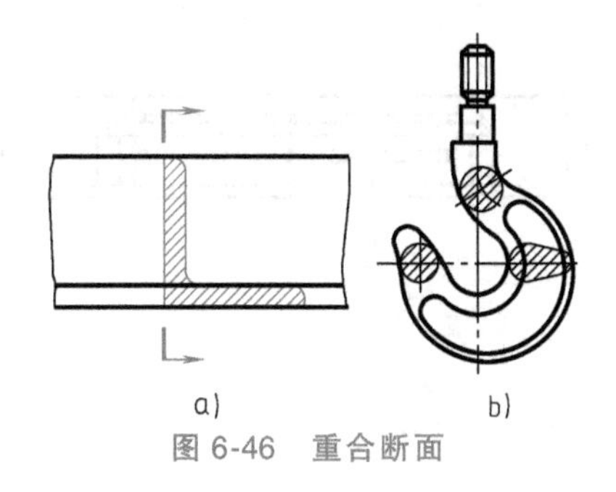

图 6-46　重合断面

当机件的断面形状简单且不影响图形清晰时，适宜画重合断面。不对称的重合断面通常只标剖切符号和投射方向，省略字母，如图 6-46a 所示；对称的重合断面不必标注，如图 6-46b 所示。

画图时，根据具体情况，可同时采用两种断面图，如图 6-47 所示的前拖钩的表达，既采用了移出断面，又采用了重合断面。

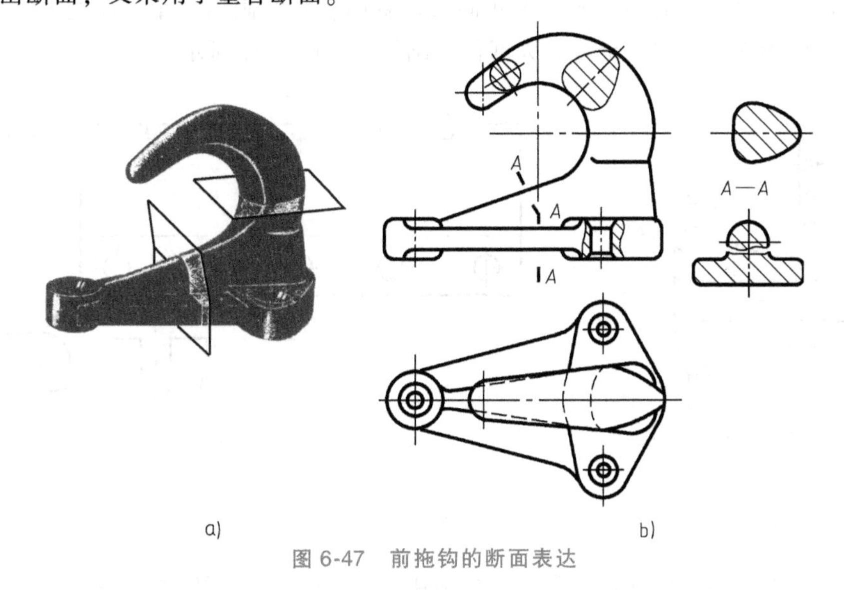

图 6-47　前拖钩的断面表达

第四节　局部放大图和简化画法

一、局部放大图

当机件上的细小结构表达不清楚或不便标注尺寸时，可以将此部分结构用大于原图形所采用的比例画出，此图形称局部放大图。局部放大图的比例应为局部放大图与实物相应要素的线性尺寸之比。局部放大图可根据表达需要画成视图、剖视图或断面图，它与被放大部分的原表达方式无关。

绘制局部放大图时，应用细实线圈出被放大的部位，并尽量配置在被放大部位的附近，在局部放大图的上方注明所采用的比例，如图 6-48 所示。当同一机件上有几处被放大时，必须用罗马数字依次标明被放大的部位，并在局部放大图的上方注明罗马数字和所采用的比例，用细横线上下分开，如图 6-49 所示的两个局部放大图。局部放大图中机件与整体的断裂边界用波浪线画出。若局部放大图采用剖视图或断面图表达，剖面线的倾斜方向和间隔应与机件的相同。

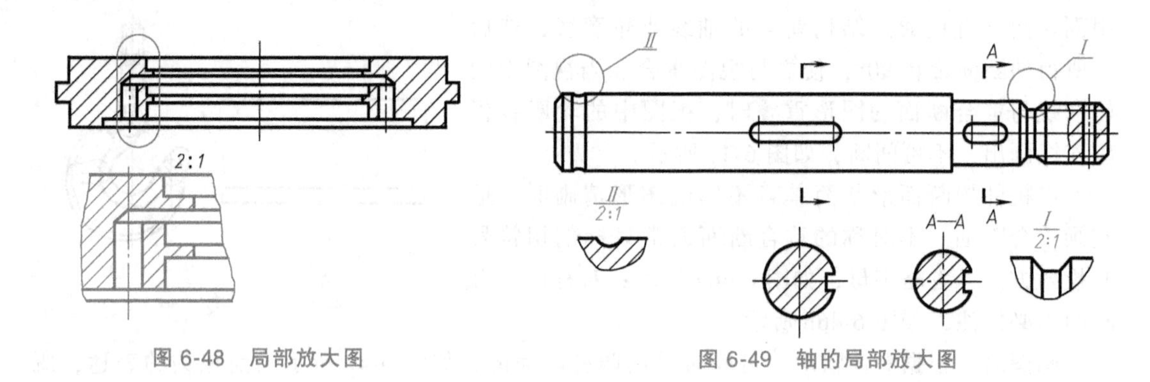

图 6-48 局部放大图　　图 6-49 轴的局部放大图

同一机件上不同部位的局部放大图相同或对称时，只需画出一个，如图 6-50 所示。必要时可用几个图形来表达同一个被放大部位的结构，如图 6-51 所示。

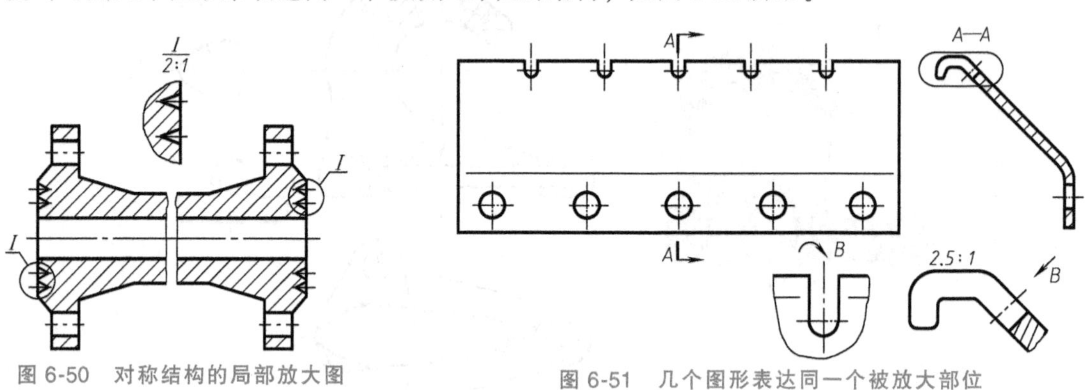

图 6-50 对称结构的局部放大图　　图 6-51 几个图形表达同一个被放大部位

二、简化画法

为了简化作图，国标中规定了若干简化画法，这些画法既包括对机件的某些结构的简化处理，又包括国标中的规定画法，下面介绍常用的几种方法。

1. 剖面线和投影的简化

1）在不致引起误解时，零件图中的移出断面允许省略剖面符号，但剖切位置和断面图的标注必须遵照国家标准的规定，如图 6-52 所示。

2）对于机件的肋、轮辐及薄壁等，如按纵向剖切，这些结构都不画剖面符号，而用粗

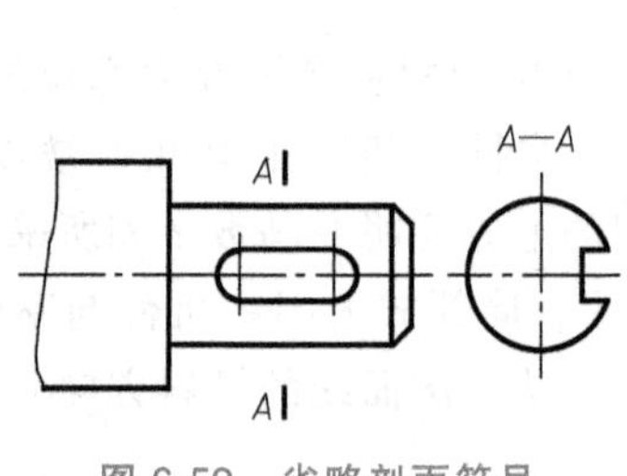

图 6-52 省略剖面符号

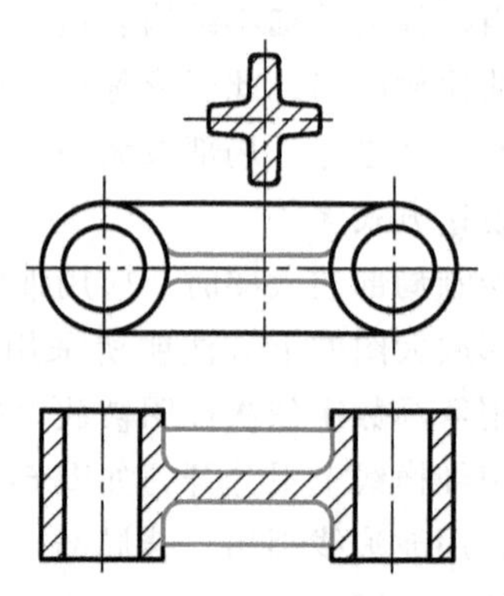

图 6-53 肋板的剖切表达

实线将它与其相邻的部分分开，如图 6-53 俯视图中的水平肋板，图 6-54 左视图中的轮辐。

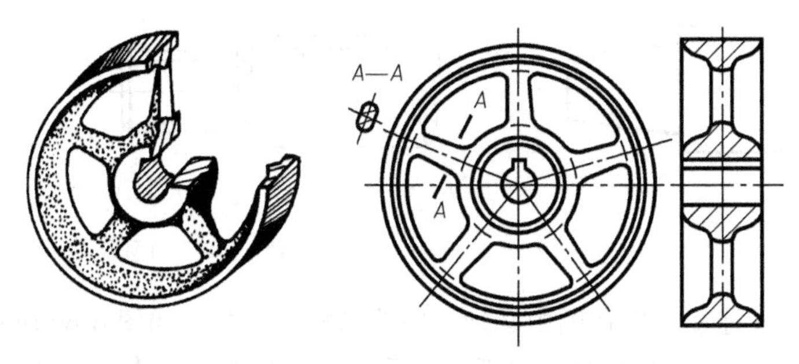

图 6-54　轮辐的剖切表达

当回转体机件上均匀分布的肋、轮辐、孔等结构不处于剖切平面上时，可将这些结构旋转到剖切平面上画出，且不必标注，如图 6-55 所示。

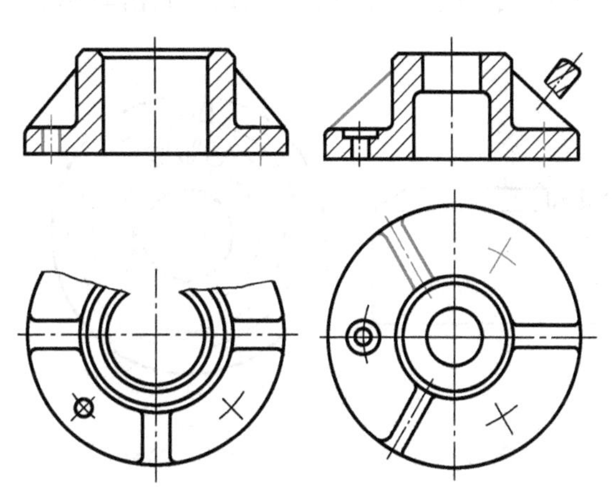

图 6-55　均布孔、肋的旋转剖切

3）与投影面倾斜角度小于或等于 30°的圆或圆弧，其投影可用圆或圆弧代替，如图 6-56 所示。

4）在不引起误解时，相贯线、过渡线允许简化，例如用直线或圆弧代替非圆曲线，如图 6-57 所示。

5）圆柱形法兰或类似机件上均匀分布的孔，可按图 6-57b 表示。

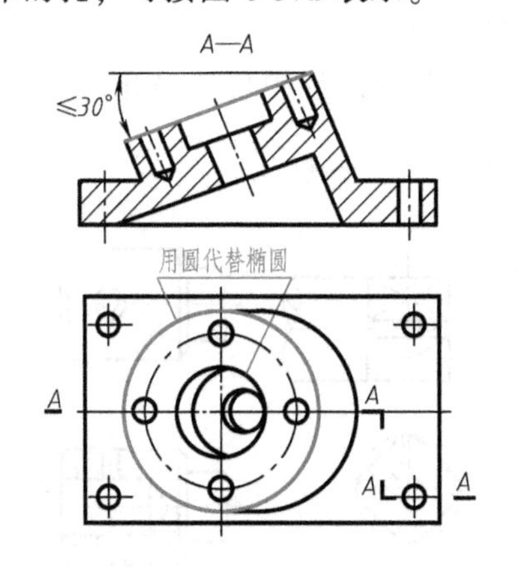

图 6-56　圆的倾斜角≤30°投影画法

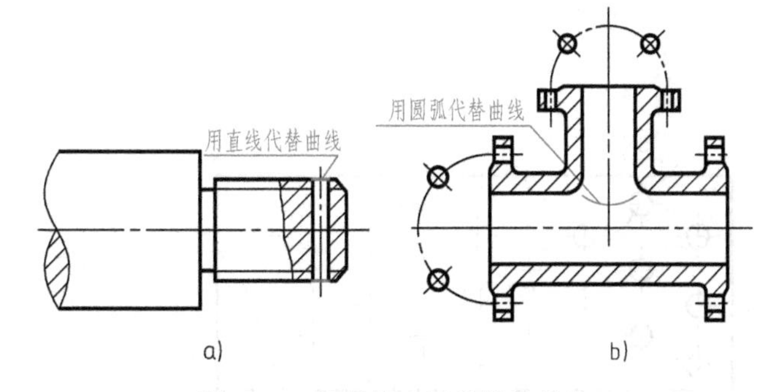

图 6-57　相贯线、过渡线的简化

6）当回转机件上的某些平面结构在视图中不能充分表达时，可用如图 6-58 所示的平面符号表示。

7）机件上对称结构的局部视图，可按图 6-59 所示方法表示。

2. 相同结构和小结构的简化

1）当机件具有若干相同结构（齿、槽等）并按一定规律分布时，只需画出几个完整的

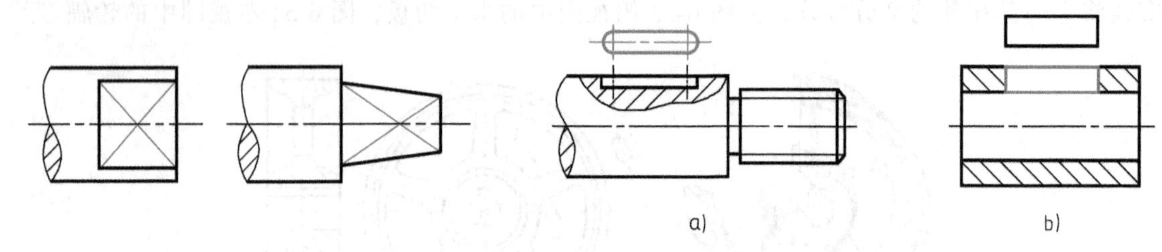

图 6-58 用平面符号表示平面　　图 6-59 对称结构的局部视图

结构，其余用细实线连接，但在图中必须注明该结构的总数，如图 6-60 所示。

2）为了节省绘图时间和图幅，在不引起误解的前提下，对称机件的视图可只画一半或四分之一，并在对称中心线的两端画出与其垂直的两条平行细实线，如图 6-61 所示。

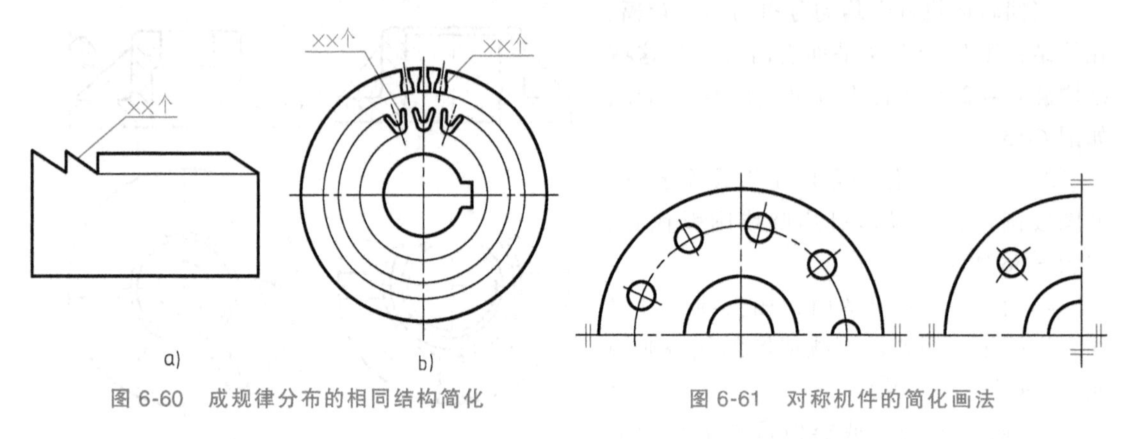

图 6-60 成规律分布的相同结构简化　　图 6-61 对称机件的简化画法

3）直径相同且成规律分布的孔（圆孔、螺孔、沉孔等），可仅画出一个或几个，其余只需用细点画线表示其中心位置，但应注明孔的总数，如图 6-62 所示。

4）机件上的较小结构如在一个图形中已表达清楚时，在其他图形中可以简化或省略，如图 6-63 所示。

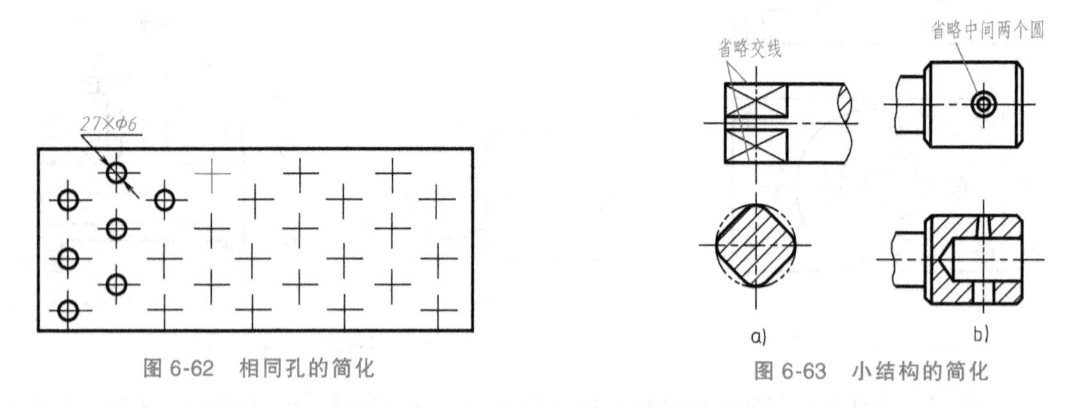

图 6-62 相同孔的简化　　图 6-63 小结构的简化

5）网状物、编织物及机件上的滚花部分，可在轮廓线附近用粗实线示意画出，并在零件图上或技术要求中注明这些结构的具体要求，如图 6-64 所示。

6）机件上倾斜角度不大的结构，如在一个图形中已表达清楚时，其他图形可按照小端画出，如图 6-65 所示。

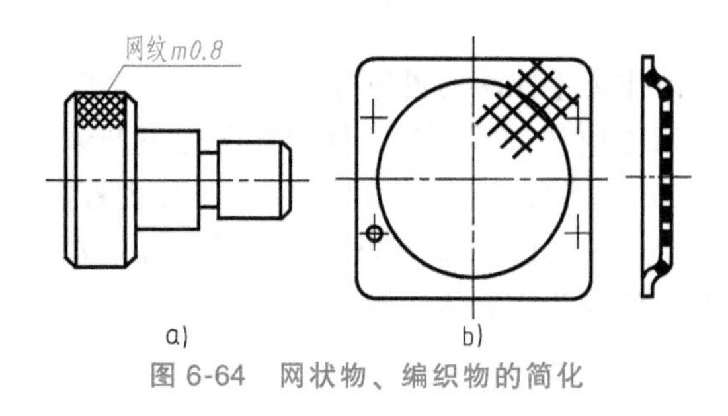

图 6-64　网状物、编织物的简化

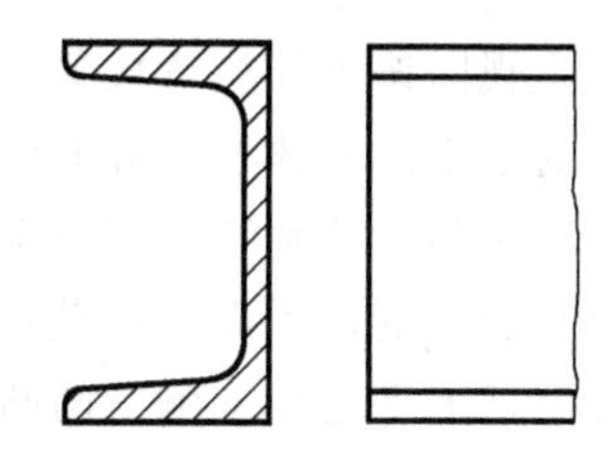
图 6-65　小斜度的简化

3. 其他简化画法

1）较长的机件（轴、杆、型材、连杆等）沿长度方向的形状一致或按一定规律变化时，可断开后缩短绘制，但要标注实际的长度尺寸，如图 6-66 所示。

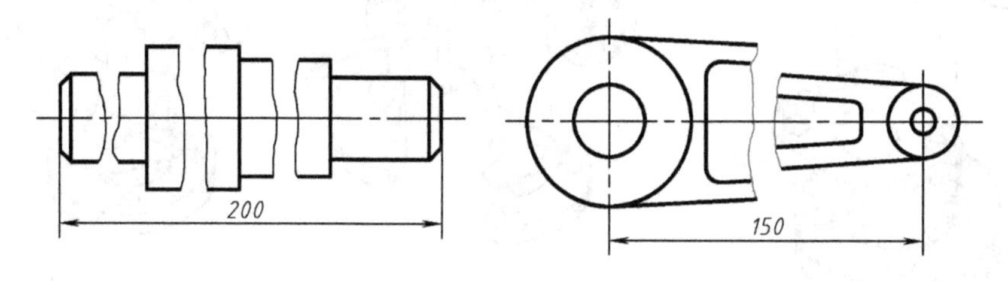

图 6-66　断开画法

2）在不致引起误解时，零件上的小圆角、锐边的小倒圆或 45°小倒角，允许省略不画，但必须注明尺寸或在技术要求中加以说明，如图 6-67 所示。

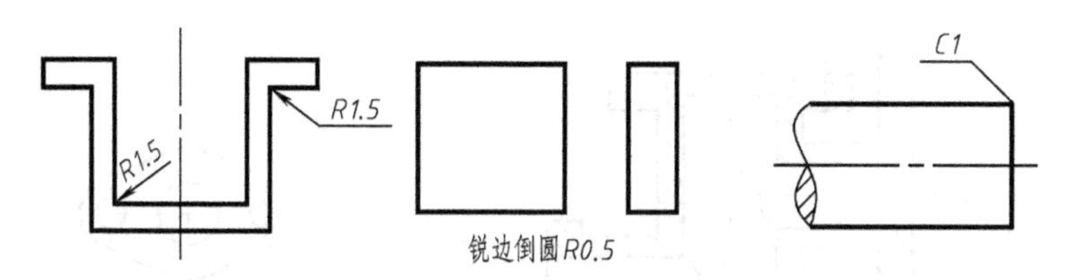

图 6-67　小圆角、小倒角的简化

第五节　机件表达方法综合举例

本章前面介绍了机件的常用表达方法，在具体应用时，应根据机件的结构形状灵活运用。同一机件可考虑几种表达方案，经过比较，择优选用。选择表达方案的基本原则是：选用适当的一组图形，各有侧重点，又互为依托，结合起来把机件的内外结构形状表达完整、清晰，并力求画图简便、看图方便。

现以图 6-68 所示的阀体为例讨论其表达方法。

1. 形体分析

阀体的主体部分是轴线为铅垂的管体 *I*，它的顶部和底部分别为正方形凸缘 *Ⅱ* 和圆形凸缘 *Ⅲ*，左上部有一圆形凸缘 *Ⅳ*，右前部有一腰形凸缘 *V*，各凸缘上均有连接用的光孔。

2. 选择主视图

主视图按工作位置放置，并按图中箭头方向作为主视图的投射方向。

为了表达阀体各部分的内部形状，在主视图中应作剖视表达。因管体与上下凸缘同轴，并与左边凸缘的轴线在同一正平面内，而右前部凸缘的轴线与 V 面倾斜 45°，故主视图可用两个相交的剖切平面剖切获得，如图 6-69a 所示，画出的剖视图如图 6-70 中的 $B—B$ 所示。这样就把上下通孔、侧壁两凸缘孔的结构及上下位置关系表达清楚了。

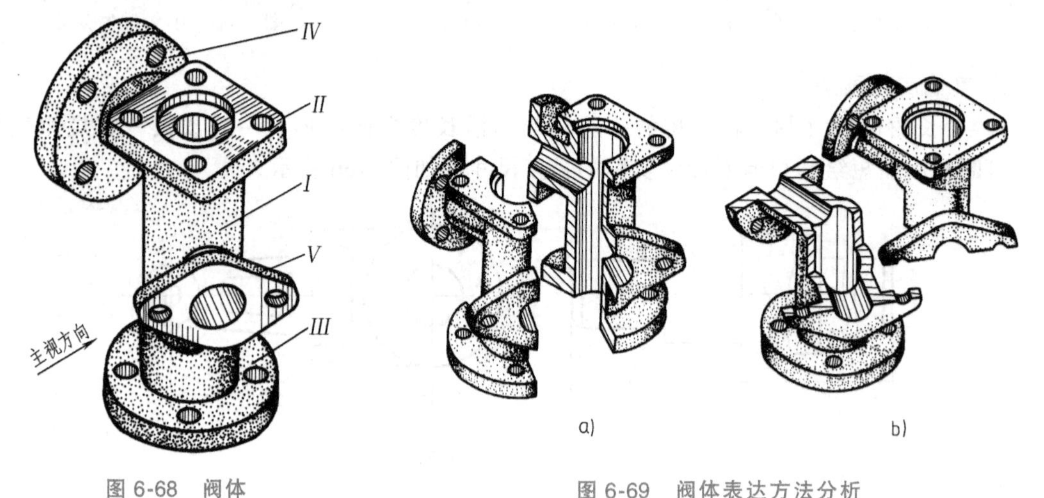

图 6-68 阀体

图 6-69 阀体表达方法分析

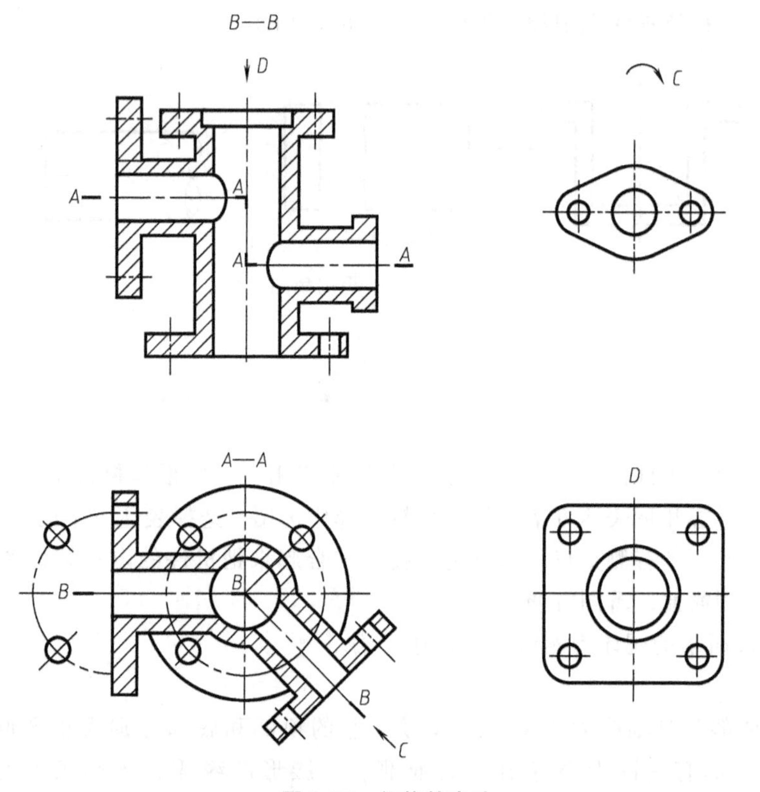

图 6-70 阀体的表达

3. 确定其他视图

为了表达右前部凸缘的倾斜结构，需画出俯视图；为了进一步表达管体孔与侧壁两凸缘孔的贯通情况和凸缘上连接用光孔及底部凸缘上连接用光孔的分布情况，俯视图采用两个平行的剖切平面剖切，如图 6-69b 所示，所得的剖视图如图 6-70 的 A—A 所示。

右前端凸缘的形状用斜视图表示，如图 6-70 中的“⌒C”所示。

方形凸缘的形状和四角光孔的分布情况，由“D”局部视图表达。

左部凸缘的形状和连接用光孔的分布，由尺寸和俯视图中的简化画法表达。

阀体的完整表达如图 6-70 所示。

第六节　第三角投影简介

世界上多数国家（如中国、英国、法国、俄罗斯、德国等）采用第一角投影绘图，但是也有一些国家（如美国、日本、加拿大、澳大利亚等）采用第三角投影绘图。为了便于国际间的技术交流与合作，我们应该了解或掌握第三角投影。

如图 6-71 所示，三个互相垂直相交的投影面将空间分为八部分，依次为第 Ⅰ、Ⅱ、Ⅲ、Ⅳ、Ⅴ、Ⅵ、Ⅶ、Ⅷ分角。

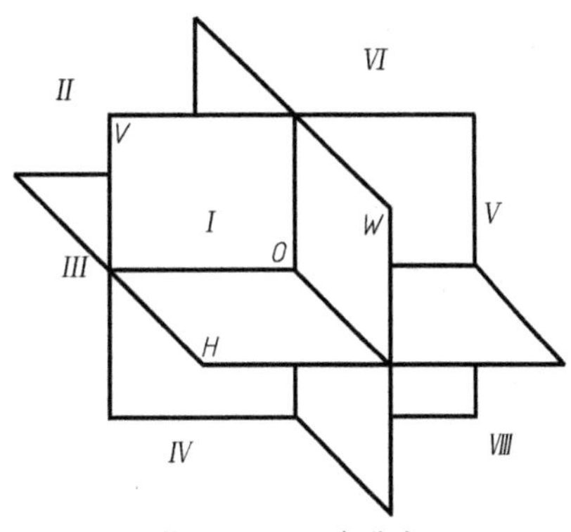

图 6-71　八个分角

第三角投影是将机件置于第Ⅲ分角内，即保持“观察者—投影面（假想是透明的）—机件”的位置关系进行正投影，然后按图 6-72 所示的方法展开投影面，展开后得到六个基本视图（前视图、顶视图、底视图、左视图、右视图和后视图），如图 6-73 所示。按图 6-73 所示配置视图时，一律不注视图的名称。

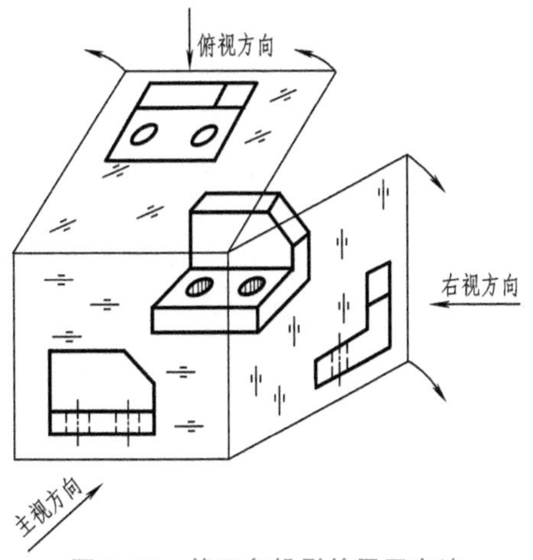

图 6-72　第三角投影的展开方法

采用第三角画法时，必须在图样中画出第三角投影的识别符号，如图 6-74b 所示。我国多采用第一角画法，在图样中第一角投影的识别符号常省略。请读者注意比较第一角投影与第三角投影所画视图的异同。

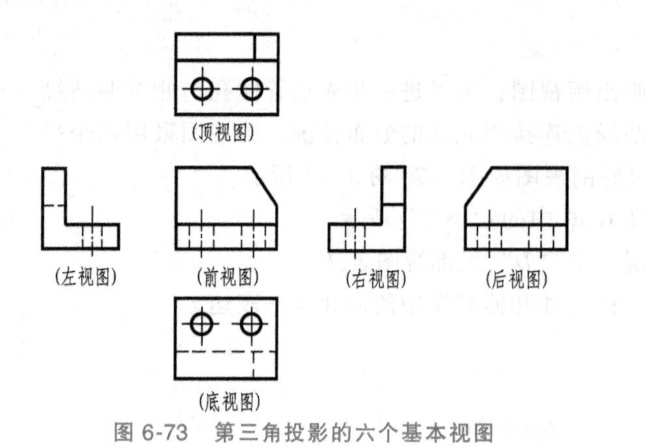

图 6-73 第三角投影的六个基本视图

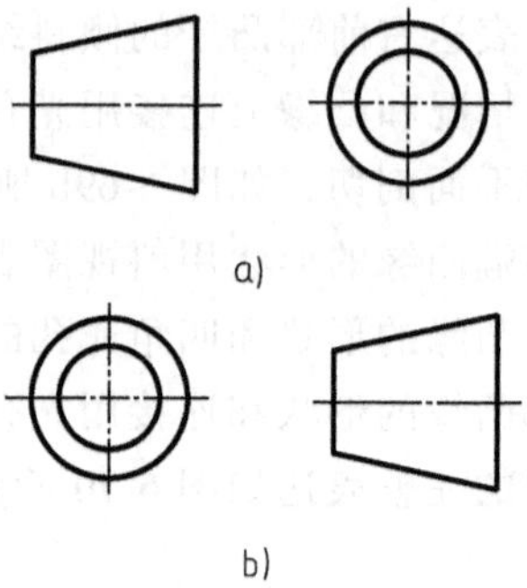

a)

b)

图 6-74 第一角投影和第三角投影的识别符号

a）第一角投影 b）第三角投影

第七章

标准件和常用件

在机械设备中，广泛应用螺纹连接件进行紧固和连接。在机械的传动、支承、减振等方面，广泛使用齿轮、轴承、弹簧等零件。这些零件，有的在结构、尺寸方面已标准化，称为标准件，如螺栓、螺钉、键、销和轴承；有的部分重要参数已被系列化和标准化，称为常用件，如齿轮、弹簧等。为确保生产质量，缩短设计和制造时间，降低生产成本，国家标准对标准结构要素、标准零件和标准部件都做了统一的规定画法。

本章着重介绍标准件和常用件的基本知识、规定画法和标记方法等。

第一节　螺纹及螺纹连接件

一、螺纹

1. 螺纹的形成

螺纹是按照螺旋线形成原理加工制造而成的。一平面图形（如三角形、矩形、梯形等）绕一圆柱（圆锥）面做螺旋运动，形成一圆柱（圆锥）螺旋体，称为螺纹。在外表面上加工的螺纹，称为外螺纹；在内表面上加工的螺纹，称为内螺纹，如图 7-1 所示。

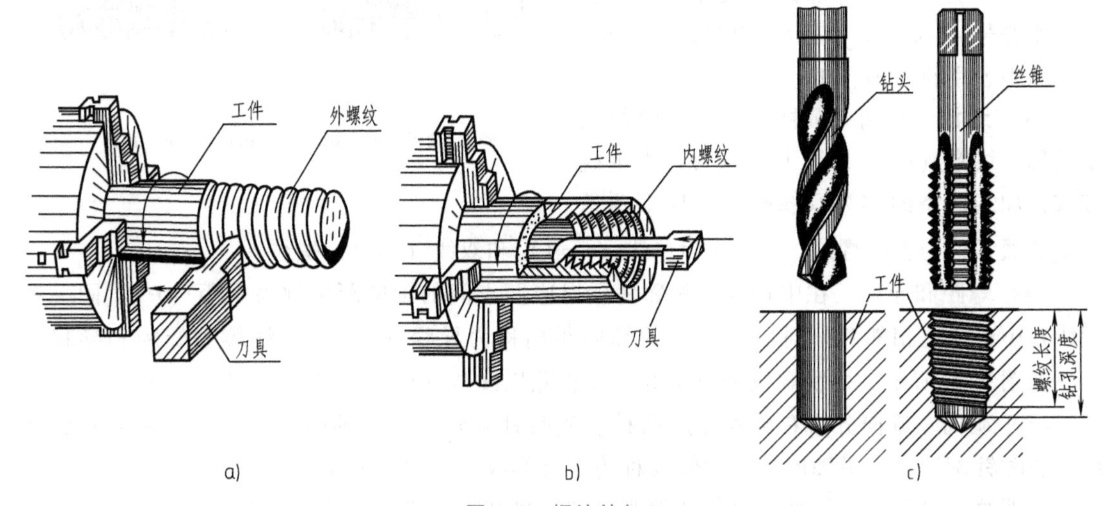

图 7-1　螺纹的加工

a）车削外螺纹　b）车削内螺纹　c）钻孔、攻螺纹在加工螺纹的过程中，工件表面由于刀具的切入形成了连续凸起和沟槽，凸起的顶端称为螺纹的牙顶，沟槽的底部称为螺纹的牙底，如图 7-2 所示。

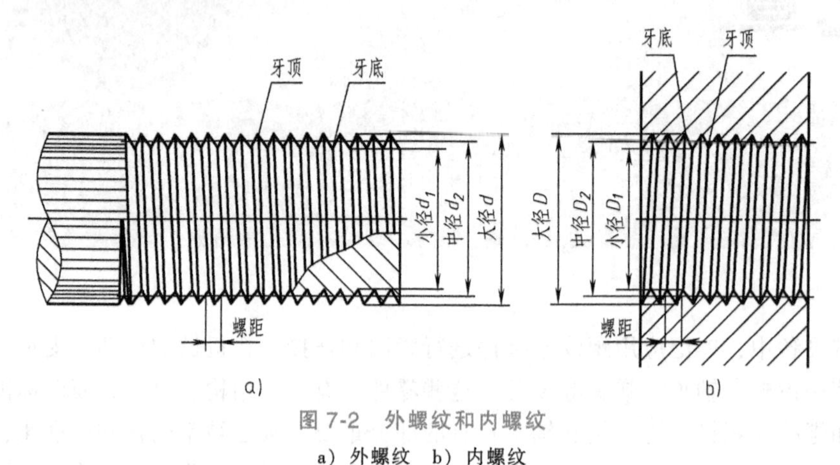

图 7-2　外螺纹和内螺纹

a）外螺纹　b）内螺纹

2. 螺纹要素

螺纹要素包括牙型、直径、线数、旋向、螺距和导程。

螺纹要素

（1）牙型　在通过螺纹轴线的剖面上，螺纹的轮廓形状称为螺纹牙型，它由牙顶、牙底及两牙侧构成。常见的螺纹牙型有三角形、梯形、锯齿形、矩形等，如图 7-3 所示。

（2）直径　与外螺纹的牙顶或内螺纹的牙底相重合的假想圆柱面的直径称为大径；与外螺纹的牙底或内螺纹的牙顶重合的假想圆柱面的直径称为小径；在大径和小径中间，即螺纹牙型的中部，可以找到一个凸起和沟槽轴向尺寸相等的位置，该位置对应的螺纹直径称为中径。外螺纹的大径、小径和中径用符号 d、d_1、d_2 表示；内螺纹的大径、小径和中径用符号 D、D_1、D_2 表示。

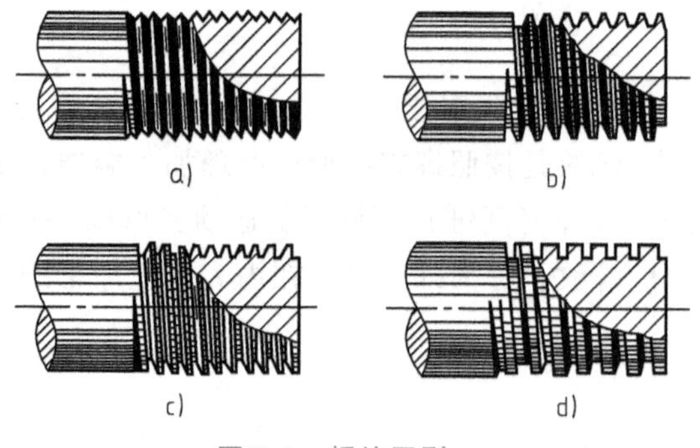

图 7-3　螺纹牙型

a）三角形　b）梯形　c）锯齿形　d）矩形

（3）线数　在同一圆柱面上加工螺纹的条数称为线数（n）。只加工一条的称为单线螺纹；加工两条的称为双线螺纹；加工两条以上的通常称为多线螺纹。图 7-4 为单线（$n=1$）和双线（$n=2$）螺纹。

（4）螺距和导程　在中径线上相邻两牙对应两点间的轴向距离称为螺距（P）；同一螺旋线在中径线上相邻两牙对应两点间的轴向距离称为导程（P_h）。单线螺纹螺距和导程相同，如图 7-4a 所示；多线螺纹的螺距等于导程除以线数（$P=P_h/n$），如图 7-4b 所示。

（5）旋向　旋向分为右旋和左旋两种。顺时针旋转时，沿轴向旋入的螺纹称为右旋螺纹；逆时针旋转时，沿轴向旋入的螺纹称为左旋螺纹，如图 7-5 所示。

在螺纹的要素中，牙型、直径和螺距是螺纹最基本的要素，通常称为螺纹三要素。

内螺纹和外螺纹旋合的条件是：牙型、直径、线数、旋向、螺距和导程等要素必须

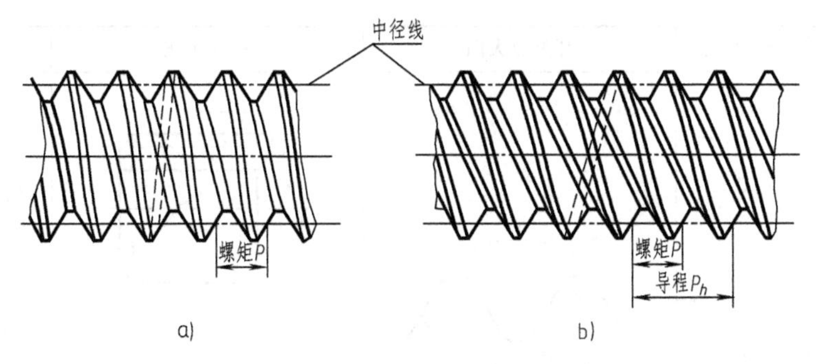

图 7-4　螺纹的线数、螺距和导程
a）单线螺纹　b）双线螺纹

一致。

3. 螺纹的分类

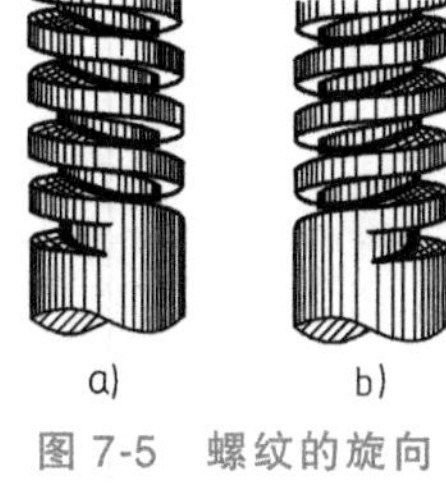

图 7-5　螺纹的旋向
a）左旋　b）右旋

按螺纹的三要素即牙型、直径和螺距是否符合标准来划分，螺纹分为以下三类：

（1）标准螺纹　标准螺纹为牙型、直径和螺距都符合国家标准的螺纹。常用的标准螺纹有：

1）普通螺纹（M）：牙型为等边三角形，牙型角60°。普通螺纹分粗牙普通螺纹和细牙普通螺纹两种，它们的区别是：在大径相同的情况下，细牙普通螺纹的螺距比粗牙普通螺纹的螺距小。

2）管螺纹：55°非密封管螺纹（G）和55°密封管螺纹（R_1、R_2 或 Rp、Rc）的牙型为等腰三角形（牙型角为55°）。管螺纹多用于管件和薄壁零件的连接，其螺距与牙型均较小。

3）梯形螺纹（Tr）：牙型为等腰梯形，牙型角30°。

4）锯齿形螺纹（B）：牙型为不等腰梯形，牙型角为3°、30°。

常用标准螺纹的种类、牙型与标注见表 7-1，这些螺纹的主要尺寸可参见表 A-1~表 A-6。

表 7-1　常用标准螺纹的种类、牙型与标注

螺纹种类		特征代号	牙型放大图	标注示例	用途及说明
普通螺纹	粗牙	M	60°	M16-5g6g	最常用的连接螺纹；粗牙螺纹的螺距大于细牙螺纹的螺距；粗牙螺纹不标注螺距
	细牙			M10X1-6H-LH	

（续）

螺纹种类		特征代号	牙型放大图	标注示例	用途及说明
管螺纹	非螺纹密封管螺纹	G	55°	G1/2A	管道连接中常用螺纹；作图时，应根据尺寸代号查出螺纹大径 R_1：与圆柱内螺纹配合的圆锥外螺纹 R_2：与圆锥内螺纹配合的圆锥外螺纹 Rc：圆锥内螺纹 Rp：圆柱内螺纹
	密封管螺纹	R_1 R_2 Rc Rp		Rc1$\frac{1}{2}$	
梯形螺纹		Tr	30°	Tr16×8(P4)LH-8e-L	常用的两种传动螺纹，用于传递运动和动力。梯形螺纹可传递双向动力，锯齿形螺纹用来传递单向动力
锯齿形螺纹		B	3° 30°	B16×8 LH-7e	

（2）非标准螺纹　牙型不符合国家标准的螺纹，如矩形螺纹。

（3）特殊螺纹　牙型符合国家标准而大径或螺距不符合标准的螺纹。

根据螺纹的用途，又可把起连接作用的螺纹称为连接螺纹，如普通螺纹、管螺纹，连接螺纹的牙型常用三角形；起传递运动和动力作用的螺纹称为传动螺纹，如梯形螺纹、矩形螺纹和锯齿形螺纹。

4. 螺纹的规定画法

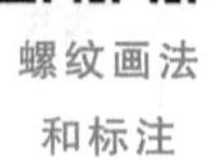

螺纹画法和标注

（1）外螺纹的画法　在平行于螺纹轴线的投影面的视图中，外螺纹的大径和螺纹长度终止线用粗实线表示，小径用细实线表示并画入倒角之内，在垂直于螺纹轴线的投影面的视图中，表示小径的细实线圆只画约 3/4 圈，此时螺纹的倒角圆省略不画，如图 7-6a、b 所示。无论是外螺纹还是内螺纹，剖面线必须画到粗实线。为便于作图，螺纹小径一般可按大径的 0.85 倍绘制，倒角宽度可按大径的 0.15 倍绘制，如图 7-6c 所示。

（2）内螺纹的画法　在平行于螺纹轴线投影面的剖视图中，小径和螺纹终止线用粗实线表示，大径用细实线表示。加工不通的螺孔时，先钻孔再攻螺纹，钻头端部的圆锥角为 118°。为简化作图，钻头底部的圆锥孔均画成 120°，如图 7-7 所示。在垂直于螺纹轴线的投影面的视图中，表示大径的细实线圆只画约 3/4 圈，并规定倒角圆省略不画。

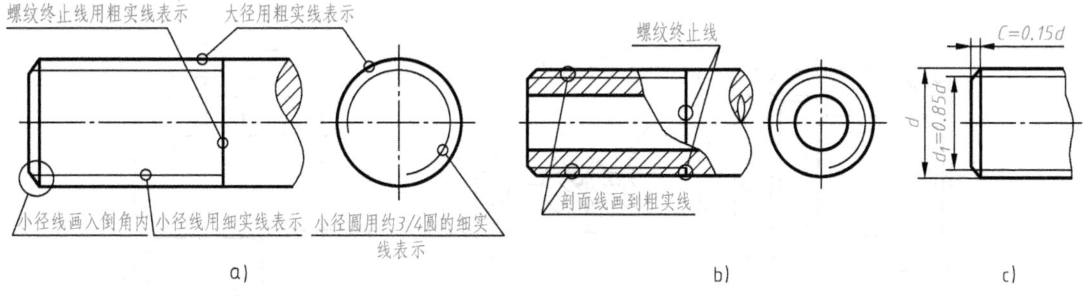

图 7-6 外螺纹的画法

a）端部带有倒角的外螺纹画法 b）外螺纹采用局部剖时螺纹终止线的画法

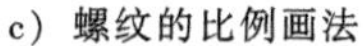

c）螺纹的比例画法

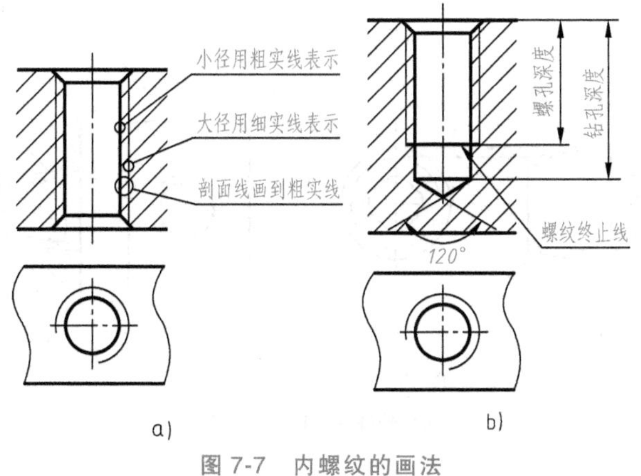

图 7-7 内螺纹的画法

a）通孔的画法 b）不通孔的画法

（3）内、外螺纹连接画法 内、外螺纹旋合在一起的连接画法，常用剖视图来表示，其旋合部分应按外螺纹画法绘制，其余部分仍按各自的画法绘制。画图时应注意使外螺纹大径、小径分别与内螺纹大径、小径对齐，如图 7-8 所示。外螺纹若为实心杆件，沿轴线剖切时，按不剖画。

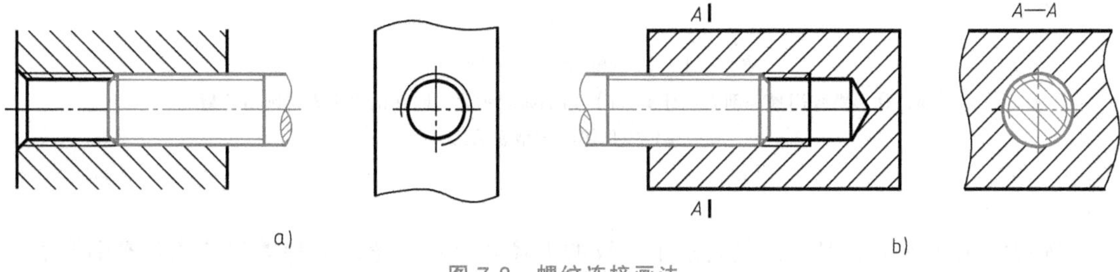

图 7-8 螺纹连接画法

（4）非标准螺纹的画法 画非标准螺纹时，应画出螺纹牙型，并标注出所需的尺寸及有关要求，如图 7-9 所示。

（5）管螺纹的画法 内、外螺纹部分的画法如图 7-10 所示。

（6）螺纹牙型的画法 当需要表示螺纹牙型时，可按图 7-11 形式画出。

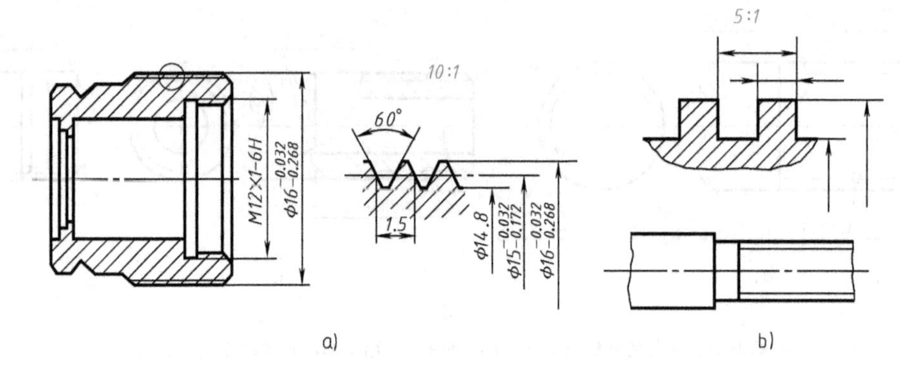

图 7-9 非标准螺纹的画法

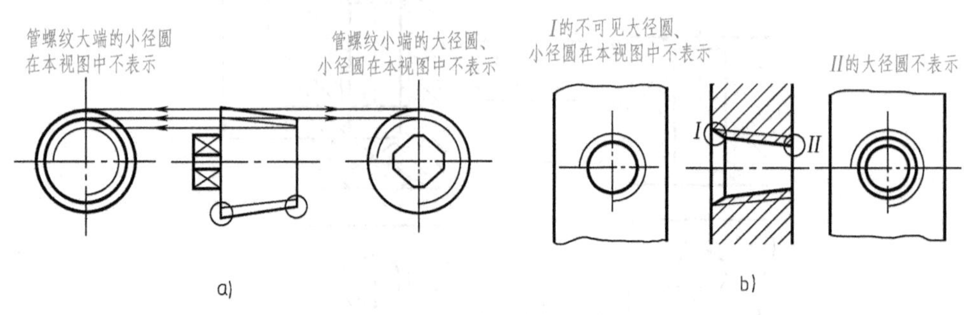

图 7-10 管螺纹的画法

a）外螺纹 b）内螺纹

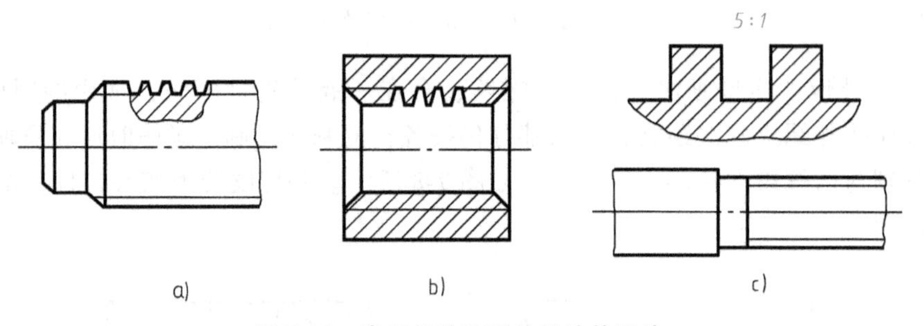

图 7-11 表示螺纹牙型的螺纹的画法

a）梯形螺纹用局部剖表示牙型 b）内螺纹表示牙型时在剖面中直接画出牙型

c）矩形螺纹牙型表示法

5. 螺纹的规定标注

按规定画法画出的螺纹，只表示了螺纹的大径和小径，螺纹的种类和其他要素则要通过标记才能加以区别。

（1）普通螺纹 普通螺纹的标记形式如下：

特征代号 公称直径×螺距-公差带代号-旋合长度代号-旋向代号

特征代号：普通螺纹用“M”表示。公称直径：螺纹大径。螺距：对于粗牙普通螺纹，省略螺距；对于细牙普通螺纹，则需要标注螺距。公差带代号：包括中径公差带代号和顶径公差带代号，公差带代号由一个数字和一个字母组成，普通内螺纹用大写字母，外螺纹用小写字母。旋合长度代号：短旋合长度用“S”表示；中等旋合长度用“N”表示；长旋合长度用“L”表示。旋向代号：左旋螺纹用“LH”表示；右旋螺纹不标注。

螺纹公差带代号标注在螺纹代号之后，中间用“-”分开。若螺纹中径公差带与顶径公差带不同，则分别注出，前者表示中径公差带，后者表示顶径公差带。若中径公差带与顶径公差带代号相同，则只标注一个代号。

例 7-1　粗牙普通螺纹（外螺纹）

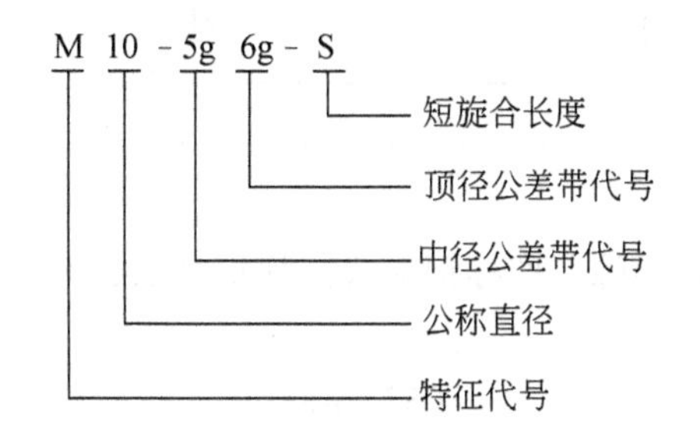

标注如图 7-12 所示。

例 7-2　细牙普通螺纹（内螺纹）

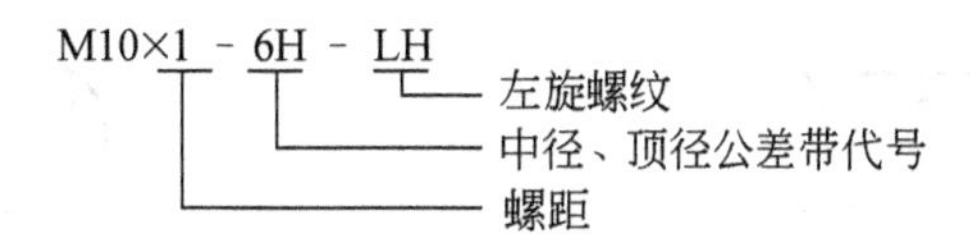

标注如图 7-13 所示。

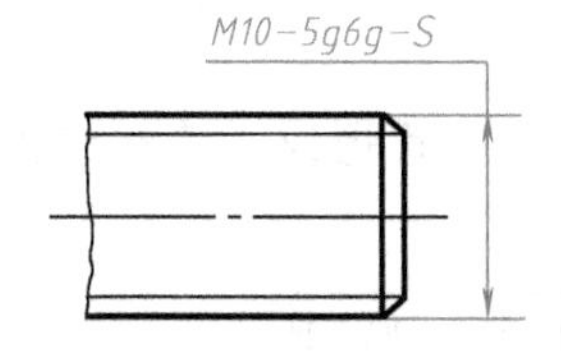

图 7-12　粗牙普通外螺纹的标注

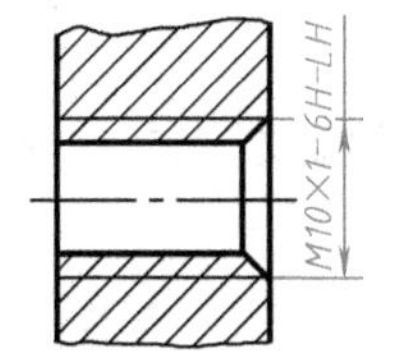

图 7-13　细牙普通内螺纹的标注

（2）梯形螺纹　梯形螺纹的标记形式如下：

单线梯形螺纹：特征代号 公称直径 × 螺距 旋向 - 公差带代号 - 旋合长度代号

多线梯形螺纹：特征代号 公称直径 × 导程（*P* 螺距）旋向 - 公差带代号 - 旋合长度代号

特征代号：梯形螺纹用 Tr 表示。公称直径：梯形螺纹的大径。单线梯形螺纹只标螺距，多线梯形螺纹标记导程和螺距。旋向：左旋梯形螺纹，标注“LH”，右旋梯形螺纹则省略。公差带代号：梯形螺纹只标中径公差带代号，为一个数字和一个字母组成，其中梯形外螺纹的字母为小写，梯形内螺纹的字母为大写。旋合长度代号：梯形螺纹只有长旋合（L）和中等旋合（N），其中中等旋合可以省略。

例 7-3　梯形螺纹

Tr40×7-7H

表示大径 40mm，螺距为 7mm 的单线内螺纹，中径公差带代号为 7H，右旋，中等旋合。

标注如图 7-14 所示。

例 7-4 梯形螺纹（双线、左旋外螺纹）

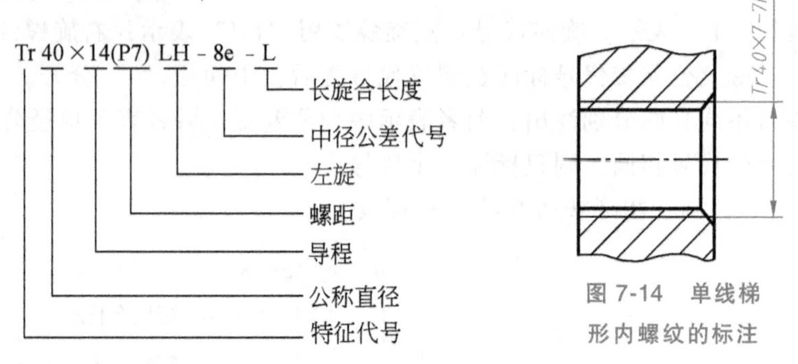

图 7-14 单线梯形内螺纹的标注

标注如图 7-15 所示。

(3) 锯齿形螺纹 锯齿形螺纹的标记形式同梯形螺纹，其特征代号用 B 表示。

例 7-5 锯齿形螺纹

B32×6-8c-L

表示大径为 32mm，螺距为 6mm 的单线外螺纹，中径公差带代号为 8c，右旋，长旋合。标注如图 7-16 所示。

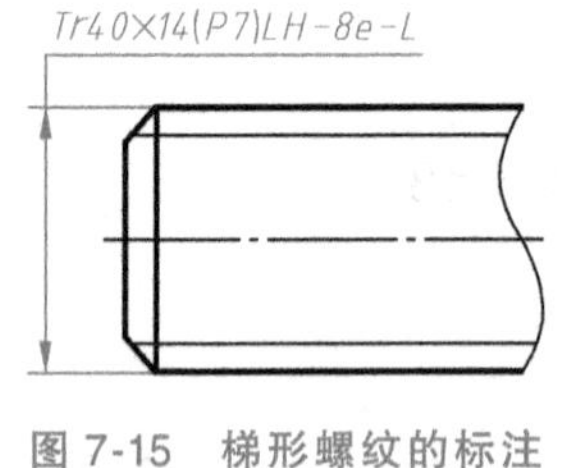

图 7-15 梯形螺纹的标注

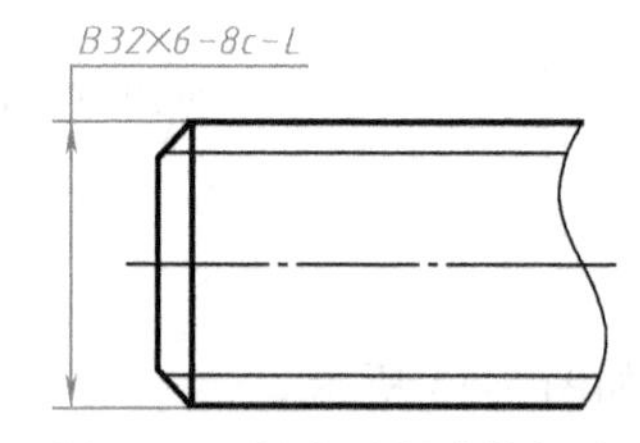

图 7-16 锯齿形螺纹的标注

(4) 管螺纹 55°非密封管螺纹为管道连接中常用的硬质管螺纹。管螺纹的标记形式如下：

特征代号 尺寸代号 公差等级代号-旋向

特征代号：55°非密封管螺纹用 G 表示，其内、外螺纹均为圆柱螺纹，旋合后本身无密封能力。尺寸代号：用数字或分数来表示，如：1、1/2、1/8 等，该数值不是螺纹的大径，而是指管子孔径的近似值，螺纹大径的数值可根据尺寸代号在书后表 A-6 中查得。公差等级代号：分 A、B 两个等级，外螺纹需要标注公差等级。旋向：左旋螺纹为 LH，右旋省略。

管螺纹在标注时需用指引线自大径线引出，如图 7-17 所示。

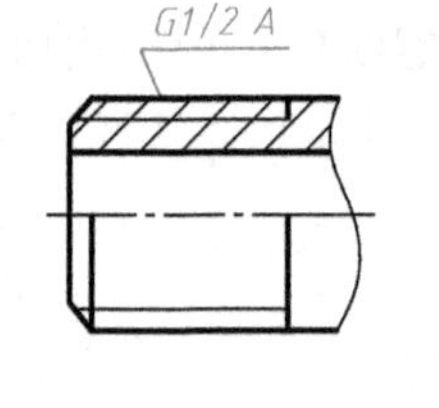

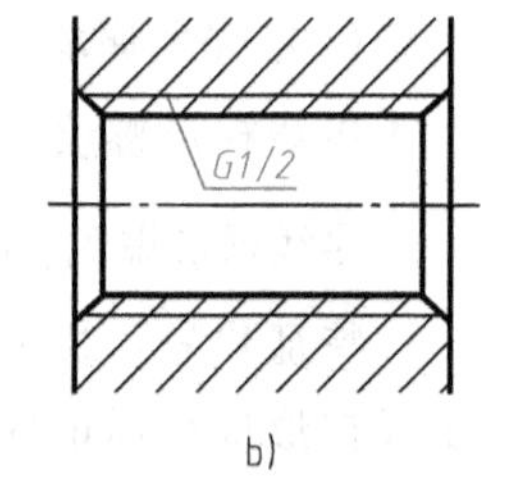

a) b)

图 7-17 管螺纹的标注

a) 外螺纹 b) 内螺纹

二、螺纹紧固件

螺纹紧固件及其连接（一）

螺纹紧固件的种类很多，常用的有螺栓、双头螺柱、螺钉、螺母、垫圈等，如图 7-18 和表 7-2 所示。

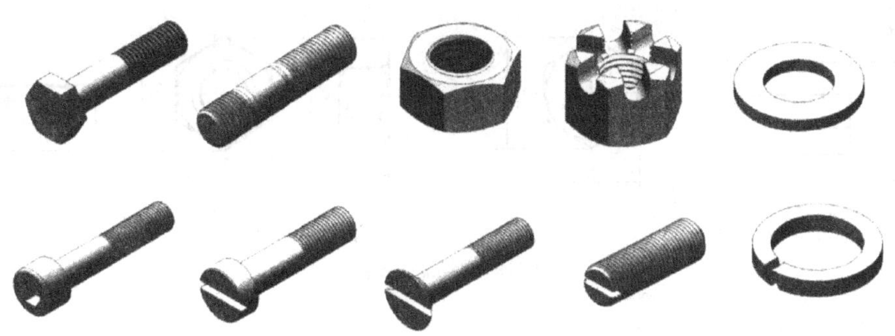

图 7-18　常用螺纹紧固件

表 7-2　常用螺纹紧固件的标记示例

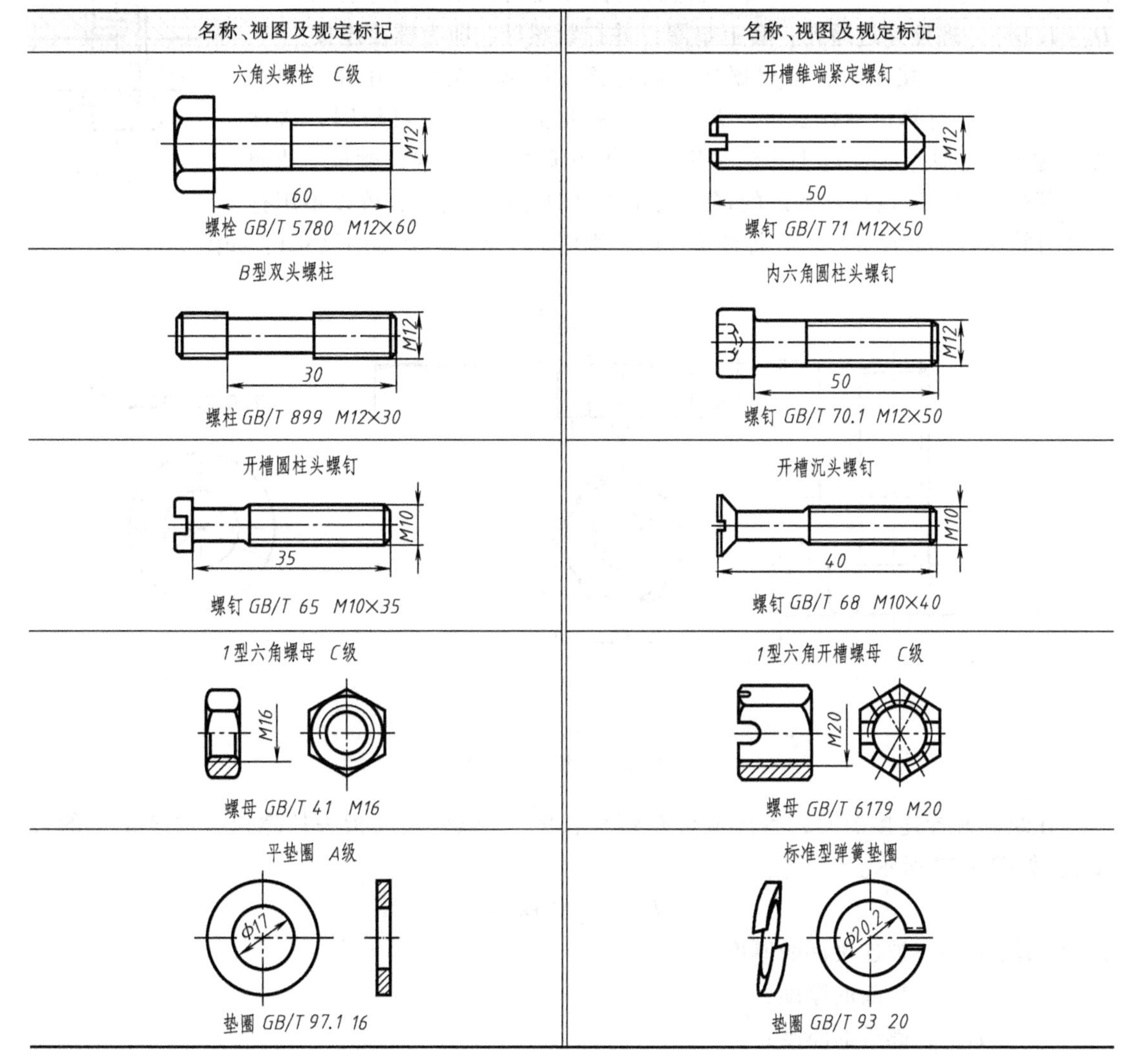

名称、视图及规定标记	名称、视图及规定标记
六角头螺栓　C级 螺栓 GB/T 5780　M12×60	开槽锥端紧定螺钉 螺钉 GB/T 71 M12×50
B型双头螺柱 螺柱 GB/T 899　M12×30	内六角圆柱头螺钉 螺钉 GB/T 70.1　M12×50
开槽圆柱头螺钉 螺钉 GB/T 65　M10×35	开槽沉头螺钉 螺钉 GB/T 68　M10×40
1型六角螺母　C级 螺母 GB/T 41　M16	1型六角开槽螺母　C级 螺母 GB/T 6179　M20
平垫圈　A级 垫圈 GB/T 97.1 16	标准型弹簧垫圈 垫圈 GB/T 93　20

1. 螺纹紧固件画法

常用螺纹紧固件一般多为标准件，标准零、部件都有其规定画法及标记，可根据标记在相关的标准中查出其结构形式、尺寸和技术要求（参见本书附录表 B-1～表 B-6）。图 7-19 所示是螺栓、螺母、垫圈的尺寸标注。

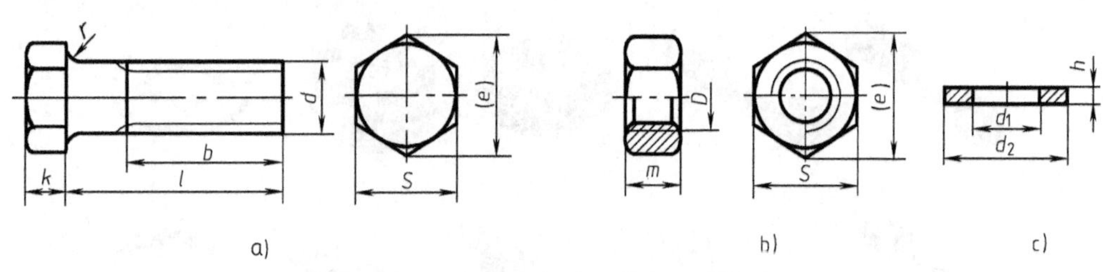

图 7-19 螺栓、螺母、垫圈尺寸标注

2. 螺纹紧固件的连接画法

(1) 螺栓连接　螺栓连接常用于连接两个不太厚的零件，如图 7-20 所示。在被连接的两个零件上，预先制出比螺栓大径稍大的通孔（通孔 $D_0=1.1d$），螺栓穿过通孔，套上垫圈，并拧紧螺母，即为螺栓连接。

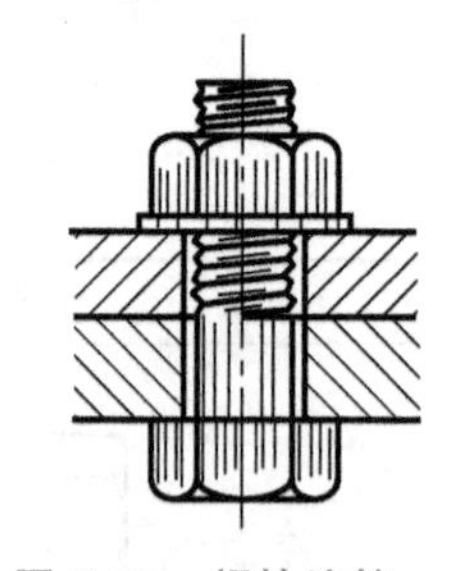

图 7-20 螺栓连接

绘制螺栓连接图时，可根据选定的螺栓、螺母、垫圈，在标准中查出有关尺寸，计算出螺栓长度（l），选取标准长度后，即可绘图，这种方法称为查表法。而实际上广泛采用的是比例画法，即螺栓、螺母、垫圈的各部分尺寸，可根据已选定的螺栓大径按比例计算，这样，可以不用查表便可算出各部分尺寸（但在标注尺寸时，则应标注从表中查得的尺寸），如图 7-21 所示。

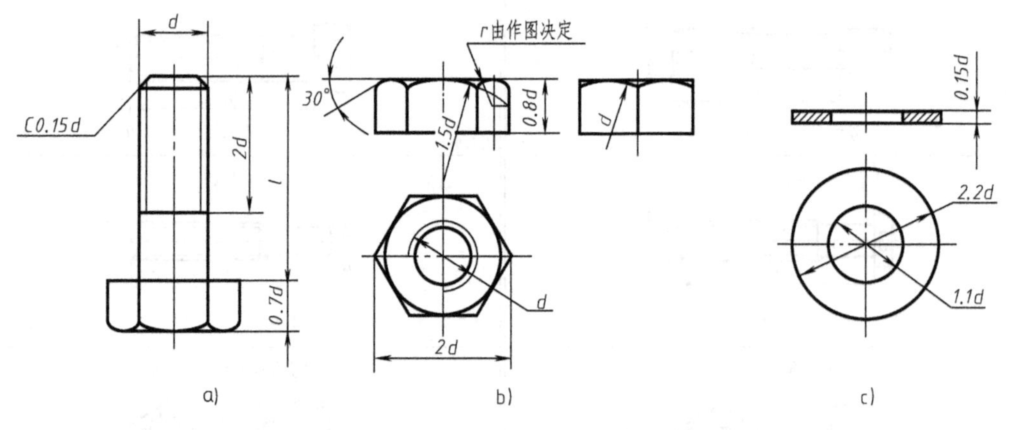

图 7-21 单个螺纹连接件的比例画法
a) 螺栓 b) 螺母 c) 垫圈

在绘制螺栓连接图时，首先应计算螺栓长度 l（螺栓长度指去掉螺栓头厚度余下的长度），如图 7-22 所示。

$$l=t_1+t_2+h+m+a$$

式中 t_1、t_2——被连接件的厚度；

h——垫圈的厚度；

m——螺母的厚度；

a——螺栓伸出螺母的长度。

h、m 均为螺栓公称直径 d 的参数，$a\approx(0.3\sim0.4)\ d$。

由于螺栓为标准件，故上式计算出的结果需查阅国家标准，圆整为标准长度值。图 7-22 为螺栓连接图的作图步骤。

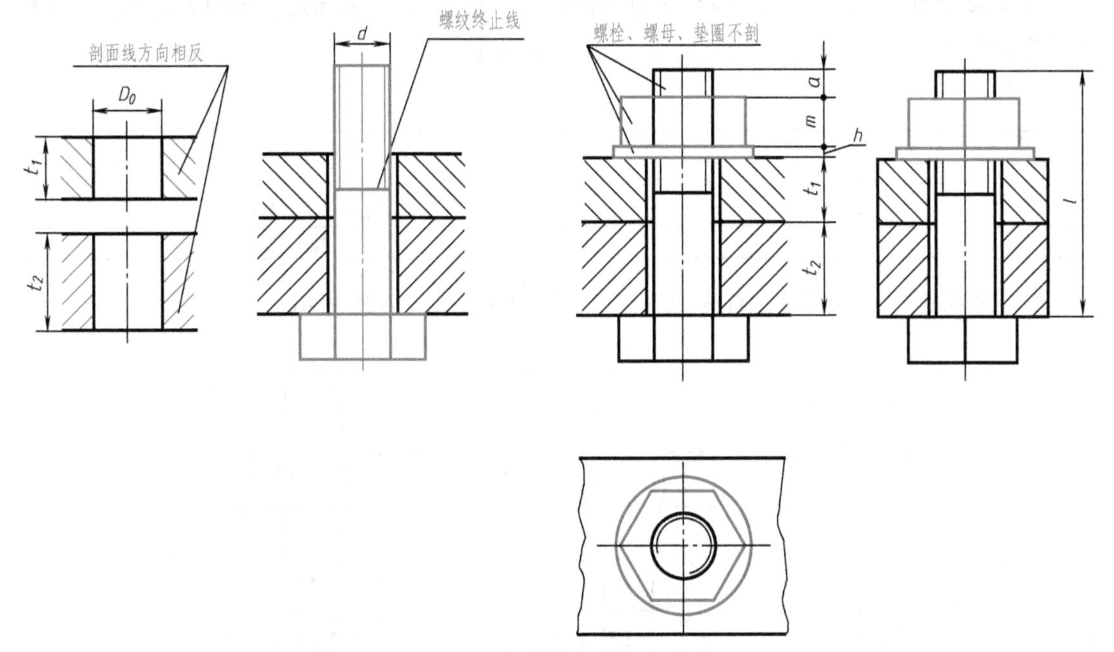

图 7-22　螺栓连接的画图步骤

画螺纹紧固件连接图时，应遵守以下规定：

1）两零件的接触面只画一条线。

2）同一零件在各剖视图中，剖面线方向和间隔大小应相同；而相邻零件的剖面线方向应相反，或剖面线方向相同，但间隔不同。

3）在剖视图中，当剖切面通过标准件的轴线时，这些零件均按不剖绘制。

（2）双头螺柱连接　在一个较厚的零件（机体）上，预先制有螺孔，将一个较薄的零件（盖板）制出通孔（$D_0=1.1d$），将双头螺柱的一端（旋入端）全部旋进螺孔里，双头螺柱的另一端（紧固端）穿过通孔，然后套上垫圈，旋紧螺母，即为双头螺柱连接，如图 7-23 所示。

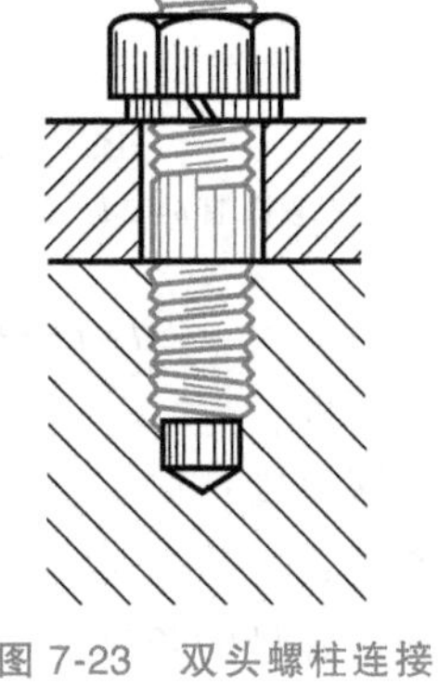

图 7-23　双头螺柱连接

螺纹紧固件及其连接（二）

常用的双头螺柱，其结构分 A、B 两种类型，如图 7-24 所示。

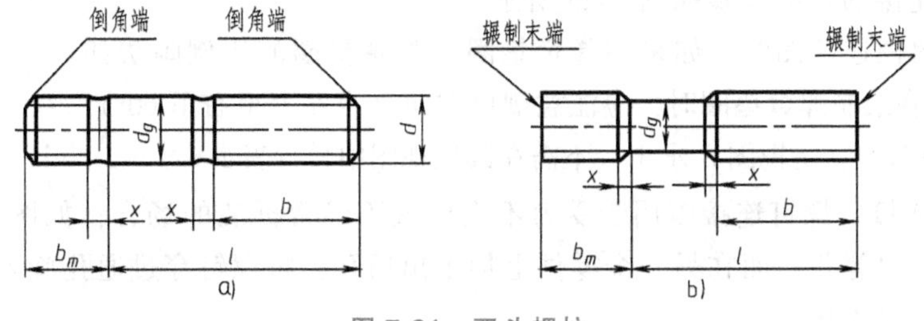

图 7-24　双头螺柱

a）A 型　b）B 型

双头螺柱的旋入端长度 b_m 取决于机体的材料，见表 7-3；紧固端长度用 b 表示；双头螺柱的公称长度 l 是指去掉旋入端长度 b_m 后余下的长度。

表 7-3 旋入端长度

被旋入零件的材料	旋入端长度 b_m
钢、青铜	$b_m=d$
铸铁	$b_m=1.25d$ 或 $1.5d$
铝	$b_m=2d$

绘制双头螺柱连接图时，首先应确定公称长度 l，如图 7-25 所示。

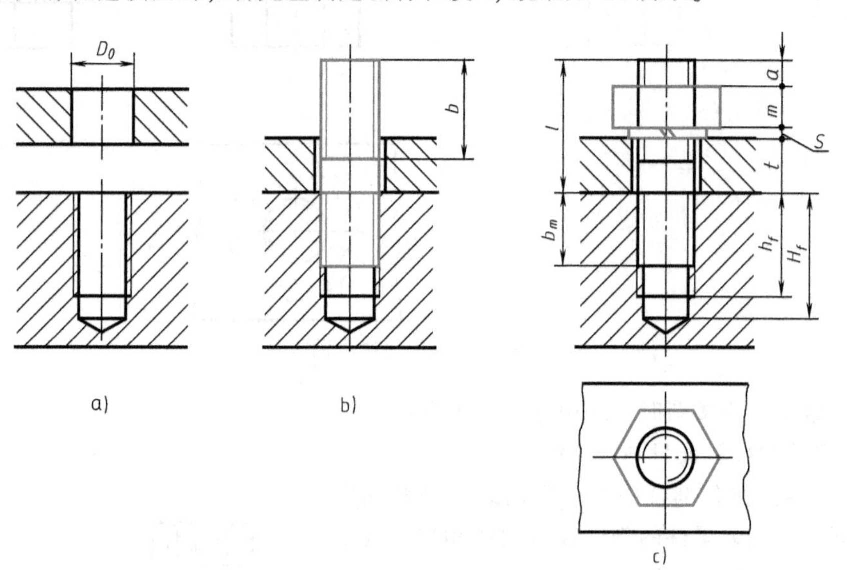

图 7-25 双头螺柱连接的画图步骤

紧固端 $b=2d$；钻孔深度 $H_f=b_m+0.8d$；螺孔深度 $h_f=b_m+0.5d$

$$l=t+S+m+a$$

式中 t——上盖板厚度；

S——弹簧垫圈厚度；

m——螺母厚度；

a——螺栓伸出螺母的长度。

S、m 均为螺栓公称直径 d 的参数，$a\approx(0.3\sim0.4)\ d$。

因螺柱为标准件，故上式计算出的结果需经修正，选出标准长度数值。

双头螺柱连接的画图步骤如图 7-25 所示。

在画双头螺柱连接图时，如采用弹簧垫圈（弹簧垫圈的比例画法如图 7-26 所示），在绘制弹簧垫圈时，应注意槽口方向（自左上至右下 60°），并只需在某一视图中（主视图）示出，不需在其他视图中另行表示。

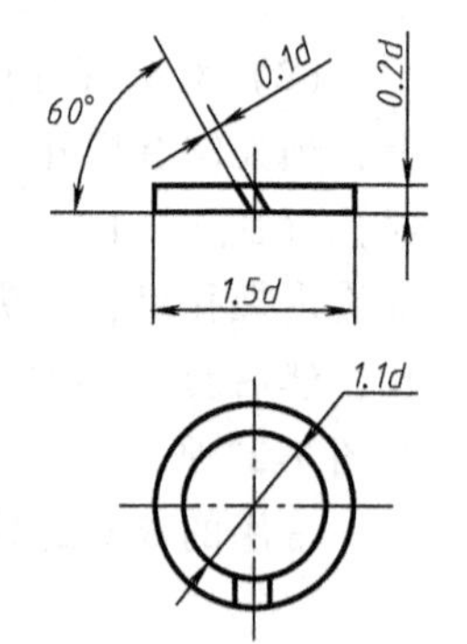

图 7-26 弹簧垫圈的比例画法

（3）螺钉连接 螺钉连接多用于受力不大而又不经常拆装的场合，如图 7-27 所示。在较厚零件上加工出螺孔，而在另一个零件上加工出通孔，将螺钉穿过通孔旋入螺孔来连接两个零件，称为螺钉连接。

螺钉连接与双头螺柱连接有相似之处。对螺钉头部的槽口，规定在与螺钉轴线平行的投影面的视图上，槽口方向一律按与投影面垂直来画，而在与螺钉轴线垂直的投影面的视图上一律画成向右倾斜 45°。图 7-28 所示为开槽沉头螺钉连接的比例画法。

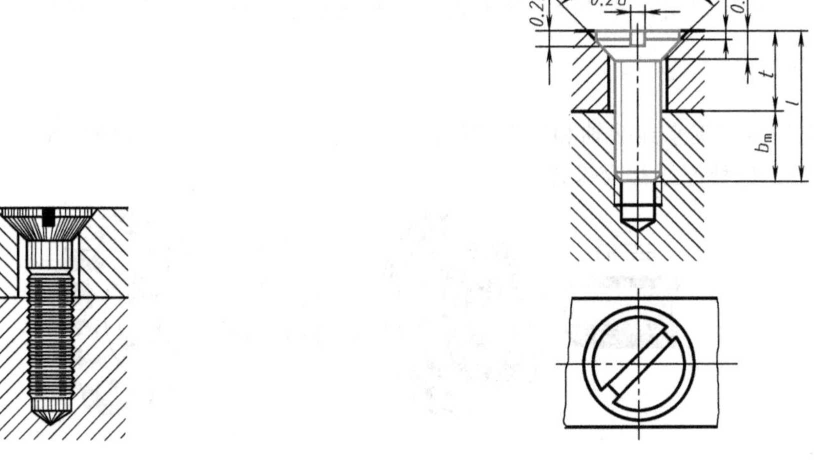

图 7-27　螺钉连接

图 7-28　开槽沉头螺钉连接的比例画法

画螺钉连接图应注意以下几个问题：

1）螺钉旋入机件的长度 b_m，应根据机体的材料决定（与双头螺柱的旋入端 b_m 的选择原则完全一致），螺钉长度 l 的计算为

$$l=t+b_m$$

式中的 t 为具有通孔零件的厚度。计算后还应在螺钉的长度系列中取标准长度。

2）螺纹终止线应高于两零件的结合面，以保证连接紧固。

3）螺钉杆与通孔间分别有间隙，应画两条轮廓线。

在装配图中，开槽沉头螺钉连接可按图 7-29 简化画出，开槽圆柱头螺钉连接按图 7-30 绘制，内六角沉头螺钉连接画法按图 7-31 绘制。

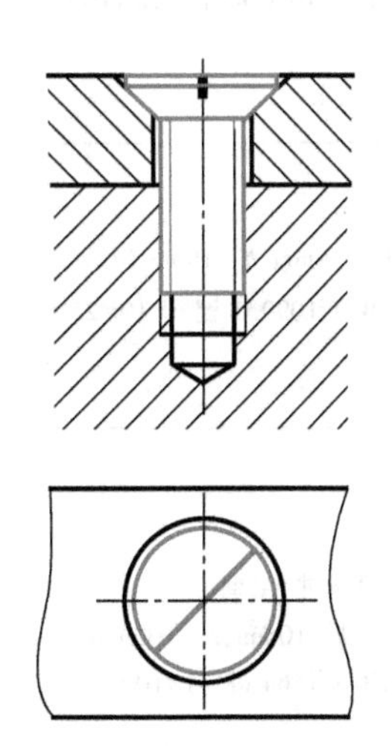

图 7-29　开槽沉头螺钉连接简化画法

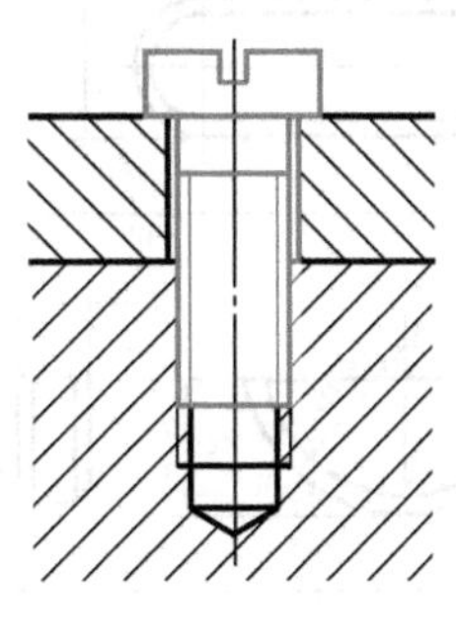

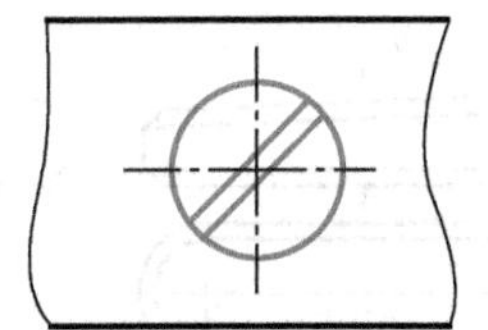

图 7-30　开槽圆柱头螺钉连接画法

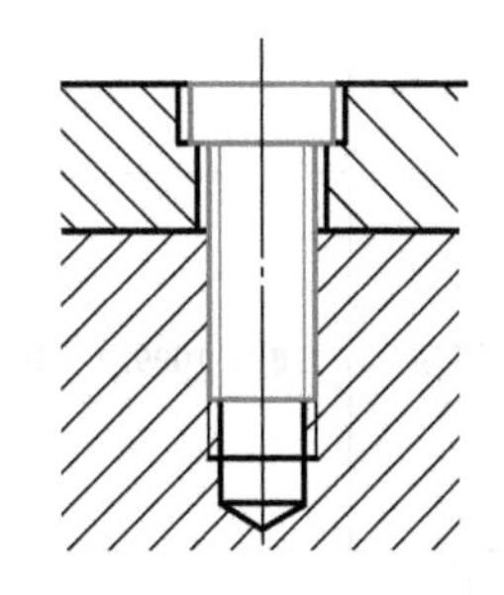

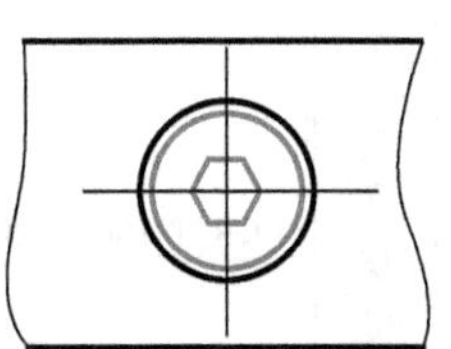

图 7-31　内六角沉头螺钉连接画法

第二节 键 和 销

常用标准件除螺纹紧固件外，还有键、销和滚动轴承等，本节介绍键和销。

一、键及键连接

机器上通常用键来连接轴和轴上的零件（如齿轮、带轮等），以便传递运动和动力，如图 7-32 所示，这种连接称为键连接。

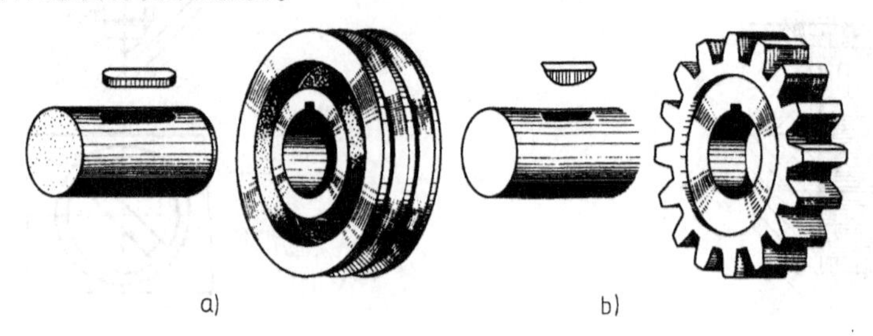

图 7-32 键及键连接

1. 常用键

（1）常用键的画法及标记 常用键有普通平键、半圆键和楔键，它们的形式、标准号和标记见表 7-4。

表 7-4 常用键的形式、标准号和标记

名称		标准号	图例	标记
普通平键		GB/T 1096—2003	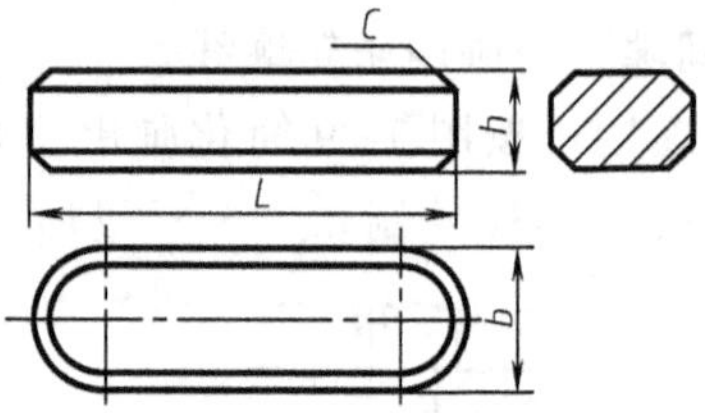	圆头普通平键(A 型) b = 16mm，h = 10mm，L = 100mm 标记：GB/T 1096 键 16×10×100
半圆键		GB/T 1099.1—2003	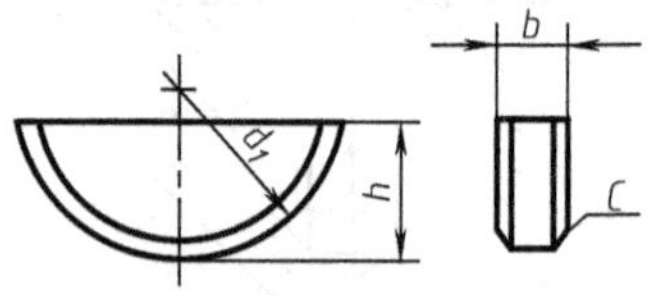	半圆键：b = 6mm，h = 10mm，d_1 = 25mm 标记：GB/T 1099.1 键 6×10×25
楔键	普通楔键	GB/T 1564—2003	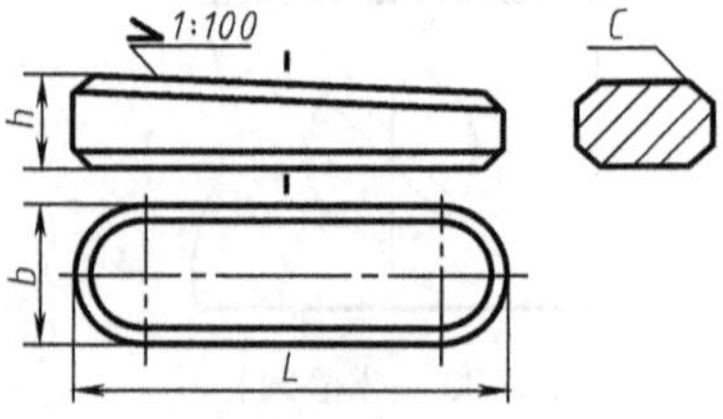	圆头普通楔键(A 型) b = 16mm，h = 10mm，L = 100mm 标记：GB/T 1564 键 16×100

（续）

名称		标准号	图例	标记
楔键	钩头楔键	GB/T 1565—2003	45° h 1:100 C h₁ b L	钩头楔键 $b=16\text{mm}$，$h=10\text{mm}$，$L=100\text{mm}$ 标记：GB/T 1565 键 16×100

（2）常用键的连接画法　画键连接时，应已知轴的直径和键的形式，然后根据轴的直径查阅国家标准，选取键的断面尺寸 $b\times h$、键的长度和键槽的有关尺寸。关于键、轴槽宽及轮毂槽宽的尺寸及公差，可在国家标准中查阅（见表 C-1、表 C-2）。

图 7-33 为普通平键连接画法，图 7-34 为半圆键连接画法，图 7-35 为楔键连接画法。

图 7-33　普通平键连接　　图 7-34　半圆键连接

普通平键与半圆键的两侧面是工作面，通过侧面与被连接件接触来传递转矩或定位，因此侧面画一条线。顶面是非工作面，有一定间隙，画两条线。楔键的顶面有 1∶100 的斜度，装配后楔锥与被连接零件键槽的顶面和底面接触，这与普通平键、半圆键连接是不同的。

2. 花键

在轴上的花键称为外花键，在孔内的花键称为内花键，如图 7-36 所示。将它们装在一起就是花键连接。花键具有传递转矩大、连接强度高、工作可靠和导向性好等优点，是机床、汽车、拖拉机中常用的零件。

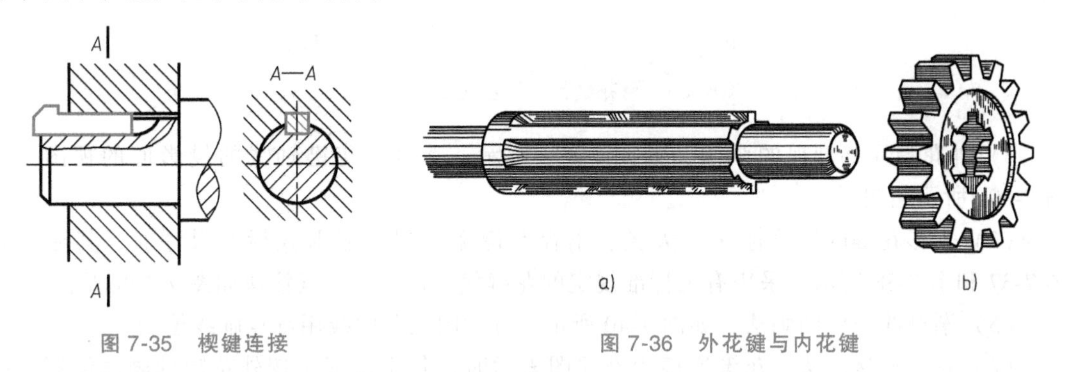

图 7-35　楔键连接　　图 7-36　外花键与内花键

花键有矩形和渐开线形之分，常用的是矩形花键。

(1) 矩形花键的画法

1) 外花键。在平行于花键轴的投影面的视图中，大径用粗实线、小径用细实线绘制；在垂直于花键轴线的投影面中，用断面图画出一部分或全部齿形，如图 7-37 所示。

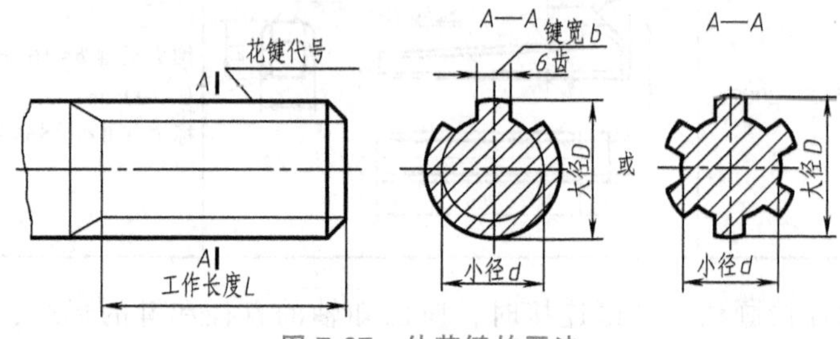

图 7-37 外花键的画法

2) 内花键。在平行于花键轴的投影面的剖视图中，大径及小径均用粗实线绘制；在垂直于花键轴线的投影面中，用局部视图画出一部分或全部齿形，如图 7-38 所示。

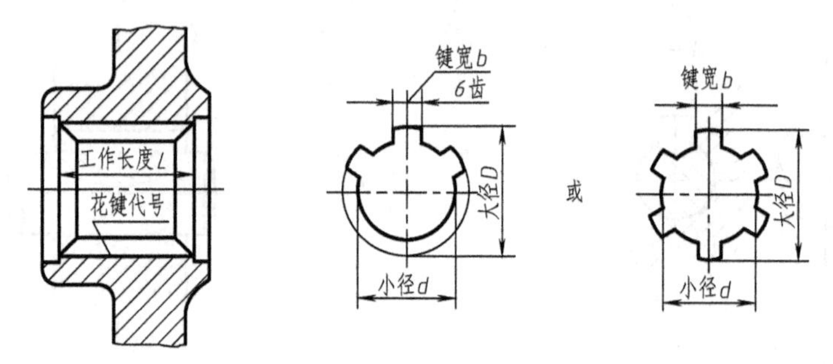

图 7-38 内花键的画法

3) 花键工作长度的终止端和尾部长度的末端，均用细实线绘制，终止线与轴线垂直，尾部则画成斜线，其倾斜角一般与轴线成 30°（图 7-39）。必要时可按真实情况画出。

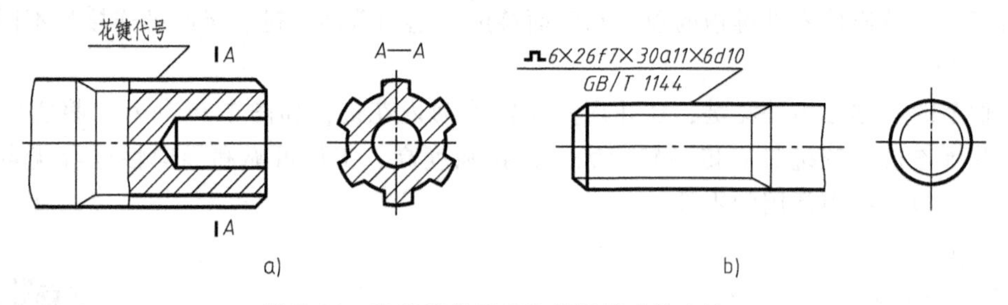

图 7-39 用花键代号标注花键尺寸的方法

4) 外花键局部剖视的画法，如图 7-39a 所示，垂直于花键轴线的投影面的视图，按图 7-39a 所示绘制。

(2) 矩形花键的尺寸标注 大径、小径及键宽采用一般形式标注尺寸时，其注法如图 7-37 和图 7-38 所示。采用有关标准规定的花键代号标注时，其注法如图 7-39b 所示。

(3) 渐开线花键的画法 如图 7-40 所示，分度圆及分度线用细点画线绘制。

(4) 花键连接画法 花键连接用剖视图表示时，其连接部分按外花键的画法绘制，如图 7-41 所示。

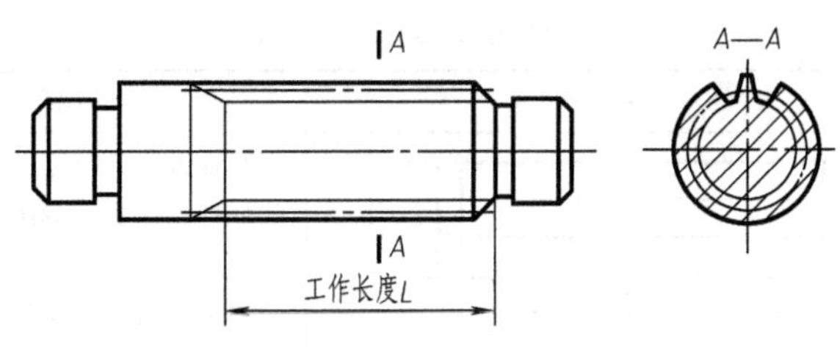

图 7-40　渐开线花键的画法

(5) 花键连接图中尺寸的标注　在花键连接图中，用花键代号标注花键尺寸，如图 7-41 所示。花键代号应按有关标准的规定标注。图 7-41 为矩形花键连接，图中花键代号为

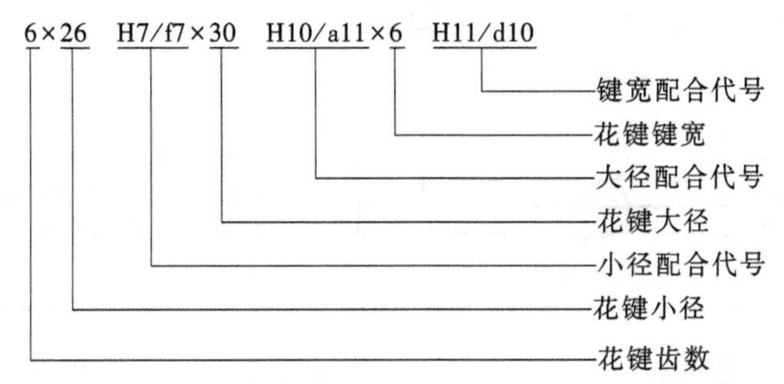

用分数表示的配合类别中，分子表示内花键的公差带代号，分母表示外花键的公差带代号。

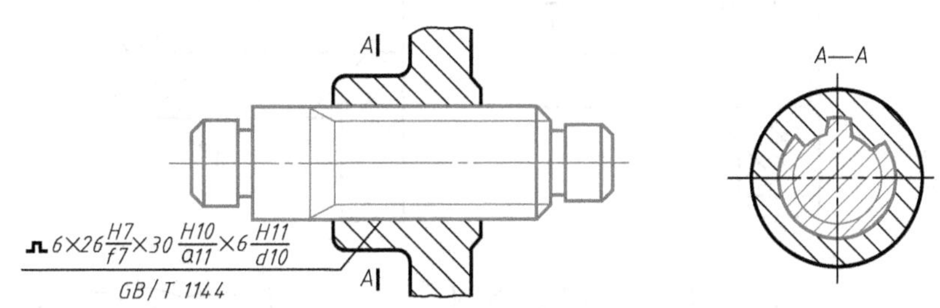

图 7-41　矩形花键连接画法

二、销及销连接

销在机器中可起定位和连接作用，常用的销有圆柱销、圆锥销和开口销等。开口销常要与六角开槽螺母配合使用，它穿过螺母上的槽和螺杆上的孔，以防螺母松动。用销连接或定位的零件上的销孔，为保证精度，一般需将两个被连接件一起加工，因此，在一个零件图上注写“ϕ×装配时作”，在另一个零件图上注写“与××件配作”。若采用圆锥销连接时，其公称尺寸是指小端直径。

1. 销的画法及标注

销是标准件，使用时应按有关标准选用。表 7-5 为常用销的画法与标记示例。

2. 销连接画法

图 7-42 为圆柱销、圆锥销和开口销的连接画法。

表 7-5 销的画法与标记示例

名称	图 例	标 记 示 例
圆柱销	≈15° c c l d	公称直径 $d=5$mm，长度 $l=26$mm，材料为 35 钢，热处理硬度 28～38HRC，表面氧化处理的 A 型圆柱销 标记示例：销 GB/T 119.1 5×26
圆锥销	1:50 R_2 R_1 d a a l	公称直径 $d=6$mm，长度 $l=30$mm，材料为 35 钢，热处理硬度 28～38HRC，表面氧化处理的 A 型圆锥销 标记示例：销 GB/T 117 6×30
开口销	b l a c d	公称直径 $d=4$mm，长度 $l=26$mm，材料为低碳钢，不经表面处理的开口销 标记示例：销 GB/T 91 4×26

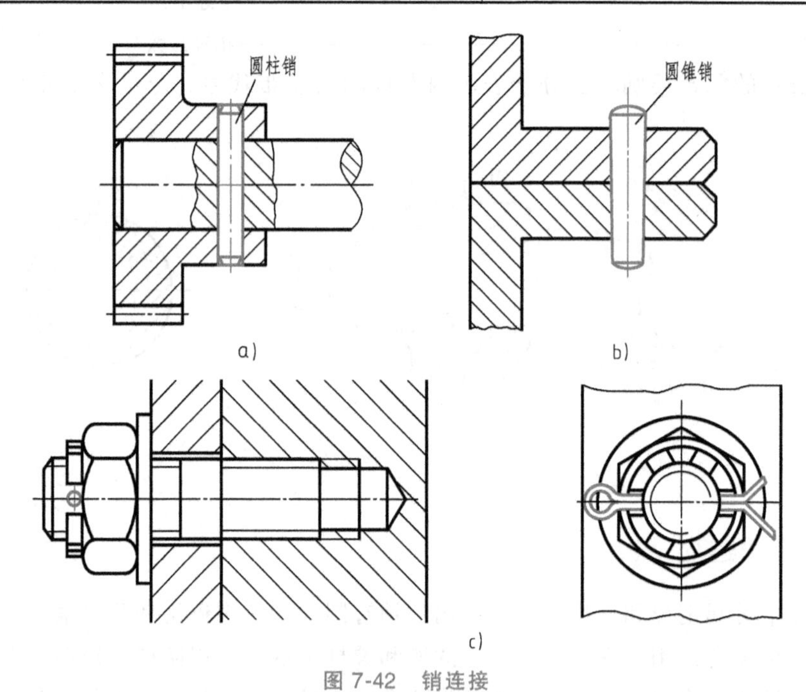

图 7-42 销连接

a）圆柱销连接 b）圆锥销连接 c）开口销连接

第三节 滚动轴承

滚动轴承作为轴及轴上零件的支承，具有摩擦阻力小、机械损耗少和旋转精度高等优点。

一、滚动轴承的种类

滚动轴承的种类很多，但结构大体相同。滚动轴承通常是由内圈（或轴圈）、外圈（或座圈）、滚动体和保持架（或称为隔离架）组成，如图 7-43 所示。内圈装在轴颈上，外圈安装于机座的轴承孔内，滚动体被保持架均匀地隔开，可以沿内、外圈的滚道滚动。在大多数情况下，滚动轴承的外圈固定不动，而内圈随轴转动。

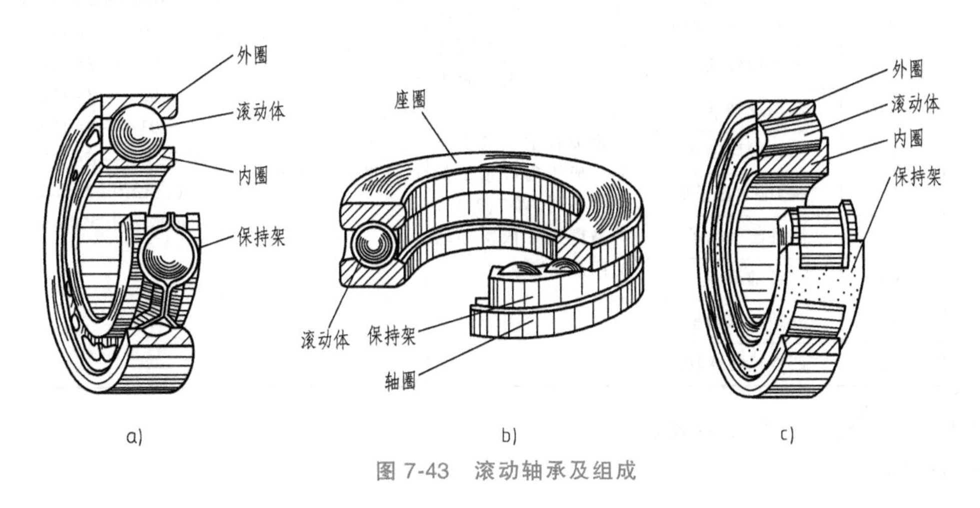

图 7-43　滚动轴承及组成

滚动轴承按其受力方向的不同，分为以下三类：

1）向心轴承——主要用来承受径向载荷，如深沟球轴承，如图 7-43a 所示。

2）推力轴承——只能承受轴向载荷，如推力球轴承，如图 7-43b 所示。

3）向心推力轴承——能同时承受径向及轴向载荷，如圆锥滚子轴承，如图 7-43c 所示。

按滚动体的形状，分为球轴承和滚子轴承。

二、滚动轴承的代号

滚动轴承是标准件，它的结构形式、特点、类型和内径尺寸等，均采用代号来表示。轴承的代号由基本代号、前置代号、后置代号三部分组成，其排列顺序是：

前置代号	基本代号	后置代号

基本代号是轴承代号的基础，前置、后置代号是补充代号，其内涵和标注见 GB/T 272—2017。

下面介绍轴承常用基本代号。基本代号由轴承类型代号、尺寸系列代号和内径代号构成；尺寸系列代号由轴承的宽（高）度系列代号和直径系列代号组合而成。滚动轴承基本代号见表 7-6。

表 7-6　滚动轴承基本代号

位数自右至左	第五(或六)位	第四位	第三位	第一、二位
数字或字母代表的意义	轴承类型	宽度系列代号	直径系列代号	轴承内径 d 的代号

（续）

位数自右至左		第五(或六)位	第四位	第三位	第一、二位
代号	(0)	双列角接触球轴承	系指向心轴承对同一轴承系列的宽度尺寸系列，分别有 8、0、1、2、3、4、5、6 等宽度尺寸依次递增的宽度系列 推力轴承以高度系列对应于向心轴承的宽度系列，有 7、9、1、2 等高度尺寸依次递增的四个高度系列	系指对应同一轴承内径的外径尺寸系列，分别有 7、8、9、0、1、2、3、4、5 等外径尺寸依次递增的直径系列	当 10mm≤d≤495mm 00——d=10mm 01——d=12mm 02——d=15mm 03——d=17mm 04 以上——d=数字×5mm （内径为 22mm、28mm 32mm 或大于 500mm 时除外）
	1	调心球轴承			
	2	调心滚子轴承			
	3	圆锥滚子轴承			
	4	双列深沟球轴承			
	5	推力球轴承			
	6	深沟球轴承			
	7	角接触球轴承			
	8	推力圆柱滚子轴承			
	N	圆柱滚子轴承			
	NA	滚针轴承			
	U	外球面球轴承			
	QJ	四点接触球轴承			

基本代号所代表的意义举例如下：

深沟球轴承

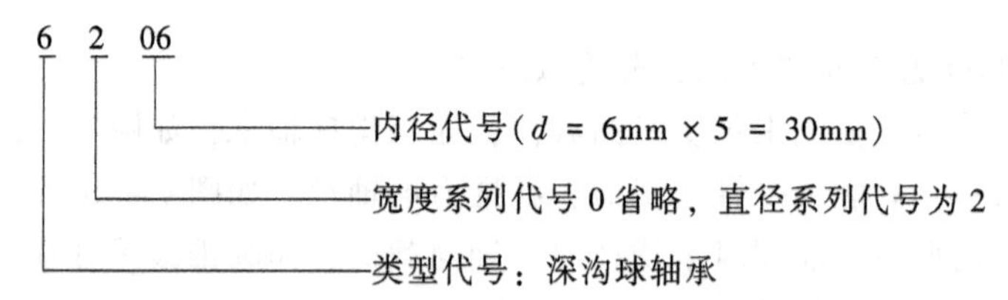

其规定标记：滚动轴承 6206 GB/T 276

圆锥滚子轴承

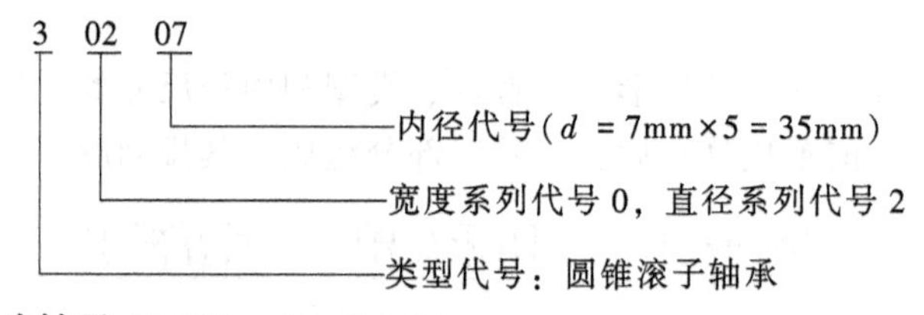

其规定标记：滚动轴承 30207 GB/T 297

表示轴承内径的两位数，在“04”以下时，标准规定：00 表示 d=10mm；01 表示 d=12mm；02 表示 d=15mm；03 表示 d=17mm。

三、滚动轴承的画法

国家标准 GB/T 4459.7—2017 规定，滚动轴承在装配图中的绘制方法有三种：通用画法、特征画法、规定画法；通用画法和特征画法属于简化画法。画图时，应先根据轴承代号，由国家标准中查出轴承的外径 D、内径 d、宽度 B 等几个主要尺寸（参见表 D-1～表 D-3），然后，将其他部分的尺寸按与主要尺寸的比例关系画出。

常用滚动轴承的简化画法（含特征画法和通用画法）和规定画法见表 7-7。

表 7-7　滚动轴承的画法

名称	规定画法	简化画法	
		特征画法	通用画法
深沟球轴承	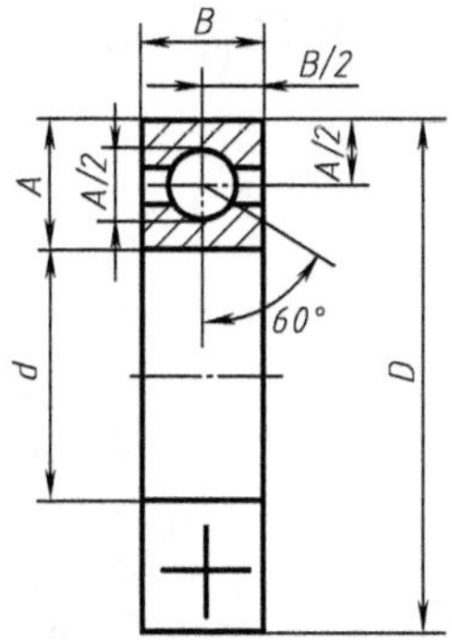 B B/2 A A/2 A/2 60° d D	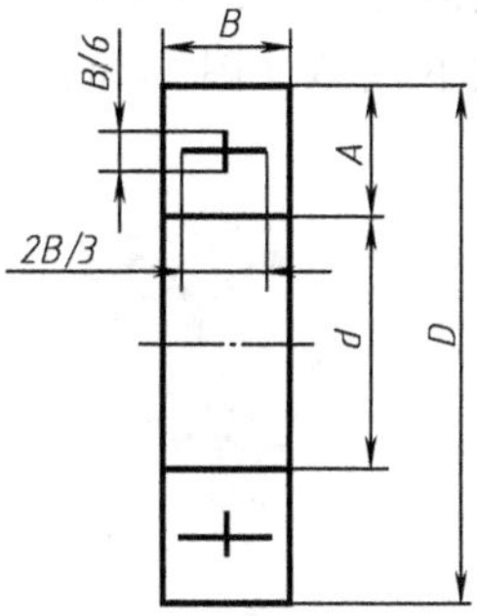 B B/6 A 2B/3 d D	当不需要确切地表示外形轮廓,载荷特性,结构特征时 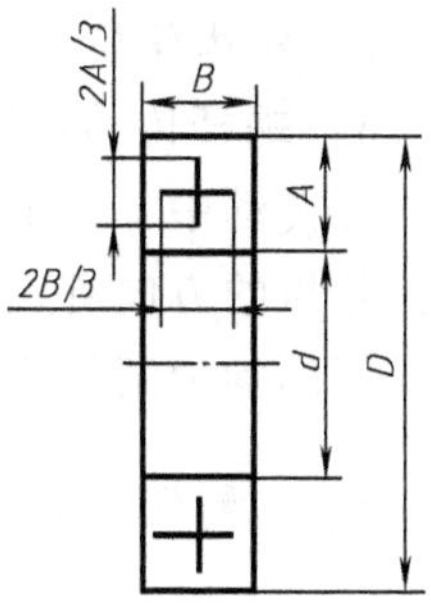 2A/3 B A 2B/3 d D
推力球轴承	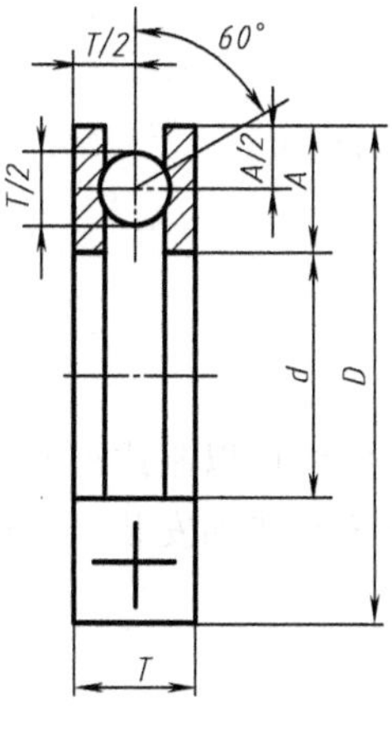 T/2 60° T/2 A/2 A d D T	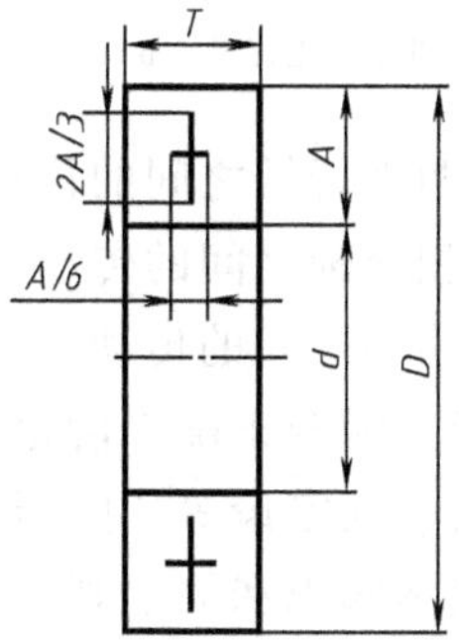 T 2A/3 A A/6 d D	
圆锥滚子轴承	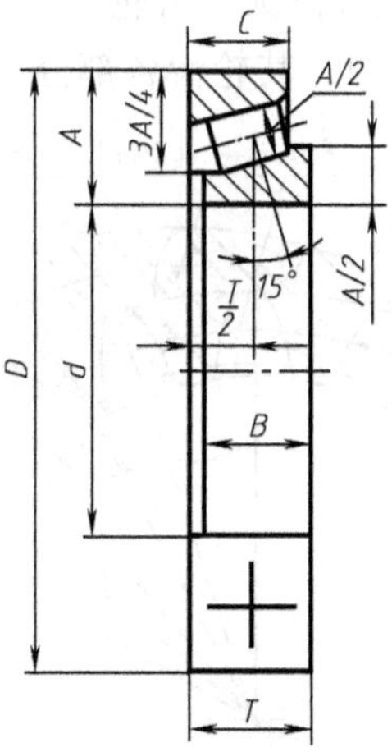 C A/2 A 3A/4 15° A/2 T/2 D d B T	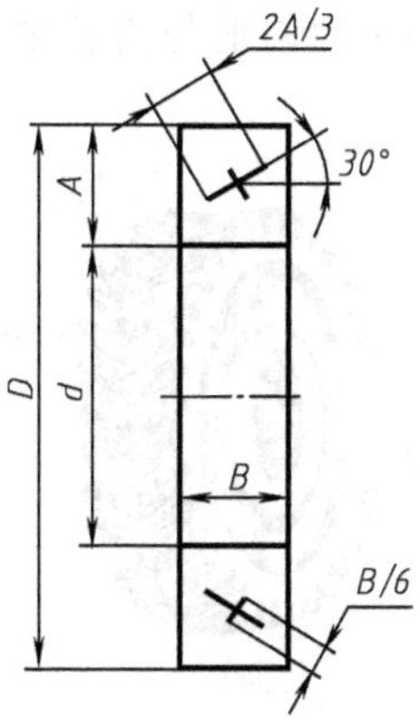 2A/3 30° A D d B B/6	

齿轮

第四节 齿 轮

齿轮在机器中是传递动力和运动的零件。齿轮传动可以完成减速、增速、变向、换向等动作，其特点是结构紧凑、工作可靠、效率高。常见的齿轮传动分为以下三类（图7-44）。

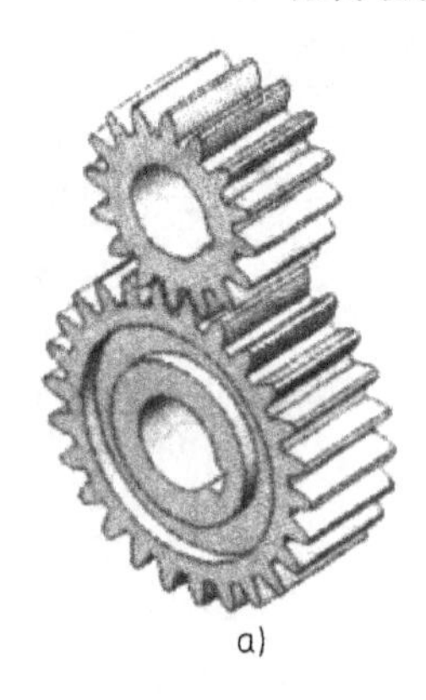
a)
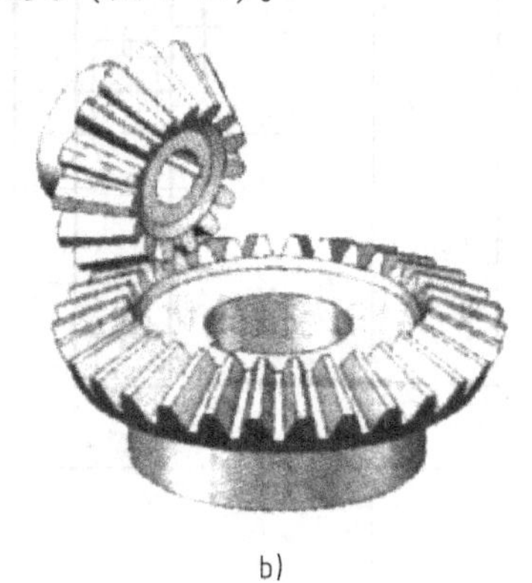
b)
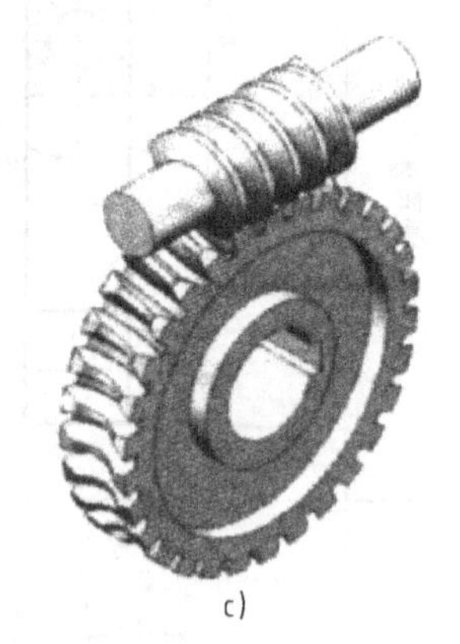
c)

图7-44 常见的齿轮传动
a）圆柱齿轮传动 b）锥齿轮传动 c）蜗杆传动

1）圆柱齿轮传动：用于两平行轴之间的传动。

2）锥齿轮传动：用于两相交轴之间的传动。

3）蜗杆传动：用于两交错轴之间的传动。

在传动中，为了运动平稳、啮合正确，齿轮轮齿的齿廓曲线可以制成渐开线、摆线或圆弧，轮齿的方向有直齿、斜齿、人字齿等。因渐开线齿轮易于制造和安装，故应用最广。下面介绍的均为渐开线齿轮的基本知识和规定画法。

一、圆柱齿轮

圆柱齿轮按齿线（齿线是指齿面与分度曲面的交线，见图7-46）的形状分为直齿轮、斜齿轮和人字齿轮三种，如图7-45所示。这里着重介绍标准直齿圆柱齿轮。

直齿轮的轮齿是沿轮体外缘均匀地与齿轮轴线平行排列的，其轮齿各部分名称、代号如图7-46所示。

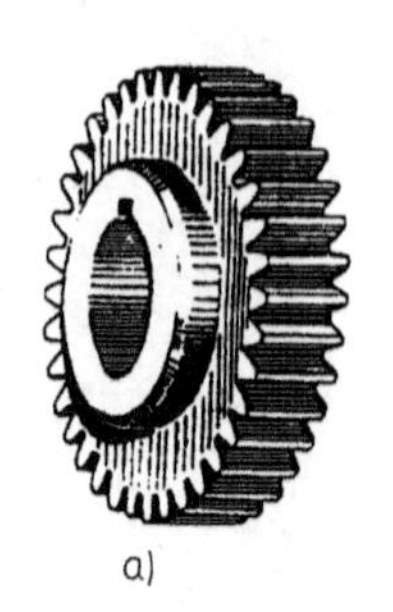
a)

b)

c)

图7-45 三种常见圆柱齿轮
a）直齿轮 b）斜齿轮 c）人字齿轮

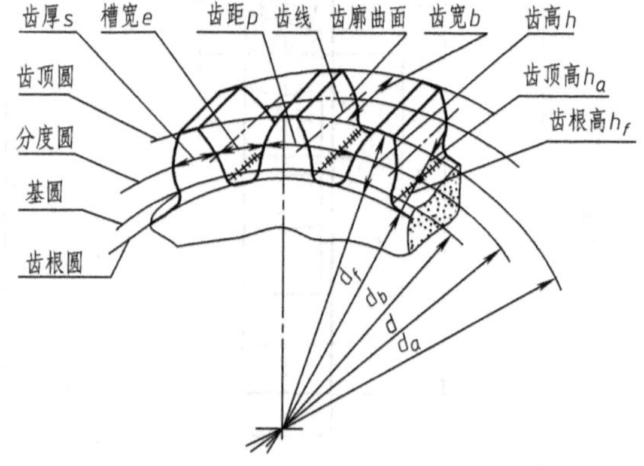

图7-46 直齿圆柱齿轮各部分名称、代号

1. 直齿圆柱齿轮各部分名称、代号及尺寸关系（表 7-8）

表 7-8 标准直齿圆柱齿轮各部分名称、代号及尺寸计算

基本参数：模数 m 齿数 z			
名 称	代号	计算公式	备 注
分度圆直径	d	$d=mz$	
齿顶高	h_a	$h_a=m$	
齿根高	h_f	$h_f=1.25m$	
齿高	h	$h=2.25m$	$h=h_a+h_f$
齿顶圆直径	d_a	$d_a=m(z+2)$	$d_a=d+2h_a$
齿根圆直径	d_f	$d_f=m(z-2.5)$	$d_f=d-2h_f$
齿距	p	$p=\pi m$	
中心距	a	$a=m(z_1+z_2)/2$	

（1）齿顶圆　轮齿顶部所在的圆，其直径用 d_a 表示。

（2）齿根圆　轮齿根部所在的圆，其直径用 d_f 表示。

（3）分度圆　加工齿轮时，作为齿轮轮齿分度的圆，其直径用 d 表示。分度圆介于齿顶圆与齿根圆之间，在该圆柱面上齿厚与槽宽相等。

（4）齿高、齿顶高和齿根高　齿根圆与齿顶圆的径向距离称为齿高，用 h 表示；齿顶圆与分度圆的径向距离称为齿顶高，用 h_a 表示；分度圆与齿根圆的径向距离称为齿根高，用 h_f 表示。

（5）齿距、齿厚和槽宽　分度圆上相邻两齿对应点之间的弧长，称为齿距，用 p 表示；同一轮齿的两侧齿廓之间的分度圆弧长，称为齿厚，用 s 表示；相邻两齿的两邻侧齿廓之间的分度圆弧长，称为槽宽，用 e 表示。

（6）模数　齿距与圆周率 π 的比值，称为模数，用 m 表示。

用 z 表示齿轮的齿数，则分度圆周长 $\pi d=zp$，所以 $d=pz/\pi$，令 $p/\pi=m$，则 $d=mz$。

模数 m 是计算齿轮各部分尺寸的重要参数，模数越大，轮齿越厚，齿轮所能承受的力也就越大。不同模数的齿轮要用不同模数的齿轮刀具加工，为了设计和制造方便，国家标准（GB/T 1357—2008）规定了模数的标准数值，见表 7-9。

表 7-9 标准模数（GB/T 1357—2008）　（单位：mm）

第Ⅰ系列	1	1.25	1.5	2	2.5	3	4	5	6	8	10	12
		16	20	25	32	40	50					
第Ⅱ系列		1.125	1.375	1.75	2.25	2.75	3.5	4.5	5.5	(6.5)	7	9
		11	14	18	22	28	36	45				

注：在选模数时，优先选用第Ⅰ系列，其次选用第Ⅱ系列，括号内的模数尽量不选。

（7）中心距　两啮合圆柱齿轮轴线之间的最短距离称为中心距，用 a 表示。装配准确的标准齿轮，两个齿轮分度圆相切，其中心距 $a=(d_1/2)+(d_2/2)=m(z_1+z_2)/2$。

2. 直齿圆柱齿轮的规定画法

齿轮的轮体部分应按其真实投影绘制，而轮齿部分若按真实投影来画，既麻烦又没有必

要。GB/T 4459.2—2003 规定了齿轮的画法。

(1) 单个直齿圆柱齿轮的画法　单个直齿圆柱齿轮的画法如图 7-47 所示。齿顶圆和齿顶线用粗实线绘制；分度圆和分度线用细点画线绘制；在视图中，齿根圆和齿根线用细实线绘制或省略不画，在剖视图中，齿根线用粗实线绘制。

在剖视图中，当剖切平面通过齿轮轴线时，轮齿一律按不剖绘制，如图 7-48b 所示。

齿轮一般用两个视图（图 7-47）表达，如需表明齿形，可在图中用粗实线画出一个或两个齿（图 7-47b），或用适当比例的局部放大图表示齿形。当需表示齿线特征时，可用三条与齿线方向一致的细实线表示，如图 7-48c 和 d 所示，直齿则不需要表示。

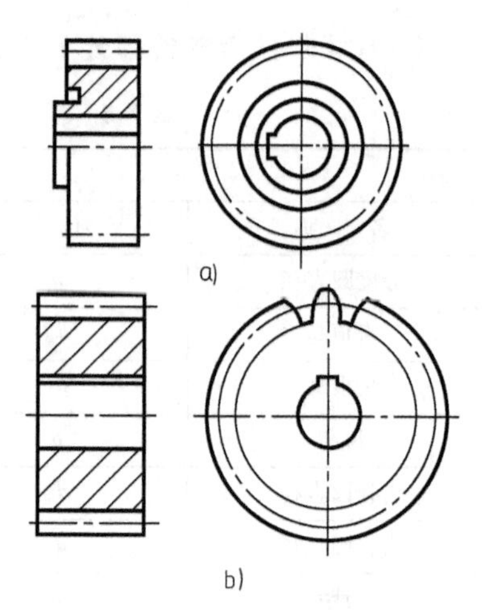

图 7-47　单个直齿圆柱齿轮的画法

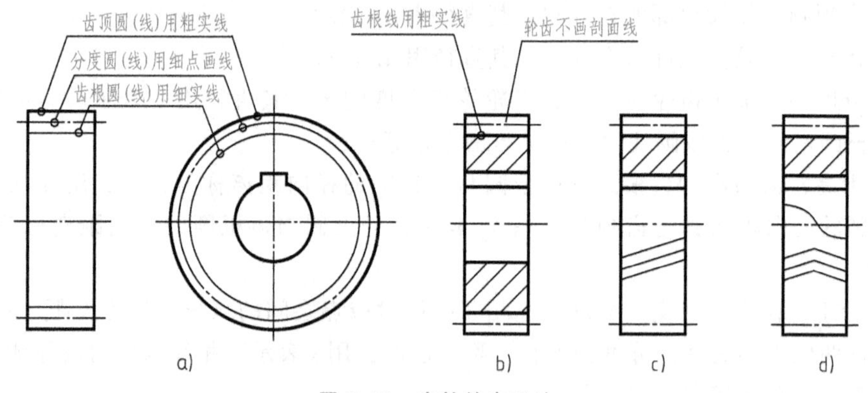

图 7-48　齿轮的表示法

a) 齿轮（外形视图）　b) 直齿（全剖）　c) 斜齿（半剖）　d) 人字齿（局部剖）

如需注出齿条的长度，可在画出齿形的图中注出，并在另一个视图中用粗实线画出其范围线，如图 7-49 所示。

图 7-50 所示为直齿轮零件图示例。

(2) 圆柱齿轮的啮合画法　用视图表达的啮合图，如图 7-51 所示。

在与轴线平行的投影面的视图中，啮合区的齿顶线不需画出，分度线用粗实线绘制，其他处的分度线用细点画线绘制。

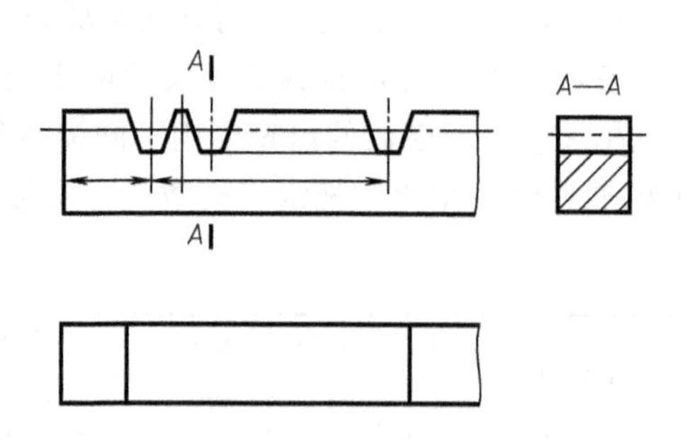

图 7-49　需注明齿条长度时的画法

在与轴线垂直的投影面的视图中，啮合区内的齿顶圆均用粗实线绘制，也可省略不画，分度圆用细点画线绘制。

用剖视图表达的啮合图，如图 7-52 所示，当剖切平面通过两啮合齿轮的轴线时，啮合区内一个齿轮的轮齿用粗实线绘制；另一个齿轮的轮齿被遮挡部分用细虚线绘制（图 7-52a），或省略不画（图 7-52b）。

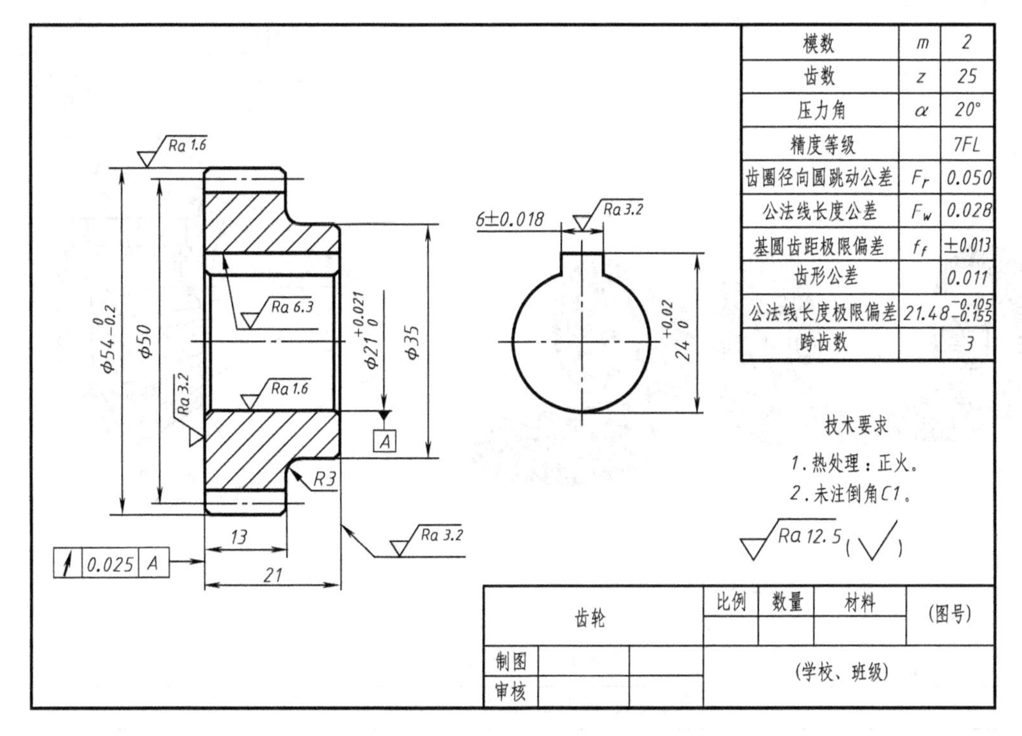

图 7-50　直齿圆柱齿轮零件图示例

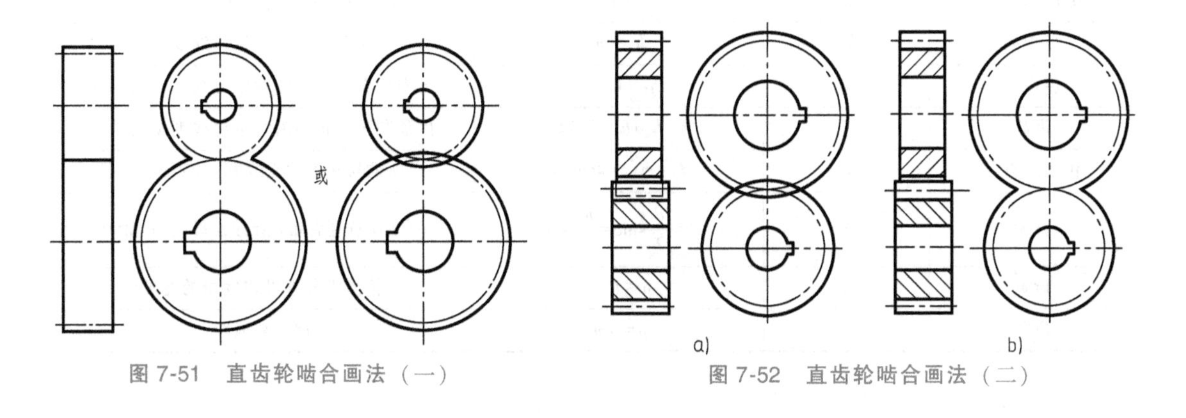

图 7-51　直齿轮啮合画法（一）

图 7-52　直齿轮啮合画法（二）

二、锥齿轮

分度曲面为圆锥面的齿轮称为锥齿轮。锥齿轮用于传递两相交轴（一般两轴相交呈90°）间的回转运动和动力，如图 7-53 所示。锥齿轮分为直齿、斜齿、螺旋齿和人字齿等。

1. 直齿锥齿轮各部分名称、代号及尺寸关系

以直齿锥齿轮为例，由于其轮齿是沿圆锥母线均匀分布的，因此，越靠近锥顶处，轮齿就越小。为了设计和制造方便，规定直齿锥齿轮以其大端模数为标准模数。直齿锥齿轮各部分名称、代号如图 7-54 所示，尺寸计算列于表 7-10 中。

直齿锥齿轮的大端齿廓和齿距均在背锥面上获得，背锥母线与分锥母线垂直相交，且交点在分度圆上，背锥面是一个包含分度圆的圆锥面，并被定为直齿锥齿轮的大端端面。

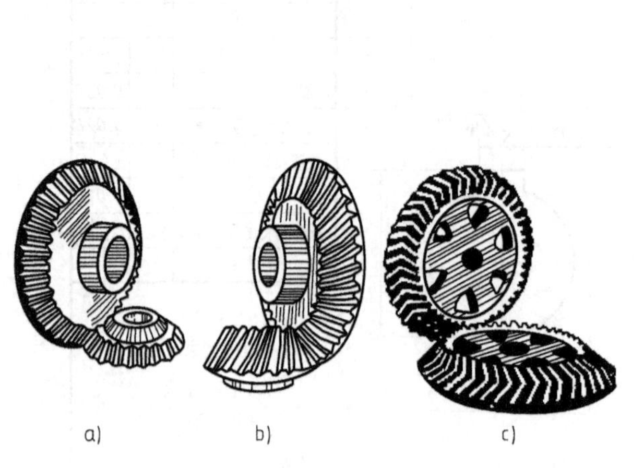

图 7-53 锥齿轮

a）直齿 b）螺旋齿 c）人字齿

齿顶圆锥母线
齿根圆锥母线
分度圆锥母线
齿顶高 h_a
齿根高 h_f
顶锥角 δ_a
分锥角 δ
根锥角 δ_f
（大端）分度圆直径 d
背锥母线
锥距 R
齿宽 b

图 7-54 直齿锥齿轮各部分名称、代号

表 7-10 直齿锥齿轮各部分名称、代号及尺寸计算

基本参数：模数 m 齿数 z 分度圆锥角 δ			
名 称	代 号	计算公式	备 注
分度圆直径	d	$d=mz$	指分锥与背锥的交线圆（分度圆）直径
齿顶高	h_a	$h_a=m$	齿顶圆至分度圆沿背锥母线度量的距离
齿根高	h_f	$h_f=1.2m$	齿根圆至分度圆沿背锥母线度量的距离
齿高	h	$h=h_a+h_f=2.2m$	齿顶圆至齿根圆沿背锥母线度量的距离
齿顶圆直径	d_a	$d_a=m(z+2\cos\delta)$	指顶锥与背锥的交线圆（齿顶圆）直径
锥距	R	$R=\frac{d}{2}\sin\delta=\frac{mz}{2}\sin\delta$	分锥顶点到背锥（沿分锥母线）的距离
齿宽	b	$b\leqslant R/3$	轮齿沿分锥母线度量的宽度
齿距	p	$p=\pi m$	指大端齿距

2. 直齿锥齿轮的画法

（1）单个直齿锥齿轮的画法 在平行于齿轮轴线的投影面的视图中，齿顶线用粗实线绘制，分度线用细点画线绘制，如图 7-55a 所示。

在剖视图中，当剖切平面通过齿轮轴线时，轮齿按不剖处理，齿顶线和齿根线用粗实线绘制，分度线用细点画线绘制，如图 7-55b 所示。

在垂直于齿轮轴线的投影面的视图中，大端齿顶圆用粗实线绘制，分度圆用细点画线绘制，齿根圆省略不画；小端只画齿顶圆（粗实线），如图 7-55c 所示。

轮体部分按真实投影绘制。

直齿锥齿轮的作图步骤，如图 7-56 所示。

1）画轴线，定分度圆直径，画分锥和背锥，如图 7-56a 所示。

2）量齿顶高、齿根高，并定出齿宽，画顶锥、根锥及大端齿顶圆、分度圆和小端齿顶

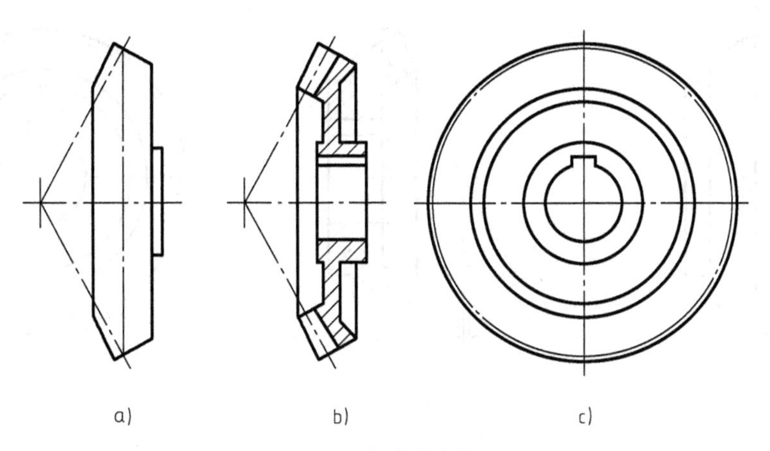

图 7-55　直齿锥齿轮画法

a）平行于轴线的视图　b）平行于轴线的剖视图　c）垂直于轴线的视图

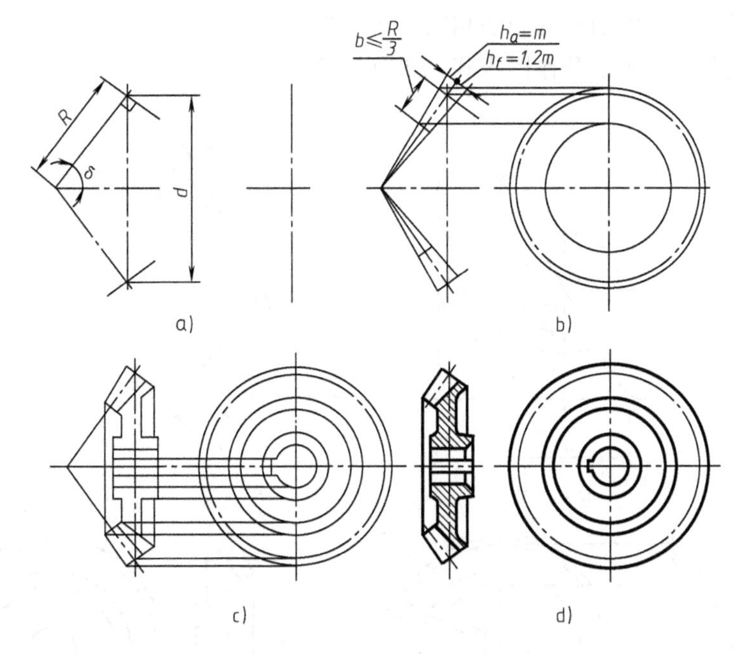

图 7-56　直齿锥齿轮作图步骤

圆，如图 7-56b 所示。

3）画轮体部分，如图 7-56c 所示。

4）画剖面符号、加深、完成全图，如图 7-56d 所示。

（2）锥齿轮的啮合画法　如图 7-57a 所示，在平行于齿轮轴线的投影面的视图中，啮合区内的齿顶线不画，节线用粗实线绘制；非啮合区的画法与单个齿轮的画法相同。

在垂直于某一齿轮轴线的投影面的视图中，该齿轮的大端节圆与另一齿轮的节线相切，除了一个齿轮被另一个齿轮遮挡的部分省略不画外，其余部分均按单个齿轮的画法绘制。

在剖视图中，当剖切平面通过两相啮合齿轮的轴线时，啮合区内的两条齿根线和一条齿

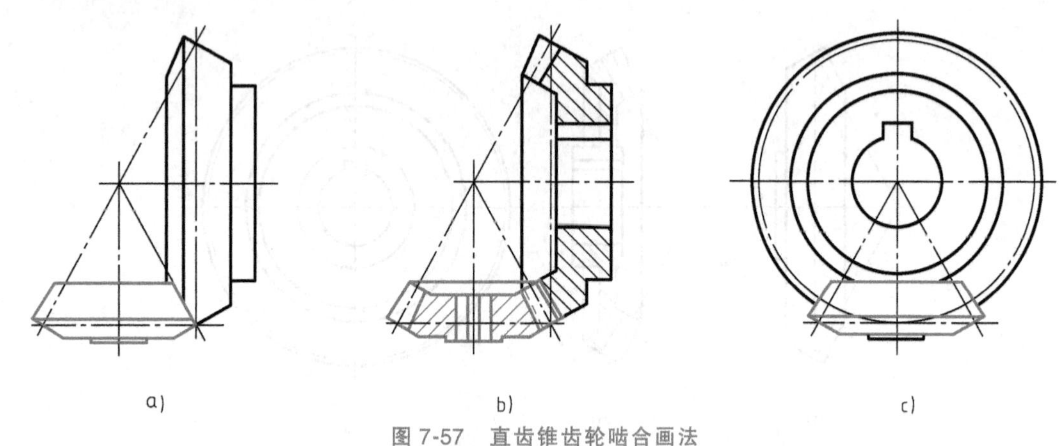

图 7-57 直齿锥齿轮啮合画法

a）平行于轴线的视图 b）平行于轴线的剖视图 c）垂直于轴线的视图

顶线用粗实线绘制，节线用细点画线绘制，另一条齿顶线用细虚线绘制，或省略不画；非啮合区的画法与单个齿轮的剖视图画法相同，如图 7-57b 所示。

直齿锥齿轮的啮合画法及作图步骤，如图 7-58 所示。

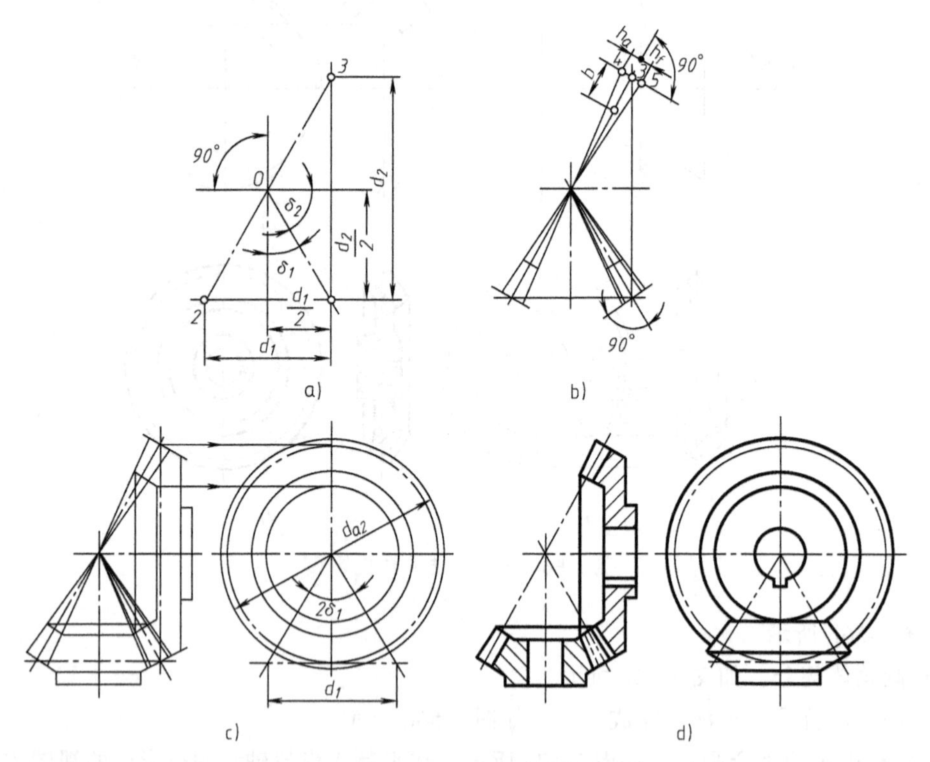

图 7-58 直齿锥齿轮的啮合画法及作图步骤

1）计算锥齿轮的各部分尺寸，根据 d_1、d_2 画出分锥。

2）画出轮齿的投影。

3）画出主视图中轮体部分的投影，再画出左视图。

4）画剖面符号、加深完成全图。

三、蜗轮与蜗杆

蜗轮与蜗杆用于交错轴之间的传动，最常见的啮合方式是两轴交错呈 90°，如图 7-59 所示。

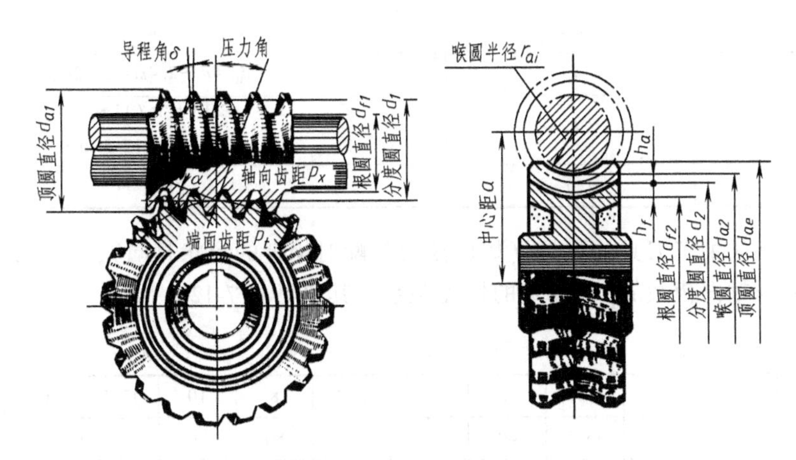

图 7-59　蜗轮与蜗杆啮合状况

蜗轮相当于斜齿轮，只是为了增加与蜗杆啮合时的接触面，将蜗轮的顶圆柱面加工成部分圆环面；而蜗杆实际上是一个形如螺杆的齿数很少的斜齿轮。

当蜗杆与蜗轮的轴线呈 90°交错时，蜗杆的轴向剖面与蜗轮的对称平面重合，该平面称为中间平面。在中间平面内蜗轮、蜗杆的啮合相当于齿轮、齿条啮合。蜗杆、蜗轮的尺寸计算均以中间平面上的参数为准，其啮合状况如图 7-59 所示。

蜗轮、蜗杆的传动比 i 可达到 40～50（一般圆柱齿轮或锥齿轮的传动比在 1～10 范围内），被广泛地应用于传动比较大的机械传动中。

1. 蜗杆各部分名称、代号及尺寸关系

蜗杆各部分名称、代号及尺寸关系如图 7-59、图 7-60 及表 7-11 所示。

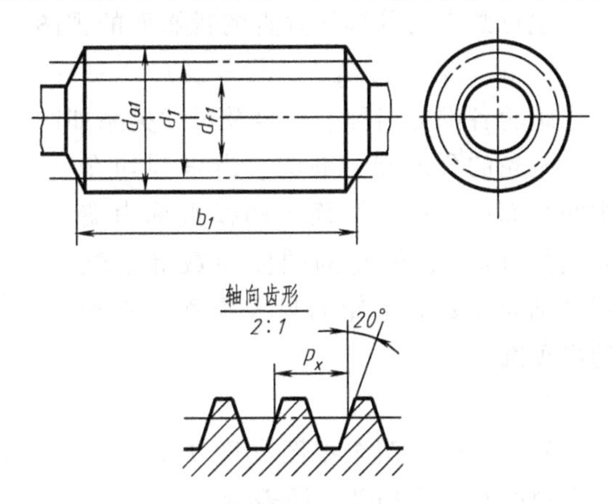

图 7-60　蜗杆及其画法

表 7-11　蜗杆各部分名称、代号及尺寸计算

名　　称	代　　号	计 算 公 式
头数	z_1	$z_1 = 1 \sim 4$
轴向模数	m_x	$m_x = m$
轴向齿距	p_x	$p_x = \pi m$
压力角	α	$\alpha = 20°$
齿顶高	h_{a1}	$h_{a1} = m$
齿根高	h_{f1}	$h_{f1} = 1.2m$

（续）

名称	代号	计算公式
齿高	h_1	$h_1 = 2.2m = h_{a1} + h_{f1}$
分度圆直径	d_1	按表 7-12 选标准值
顶圆直径	d_{a1}	$d_{a1} = d_1 + 2m = d_1 + 2h_{a1}$
根圆直径	d_{f1}	$d_{f1} = d_1 - 2.4m = d_1 - 2h_{f1}$
齿宽	b_1	$z_1 = 1 \sim 2$ 时 $b_1 \geqslant (11 + 0.06z_2)m$ $z_1 = 3 \sim 4$ 时 $b_1 \geqslant (12.5 + 0.09z_2)m$
直径系数	q	$q = d_1/m$

为了减少蜗轮加工刀具的数量（蜗轮滚刀与配对蜗杆的形状相同），蜗杆分度圆直径 d_1 已标准化，并与轴向模数 m_x 有固定的搭配关系，其值见表 7-12。

表 7-12 圆柱蜗杆 m_x 与 d_1 （单位：mm）

模数 m_x	2	2.5	3.15	4	5	6.3	8	10	12.5	16	20	25
分度圆直径 d_1	22.4	28	35.5	40	50	63	80	90	112	140	160	200
	35.5	45	56	71	90	112	140	160	200	250	315	400

注：本表摘自 GB/T 10085—2018。

2. 蜗杆的画法

蜗杆一般用一个与其轴线平行的投影面的视图和一个表示齿形的轴向剖面表达，必要时，也可画出与其轴线垂直的投影面的视图。蜗杆画法如图 7-60 所示。

3. 蜗轮各部分名称、代号及尺寸关系

蜗轮各部分名称、代号及尺寸关系如图 7-59、图 7-61 及表 7-13 所示。

蜗轮的分度圆、喉圆、齿根圆均在中间平面内。中间平面上的模数称为端面模数（m_t），蜗轮的端面模数等于蜗杆的轴向模数。蜗轮的最大圆称为蜗轮的齿顶圆。

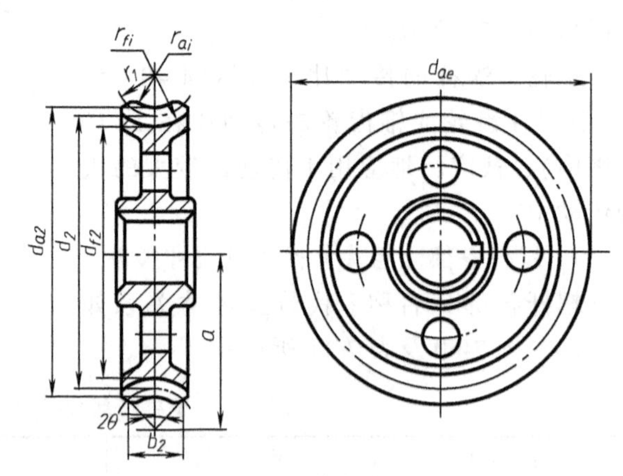

图 7-61 蜗轮及其画法

4. 蜗轮的画法

蜗轮一般用两个视图（图 7-61）或一个视图和一个局部视图表示。

1）主视图为全剖视图，首先画出蜗轮轴线及中间平面的投影（细点画线），并根据中心距 a 定出蜗轮圆环面的母线圆圆心（配对蜗杆轴线的投影），左视图画出齿顶圆（最大圆）、分度圆，轮体部分的投影如实画出，如图 7-62a 所示。

2）主视图上画出分度圆环面、齿顶圆环面及齿根圆环面的投影，轮体部分的投影如实画出，如图 7-62b 所示。

3）主视图上画出齿宽角 2θ 及齿顶圆柱面的投影，最后加深，完成全图，如图 7-62c 所示。

表 7-13　蜗轮各部分名称、代号及尺寸计算

名　　称	代　　号	计算公式	备　　注
齿数	z_2		
端面模数	m_t	$m_t=m_x=m$	等于配对蜗杆的轴向模数 m_x
齿距	p	$p=p_x=\pi m$	等于配对蜗杆的轴向齿距 p_x
分度圆直径	d_2	$d_2=mz_2$	在中间平面内
喉圆直径	d_{a2}	$d_{a2}=m(z_2+2)=d_2+2h_{a2}$	在中间平面内
根圆直径	d_{f2}	$d_{f2}=m(z_2-2.4)=d_2-2h_{f2}$	在中间平面内
齿顶高	h_{a2}	$h_{a2}=m$	

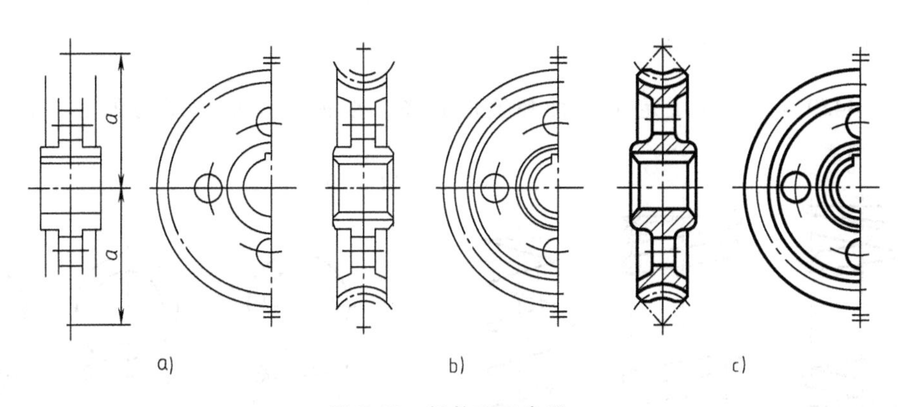

图 7-62　蜗轮画图步骤

5. 蜗轮蜗杆的啮合画法

蜗轮蜗杆的啮合画法，如图 7-63 所示。啮合区的画法与圆柱齿轮的啮合画法相同，非啮合区则按蜗杆、蜗轮的各自画法绘制。

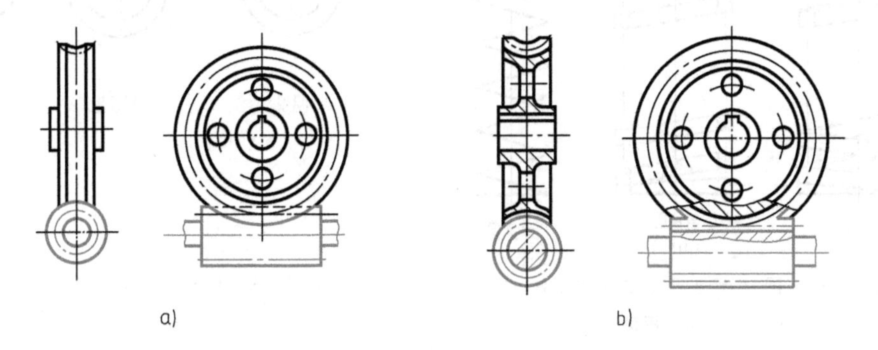

图 7-63　蜗轮蜗杆的啮合画法

第五节　弹　　簧

弹簧在机器和仪表中起测力、储能、减振、缓冲、限位及控制运动等作用。几种常见的弹簧如图 7-64 所示。

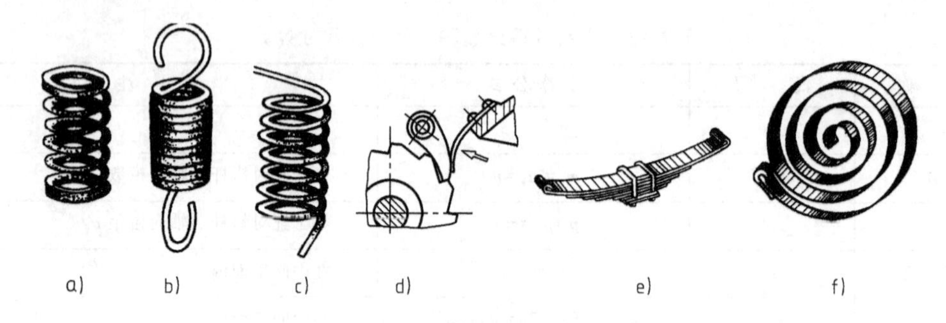

图 7-64 几种常见弹簧

a）圆柱螺旋压缩弹簧 b）圆柱螺旋拉伸弹簧 c）圆柱螺旋扭转弹簧

d）片弹簧 e）板弹簧 f）涡卷弹簧

一、弹簧的规定画法

GB/T 4459.4—2003 规定了各种弹簧的视图、剖视图及示意图的画法，如图 7-65～图 7-67 所示。

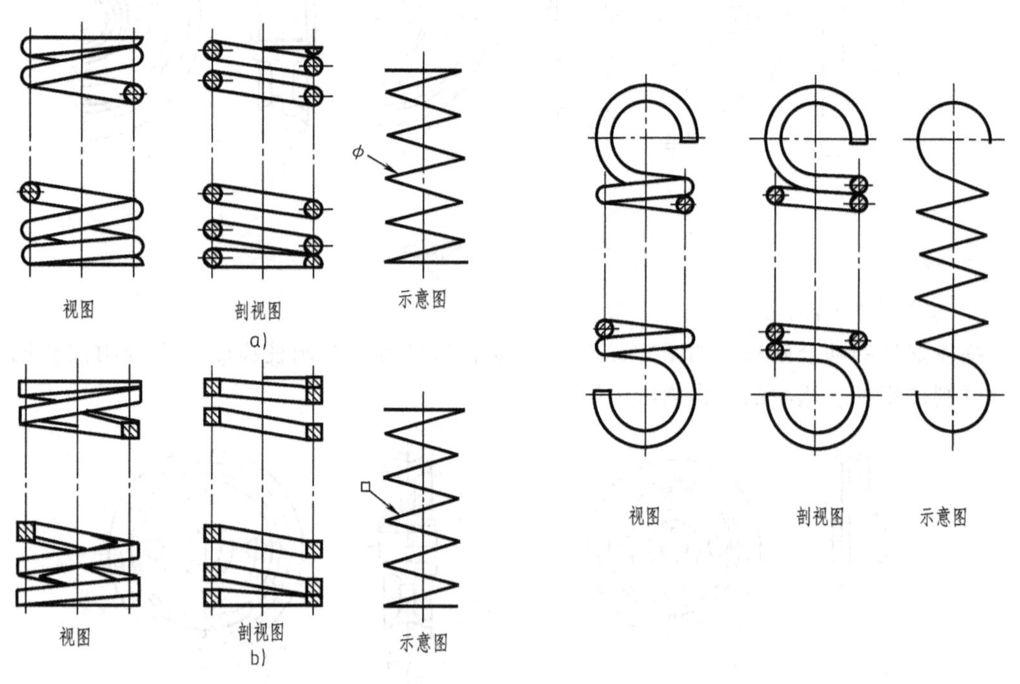

图 7-65 圆柱螺旋压缩弹簧的画法

a）圆材 b）带材

图 7-66 圆柱螺旋拉伸弹簧的画法

二、圆柱螺旋压缩弹簧的各部分名称及尺寸计算

GB/T 2089—2009 规定了圆柱螺旋压缩弹簧的各部分名称、代号，如图 7-68 所示。

1）材料直径 d 或型材的截面尺寸。

2）节距 t：除支承圈外，相邻两圈对应点沿轴向的距离。

3）有效圈数 n：除支承圈外，能够保持相等节距的圈数。

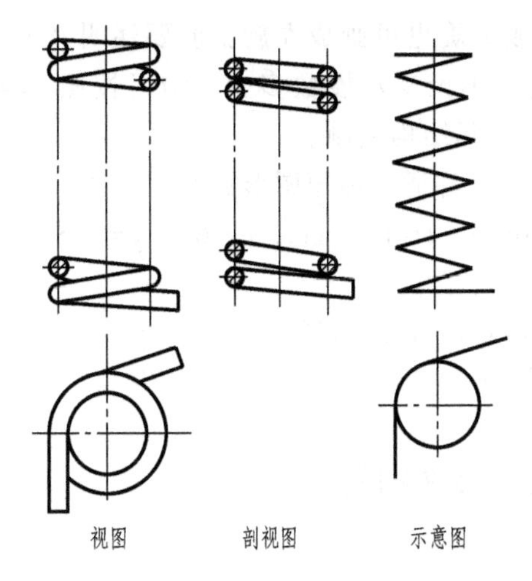

图 7-67　圆柱螺旋扭转弹簧的画法

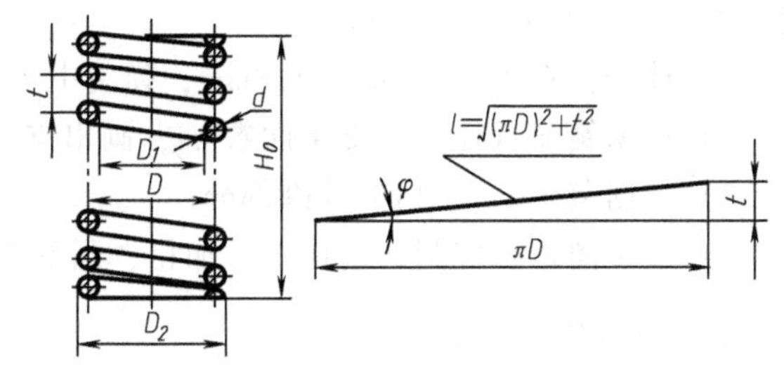

图 7-68　圆柱螺旋压缩弹簧各部分名称、代号

4）支承圈数 n_2：为保持弹簧轴线与支承端面垂直，使压缩弹簧在工作时受力均匀，弹簧两端应并紧、磨平，弹簧两端并紧、磨平的圈数，称为支承圈数。一般 n_2 取 1.5、2 或 2.5，其中，以 $n_2=2.5$ 最为常用，此时两端各需并紧 1/2 圈，磨平 3/4 圈。

5）总圈数 n_1：有效圈数与支承圈数之和，即 $n_1=n+n_2$。

6）自由高度 H_0：弹簧不受外力时的高度

$$H_0=nt+(n_2-0.5)d \quad \begin{cases} n_2=1.5 & H_0=nt+d \\ n_2=2 & H_0=nt+1.5d \\ n_2=2.5 & H_0=nt+2d \end{cases}$$

7）弹簧中径 D。

8）弹簧内径 D_1：$D_1=D-d$。

9）弹簧外径 D_2：$D_2=D+d$。

10）展开长度 L：制造弹簧所需型材的长度 $L=n_1\sqrt{(\pi D)^2+t^2}$ 或 $L=n_1(\pi D/\cos\varphi)$。

11）螺旋角 φ：弹簧中径圆柱面上的螺旋角 $\varphi=\arctan(t/\pi D)$。

三、圆柱螺旋压缩弹簧的画法

如图 7-69 所示，在平行于弹簧轴线的投影面的视图（或剖视图）中，各圈的轮廓应画

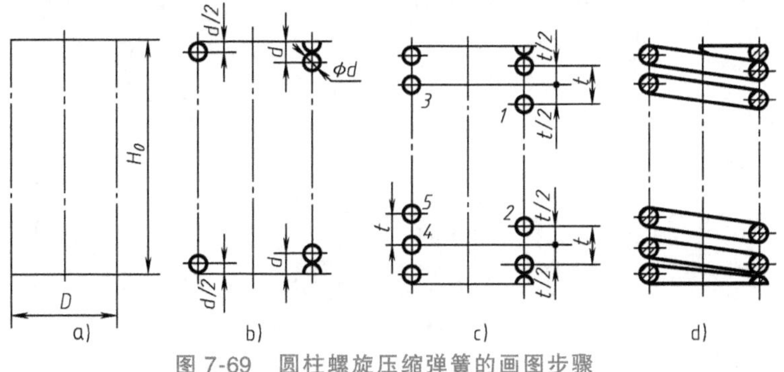

图 7-69　圆柱螺旋压缩弹簧的画图步骤

成直线，螺旋弹簧均可画成右旋，对于左旋簧，可画成右旋也可画成左旋，但要注明“左”字（右旋弹簧可不注明）；如要求两端并紧、磨平时，不论支承圈数多少，均可按照 $n_2=2.5$ 时的画法绘制（图 7-67），必要时也可按支承圈的实际结构绘制。

有效圈数 $n>4$ 时，中间部分可以省略不画，省略后允许适当缩短图形长度。

例 7-6 已知圆柱螺旋压缩弹簧，$d=6\text{mm}$，$D=50\text{mm}$，$t=12.3\text{mm}$，$n=6$，$n_2=2.5$，右旋。作图步骤如图 7-69 所示。

1）计算：自由高度 $H_0=85.8\text{mm}$，弹簧中径 $D=44\text{mm}$，画出矩形。

2）根据簧丝直径 d 和支承圈数 n_2，画出支承圈部分。

3）根据节距 t，画出有效圈部分。

4）按旋向作相应圆的公切线，加粗、画剖面符号，完成全图。

四、弹簧在装配图中的画法

1）被弹簧挡住的结构一般不画出，可见部分应从弹簧的外轮廓线或从弹簧钢丝断面的中心线画起，如图 7-70 所示。

2）材料直径在图形上小于或等于 2mm 的螺旋弹簧允许用示意图绘制，如图 7-71 所示。

3）被剖切弹簧的截面尺寸在图形上小于或等于 2mm，并且弹簧内部还有零件，为便于表达，可用图 7-72 的示意形式表示。

4）当弹簧被剖切时，断面直径或厚度在图形上小于或等于 2mm 时，也可用涂黑表示。

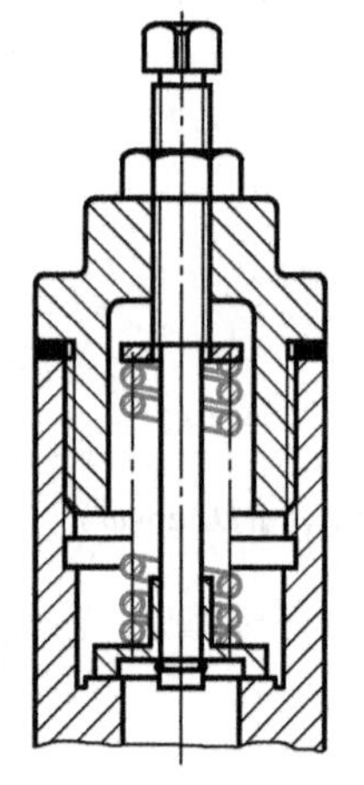

图 7-70 装配图中圆柱螺旋压缩弹簧画法

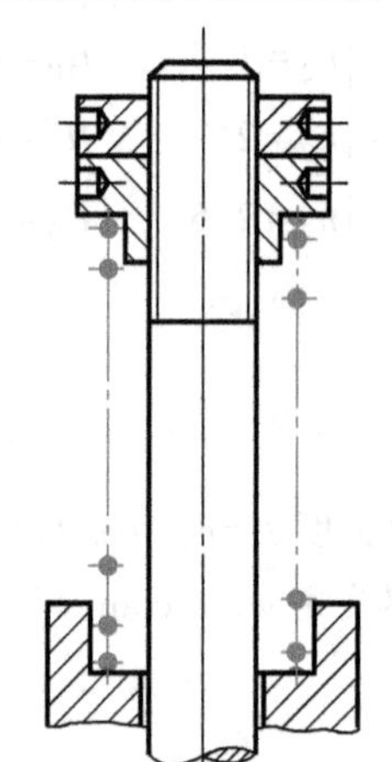

图 7-71 装配图中圆柱螺旋压缩弹簧示意画法（一）

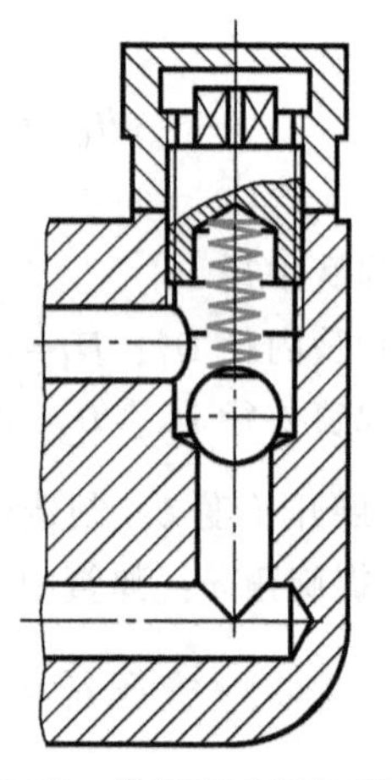

图 7-72 装配图中圆柱螺旋压缩弹簧示意画法（二）

第八章

图样上的技术要求

图样上的技术要求涉及的知识面很广，本章只对公差与配合、几何公差、表面结构要求做简要的介绍。关于金属材料和热处理的一些知识，请读者参阅有关资料。

零件图的技术要求

第一节　公差与配合

一、零件的互换性

零件在批量生产并进行批量装配时，用同样零件中的任意一件，不经挑选和修理，便可装配到机器中去，满足使用要求，零件的这种性质，称为互换性。

要保证零件具有互换性，应使互相配合零件的尺寸具有一定的精确程度，但由于机床、夹具、刀具和量具的加工和测量误差，零件的尺寸实际上不可能达到一个绝对理想的固定数值，因此，在不影响零件的互换性及正常工作的前提下，可以对零件的尺寸规定一个变动范围。所以，在设计时应确定零件尺寸允许的变动量，这个变动量就称为尺寸公差。

二、有关公差的术语及定义

（1）公称尺寸　它是由图样规范确定的理想形状要素的尺寸，是确定极限尺寸的基数。

（2）实际尺寸　它是通过测量得到的尺寸，表示零件的实际大小。

（3）极限尺寸　它是尺寸要素的尺寸所允许的极限值。其中，尺寸要素允许的最大尺寸称为上极限尺寸；尺寸要素允许的最小尺寸称为下极限尺寸。

（4）尺寸偏差（简称偏差）　实际尺寸减其公称尺寸所得的代数差。偏差值可以为正、负或零。

（5）极限偏差　上极限尺寸减去其公称尺寸所得的代数差称为上极限偏差；下极限尺寸减去其公称尺寸所得的代数差称为下极限偏差。上极限偏差和下极限偏差统称为极限偏差。

（6）尺寸公差（简称公差）　尺寸允许的变动量。公差是上极限尺寸与下极限尺寸之差，也可以是上极限偏差与下极限偏差之差。

D、D_{max}、D_{min}、ES、EI、Th 和 d、d_{max}、d_{min}、es、ei、Ts 分别表示内尺寸要素和外尺寸要素的公称尺寸、上极限尺寸、下极限尺寸、上极限偏差、下极限偏差和公差，则

对于内尺寸要素：上极限偏差 $ES=D_{max}-D$

下极限偏差 $EI=D_{min}-D$

公差 $Th=D_{max}-D_{min}=ES-EI$

对于外尺寸要素：上极限偏差 $es=d_{max}-d$

下极限偏差 $ei=d_{min}-d$

公差 $Ts=d_{max}-d_{min}=es-ei$

如图 8-1 中的轴 $\phi40^{+0.015}_{-0.010}$，它表示：

公称尺寸 $d=40$mm

上极限尺寸 $d_{max}=\phi40.015$mm

下极限尺寸 $d_{min}=\phi39.990$mm

如实际尺寸在 d_{max} 和 d_{min} 之间，即为合格产品。

上极限偏差 $es=+0.015$mm

下极限偏差 $ei=-0.010$mm

公差 $Ts=d_{max}-d_{min}=(40.015-39.990)\text{mm}=0.025\text{mm}$

或 $Ts=es-ei=[+0.015-(-0.010)]\text{mm}=0.025\text{mm}$

图 8-2 表示相互结合的孔和轴的公差与配合示意图，它表明了上述术语及其相互关系。为便于分析，常用公差与配合图解（简称公差带图）来表示，如图 8-3 所示。

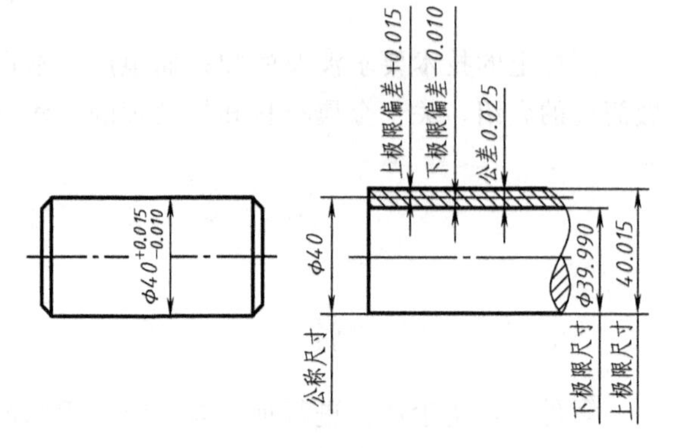

图 8-1 公称尺寸、极限尺寸、极限偏差和公差

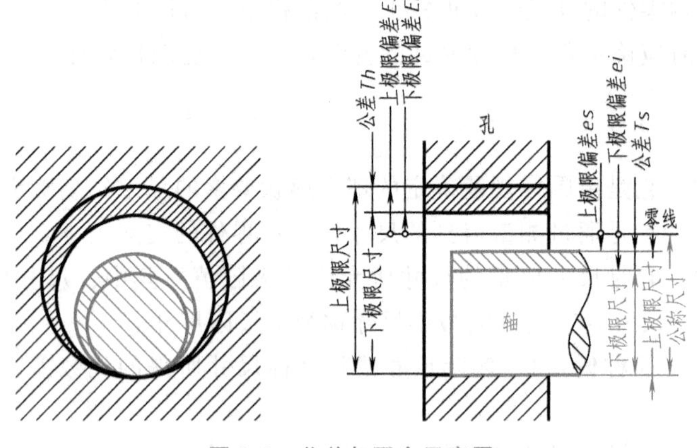

图 8-2 公差与配合示意图

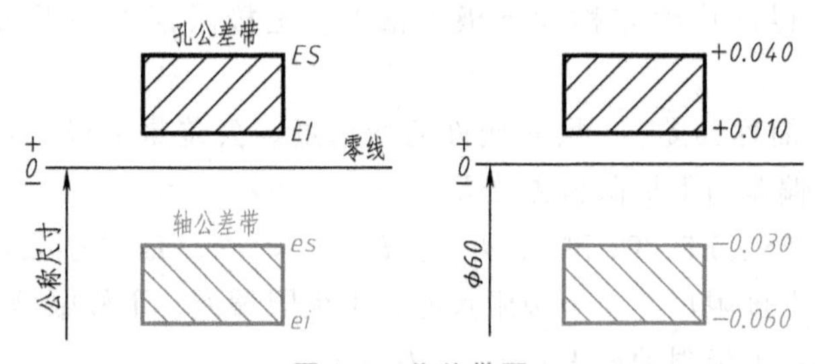

图 8-3 公差带图

在公差带图中，确定偏差的一条基准直线（即偏差线）称为零线。通常，零线表示公称尺寸，习惯上将零线画成水平线段，并在其左端标上“0”和“+”“-”号，在其左下方画上带单箭头的尺寸线，并以 mm 为单位标上公称尺寸数值。正、负偏差分别位于零线之上、下，极限偏差的数值仍以 mm 为单位，把偏差表中以微米（μm）为单位的偏差数值换算为 mm，1μm=0.001mm。

在公差带图中，由上、下极限偏差线所确定的一个区域称为“尺寸公差带”，简称“公差带”。为了区别孔和轴的公差带，用“右斜线”表示孔的公差带，用“左斜线”表示轴的公差带。

公差带由“公差带大小”和“公差带位置”两个基本要素组成，其中，公差带大小由“标准公差”确定，公差带位置由“基本偏差”确定。

（7）标准公差　国家标准的“标准公差数值表”（见表 E-1）中列出的各个数值，由它来确定公差带的大小。标准公差在公称尺寸至 500mm 内分为 IT01、IT0、IT1～IT18，共 20 级；在公称尺寸>500～3150mm 内分为 IT1～IT18，共 18 级。IT 表示标准公差，阿拉伯数字表示公差等级代号，如 IT6 表示公差等级为 6 级。标准公差的数值可根据公称尺寸和公差等级从表 E-1 中查得。

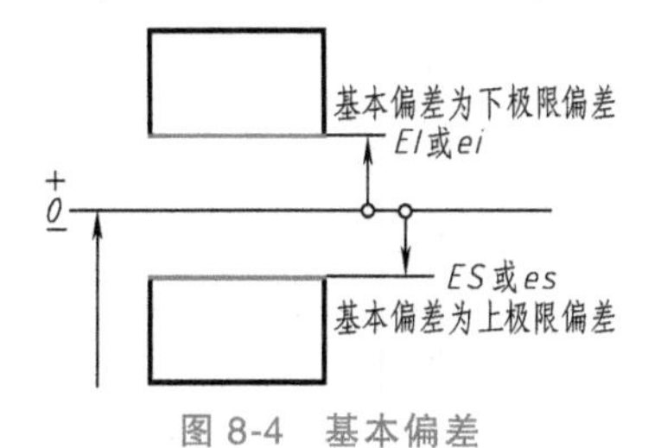

图 8-4　基本偏差

（8）基本偏差　基本偏差是用以确定公差带相对于零线位置的上极限偏差或下极限偏差，一般为靠近零线的那个极限偏差，如图 8-4 所示。

图 8-5 所示为基本偏差系列图，该图只表示公差带的各种位置，不表示公差带的大小，因而，只画出公差带属于基本偏差的一端，另一端是开口的。

标准设计了 28 个基本偏差，用一个或两个拉丁字母表示，大写字母为孔的基本偏差代号，小写字母为轴的基本偏差代号。

1）轴的基本偏差从 a 到 h 为上极限偏差 es，从 j 到 zc 为下极限偏差 ei，js 的公差带完全对称地分布在零线上下，因此，其基本偏差可为上极限偏差（+IT/2）；也可为下极限偏差（-IT/2）。

轴的另一极限偏差可根据轴的基本偏差和标准公差，按以下关系计算

$$ei=es-IT；或\ es=ei+IT$$

公称尺寸≤500mm 时，轴的极限偏差数值见表 E-4。

2）孔的基本偏差从 A 到 H 为下极限偏差 EI，从 J 到 ZC 为上极限偏差 ES，JS 的公差带完全对称地分布在零线上下，因此，其基本偏差可为上极限偏差（+IT/2）；也可为下极限偏差（-IT/2）。

孔的另一极限偏差可根据孔的基本偏差和标准公差，按以下关系计算

$$ES=EI+IT；或\ EI=ES-IT$$

公称尺寸≤500mm 时，孔的极限偏差数值见表 E-5。

三、有关配合的术语及其定义

（1）配合　公称尺寸相同的、相互结合的内尺寸要素与外尺寸要素公差带之间的关系，称为配合。

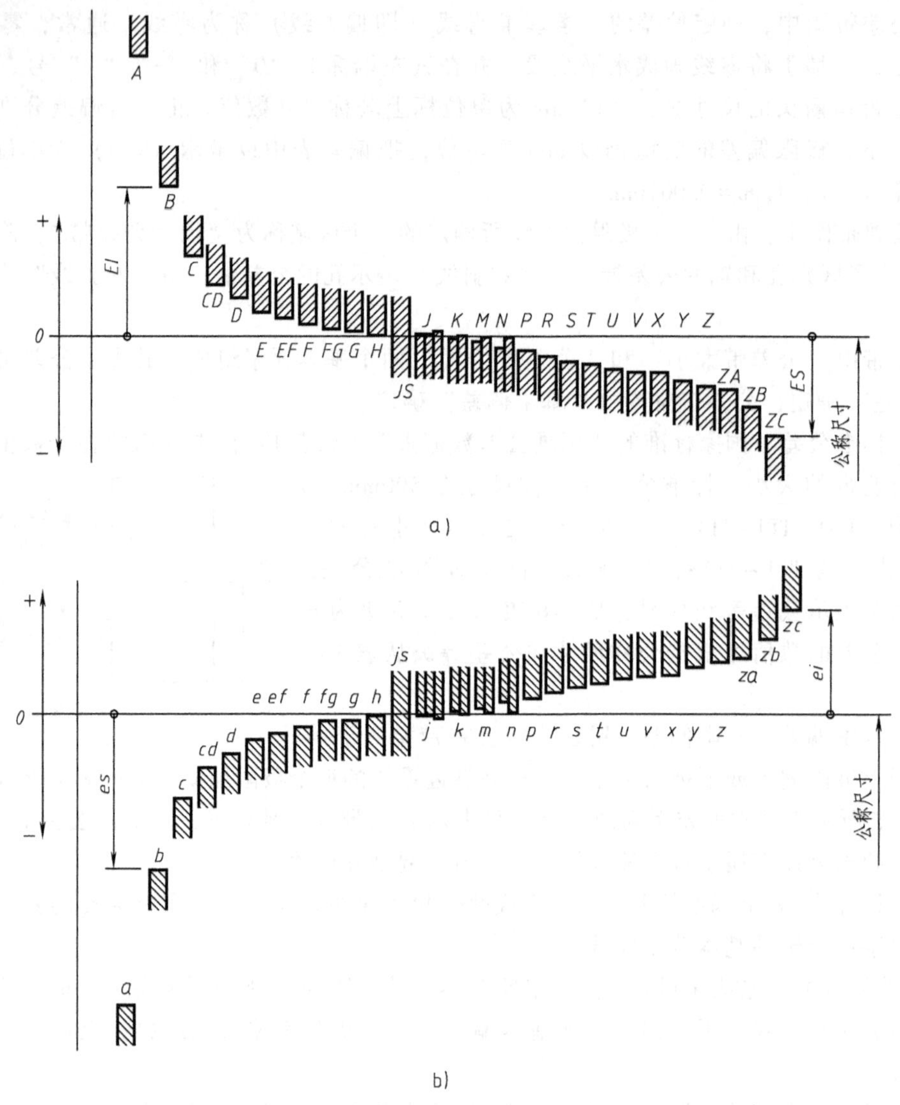

图 8-5 基本偏差系列

a）孔（内尺寸要素） b）轴（外尺寸要素）

EI，ES——孔的基本偏差（示例）

ei，es——轴的基本偏差（示例）

（2）间隙或过盈 孔的尺寸减去相配合的轴的尺寸所得的代数差，此差值为正时是间隙，为负时是过盈。

（3）配合的种类 根据配合的松紧程度，配合性质分如下三大类：

1）间隙配合：具有间隙（含最小间隙为零）的配合。此时，孔的公差带完全在轴的公差带之上（图 8-6a）。

2）过盈配合：具有过盈（含最小过盈为零）的配合。此时，孔的公差带完全在轴的公差带之下（图 8-6b）。

3）过渡配合：可能具有间隙或过盈的配合。此时，孔的公差带与轴的公差带相互交叠（图 8-6c）。

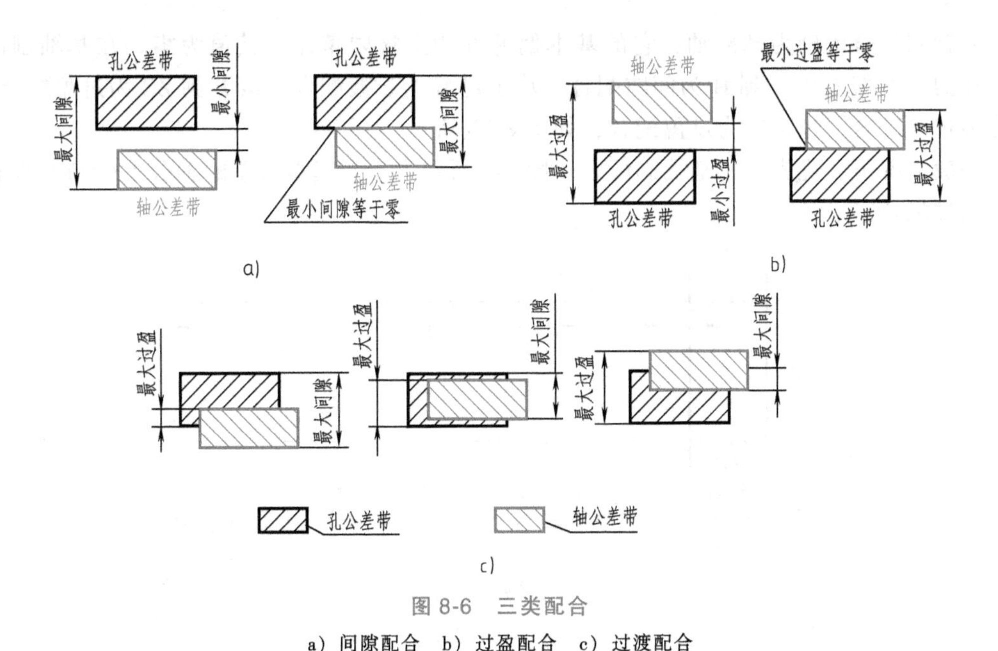

图 8-6　三类配合

a）间隙配合　b）过盈配合　c）过渡配合

（4）配合基准制　在制造相互配合的零件时，可以把其中一个零件作为基准件，基准件的基本偏差不变，通过改变非基准件的基本偏差来达到不同的配合，这样就产生了两种基准制。

1）基孔制配合：基本偏差一定的孔的公差带，与不同基本偏差的轴的公差带形成各种配合的一种制度。

基孔制配合的孔为基准孔，它的基本偏差 H 为下极限偏差，其值为零。在基孔制配合中，轴的基本偏差从 a 到 h 为间隙配合；从 j 到 m 为过渡配合；从 s 到 zc 为过盈配合；n、p、r 可能为过渡配合，也可能为过盈配合，如图 8-7a 所示。

2）基轴制配合：基本偏差一定的轴的公差带，与不同基本偏差的孔的公差带形成各种配合的一种制度。

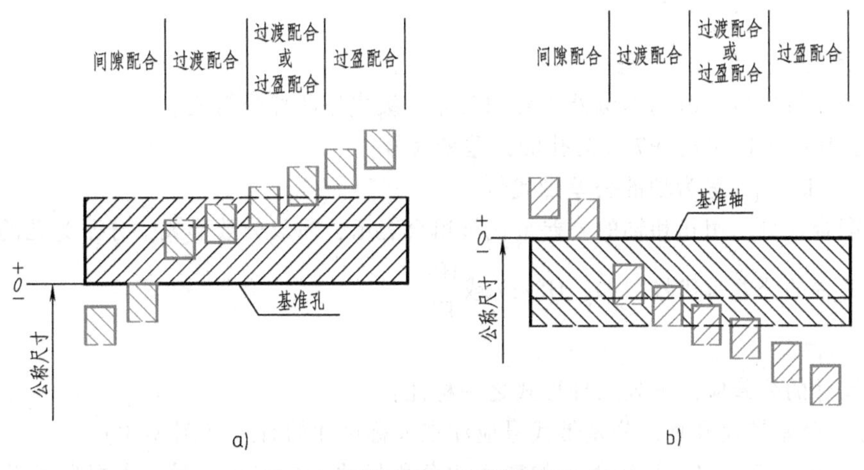

图 8-7　基孔制配合和基轴制配合

a）基孔制　b）基轴制

基轴制配合的轴为基准轴，它的基本偏差 h 为上极限偏差，其值为零。在基轴制配合中，孔的基本偏差从 A 到 H 为间隙配合；从 J 到 M 为过渡配合；从 P 到 ZC 为过盈配合；N 可能为过渡配合，也可能为过盈配合，如图 8-7b 所示。

一般情况下，优先采用基孔制配合。图 8-8 所示为不同基本偏差的轴公差带与基准孔形成的三种配合。

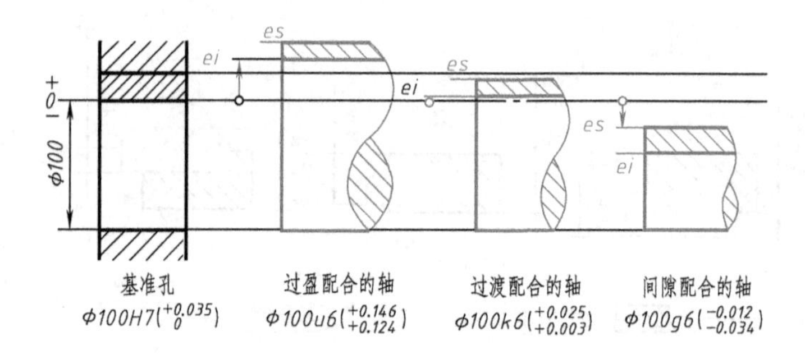

图 8-8 基孔制三种配合

图 8-9 所示为不同基本偏差的孔公差带与基准轴形成的三种配合。

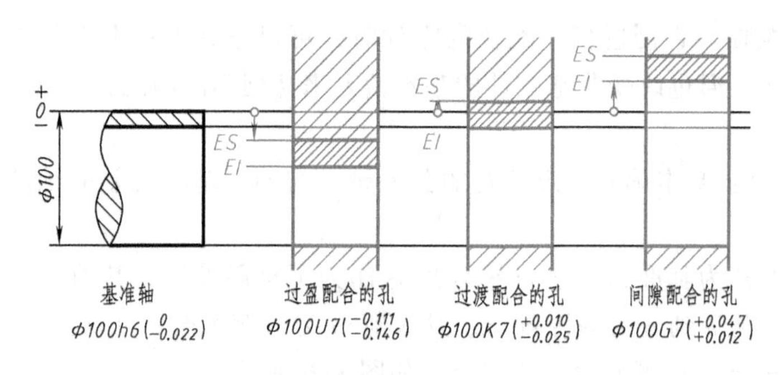

图 8-9 基轴制三种配合

四、公差与配合在图样上的标注

1. 公差带代号和配合代号

（1）公差带代号　由基本偏差代号和公差等级代号两部分组成。

例如：H8、F8、K7、P7 等为孔的公差带代号；

h7、f7、k6、p6 等为轴的公差带代号。

（2）配合代号　用孔和轴的公差带代号组合表示，写成分数形式，分子为孔的公差带代号，分母为轴的公差带代号，如：H8/f7 或 $\frac{H8}{f7}$。

2. 在零件图中的注法

线性尺寸的公差应按下列三种形式之一标注：

1）标注公差带代号时，公差带代号应注在公称尺寸的右边（图 8-10）。

2）标注极限偏差时，极限偏差的数字比公称尺寸的数字小一号，上极限偏差注在公称尺寸的右上方，下极限偏差与公称尺寸注在同一底线上（图 8-11）。

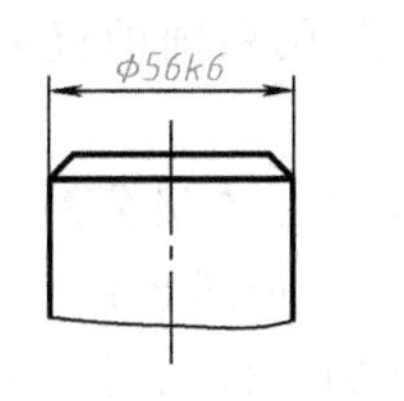

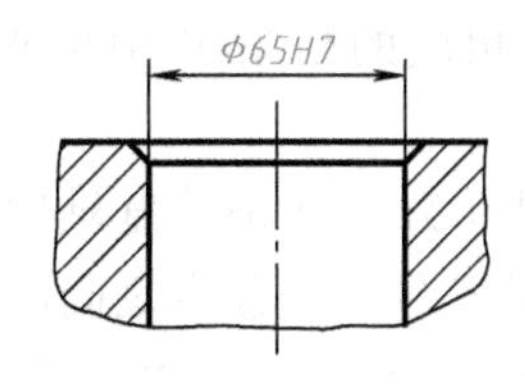

图 8-10　标注公差带代号的形式

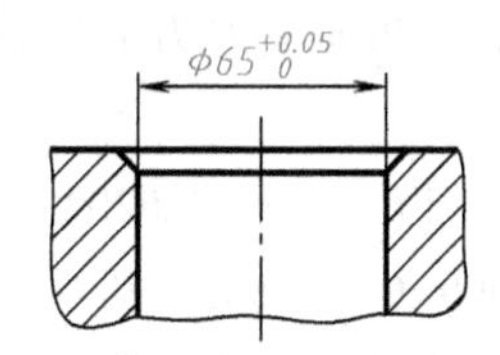

图 8-11　标注极限偏差的形式

3）同时标注公差带代号和相应的极限偏差时，则后者应加圆括号（图 8-12）。

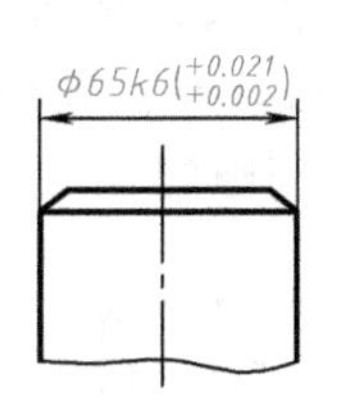

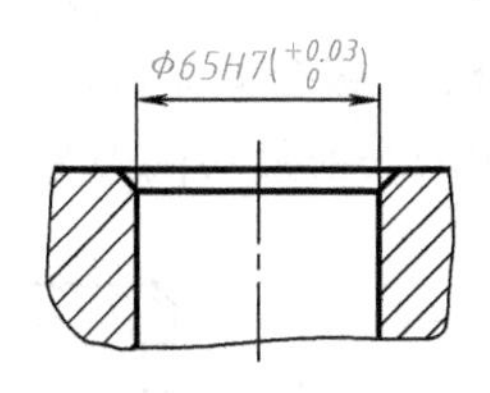

图 8-12　同时标注公差带代号和极限偏差的形式

标注时应注意：

1）当标注极限偏差时，上、下极限偏差的小数点必须对齐，小数点后边的位数也必须相同（图 8-13）。

2）当一极限偏差为“零”时，用数字“0”标出，并与另一极限偏差的小数点前的个位数对齐（图 8-14）。

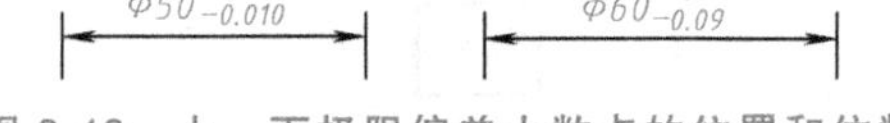

图 8-13　上、下极限偏差小数点的位置和位数

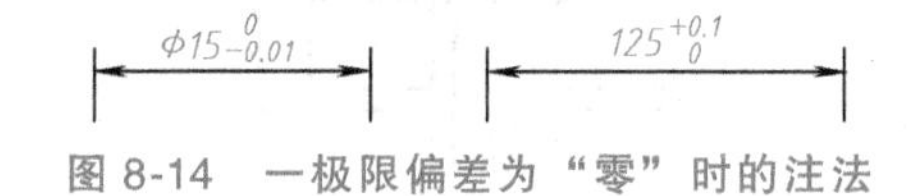

图 8-14　一极限偏差为“零”时的注法

3）当公差带相对于公称尺寸对称配置，即两个极限偏差绝对值相同时，偏差只需注写一次，并应在公称尺寸与偏差之间注出符号“±”，且两者数字高度相同（图 8-15）。

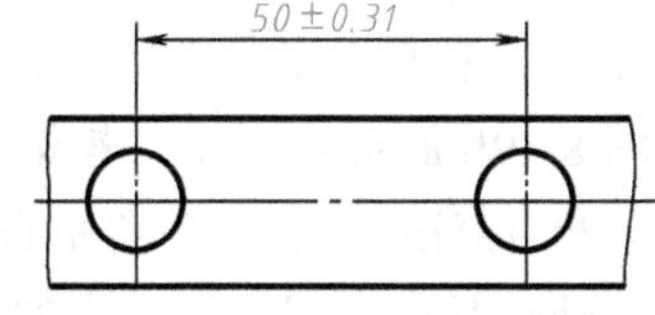

图 8-15　对称极限偏差的注法

3. 在装配图中的注法

1）在装配图中标注线性尺寸的配合代号时，必须将其写在公称尺寸的右边（图 8-16a），必要时也允许按图 8-16b 或图 8-16c 的形式注出。

现将在装配图中标注之配合代号的含义说明如下：

基孔制配合的代号为 H，即基准孔的基本偏差为 H；基轴制配合的代号为 h，即基准轴的基本偏差为 h。

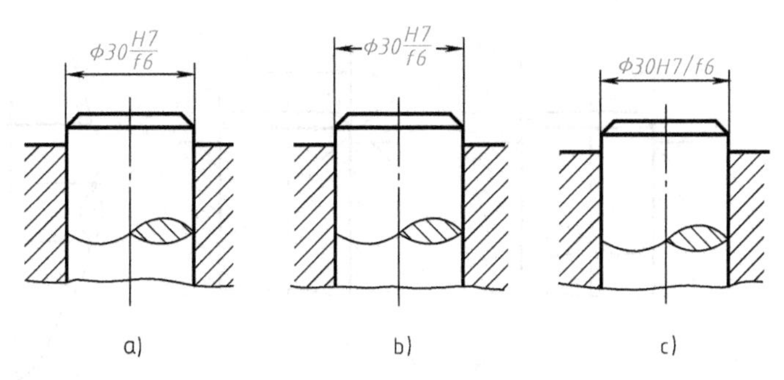

图 8-16　配合代号的三种标注形式

如 ϕ30H7/f6 表示孔和轴的公称尺寸为 ϕ30mm，基孔制配合，7 级公差的基准孔与 6 级

公差、基本偏差为 f 的轴所组成的间隙配合。从相应的附录 E 中可查得孔和轴的极限偏差值。

图 8-17 中的 ϕ20N6/h5，表示孔和轴的基本尺寸为 ϕ20mm，基轴制配合，5 级公差的基准轴与 6 级公差、基本偏差为 N 的孔相配合，其孔与轴的公差带之间的关系如图 8-18 所示。由图可知活塞销两端与活塞销孔之间形成过盈配合；而图 8-17 中，活塞销中段与衬套的配合代号为 ϕ20H6/h5，看分子可以说是基孔制配合，看分母又可以说是基轴制配合，但活塞销是一根光轴，其两端既然选的是基轴制配合，所以中段的 ϕ20H6/h5 应理解为基轴制配合，5 级公差基准轴与 6 级公差、基本偏差为 H 的孔形成的间隙配合（这是基准轴与基准孔相配合的最小间隙为零的间隙配合）。

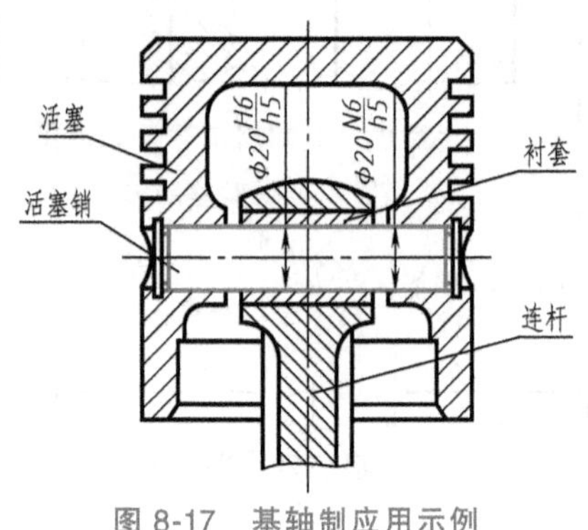

图 8-17 基轴制应用示例

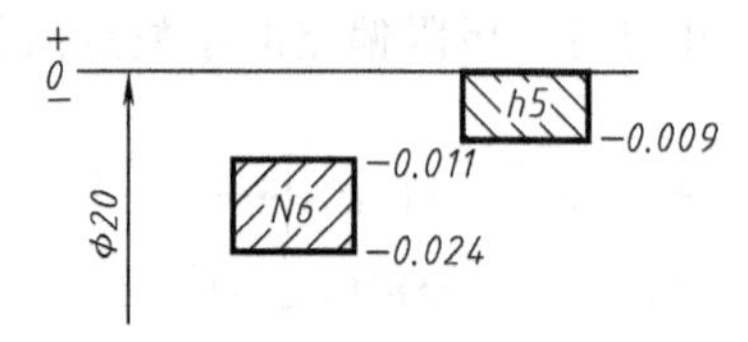

图 8-18 N6/h5 配合类别的判定

2）在装配图中标注相配零件的极限偏差时，一般按图 8-19a 的形式标注，孔的公称尺寸和极限偏差注写在尺寸线的上方，轴的公称尺寸和极限偏差注写在尺寸线的下方，也允许按图 8-19b 的形式标注。若需指明装配件的代号时，可按图 8-19c 的形式标注。

3）标注标准件与零件的配合代号时，可仅标注相配零件的公差带代号。如图 8-20 中的滚动轴承是由专门工厂生产的标准零件，它的内圈与轴径相配合应按基孔制，它的外圈与基座孔相配合应为基轴制，而滚动轴承内、外径的公差带与一般圆柱公差不同，所以在装配图中只注出与它相配的零件的公差带代号（轴径 ϕ30k6 和基座孔 ϕ62J7）。

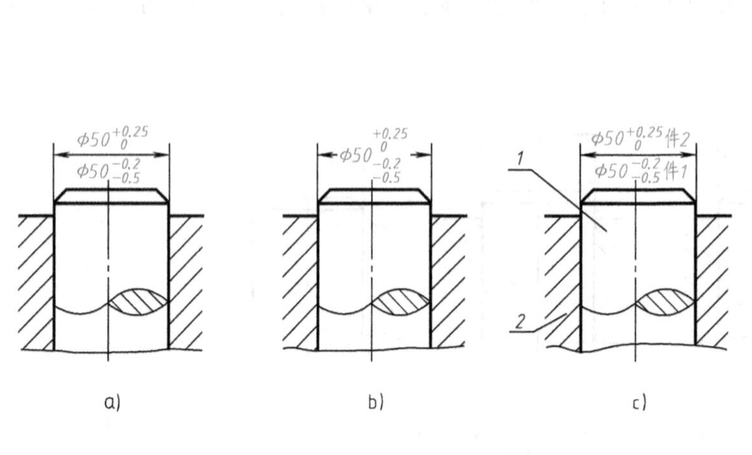

图 8-19 配合标注极限偏差的三种形式

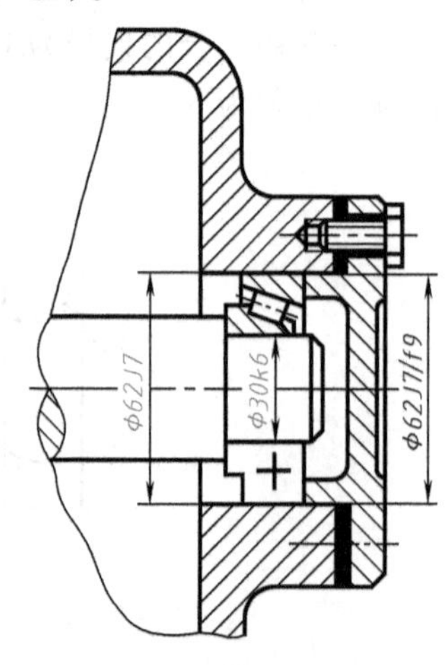

图 8-20 标准件配合代号的注法

第二节　几何公差

在零件加工中，不仅会存在尺寸的偏差，还会出现形状、方向和相对位置等几何要素的误差。如图 8-21 所示的圆柱体，可能出现两端大小不一，或者中间与两端粗细不同，甚至出现弯曲情况；其截面也可能不圆。这些误差都属于形状误差。再如图 8-22 所示的阶梯轴，可能出现各段圆柱不同轴的情况，这属于位置方面的误差。

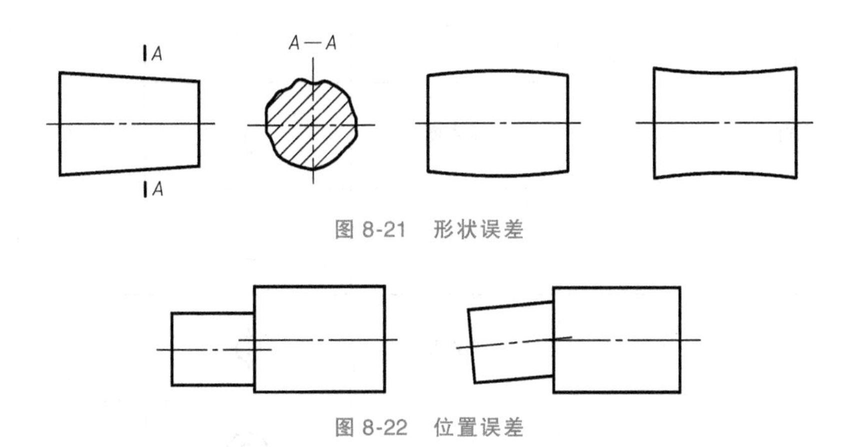

图 8-21　形状误差

图 8-22　位置误差

对于精度要求较高的零件，必须根据实际需要，在图样上规定出相应要素的这类误差的允许范围，称为几何公差。

几何公差中某些项目的公差带定义和示例说明见附录 F。

一、几何公差的代号及注法

几何公差的几何特征、符号见表 8-1，附加符号见表 8-2。各项符号的画法如图 8-23 所示。

表 8-1　几何特征、符号

公　差	几何特征	符　号	有或无基准要求
形状公差	直线度	—	无
	平面度	▱	无
	圆度	○	无
	圆柱度	⌭	无

（续）

公　　差	几何特征	符　　号	有或无基准要求
形状、方向或位置公差	线轮廓度	⌒	无、有、有
	面轮廓度	⌓	无、有、有
方向公差	平行度	//	有
	垂直度	⊥	有
	倾斜度	∠	有
位置公差	位置度	⌖	有或无
	同轴（同心）度	◎	有
	对称度	⌯	有
跳动公差	圆跳动	↗	有
	全跳动	⌰	有

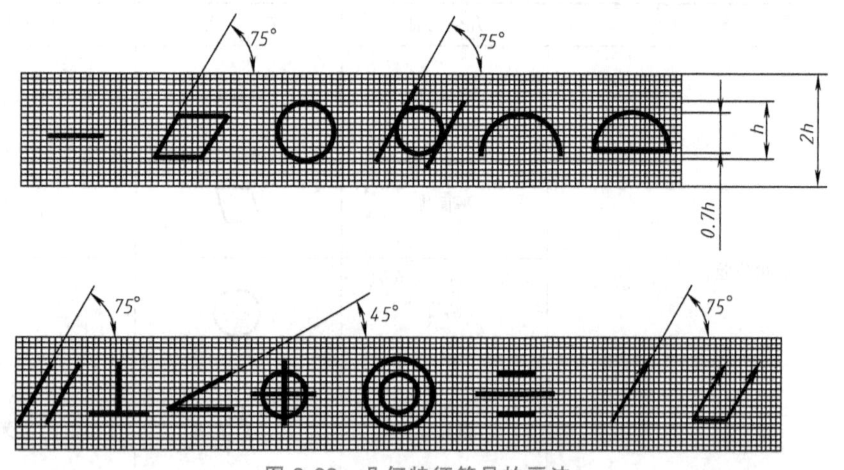

图 8-23　几何特征符号的画法

表 8-2　几何公差的附加符号

符号	意义	符号	意义	符号	意义
φ2/A1（圆圈内）	基准目标	Ⓕ	自由状态条件	MD	大径
50（方框内）	理论正确尺寸		全周(轮廓)	PD	中径、节径
Ⓟ	延伸公差带	Ⓔ	包容要求	LE	线素
Ⓜ	最大实体要求	CZ	公共公差带	NC	不凸起
Ⓛ	最小实体要求	LD	小径	ACS	任意横截面

在图样中，几何公差应采用代号标注，几何公差代号包括：公差框格和指引线、几何特征符号、公差数值及有关符号、基准。如图 8-24 所示。当无法采用代号标注时，允许在图样上的技术要求内容中用文字说明。

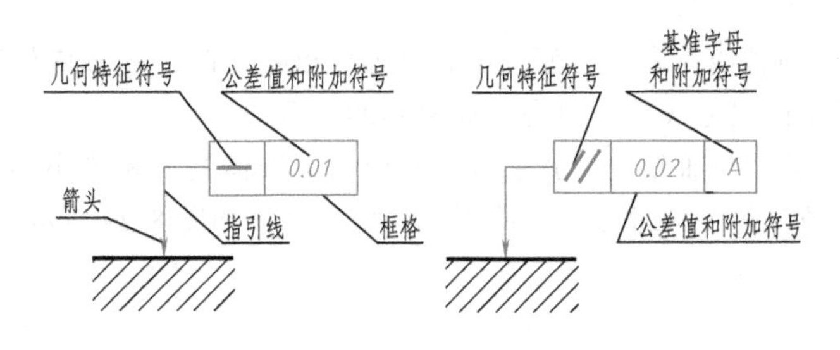

图 8-24　几何公差代号

二、几何公差框格

用公差框格标注几何公差时，公差要求注写在划分成两格或多格的矩形框格内，公差框格用细实线绘制。各格自左至右顺序标注以下内容，如图 8-25 所示。

▱	0.1

a)

//	0.1	A

b)

⌖	φ0.1	A	B

c)

图 8-25　几何公差框格

1）第一格标注几何特征符号。

2）第二格标注公差值及有关符号。公差值是以线性单位表示的量值。如果公差带为圆形或圆柱形，公差值前应加注符号“ϕ”；如果公差带为圆球形，公差值前应加注符号“$S\phi$”。

3）第三格以后标注基准字母。用一个字母时表示单个基准，用几个字母时表示基准体系或公共基准。

三、被测要素

要素是指零件上特定的部位，如点、线或面。这些要素可以是组成要素（如圆柱体的外表面），也可以是导出要素（如中心线或中心面）。给出了几何公差要求的要素，称为被测要素。

1）指引线。在图样上标注几何公差时，需用指引线（细实线）连接被测要素和公差框格。指引线可在框格的任意一侧引出，终端带一箭头，如图 8-24 所示。

2）当被测要素为轮廓线或轮廓面等组成要素时，指引线箭头指向该要素的轮廓线或其延长线上，并与尺寸误线明显错开，如图 8-26 所示。

3）当被测要素为实际表面时，指引线箭头也可指向引出线的水平线上，引出线引自被测面，如图 8-27 所示。

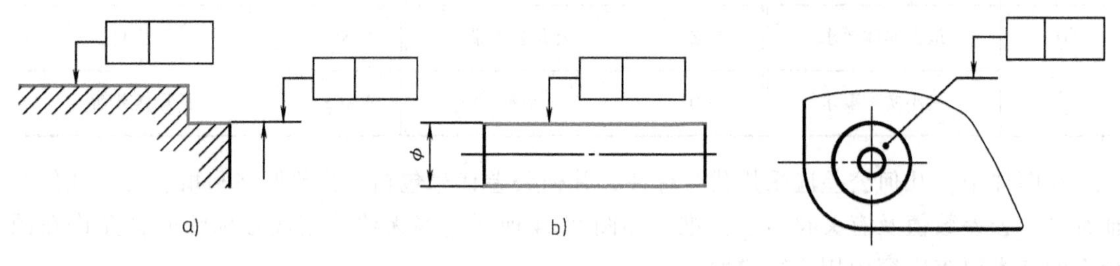

图 8-26 被测要素为组成要素

图 8-27 被测要素为实际表面

4）当被测要素为轴线、中心平面或中心点等导出要素时，箭头应位于相应尺寸线的延长线上，即与各要素的尺寸线箭头对齐，如图 8-28 所示。

5）当被测要素为圆锥轴线时，指引线箭头应与圆锥体的大端或小端的尺寸线对齐，或在圆锥体的任意部位添加一尺寸线，与指引线箭头对齐，如图 8-29 所示。

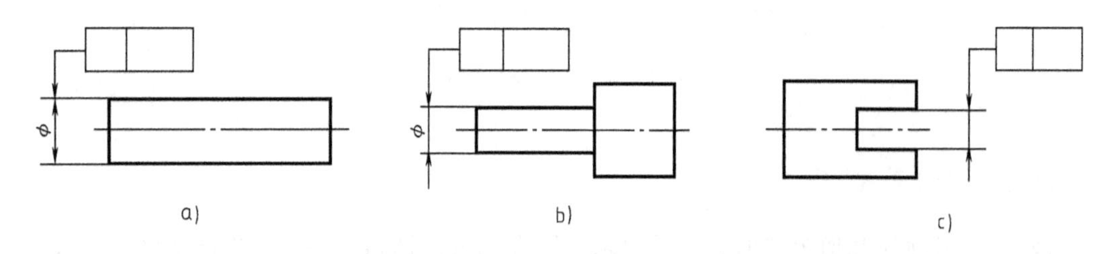

图 8-28 被测要素为导出要素

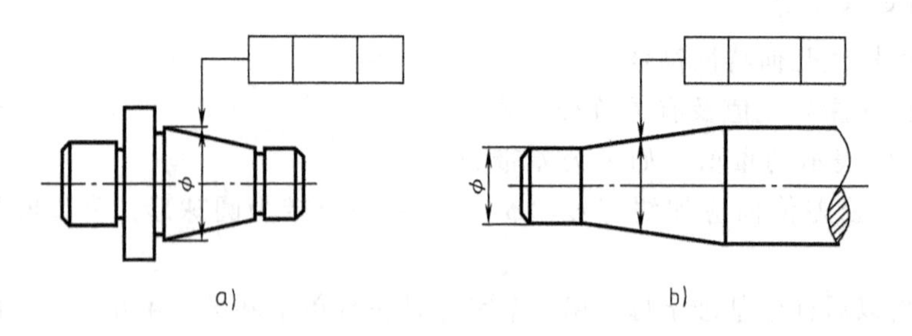

图 8-29 被测要素为圆锥轴线

四、基准

(1) 基准符号 基准符号由基准方格、基准连线和一个涂黑（或空白）的基准三角形组成。基准方格与公差框格高度相等，基准方格和基准连线均用细实线绘制，涂黑或空白的基准三角形含义相同。如图 8-30 所示。

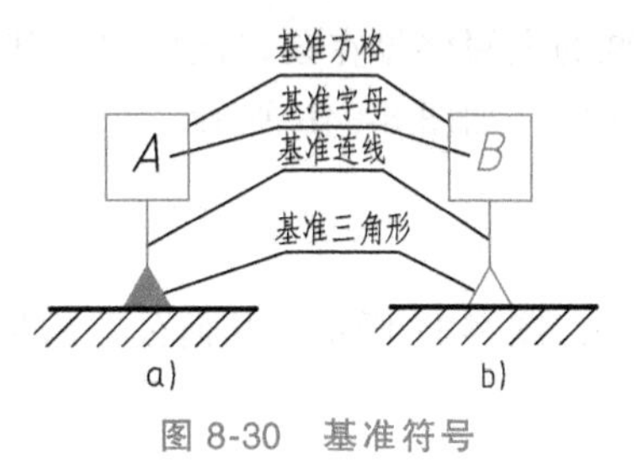

图 8-30　基准符号

(2) 基准　用来确定被测要素方向、位置的要素，称为基准，基准用大写字母表示，标注在基准方格内，同时基准字母还应标注在几何公差框格内。

带基准字母的基准三角形应按照如下规定放置：

1）当基准要素为轮廓线或轮廓面等组成要素时，基准三角形放置在要素的轮廓线或其延长线上，并与尺寸线明显错开，如图 8-31 所示。基准三角形也可放置在该轮廓面引出线的水平线上。如图 8-32 所示。

2）当基准是尺寸要素确定的轴线、中心平面或中心点等导出要素时，基准三角形应放置在该尺寸线的延长线上，如图 8-33a 所示。如果没有足够的位置标注基准要素尺寸的两个箭头，则其中一个箭头可以用基准三角形代替，如图 8-33b 所示。

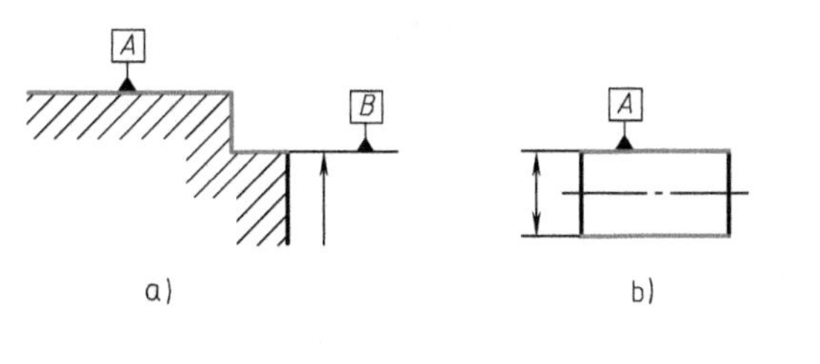

图 8-31　基准要素为组成要素

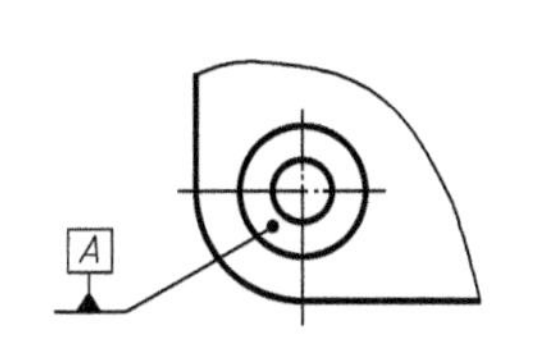

图 8-32　基准要素为实际要素

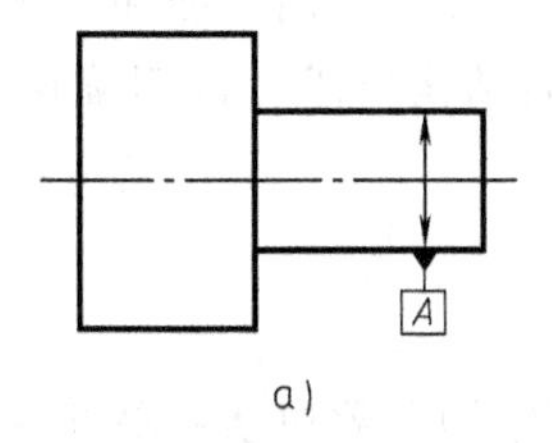

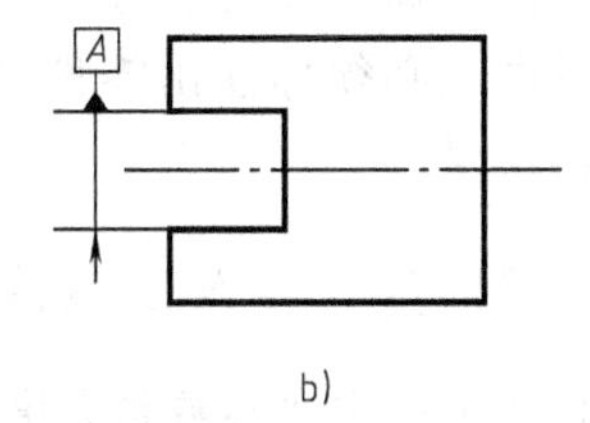

图 8-33　基准要素为导出要素

3）以两个要素建立公共基准时，在公差框格中用中间加连字符（短横线）的两个大写字母表示，如图 8-34a 所示。以两个或三个要素建立基准体系（即采用多基准）时，表示基

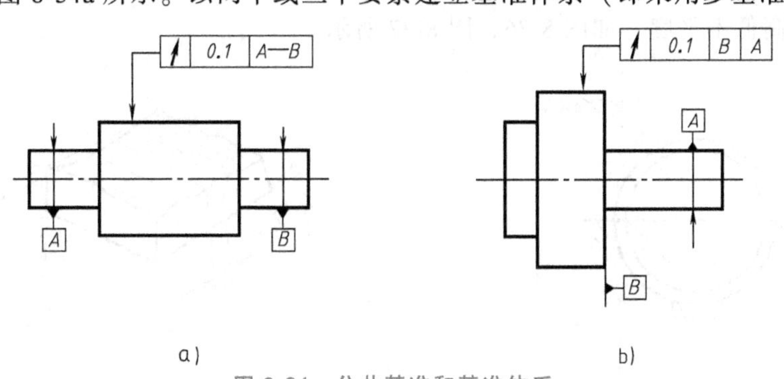

图 8-34　公共基准和基准体系

准的大写字母在公差框格中按基准的优先顺序（而不是字母的顺序）自左至右填写在各框格内，如图 8-34b 所示。

五、几何公差标注实例

图 8-35 所示为几何公差的标注实例（图中只注出与几何公差有关的尺寸）。

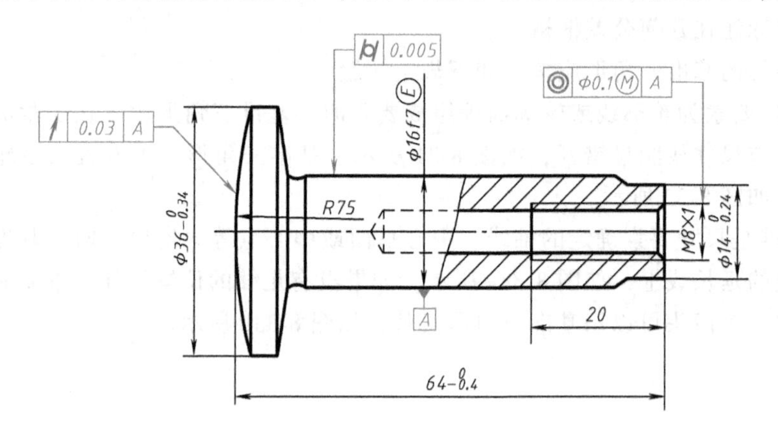

图 8-35　几何公差标注实例

第三节　表面结构要求

表面结构是指在有限区域上的表面粗糙度、表面纹理度、纹理方向、表面缺陷、表面几何形状等表面特性的名称。表面结构会直接影响机械零件的使用性能和工作寿命，所以国家标准规定，在零件图上必须标注出零件各表面的表面结构要求，以明确该表面完工后的状况，从而保证产品质量。

一、表面结构要求代号及参数值

衡量表面结构要求的主要参数是高度参数，表面结构参数包括粗糙度轮廓参数 R、波纹度轮廓参数 W 和原始轮廓参数 P。

机械零件的表面结构要求采用粗糙度轮廓参数 R 评定。表面粗糙度是指加工后零件表面刀痕、金属塑性变形等影响形成的较小间距和峰谷所组成的微观几何特征，其实质是指零件表面的微观高低不平度，如图 8-36、图 8-37 所示。

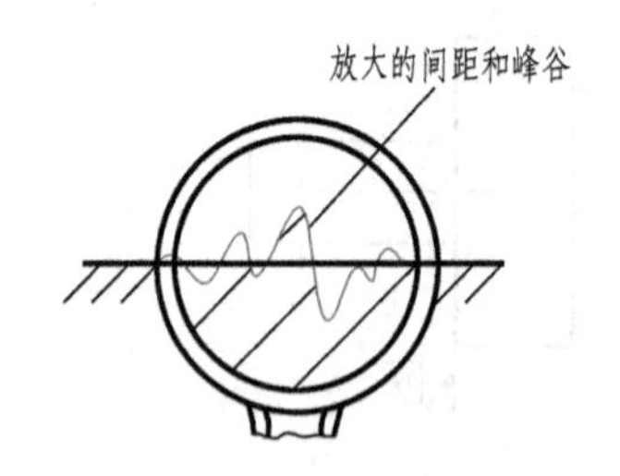

图 8-36　表面微观形状

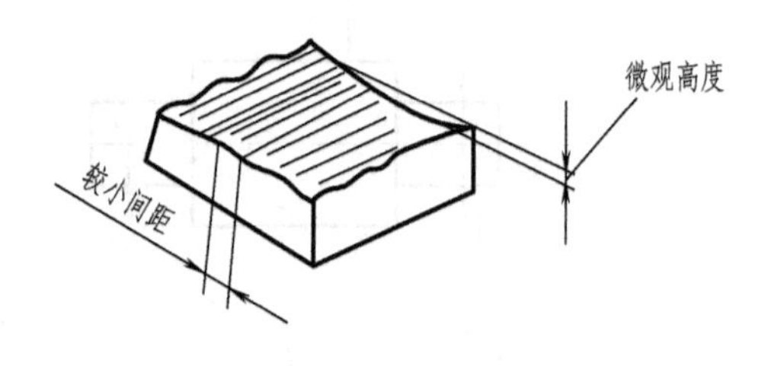

图 8-37　表面的较小间距和微观高度

在生产中常用的评定参数是轮廓算术平均偏差值（代号为 *Ra*）和轮廓最大高度（代号为 *Rz*）等。*Ra* 是指在取样长度 *l* 内，轮廓偏距 *Z* 的绝对值的算术平均值，如图 8-38 所示。它可以用电动轮廓仪测量。

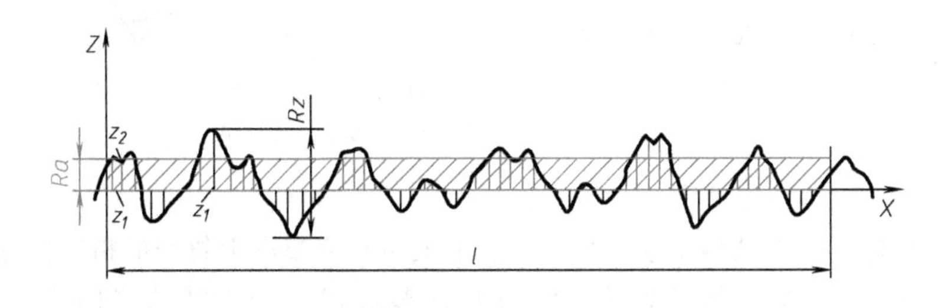

图 8-38　轮廓算术平均偏差值 *Ra*

表面结构要求评定参数数值反映零件表面的加工质量。表面质量越高，参数数值就越小加工工艺就越复杂，加工成本越高。*Ra* 的参数值有 0.012、0.025、0.05、0.1、0.2、0.4、0.8、1.6、3.2、6.3、12.5、25、50、100（单位：μm）。

二、表面结构要求的图形符号

1. 基本图形符号

基本图形符号由两条不等长的、与标注表面成 60°夹角的直线构成，如图 8-39 所示。基本图形符号表示对表面有要求，但未指定工艺方法，仅用于简化代号的标注，没有补充说明时不能单独使用。

2. 扩展图形符号

扩展图形符号有如下两种。

1）在基本图形符号短线上加一短横，如图 8-40a 所示，表示指定表面是用去除材料的方法获得，如通过车、铣、钻、磨等机械加工获得的零件表面。

2）在基本图形符号上加一个圆圈，如图 8-40b 所示，表示指定表面是用不去除材料的方法获得，如通过铸、锻、冲压变形等加工方法获得的零件表面。

图 8-39　基本图形符号

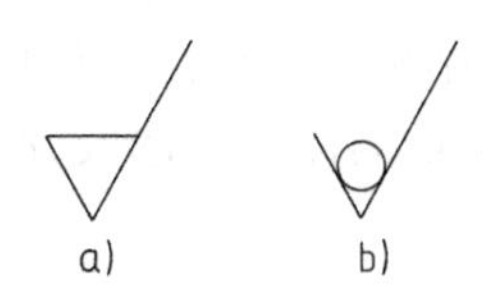

图 8-40　扩展图形符号

3. 完整图形符号

当要求标注表面结构特征的补充信息时，应在基本图形符号或扩展图形符号的长边上加一横线，构成表面结构的完整图形符号，如图 8-41 所示。

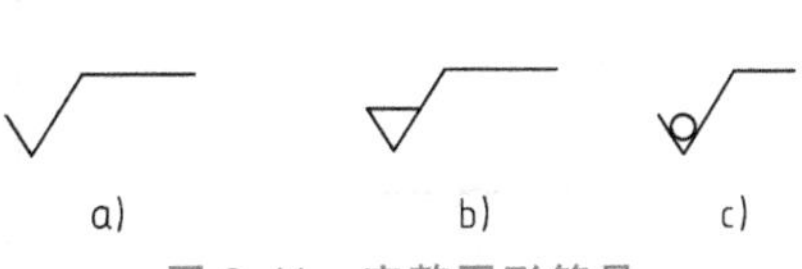

图 8-41　完整图形符号
a）允许任何工艺　b）去除材料
c）不去除材料

各种表面结构要求的图形符号的画法如图 8-42 所示。

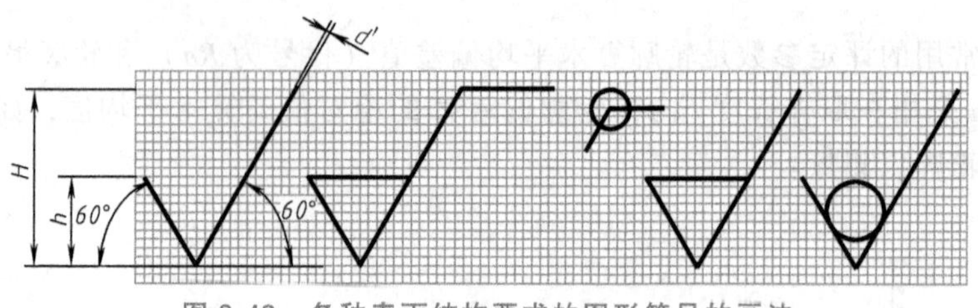

图 8-42 各种表面结构要求的图形符号的画法

注：h 等于字高，H 由作图而定，d'为粗实线 1/10。

4. 表面结构要求的标注代号

在图样上需标注表面结构要求代号。一般形式是在完整图形符号的指定位置写出表面结构要求参数代号（如 *Ra*）和参数值，注写时在参数代号和参数值之间应插入空格，如图 8-43a 所示。

为了明确表面结构要求，必要时应在完整图形符号的指定位置标注补充要求。补充要求包括传输带、取样长度、加工工艺、表面纹理及方向、加工余量等，如图 8-43b 所示。位置 *a* 注写表面结构单一要求；位置 *a* 和 *b* 注写两个或多个表面结构要求；位置 *c* 注写加工方法；位置 *d* 注写表面纹理方向 ；位置 *e* 注写加工余量。

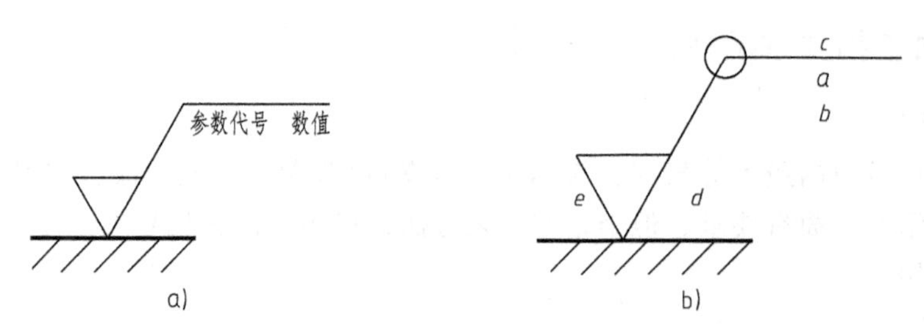

图 8-43 表面结构要求代号形式

三、表面结构要求在图样上的标注

1. 基本原则

1）在同一图样上，表面结构要求对每一表面一般只标注一次，除非另有说明。所标注的表面结构要求是对完工零件表面的要求。

2）表面结构要求可注在可见轮廓线或其延长线上，其符号尖端应从材料外指向并接触材料表面。数值的注写和读取方向与尺寸的注写和读取方向一致，如图 8-44a 所示。

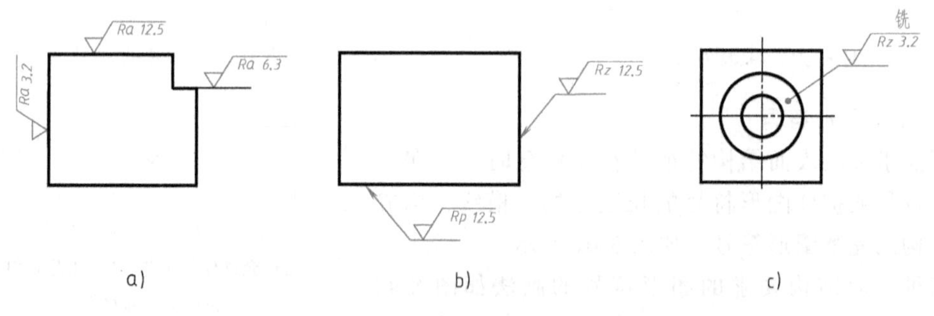

图 8-44 表面结构要求的注写方向

3）为保证表面结构要求数值的注写和读取方向与尺寸的注写和读取方向一致，在必要时，表面结构代号用带箭头或黑点的指引线引出标注，如图 8-44b、c 所示。

4）表面结构要求可标注在尺寸界线上，如图 8-45a 所示。在不致引起误解时，表面结构要求可以标注在给定的尺寸线上，如图 8-45b 所示。

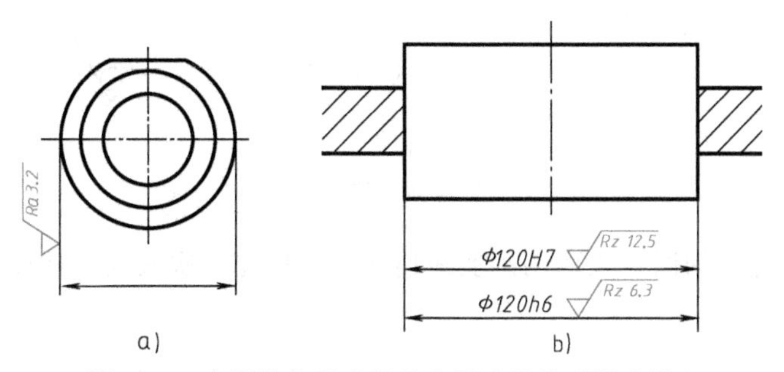

图 8-45　表面结构要求标注在尺寸界线或尺寸线上

5）表面结构要求也可标注在几何公差框格的上方，如图 8-46 所示。

6）同一表面有不同的表面结构要求时，用细实线画出分界线，并标注尺寸，然后分别标注表面结构要求，如图 8-47 所示。

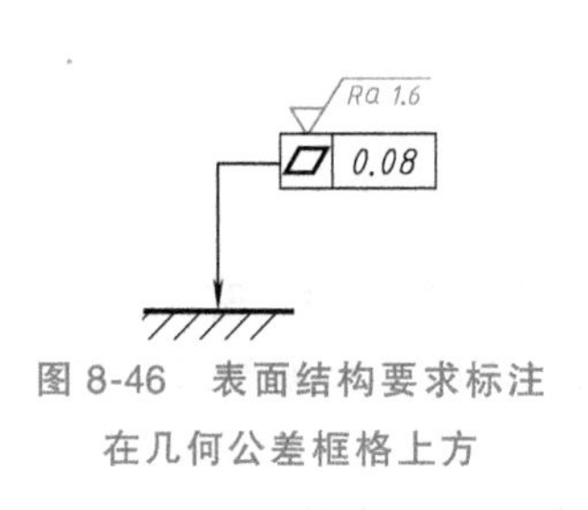

图 8-46　表面结构要求标注在几何公差框格上方

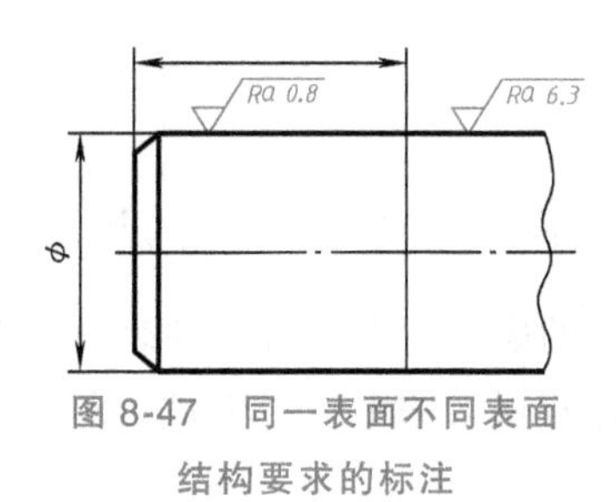

图 8-47　同一表面不同表面结构要求的标注

2. 表面结构要求的简化注法

如果在工件的多数表面有相同的表面结构要求，则其表面结构要求可统一标注在图样的标题栏附近。此时，表面结构要求的符号后面应有在圆括号内的无任何其他标注的基本符号。不同的表面结构要求应直接标注在图形中，如图 8-48 所示。

当多个表面具有相同的表面结构要求或图纸空间有限时，可以采用简化注法。

（1）用带字母的完整形图形符号的简化标注　可用带字母的完整图形符号，以等式的形式，在图形或标题栏附近对有相同的表面结构要求的表面进行简化标注，如图 8-49 所示。

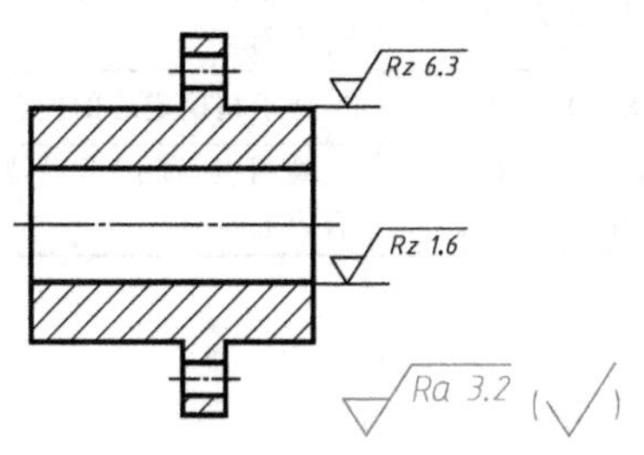

图 8-48　大多数表面有相同表面结构要求的注法

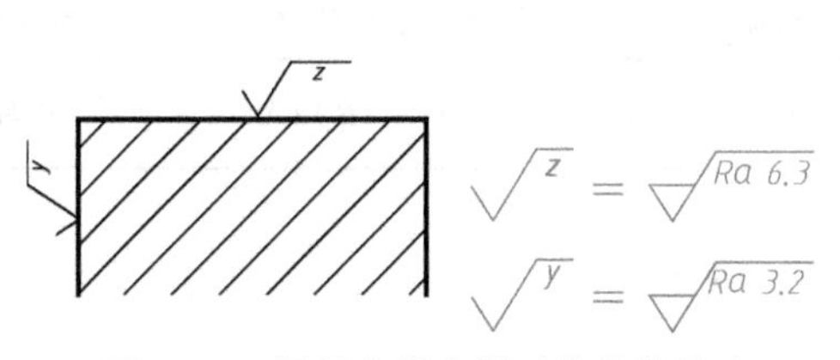

图 8-49　图纸空间有限时的简化注法

（2）只用基本图形符号或扩展图形符号的简化标注　可用表面结构的基本图形符号或扩展图形符号，以等式的形式给出对多个表面共同的表面结构要求。图 8-50a 为未指定工艺方法的多个表面结构要求的简化注法；图 8-50b 为要求去除材料的多个表面结构要求的简化注法；图 8-50c 为不允许去除材料的多个表面结构要求的简化注法。

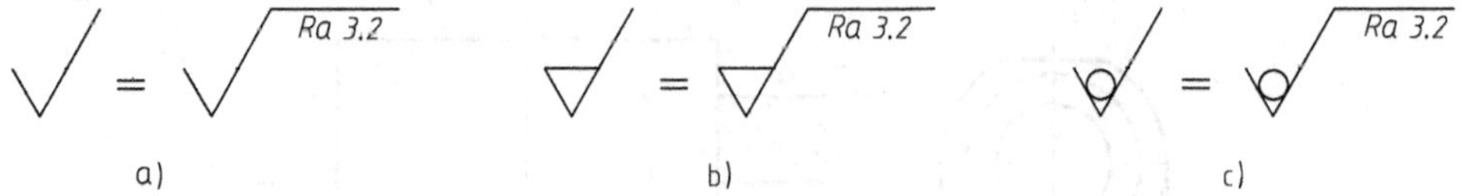

图 8-50　只用表面结构符号的简化注法

同时加工的不连续的同一表面用细实线连接后，标注一次表面结构要求即可，如图 8-51 所示。

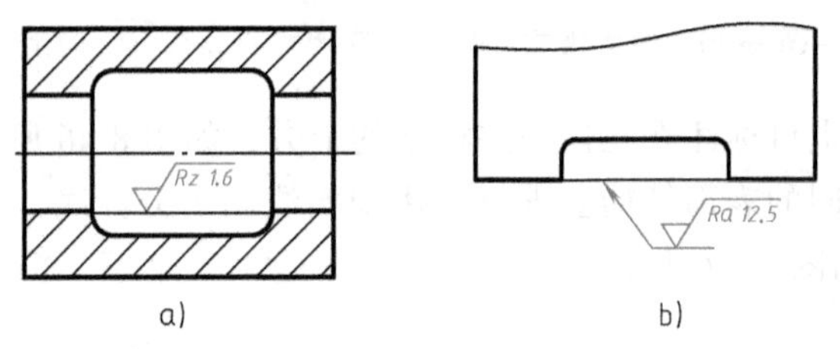

图 8-51　不连续同一表面的表面结构要求简化注法

四、常用表面粗糙度的选用

零件的表面粗糙度对零件表面的摩擦磨损、抗疲劳强度、耐蚀性、密封性、导热性以及美观性都有很大的影响，因此，科学而准确地选用和标注表面粗糙度要求具有十分重要的意义。

常用表面粗糙度 *Ra* 参数值的选用是根据零件的力学性能和零件的加工方法所确定的。在满足零件力学性能的前提下，尽可能选择容易加工达到的表面粗糙度要求，以降低加工成本，即选用较大的表面粗糙度 *Ra* 参数值。表 8-3 是零件表面粗糙度 *Ra* 值的选择参考。

表 8-3　零件表面粗糙度 *Ra* 值的选择参考

加工要求	加工方法	表面特征	参数值 *Ra*/μm	适用范围
粗加工	粗车、粗铣、粗刨、钻	明显见刀痕	50　25　12.5	非接触表面，如倒角、轴端面、孔等
半精加工	精车、精铣、精刨、细锉、粗磨、铰孔	微见刀痕	6.3　3.2　1.6	接触面、不用精确定心的配合表面
精加工	精磨、镗孔、刮、研、抛光	尚可辨纹路	0.8　0.4　0.2	要求精确定心的配合表面
光加工	研磨、超精磨、精抛光	光如镜面	0.10　0.05 0.025　0.012	高精度、高速运动零件的配合表面

第九章

零 件 图

零件与零件图

所有机器（或部件）设备都是由一定数量的、相互联系的零件装配而成的。生产和检验这些零件所依据的图样称为零件工作图，简称零件图。本章主要讨论零件图的作用和内容、零件图的视图选择、零件图的尺寸标注、零件上常见的工艺结构、读零件图和零件测绘等。

第一节　零件图的作用和内容

一、零件图的作用

零件图是生产和检验零件的依据，是设计和生产部门的重要技术文件之一。从零件的毛坯制造、机械加工工艺路线的制订、毛坯图和工序图的绘制、工夹具和量具的设计到加工检验和技术革新等，都是依据零件图来进行的，因此，在绘制零件图时，必须认真对待，力求图样正确无误、清晰易懂。

二、零件图的内容

从图 9-1 所示的泵盖零件图可以看出，一张完整的零件图，一般应包括以下几项内容。

1）一组视图：一组正确、完整、清晰地表达零件结构的视图，包括视图、剖视图、断面图等。

2）全部尺寸：正确、完整、清晰、合理地标出零件在制造和检验时所需的尺寸。

3）技术要求：注明零件在制造、检验、装配时应达到的技术要求，如表面粗糙度、尺寸公差、几何公差、材料的热处理、表面处理要求等。

4）标题栏：注明零件的名称、材料、数量、比例、图号以及制图、描图、审核人的签字、日期等。

第二节　零件图的视图选择

零件表达方案的选择

零件图的视图选择原则是：在正确、清晰、完整地表达零件内、外结构形状及相对位置的前提下，尽可能减少视图的数量，以便于画图和读图。为此，应在深入分析零件的形状和结构特点的基础上，认真选好主视图和其他

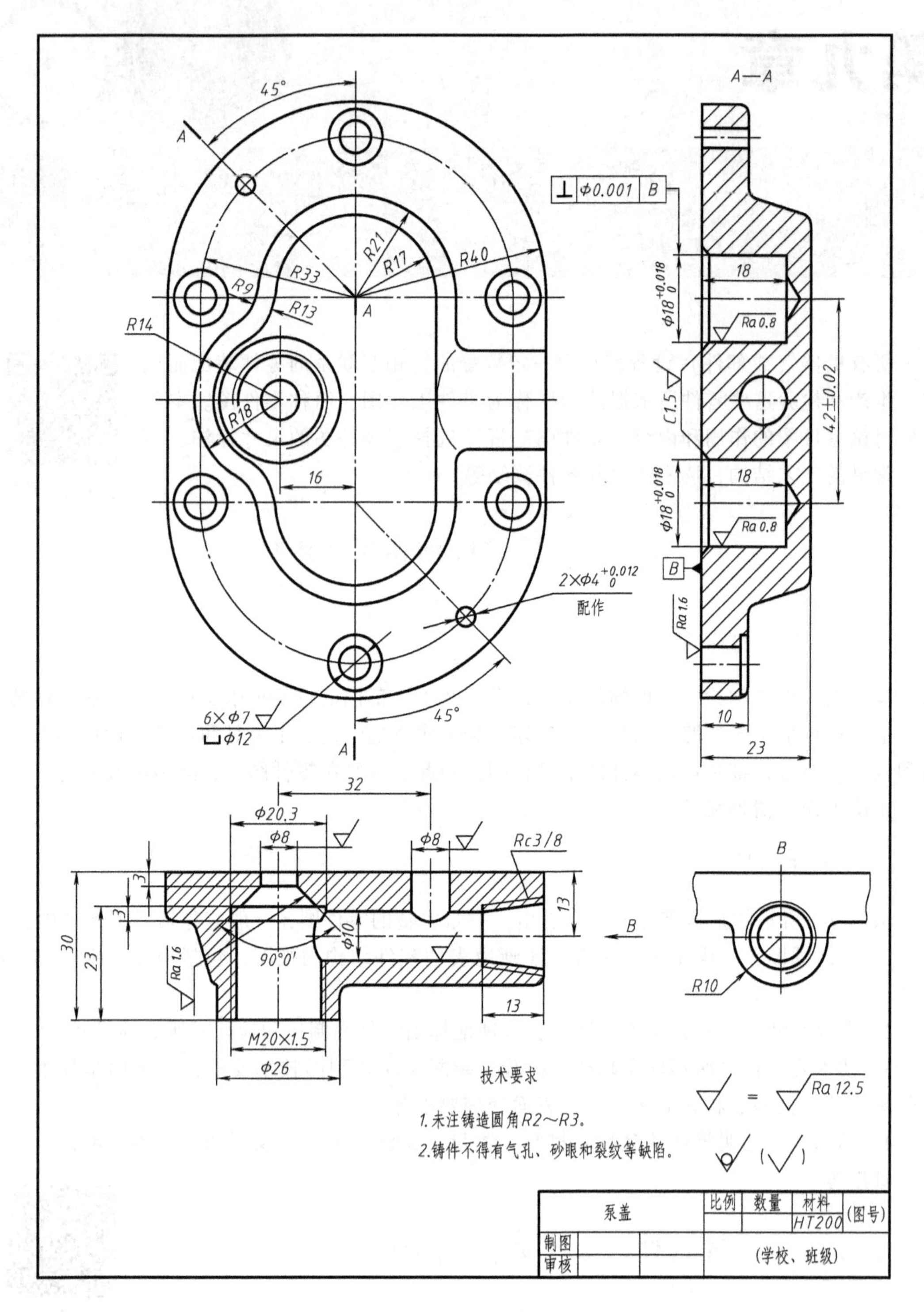

图 9-1 泵盖零件图

必要的视图，并对各视图选用恰当的表达方法。

一、主视图的选择

主视图是表达零件形状最重要的视图，其选择是否合理将直接影响其他视图的画法及加工时是否方便看图。要确定主视图，需要解决两个问题，即零件的安放位置和主视图的投射方向。

1. 零件的安放位置

主视图中零件的安放位置应符合下列原则。

(1) 工作位置原则　零件在机器或部件上都有一定的位置，画主视图时应尽量使零件的安放位置与工作位置一致，例如箱体、支座、支架等零件，多按工作位置画主视图。

(2) 加工位置原则　按零件加工时主要工序的位置或毛坯划线位置来画主视图，以便于对照图样进行生产和测量。如轴套类零件大多在车床上加工，所以一般将其轴线水平放置。

对某些零件来说，当其主视图的安放位置不适宜采用上述原则时，应根据具体情况而定。如机器上的运动零件——连杆、手柄等没有固定位置，此时可按习惯位置画主视图。

2. 主视图的投射方向

主视图的安放位置确定以后，应以最能反映零件的“结构和形状特征”为原则，选择主视图的投射方向，使主视图能明显地表达零件的主要结构形状及各部分结构之间的相对位置关系。

如图 9-2 所示齿轮泵泵体，该零件按工作位置放置，主视图的投射方向有 *A*、*B*、*C*、*D* 四种方案，每种方案剖视后所表达的主要内容如图 9-3 所示。

比较四种方案，沿 *A* 向投射所画主视图能较多地反映泵体的主要结构特征及各部分结构之间的相对位置，同时要兼顾其他视图的配置、图纸幅面的合理使用等，所以以图 9-3a 为优先方案。

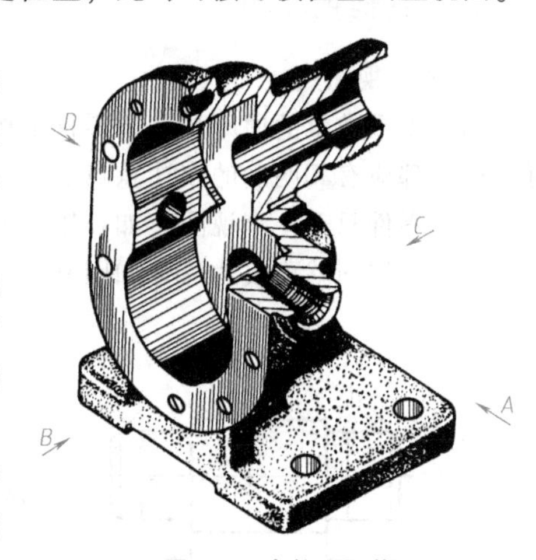

图 9-2　齿轮泵泵体

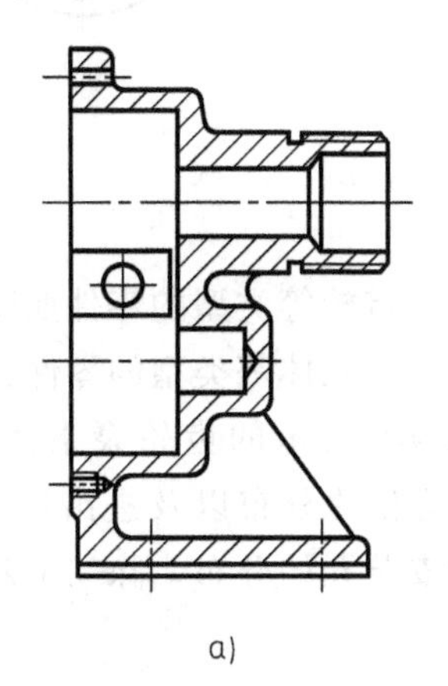

a)

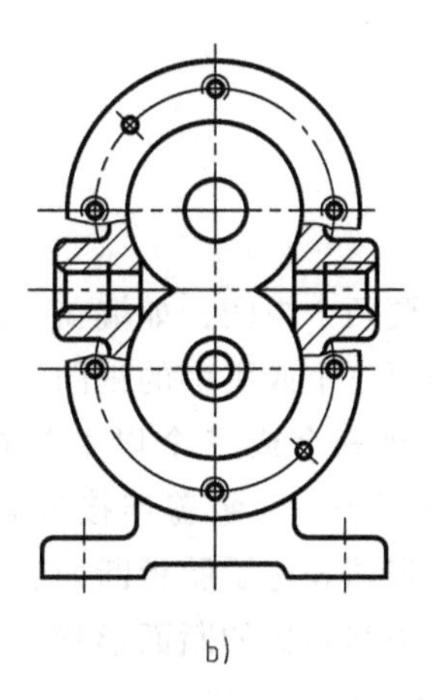

b)

图 9-3　投射方向的选择

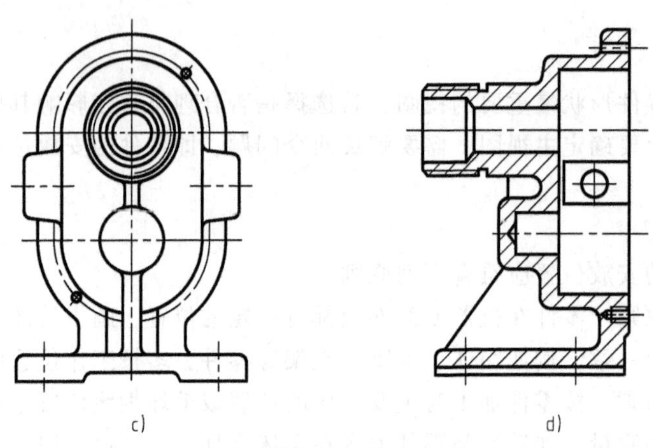

图 9-3 投射方向的选择（续）

二、其他视图和表达方法的选择

1. 关于视图数量

确定视图数量的原则是：在零件的内外结构表达清楚的前提下，选用的视图数量要少，每个视图都应有其明确的表达重点。

有的零件只需一个视图，如：轴、套筒、衬套、螺杆、薄垫片等，对这些零件标注尺寸后，用一个视图就可表达清楚如图 9-4 所示。

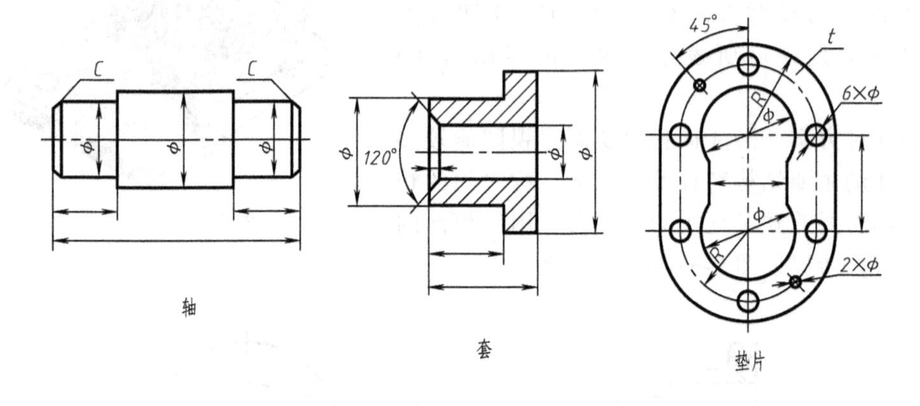

图 9-4 只需一个视图的零件

有的零件需要两个视图，如端盖、盖板、手轮、带轮等类型的零件如图 9-5 所示。

有的零件需要三个或更多的视图，如箱体、壳体、泵体等类型的零件，其内外结构、形状比较复杂，需要三个或三个以上的视图。如图 9-6 所示的齿轮泵泵体，主视图选择如图 9-3a 所示。为了表达与泵盖连接的螺孔和定位销孔的分布以及进出油孔和内腔的结构，需要左视图；俯视图表达了肋板断面、底板形状和安装孔的分布。除三个基本视图外，还采用移出断面表达中间肋板的断面形状。

2. 关于表达方法

通常是用基本视图或在基本视图上采用剖视来表达零件的主要结构形状，用局部视图、斜视

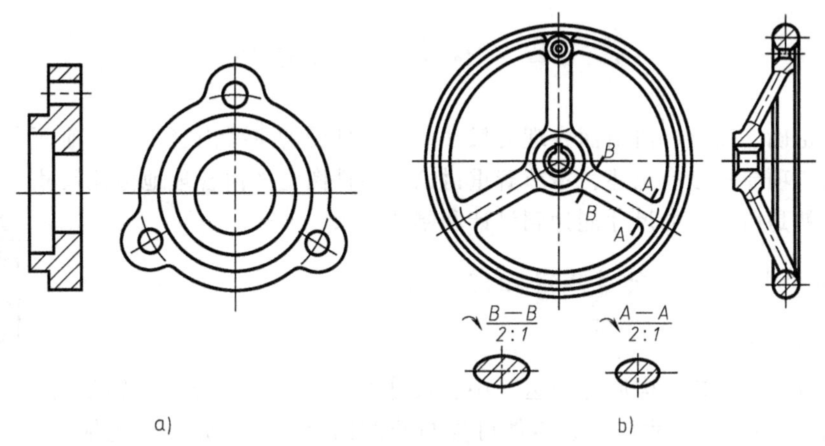

图 9-5 需要两个视图的零件

a）端盖 b）手轮

图、断面图或局部放大图等方法表达零件的局部形状和次要结构。此外，还应注意以下三点。

1）在表达内容相同的情况下，优先选用左视图、俯视图等基本视图。

2）各视图之间最好按投影关系配置，以便于看图。

3）为了便于看图和尺寸标注，一般不宜过多用虚线表示零件的结构形状，但用少量虚线可节省视图数量时，可适当采用虚线。如图 9-7 所示，俯视图中的虚线并不影响图形清晰，又可省去仰视图。

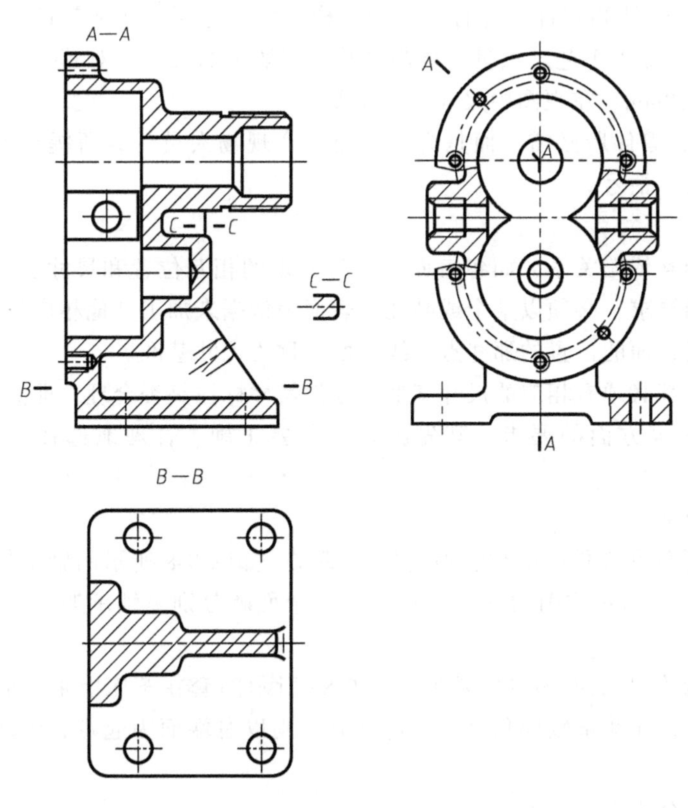

图 9-6 需几个视图的零件

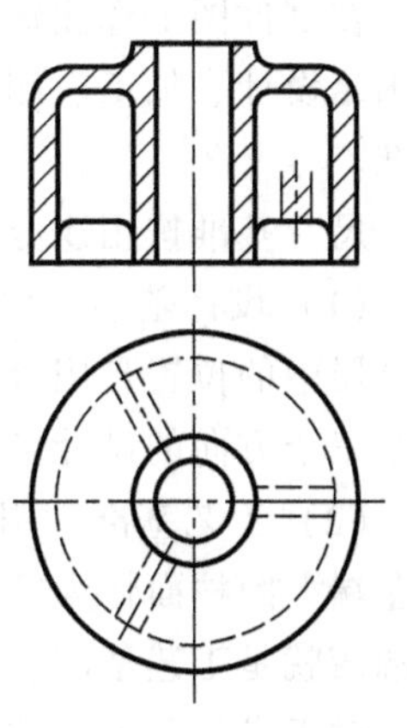

图 9-7 必要时可画虚线

第三节 零件图的尺寸标注

标注出正确、完整、清晰而合理的尺寸，是零件图的主要内容之一。前面有关章节对尺寸注法的前三项要求已有论述，本节着重讨论在零件图上如何合理地标注尺寸。所谓合理地标注尺寸，就是所标注的尺寸能达到设计和制造要求。

零件图的尺寸标注

一、零件的尺寸、尺寸基准和尺寸链

1. 零件的尺寸

在第五章“组合体的构形与表达”中，尺寸的含义不包括公差（即仅为公称尺寸），而零件的尺寸是指该零件可参与装配的尺寸，因此应该包括尺寸公差在内。为了简化图样及突出公差等级较高的尺寸，对于公差等级较低的尺寸可以不带公差。

按对零件功能的影响，将零件的尺寸分为功能尺寸（主要尺寸）、非功能尺寸（非主要尺寸）和参考尺寸三种。

1）功能尺寸：零件上能够影响机器或部件的性能、工作精度和互换性的尺寸。如：零件上配合表面的尺寸（如图 9-1 中尺寸 $2\times\phi4^{+0.012}_{0}$mm、$\phi18^{+0.018}_{0}$mm）、连接尺寸（如图 9-1 中尺寸 M20×1.5）、安装尺寸（如图 9-1 中尺寸 6×ϕ7mm、R33mm、45°）、齿轮中心距（42±0.02）mm 等规格、性能尺寸。

2）非功能尺寸：不影响产品性能和零件间配合性质的结构尺寸，是用来保证零件的力学性能（如强度、刚度等）、满足加工工艺、重量、装饰以及使用要求的尺寸，对其要求不严格，如图 9-1 主视图中尺寸 R18mm、左视图中尺寸 23mm 等。

3）参考尺寸：这类尺寸并非零件所必需，而是为了避免生产现场人员计算所提供的。为了区别其他尺寸，标注时应加圆括号。

2. 零件尺寸的基准

零件各表面之间存在各种相互依赖关系，如各表面之间有一定的相互位置和尺寸要求，加工时为保证零件图上所规定的要求，必须以某个或某几个表面为依据来加工其他相应的表面。零件上用来确定其他点、线、面的位置的那些点、线、面，称为尺寸基准。

在零件图上标注每一个尺寸都必须有相应的尺寸基准。零件尺寸标注是否合理，即能不能满足设计、加工、测量、装配等方面的要求，其先决条件是要正确、合理地选择尺寸基准。

尺寸基准按用途分为以下两类。

（1）设计基准　用以确定零件在部件中的位置所选定的基准。如图 9-8 所示的轴承架，在机器中的位置是用接触面 *Ⅰ*、*Ⅲ*和对称面 *Ⅱ*来确定的，这三个面就分别是轴承架长、高和宽三个方向的设计基准。

（2）工艺基准　用以确定零件加工或测量的基准。图 9-8c 所示的套在车床上加工时，用左端大圆柱面作为径向定位面，而测量轴向尺寸 a、b、c 时，则以右端面为起点，因此，右端面就是工艺基准。

对于设计基准，按其作用又分为以下两类。

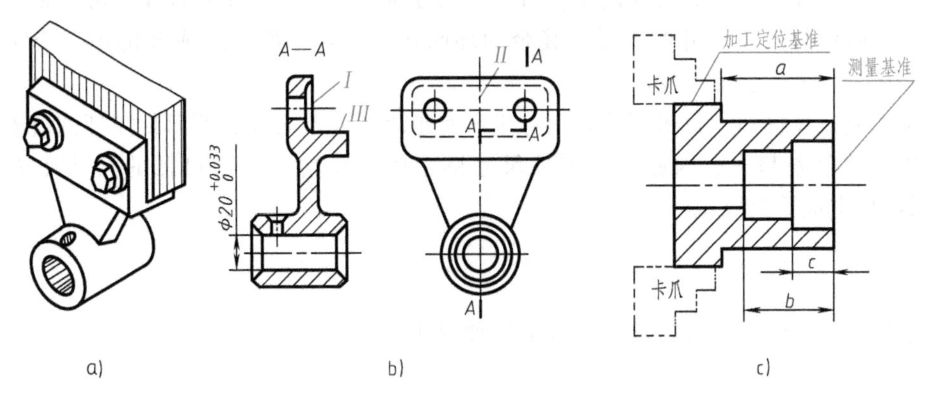

图 9-8　设计基准和工艺基准

1）主要基准：零件有长、宽、高三个方向的设计尺寸。对于某些零件在同一方向上可能有两个以上的基准，其中起主要作用的叫作主要基准，如图 9-9 中长、宽、高三个方向的主要基准分别是 *I*、*II*、*III*。

2）辅助基准：起辅助作用的基准叫作辅助基准，如图 9-9 中 *IV* 是尺寸（35±0.3）mm 的基准，*V* 是尺寸 9mm 的基准，所以基准 *IV*、*V* 分别是长度、宽度方向的辅助基准。

零件在同一方向上各尺寸之间，一定要有尺寸联系，在选择基准时尽可能使主要基准和工艺基准重合，以减少尺寸误差。如不能重合时，零件的功能尺寸从设计基准开始标注，不重要的尺寸从工艺基准开始标注。

3. 尺寸链

封闭的尺寸联系，叫作尺寸链。对于一个零件来说，在加工过程中同一方向尺寸的形成是互相联系的，如图 9-10 所示，以右端面 *I* 为轴向尺寸基准，按尺寸 A_1 加工面 *II*；仍以面 *I* 为基准，按尺寸 A_2 加工面 *III*，最后形成尺寸 N，即有尺寸联系 $N=A_2-A_1$，显然尺寸 N 的精度取决于尺寸 A_1、A_2 的精度。这种由一个零件上有关尺寸组成的尺寸链，叫作零件尺寸链。

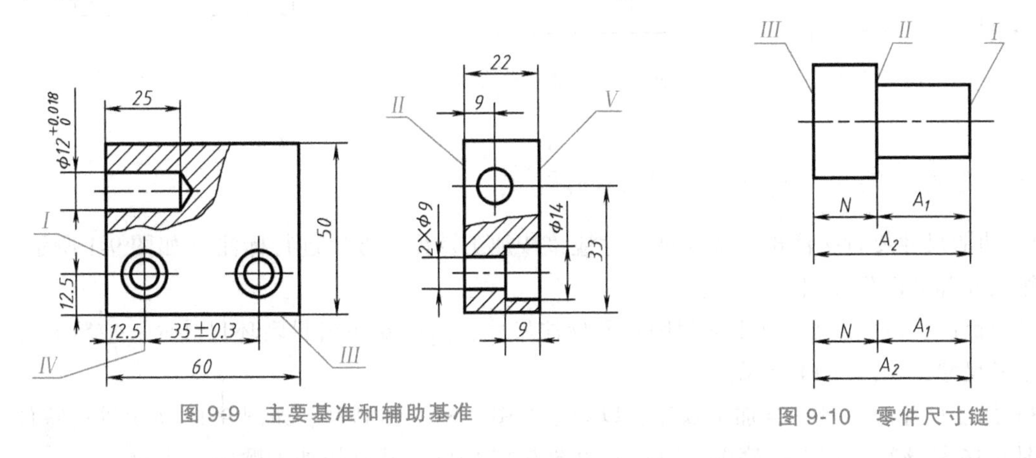

图 9-9　主要基准和辅助基准　　图 9-10　零件尺寸链

分析计算尺寸链时，可在机器或零件的图样上直接画出尺寸链。为了分析方便，只把有关联的尺寸用尺寸线依次画成简图，如图 9-10 中的下图，该图称为尺寸链图。

在由几个尺寸所构成的尺寸链中，每一个尺寸都叫作环。其中在加工过程中最后形成的那个尺寸，叫作封闭环，用 N 表示；其余的环叫作组成环，所有组成环都用一个字母表示（如图 9-10 中，用 A 表示组成环）。

由尺寸链计算得知，封闭环的公差等于所有组成环公差之和，所以封闭环的公差比任何一个组成环的公差都大，因此，在零件尺寸链中应选择精度要求最低的尺寸作为封闭环（在加工过程中最后形成）。

二、零件图的尺寸标注形式

在零件图上标注尺寸时，常采用以下三种形式。

1. 链式注法

该注法把零件上同一方向的一组尺寸依次注写，形成链状，如图 9-11 所示。

零件尺寸的链式注法，其优点是可以保证每一环的尺寸精度；缺点是组成环的误差全累积在总长（封闭环）上，且环数越多，累积误差越大。

2. 坐标式注法

把零件上同一方向的一组尺寸，以同一主要基准注起，如图 9-12 所示。

这种注法的特点是各组成环的尺寸精度不相互干涉，只是当相邻两环之间的公差较小时，不宜采用这种注法（如要求公差小于 0.2mm 时，这种注法就不宜采用了）。

3. 综合式注法

该注法是前两种注法的综合形式，如图 9-13 所示。这种注法兼有前两种注法的优点。零件图上单独采用链式注法或坐标式注法的情况很少，大多数情况采用综合式注法。

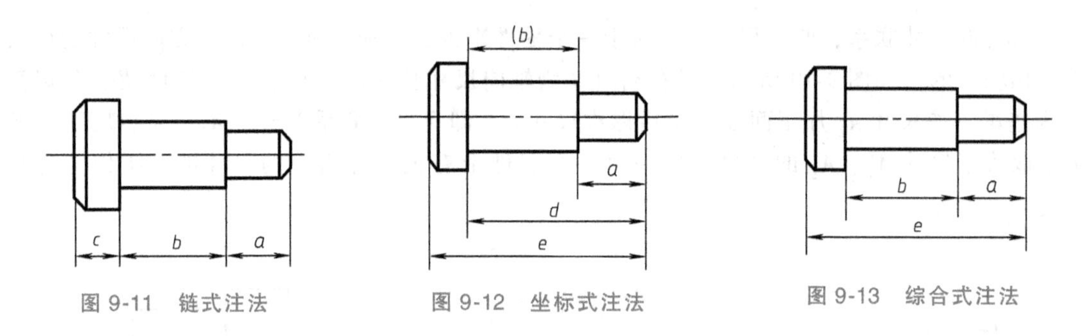

图 9-11　链式注法　　图 9-12　坐标式注法　　图 9-13　综合式注法

三、零件图的尺寸标注应注意的问题

1）功能尺寸要直接注出，非功能尺寸应该按加工及测量方便进行标注（如图 9-1 所示，在功能尺寸部分已作介绍）。

2）标注尺寸时，尺寸链中的封闭环不标注尺寸，当需要注出封闭环尺寸时，应将其标注为参考尺寸，如图 9-14 所示。

3）标注尺寸应尽量符合加工顺序，以利于看图、加工和测量。如图 9-15 所示轴的零件图，图 9-16 是该轴的加工顺序图，可以看出图 9-15 中的尺寸是按加工顺序标注的。

4）标注尺寸要考虑测量方便。如图 9-17 所示，套筒按图 9-17b 标注，键槽深度按图 9-17c、d 标注，便于测量。

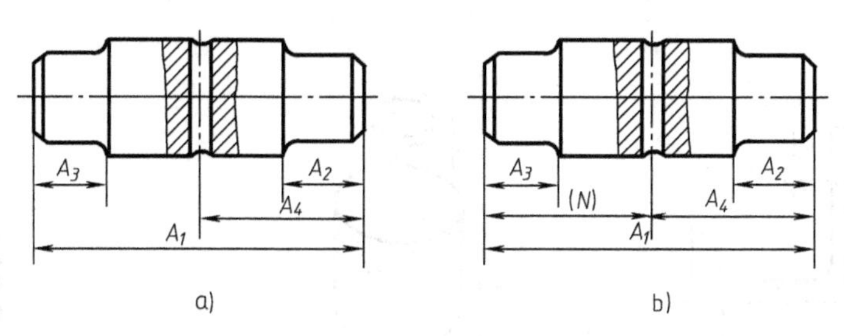

图 9-14 封闭环尺寸不标注

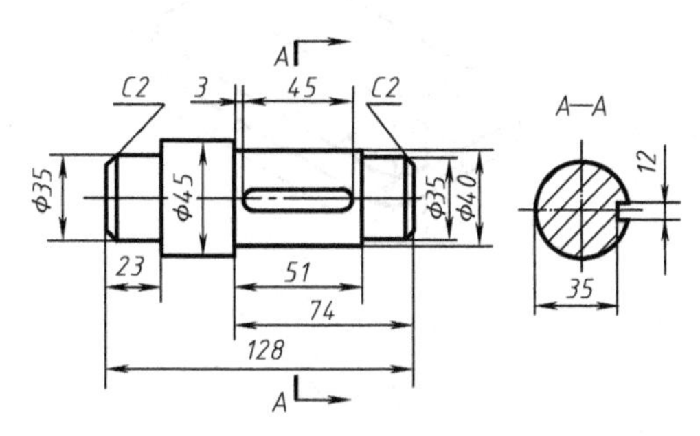

图 9-15 轴的尺寸标注

5）对于铸件、锻件，为了制作铸模和锻模方便，应按基本形体标注尺寸，如图 9-18a 所示。应注意零件同一方向上加工表面与其他不加工表面之间，一般应有一个尺寸联系（如图 9-18b 中尺寸 *B* 是加工面 *G* 与不加工面 *E* 的联系尺寸，两个不加工面 *E*、*F* 之间标注尺寸 *A*）。

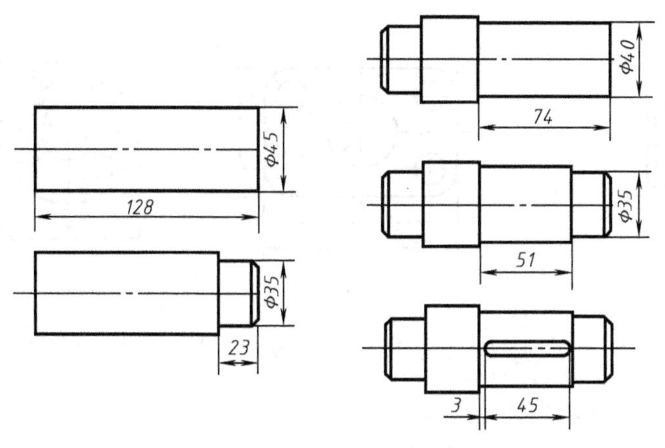

图 9-16 轴的加工顺序图

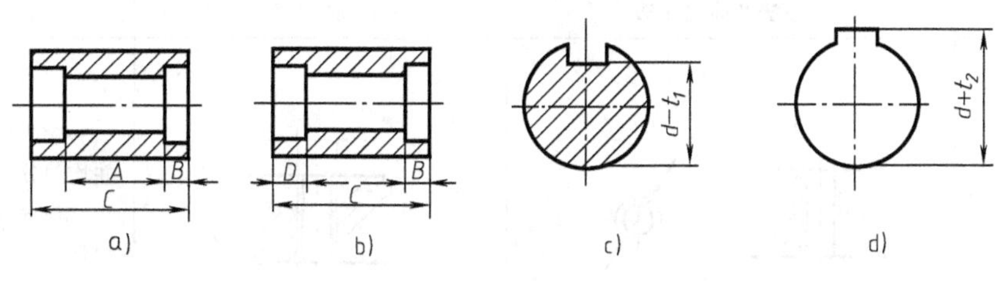

图 9-17 标注尺寸应考虑测量方便

a）不好 b）、c）、d）好

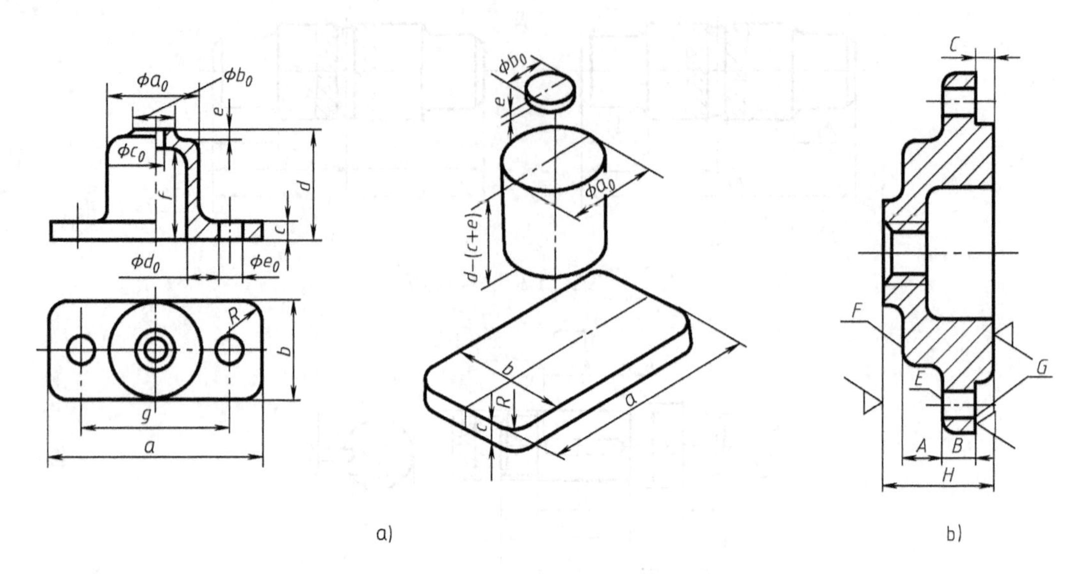

图 9-18 铸件、锻件的尺寸标注

6）由刀具保证的尺寸，标注时应给出刀具的相应尺寸。如图 9-19 所示铣刀加工键槽时的尺寸注法，铣刀直径用双点画线画出。

7）零件底板、法兰盘的尺寸注法如图 9-20 所示。

8）零件上几种常见孔（光孔、螺孔、沉孔）的尺寸注法，见表 9-1。

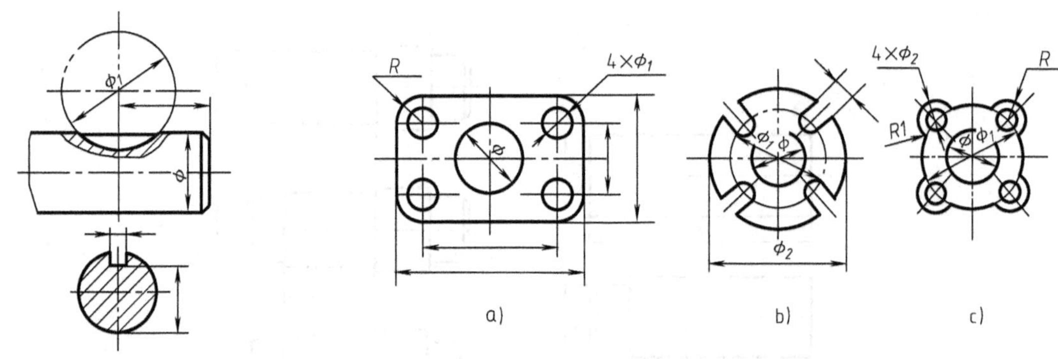

图 9-19 由刀具保证的尺寸的标注方法

图 9-20 底板、法兰盘的尺寸标注

表 9-1 常见孔的尺寸注法

类型		旁注法及简化注法	普通注法	说明
螺孔	通孔	3×M6-7H　3×M6-7H	3×M6-7H	3×M6 为直径是 6mm 并均匀分布的三个螺孔 三种标注方法可任选一种

（续）

类型		旁注法及简化注法	普通注法	说明
螺孔	不通孔	3×M6↧10　3×M6↧10	3×M6　10	↧表示深度符号 只标螺孔深度时，可以与螺孔直径连标
		3×M6↧10 孔↧12　3×M6↧10 孔↧12	3×M6　10　12	需要注出光孔深度时，应明确标注深度尺寸
沉孔	埋头孔	6×Φ7 ∨Φ13×90°　6×Φ7 ∨Φ13×90°	90°　Φ13　6×Φ7	∨埋头孔符号 6×ϕ7 为直径 7mm，均匀分布的六个孔，沉孔尺寸为锥形部分的尺寸
	沉孔	4×Φ6.4 ⊔Φ12↧4.5　4×Φ6.4 ⊔Φ12↧4.5	Φ12　4.5　4×Φ6.4	⊔柱形沉孔符号 4×ϕ6.4 为直径小的柱孔尺寸，沉孔 ϕ12mm，深 4.5mm 为直径大的柱孔尺寸
	锪平孔	4×Φ9 ⊔Φ20　4×Φ9 ⊔Φ20	Φ20锪平　4×Φ9	4×ϕ9mm 为直径小的柱孔尺寸。锪平部分的深度不注，一般锪平到不出现毛面为止
光孔	精加工孔	4×Φ4H7↧10 孔↧12　4×Φ4H7↧10 孔↧12	4×Φ4H7　10　12	4×ϕ4mm 为直径是 4mm，均匀分布的 4 个孔；精加工深度为 10mm，光孔深度 12mm
	锥销孔	锥销孔Φ4 配作　锥销孔Φ4 配作	Φ4 配作	锥销孔小端直径为 ϕ4mm；并与其相连接的另一零件一起配钻铰

四、在零件图上标注尺寸的方法、步骤

在零件图上标注尺寸的方法、步骤是：

1）选择零件基准。

2）按设计要求标注功能尺寸。

3）按工艺要求标注非功能尺寸。

4）按正确、清晰、完整、合理的要求核对长、宽、高三个方向的尺寸。

下面结合图 9-6 所示齿轮泵泵体表达方案，按上述方法、步骤标注尺寸，如图 9-21 所示。

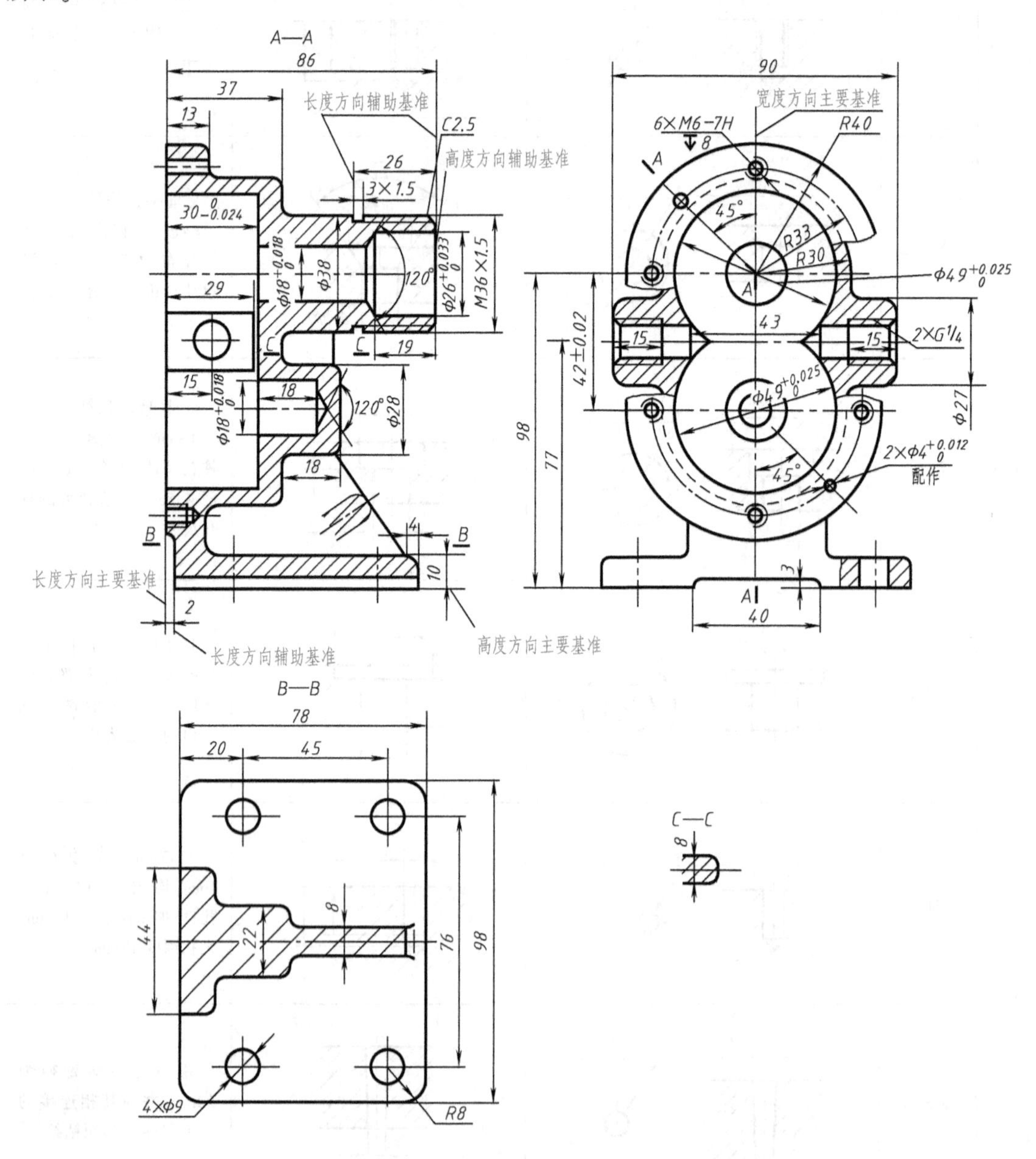

图 9-21　泵体的尺寸标注

1）选择尺寸基准，按齿轮泵的设计要求分析，泵体高度方向的主要设计基准是底面，并从工艺要求分析，工艺基准与设计基准重合。主动轴的中心高 98mm 是以底面为基准注出的，两齿轮的中心距（42±0.02）mm 是功能尺寸，按功能尺寸直接注出的原则，应以主动轴的轴线为辅助基准注出。这两个基准确定后，高度方向的尺寸就可一一注出了。长度方向的主要设计基准应是左端面，它是装配结合面，这个面与底面及轴孔有垂直度要求。有了这个基准，长度方向的尺寸就可一一标注了。宽度方向，显然以其对称平面为主要基准标注尺寸。

2）标注功能尺寸时，除了上述高度尺寸 98mm、（42±0.02）mm、之外，长度尺寸如 $30_{-0.024}^{\ 0}$mm、15mm、18mm 以及 29mm 等，径向尺寸 $\phi18_{\ 0}^{+0.018}$mm、$\phi26_{\ 0}^{+0.033}$mm、$\phi49_{\ 0}^{+0.025}$mm，安装尺寸 4×ϕ9mm、76mm、45mm，连接尺寸 2×$\phi4_{\ 0}^{+0.012}$mm、6×M6-7H 深 8mm 等都应直接注出。

3）标注非功能尺寸时，应防止遗漏，不要注出封闭环尺寸。

4）检查核对全部尺寸。

第四节　零件上常见的工艺结构

本节介绍铸件、模锻件、机加工件中常见的工艺结构，供画图时参考。

零件上常见的工艺结构

一、铸造工艺对零件结构的要求

（1）铸造斜度和铸造圆角　为了便于起模，沿铸型分型面的垂直方向，铸件内外侧面应有一定的斜度（结构斜度）。为避免上下边缘绝对尺寸相差过大，铸件越高，其结构斜度相对减小（见表 9-2）。

表 9-2　铸造斜度

图　例	斜度 $b:h$	角　度 β	应用范围
	1 : 5	11°30′	h<25mm 时钢铁的铸件
	1 : 10 1 : 20	5°30′ 3°	h=25~500mm 时钢和铁的铸件
	1 : 50	1°	h>500mm 时钢和铁的铸件
	1 : 100	30′	有色金属铸件

注：当设计不同壁厚的铸件时，转折处的斜角最大增到 30°~45°。

若铸造斜度小，可不画出斜度（图 9-22）；若斜度较大，则应在一个视图中画出，其他投影图可只画小端（图 9-23a），也可按投影关系画出（图 9-23b）。

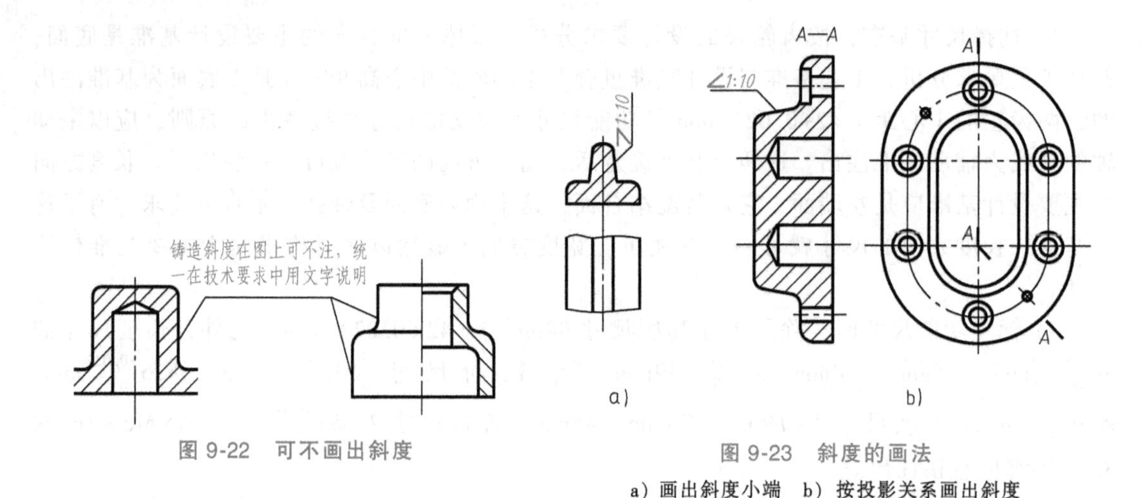

图 9-22 可不画出斜度

图 9-23 斜度的画法

a）画出斜度小端 b）按投影关系画出斜度

在铸件各表面相交处，都应有铸造圆角（图 9-24），铸造圆角半径可查阅有关资料。当各圆角相同时，可在技术要求中直接注出。

由于存在铸造圆角，铸件表面交线就变得不太明显了，称这种线为过渡线，如图 9-24～图 9-26 所示。过渡线用细实线绘制。两圆柱正交时过渡线的画法如图 9-24 所示，图中是用近似画法做出过渡线的，应画到理论交点处为止。

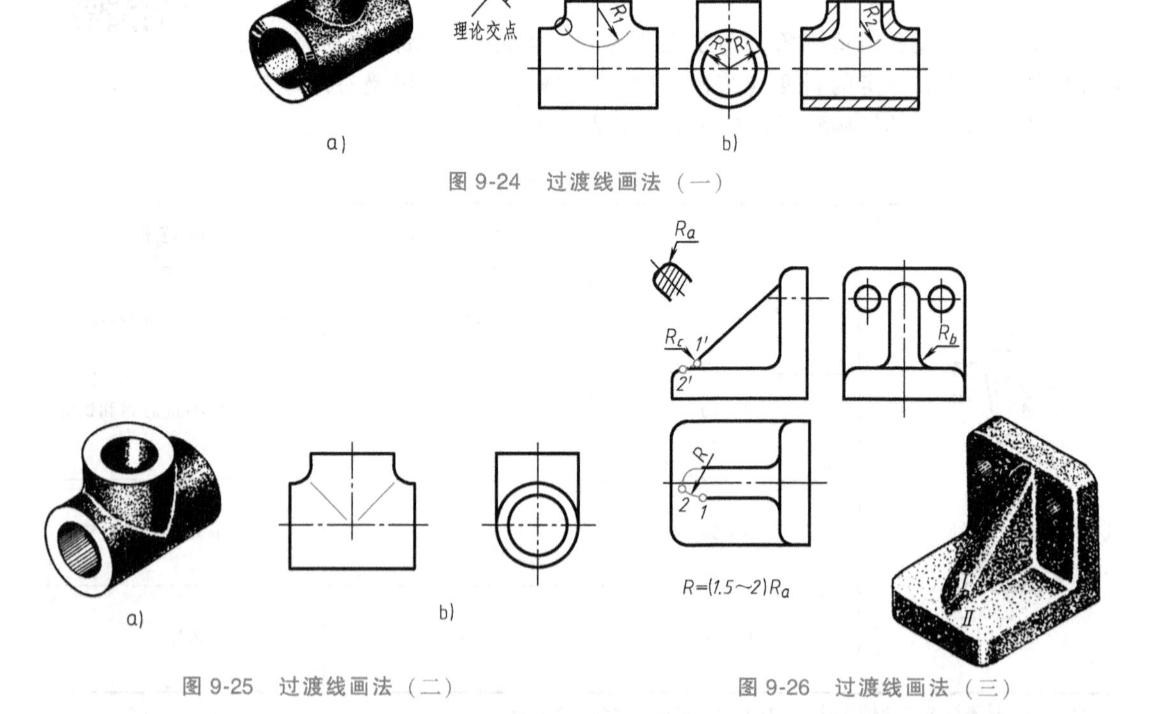

图 9-24 过渡线画法（一）

图 9-25 过渡线画法（二）

图 9-26 过渡线画法（三）

（2）铸件壁厚应均匀、形状应简单 浇注零件时，为避免因冷却速度不同而在肥厚处产生缩孔或端面变化处产生裂纹，应使铸件壁厚均匀，如图 9-27 所示。

为了便于制模、造型、清砂和机械加工，铸件形状应尽量简单，外形应尽可能平直，内

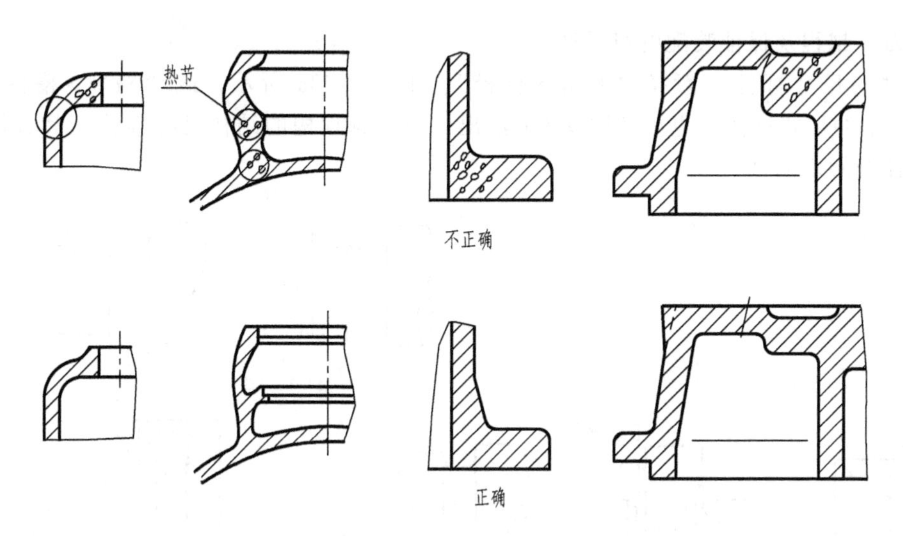

图 9-27　铸件壁厚要均匀

壁应减少凹凸结构，如图 9-28 所示。

二、机械加工工艺对零件结构的要求

（1）倒角　为了便于装配和操作安全，可在轴和孔的端部加工倒角，如图 9-29 所示。倒角多为 45°、30°或 60°，倒角尺寸应按图 9-29 的形式标注，倒角宽度 C 的数值可根据轴径查阅表 G-3。

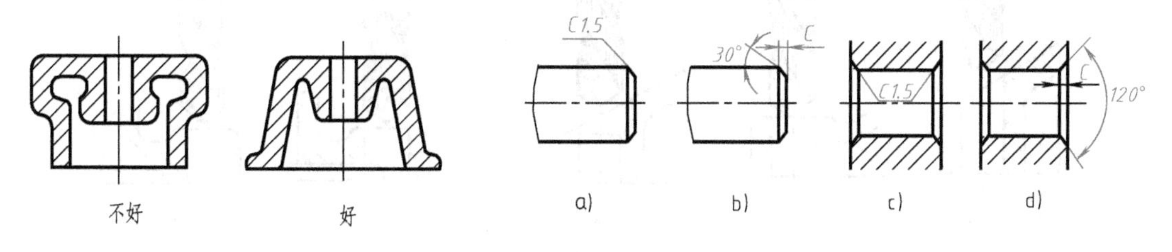

图 9-28　铸件内外结构形状要简单

图 9-29　倒角

（2）圆角　为避免由于应力集中而产生裂纹，在轴肩处往往加工成圆角过渡的形式，如图 9-30 所示。圆角半径已标准化，其具体数值可根据轴径查阅表 G-3。

（3）退刀槽和砂轮越程槽　零件上的退刀槽（图 9-31）和砂轮越程槽（图 9-32）用于

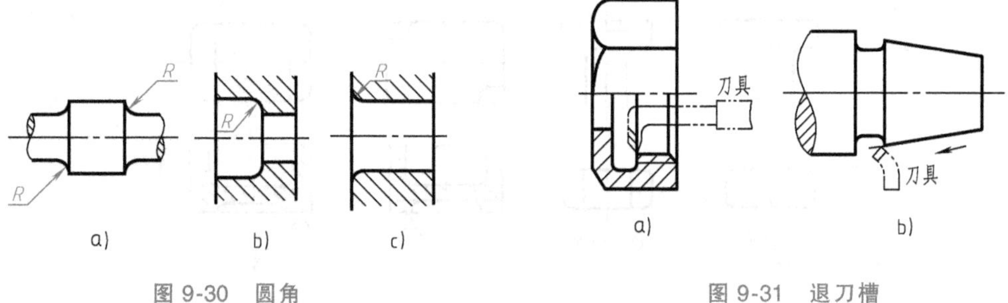

图 9-30　圆角

图 9-31　退刀槽

切削时退刀、越程及保证装配的可靠性。

退刀槽的尺寸标注一般按“槽宽×直径”，如图 9-33a 所示，或“槽宽×槽深”，如图 9-33b 所示的形式标注，也可按图 9-33c 注出。砂轮越程槽的结构已标准化，其具体数值可根据轴径查阅表 G-2。

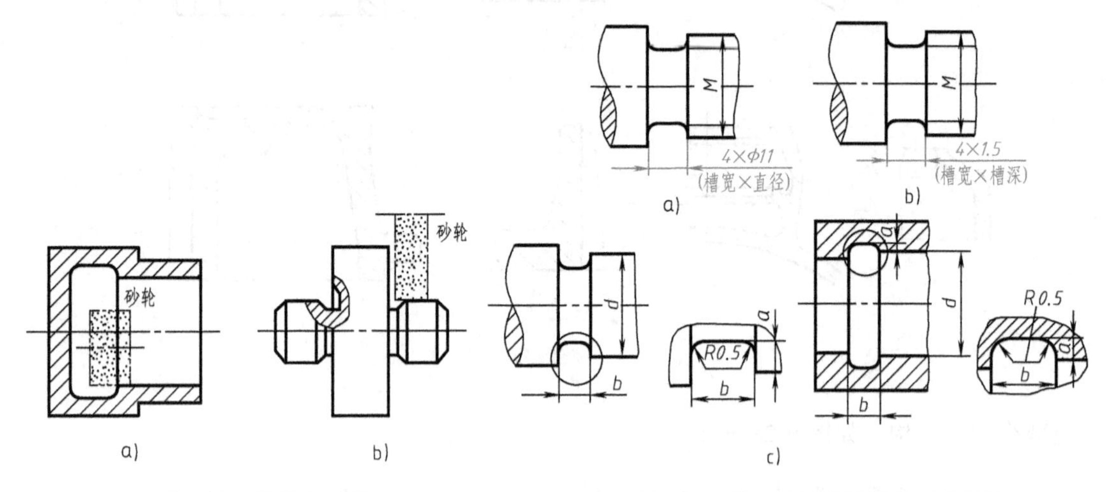

图 9-32　砂轮越程槽　　　图 9-33　退刀槽、砂轮越程槽的尺寸标注

（4）钻孔结构　设计钻孔结构时，要避免在斜面上钻孔，防止钻头偏斜，如图 9-34 所示。

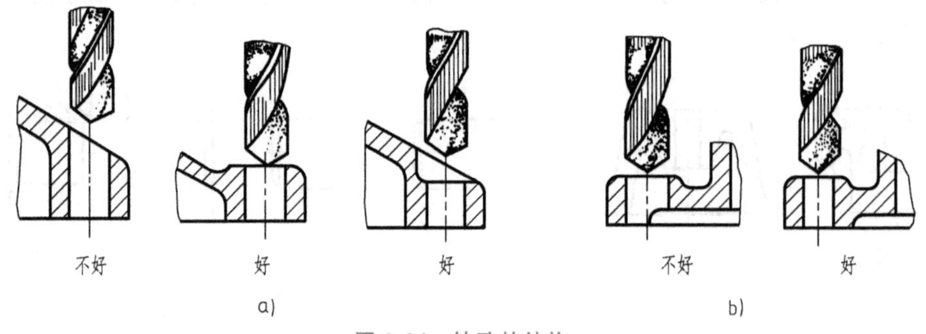

图 9-34　钻孔的结构

a）避免在斜面上钻孔　b）避免钻头单边受力

（5）凸台（或凹槽）、沉孔　为了减少加工面积，常在毛坯上设置凸台或凹槽结构，如图 9-35 所示。

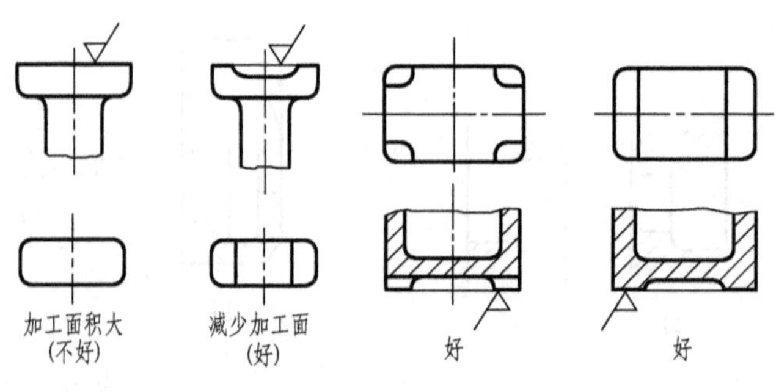

图 9-35　凸台和凹槽

对于较长的孔，可设计成凹腔结构，以减少加工面，如图 9-36 所示。

零件与螺栓头、螺母相接触的表面常做出凸台或沉孔，如图 9-37 所示。

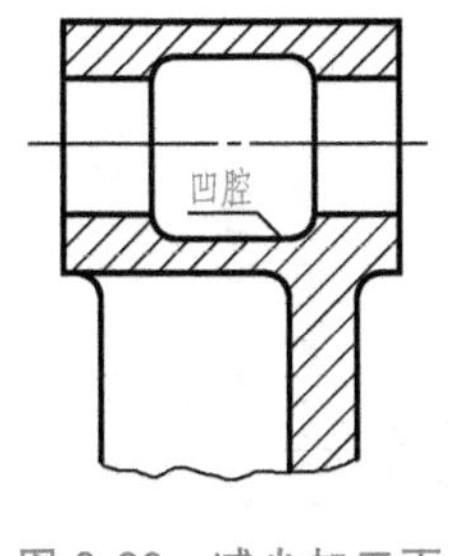

图 9-36　减少加工面

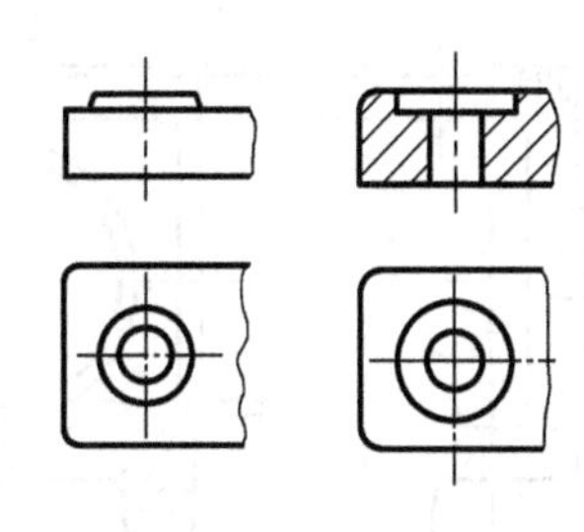

图 9-37　凸台和沉孔

第五节　读零件图

读零件图的目的，就是能根据零件图想象出零件的结构形状，了解零件的尺寸和技术要求等。

读零件图

一、读零件图的方法、步骤

现以图 9-38 所示蜗轮箱为例，说明读零件图的方法、步骤。

（1）看标题栏　从标题栏中了解零件的名称、材料、比例等。

（2）对表达方案及零件结构进行分析　分析表达方案时，首先确认主视图，再明确配置了几个基本视图、剖视图、断面图及各视图间的投影关系。

图中选用了两个基本视图（主视图采用 *A—A* 半剖视，左视图采用全剖视）和三个局部视图（*B*、*C*、*D*）。

（3）想象零件形状　进行形体分析及线面分析，可知该零件由三部分组成。上部为带有圆柱形空腔的大圆柱（空腔容纳蜗轮），中部是与大圆柱轴线垂直交叉的带空腔的小圆柱（空腔容纳蜗杆），底部是安装底板，其基本形状如图 9-39a 所示。

从主视图表达零件的外形部分对照左视图，可以弄清大圆柱端面螺孔的分布；从主视图的剖视部分对照左视图，可弄清容纳蜗轮、蜗杆的空腔以及蜗轮轴、蜗杆轴的轴承孔结构。由 *B* 向局部视图可看出蜗轮轴承孔与肋板的结合情况；由 *C* 向局部视图可看出底板的结构形状及安装螺栓孔的位置；由 *D* 向局部视图可看出蜗杆轴承孔的分布情况。其余部分结构，如轴承孔和前面端盖孔均有倒角、底部的放油孔及顶部的螺孔均有凸台等。最后综合起来，想象出箱体的结构形状，如图 9-39b 所示。

（4）进行尺寸分析　分析尺寸时，应先找出尺寸基准及功能尺寸，再了解哪些是加工面，哪些是非加工面，以及它们之间的联系。

长、宽、高三个方向的主要基准和辅助基准如图 9-38 所示。

功能尺寸有：蜗轮、蜗杆的中心距 $54^{+0.074}_{0}$mm，蜗轮轴承孔中心高 97mm，各轴承孔尺寸 $\phi47^{+0.007}_{-0.018}$mm，$\phi33^{+0.007}_{-0.018}$mm，内止口 $\phi94^{+0.054}_{0}$mm，以及连接尺寸 6×M6、3×M6、安装尺寸 80mm、130mm 等。

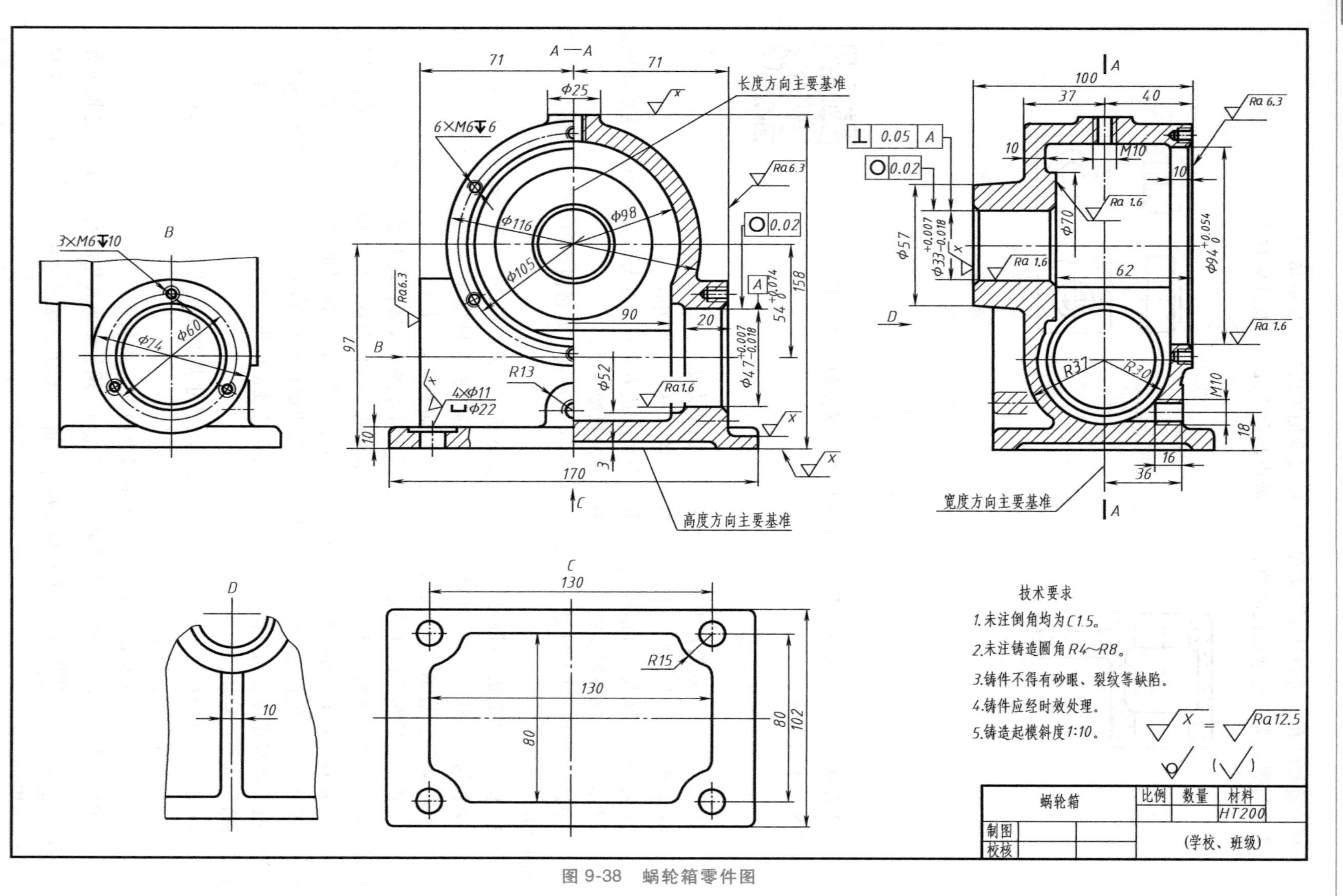
A—A
长度方向主要基准
高度方向主要基准
宽度方向主要基准
6×M6↧6
3×M6↧10
4×Φ11
⌴Φ22
技术要求
1.未注倒角均为C1.5。
2.未注铸造圆角R4~R8。
3.铸件不得有砂眼、裂纹等缺陷。
4.铸件应经时效处理。
5.铸造起模斜度1:10。
蜗轮箱
比例
数量
材料
HT200
制图
校核
(学校、班级)

图 9-38 蜗轮箱零件图

非功能尺寸较多，可按形体分析方法逐一找出，这里不再赘述。

(5) 分析技术要求　对尺寸公差、几何公差、表面粗糙度、材料和热处理等技术要求，应逐项进行分析，从而加深对零件的了解。如：几何公差的要求是：以 $\phi47^{+0.007}_{-0.018}$mm 轴线为基准，$\phi33^{+0.007}_{-0.018}$mm 轴线的垂直度公差为 0.05mm，$\phi33^{+0.007}_{-0.018}$mm 与 $\phi47^{+0.007}_{-0.018}$mm 的圆度公差是 0.02mm；表面粗糙度的要求是：轴承孔和端盖孔要求较高为 $Ra1.6\mu m$，端面为 $Ra6.3\mu m$，底面及凸台顶面、钻孔等均采用 $Ra12.5\mu m$，其余为不加工表面。

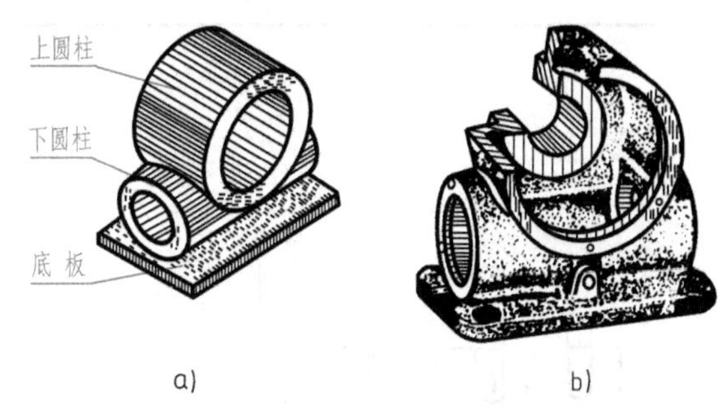

图 9-39　蜗轮箱的形体分析

通过以上分析，就能对蜗轮箱有比较全面的了解，达到读懂零件图的目的。

二、典型零件图例分析

通过对典型零件图例的分析，进一步熟悉读零件图的方法，了解各类零件在表达方法、尺寸标注等方面的特点，加深对零件图内容的理解。

根据零件的结构特点，将其分为轴套、轮盘、叉架和箱体四类典型零件。

(1) 轴套类零件　轴类零件（图 9-40）一般用来支承传动件（如齿轮、带轮、蜗轮等）并传递动力。套类零件一般装在轴上，起轴向定位、传动和连接作用。

根据设计和工艺上的要求，这类零件常带有圆角、倒角、键槽、轴肩、螺纹退刀槽、砂轮越程槽、中心孔等结构。

轴套类零件一般在车床和磨床上加工，为了看图方便，主视图一般按加工位置将轴线水平放置。此外，还辅以断面图、局部剖视图、局部视图和局部放大图等，如图 9-40 所示镗床主轴中的三个断面图及轴的左端局部剖视表示内部结构等，退刀槽、砂轮越程槽、倒角等结构常用局部放大图表示。

这类零件的尺寸基准包括径向主要设计基准（高、宽方向）和轴向主要设计基准。零件上的标准结构，如倒角、圆角、退刀槽、键槽等，应按其标准尺寸标注。

在图 9-40 中，$Ra0.2\mu m$、$Ra0.8\mu m$、$Ra3.2\mu m$、$Ra6.3\mu m$ 等为配合表面的表面粗糙度，$Ra12.5\mu m$ 为非配合表面的表面粗糙度。

配合轴径 $\phi85^{\ 0}_{-0.022}$mm、($\phi62\pm0.01$) mm 尺寸精度要求较高，无配合轴径 $\phi59$mm 尺寸精度要求低。

有配合的轴径和重要断面有几何公差要求，如 [∥|0.008|G] 表示轴径 $\phi85^{\ 0}_{-0.022}$mm 的外形轮廓一侧对另一侧的平行度公差为 0.008mm；[○|0.004] 表示轴径 $\phi85^{\ 0}_{-0.022}$mm 的圆度公差为 0.004mm；[↗|0.005|A] 表示 $\phi85^{\ 0}_{-0.022}$mm 的轴径右端面对于其轴线的圆跳动公差为 0.005mm；[⌯|0.02|A] 表示两键槽对其轴线的对称度公差为 0.02mm 等。

其他方面的技术要求读者可自行分析。

(2) 轮盘类零件　轮盘类零件包括手轮、飞轮、带轮、端盖、法兰盘和分度盘等。

轮用来传递动力和扭矩，盘主要起支承、轴向定位及密封等作用。

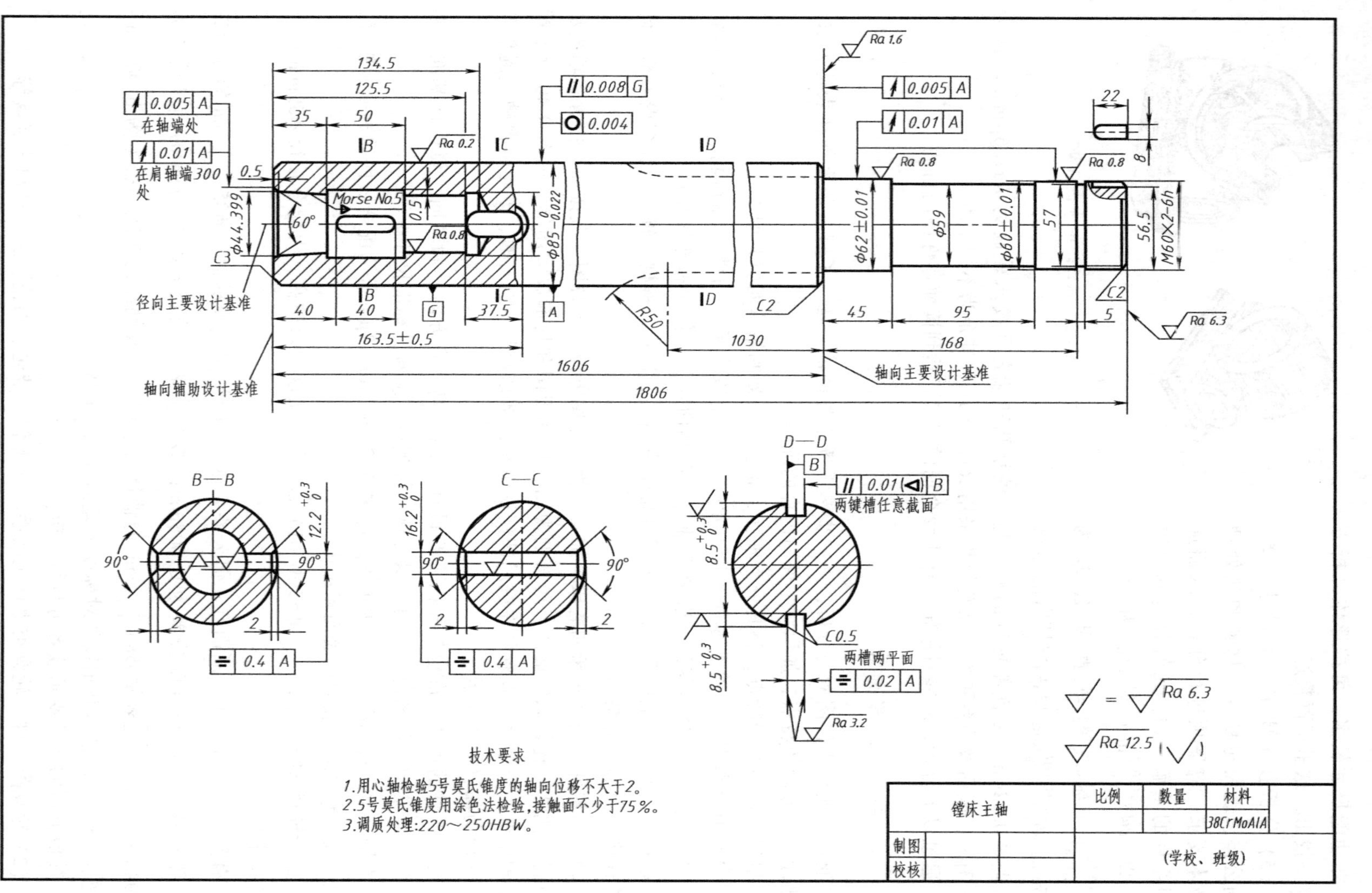
技术要求
1.用心轴检验5号莫氏锥度的轴向位移不大于2。
2.5号莫氏锥度用涂色法检验，接触面不少于75%。
3.调质处理:220～250HBW。
镗床主轴
比例
数量
材料
38CrMoAlA
制图
校核
(学校、班级)
轴向主要设计基准
轴向辅助设计基准
径向主要设计基准
两键槽任意截面
两槽两平面
在轴端处
在肩轴端300处
Morse No.5
M60×2-6h
B—B
C—C
D—D

图 9-40 镗床主轴

轮盘类零件多在车床上加工，故将其轴线水平放置画主视图，并辅以左视图（或右视图）。主视图常用剖视表示孔、槽等结构，另外的视图表示零件的外形和孔、肋板、轮辐等结构的分布。如图 9-41 所示的电动机端盖，主视图采用全剖，表示内部结构；为了表示密封圈的结构，采用局部放大图；左、右视图分别表示端盖的左、右两端面的外形和肋、孔的分布。

标注尺寸时，以止口（$\phi215\pm0.023$）mm 轴线为径向尺寸基准，以止口（$\phi215\pm0.023$）mm 的端面为轴向主要基准。

图中的 $\phi90^{+0.022}_{-0.018}$mm，（$\phi215\pm0.023$）mm 及 $\phi40^{+0.16}_{0}$mm 尺寸精度较高，表面粗糙度分别为 $Ra1.6\mu m$、$Ra3.2\mu m$、$Ra6.3\mu m$，而且有几何公差要求，如 [↗ | 0.04 | B]、[⌖ | φ0.8 | B] 等。

(3) 叉架类零件　叉架类零件包括各种用途的拨叉、支架、中心架、连杆和摇臂等。

这类零件多用于机床、内燃机等机器中，起操作、支承、连接作用。

叉架类零件形状较复杂，多由肋板、耳片、底板和圆柱形轴、孔、实心杆等部分组合而成，大多数是铸锻件，需经多种机械加工。

叉架类零件的主视图多选用工作位置或习惯位置放置，特别应突出零件的形状特征。图 9-42 所示的中心架是按工作位置放置，其主视图较明显地反映了零件的形状特征和各形体间的相互位置。

多数叉架类零件需要两个或三个基本视图并选用剖视，也常用断面图表达断面形状。如图 9-42 所示，该图用了三个基本视图；主、俯视图主要用来表达外形；左视图中的局部剖视表达 $\phi25^{+0.021}_{0}$mm 的孔和螺孔；用移出断面表达断面结构。

主要尺寸基准，一般为孔的中心线和较重要的加工面。

对于连杆、摇臂、拨叉等零件的重要表面和孔的轴线之间，一般有几何公差要求，如：图 9-42 中标注的垂直度和对称度。

(4) 箱体类零件　此类零件包括阀体、泵体、减速器箱体等，一般起支承、容纳、定位和密封的作用。

箱体类零件比较复杂，常有轴承孔、凸台、加强肋、安装板、光孔、螺孔和密封结构等。

此类零件常以工作位置放置，选择形状特征明显的方向作为主视图的投射方向，一般需要三个以上的视图，主要支承孔等需要剖视图表示其内部结构。如图 9-43 所示蜗轮箱体，采用三个基本视图：主视图为 *A—A* 局部剖，留下一部分外形，目的是用虚线表达右侧面螺孔的结构形状；左视图为 *B—B* 全剖，主、左两视图重点反映三个轴孔的相对位置关系；俯视图主要反映与箱体的结合面、底板的结构形状和蜗杆轴的轴承孔（局部剖处）；*C—C* 局部剖用来表达锥齿轮轴的轴承孔内部凸台的形状。三个局部视图中，*D* 向表达箱体左侧面凸台及螺孔分布；*E* 向表示右侧面上螺孔的分布情况及便于标注尺寸；*F* 向表示底板下部凸台的形状。

各轴承孔的表面粗糙度值均为 $Ra1.6\mu m$，轴孔端面表面粗糙度值为 $Ra6.3\mu m$。

重要的孔表面应标注尺寸公差，如图中有尺寸公差 $\phi35^{+0.007}_{-0.018}$mm、$\phi40^{+0.007}_{-0.018}$mm、$\phi48^{+0.025}_{0}$mm 等，标注的几何公差如 [⊥ | 0.04 | G]、[⊥ | 0.06 | G]、[◎ | φ0.03 | K]、[◎ | φ0.03 | H] 等。

图 9-44 所示为蜗轮箱体的立体图。

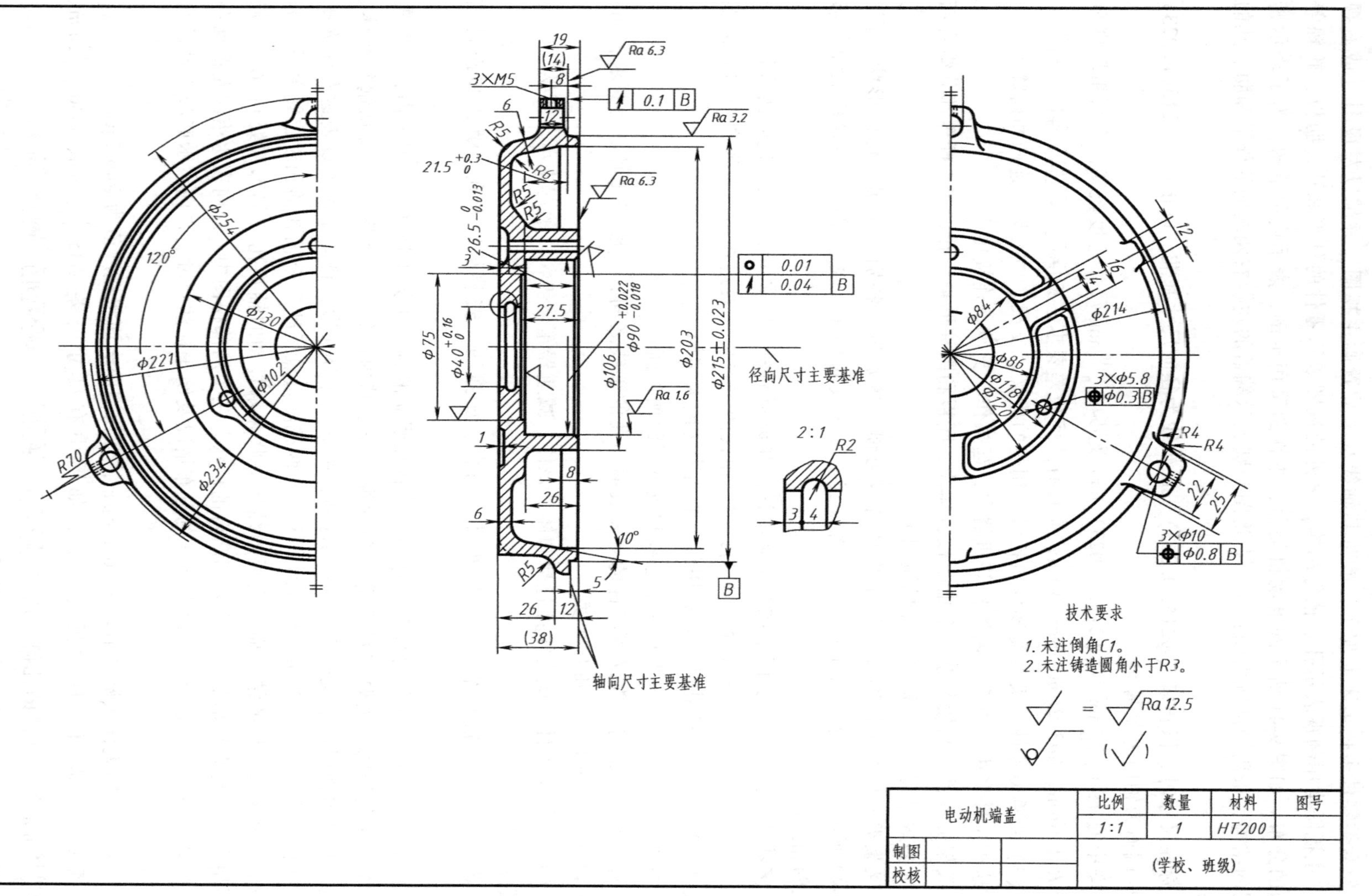
3×M5
Ra 6.3
0.1 B
Ra 3.2
Ra 6.3
Ra 1.6
0.01
0.04 B
Φ203
Φ215±0.023
Φ106
Φ75
径向尺寸主要基准
轴向尺寸主要基准
2:1
R2
Φ254
Φ130
Φ221
Φ102
Φ234
120°
R70
Φ84
Φ214
Φ86
Φ118
Φ120
3×Φ5.8
Φ0.3 B
R4
3×Φ10
Φ0.8 B
技术要求
1. 未注倒角C1。
2. 未注铸造圆角小于R3。
Ra 12.5
电动机端盖
比例
数量
材料
图号
1:1
1
HT200
制图
校核
(学校、班级)

图 9-41　电动机端盖

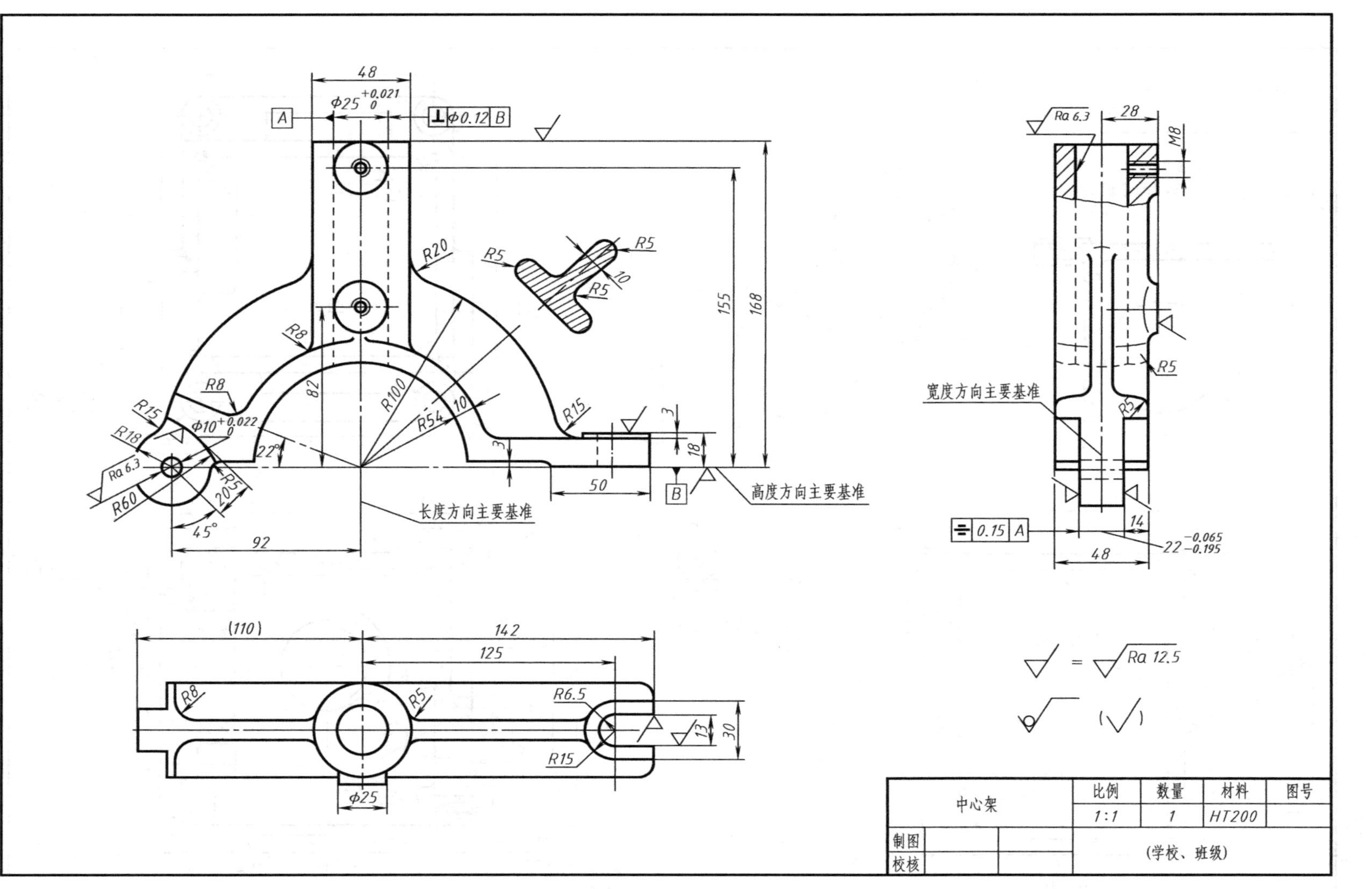

长度方向主要基准
高度方向主要基准
宽度方向主要基准
Ra 12.5
中心架
比例
数量
材料
图号
1:1
1
HT200
制图
校核
（学校、班级）

图 9-42　中心架

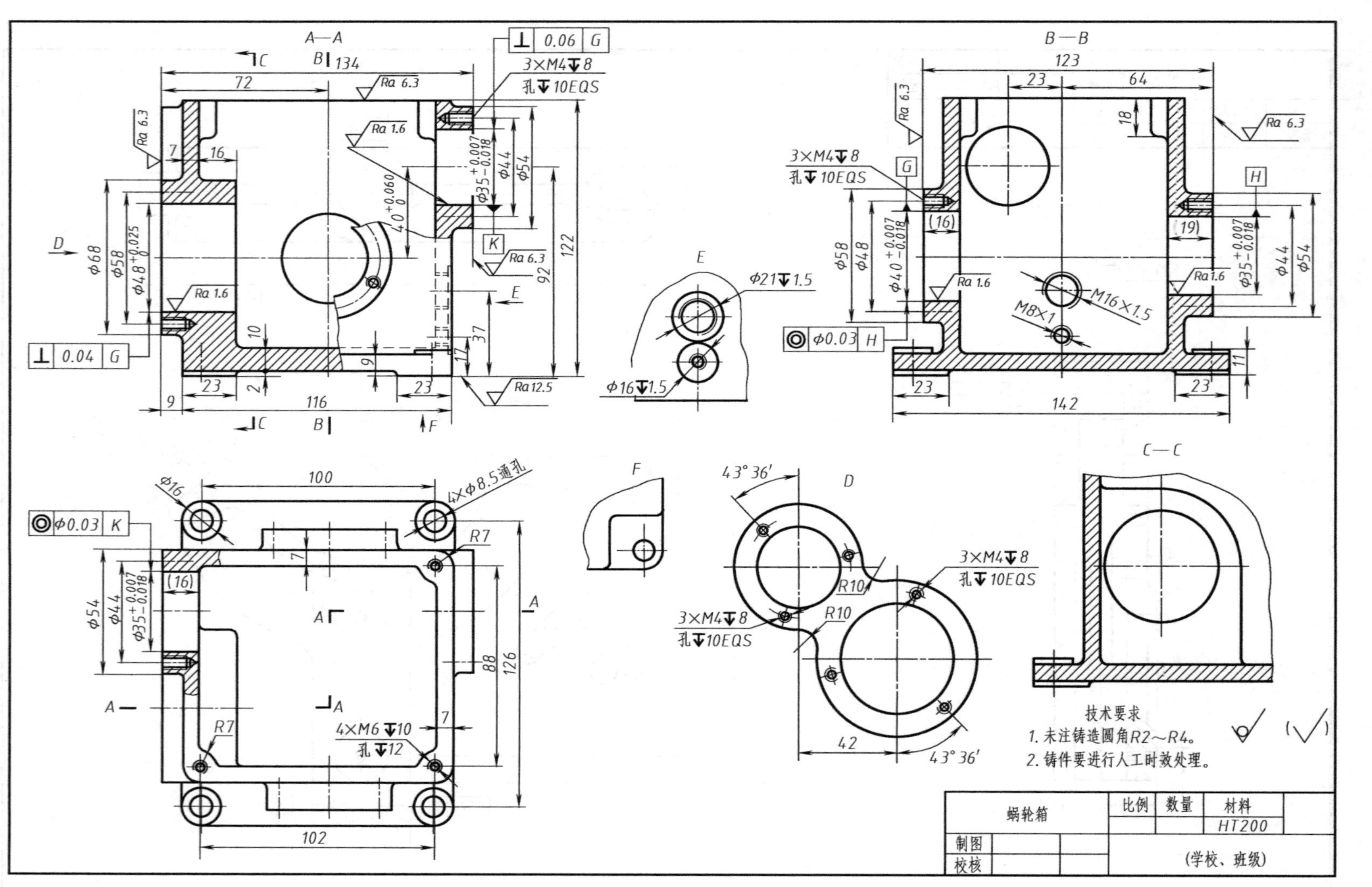

A—A
B—B
C—C
D
E
F
技术要求
1. 未注铸造圆角R2~R4。
2. 铸件要进行人工时效处理。
蜗轮箱
比例
数量
材料
HT200
制图
校核
(学校、班级)

图 9-43　蜗轮箱体

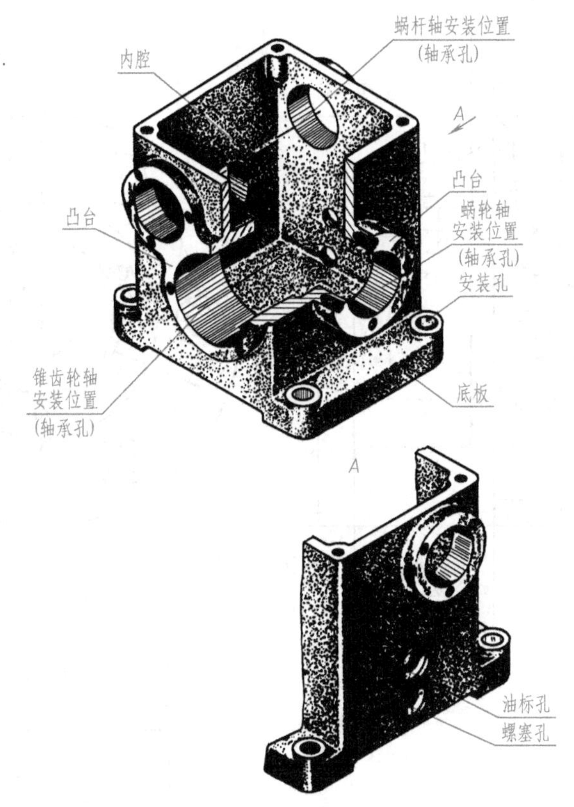

图 9-44　蜗轮箱体立体图

三、读图举例

如图 9-45 所示为一端盖的零件图。端盖起支承、轴向定位及密封等作用，用铸铁（HT150）制成，这类零件通常在车床上加工，故将其轴线水平放置画主视图，并辅以左视图，绘图比例为 1∶1。

端盖零件图有两个基本视图，主视图采用全剖视，表达内部腔体的结构，特别注意的是上部的管螺纹孔和与之相通的光孔 ϕ10mm 的结构，另外还可以看到盘上的螺孔和沉孔的结构。左视图采用视图以表达外部形状，可清楚地表达端盖上均布的 6 个沉孔及 3 个螺孔的情况。

从视图分析看，端盖从外部到内部是由直径不同的圆柱面组成。除上面提到 6 个沉孔和 3 个螺孔外，还有在 ϕ90mm 圆柱面正上方的管螺纹孔 Rc1/4 及与之连通的孔 ϕ10mm。由于主体是由回转体构成，所以在高度、宽度方向的尺寸基准（即径向基准）是 ϕ16H7 的轴线；长度方向主要基准（即轴向基准）是 ϕ55g6 圆柱面的端面止口，右端面为辅助基准，二者间有尺寸联系 5mm。

图中 ϕ16H7、ϕ55g6、ϕ32H8 尺寸精度要求较高，其他定形、定位尺寸读者可按形体分析法逐个进行分析。

表面质量要求较高的表面是 ϕ32H8 和 ϕ16H7 内表面以及 ϕ55g6 外表面等，其 *Ra* 的值

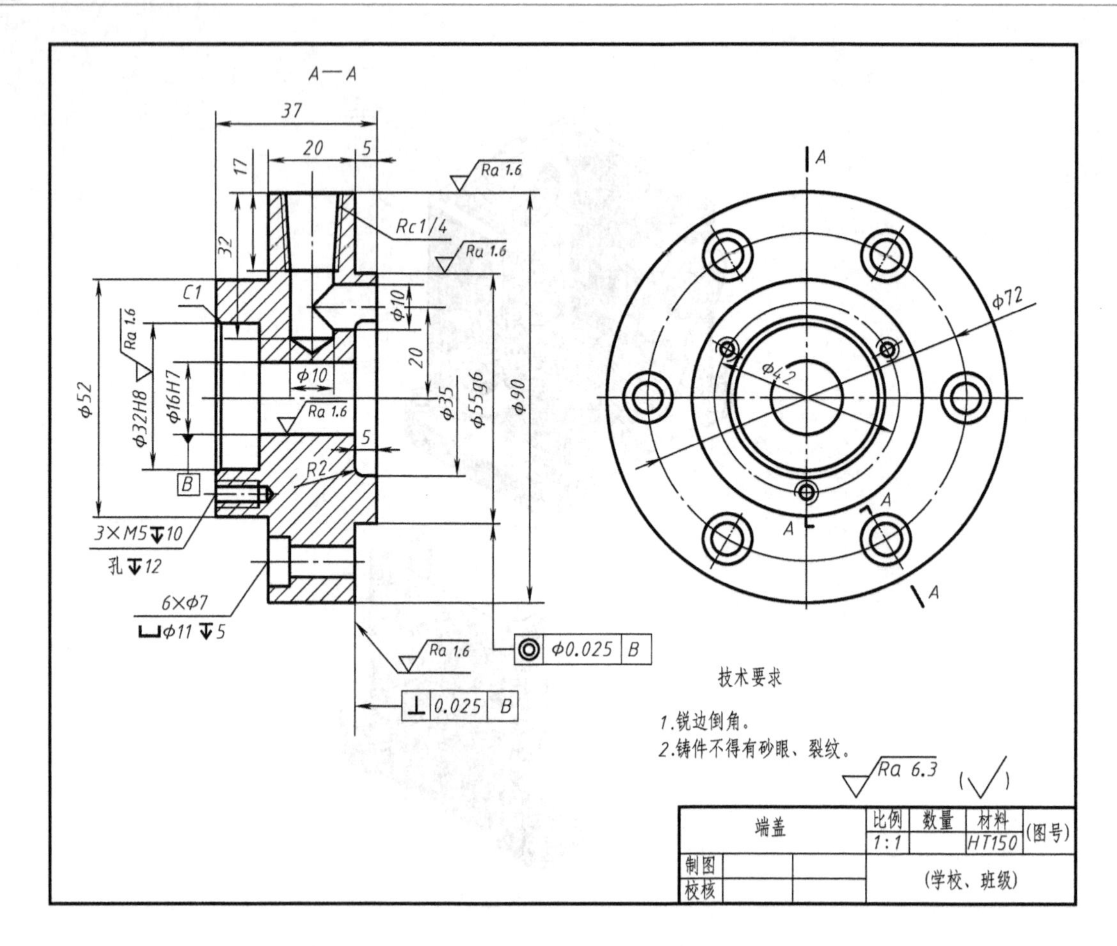

图 9-45 端盖零件图

均为 1.6μm。除了 $\phi35$mm 内表面不要求机械加工外，其余表面 Ra 的值均为 6.3μm。几何公差有两个，一个是 ◎ $\phi0.025$ B ，表示被测要素 $\phi55$g6 的轴线与 $\phi16$H7 的轴线同轴度的公差值为 $\phi0.025$mm；另一个是 ⊥ 0.025 B ，表示被测要素 $\phi90$mm 圆柱的右端面与 $\phi16$H7 轴线的垂直度的公差值为 0.025mm。读者读图时还应注意图中有关文字说明的技术要求内容。

将上述读图的内容综合起来，就能了解零件的全貌。

通过上例的分析，从中可以了解和体会读零件图的基本方法和步骤。读图是一项实践性和专业性很强的工作，只有通过大量的读图练习，方能逐步提高读图的速度和准确性。

第六节　零件测绘

根据零件的实物进行测量、绘图和确定技术要求的过程，称为零件测绘。在仿造和修配机器或进行技术改造时，常需进行零件测绘。

零件测绘常在现场进行，由于受条件的限制，一般先绘制零件草图（按目测比例徒手画出零件图)，然后再根据零件草图绘制零件工作图，必要时零件草图可直接用来指导生产，因此零件草图应具备零件图的全部内容。

一、绘制零件草图的方法、步骤

(1) 测绘前的准备工作　测绘前应先根据实物和有关资料了解零件的名称、用途、材料、毛坯来源及加工情况。根据零件在部件中的作用，对零件的结构进行分析，再选择视图、确定表达方案。

(2) 画零件草图　首先目测零件的总体尺寸，按长、宽、高之间的比例关系，估计各视图及标注尺寸时应占的幅面，合理布图，然后画出各视图的基准线、对称线和中心线。用细实线画出底稿，画图时，各视图应配合进行。

(3) 测量并标注尺寸　首先应选定尺寸基准，画出尺寸界线、尺寸线及箭头，并在直径尺寸处加注符号“ϕ”，在半径尺寸处加注符号“R”，再测量并填写尺寸。

画零件草图时，不要边画图、边测量、边标尺寸，应在视图和尺寸线全部画完后，集中测量依次填写，尺寸数字书写应清晰、工整。

(4) 注写技术要求　查阅有关标准，核对零件结构尺寸，注写各项技术要求。

(5) 检查、加深　检查有无遗漏的图线、尺寸等，确认无误后，按标准图线徒手加深。

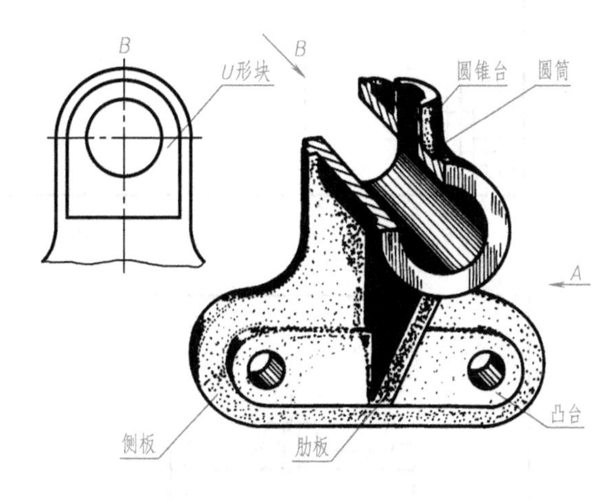

图 9-46　支架

绘制草图举例：

现以图 9-46 所示支架为例，说明画零件草图的方法、步骤。

支架用来支承轴，由圆筒、侧板、肋板、凸台、U 形块、圆锥台等组成。

按该零件的工作位置放置，A 向为主视图的投射方向。选用主、左两个基本视图，在主视图上采用两个局部剖视，表示轴孔、螺孔和安装孔的内部结构，在左视图上过螺孔的轴线作剖视，表示肋板和圆筒的结合情况。此外，用局部视图表示 U 形板的形状。

绘制零件草图的过程如图 9-47 所示。

二、零件尺寸的测量方法

测量零件尺寸时，应根据零件尺寸的精确程度选用相应的量具。

常用的量具有：钢直尺、内外卡钳、游标卡尺、千分尺、螺纹规以及半径样板规等，如图 9-48 所示。

常用的测量方法，见表 9-3。

三、根据草图绘制零件工作图

一般零件草图是在现场绘制的，可能会有不完善的地方，为此，在画零件工作图之前，都要对零件草图进行校核。

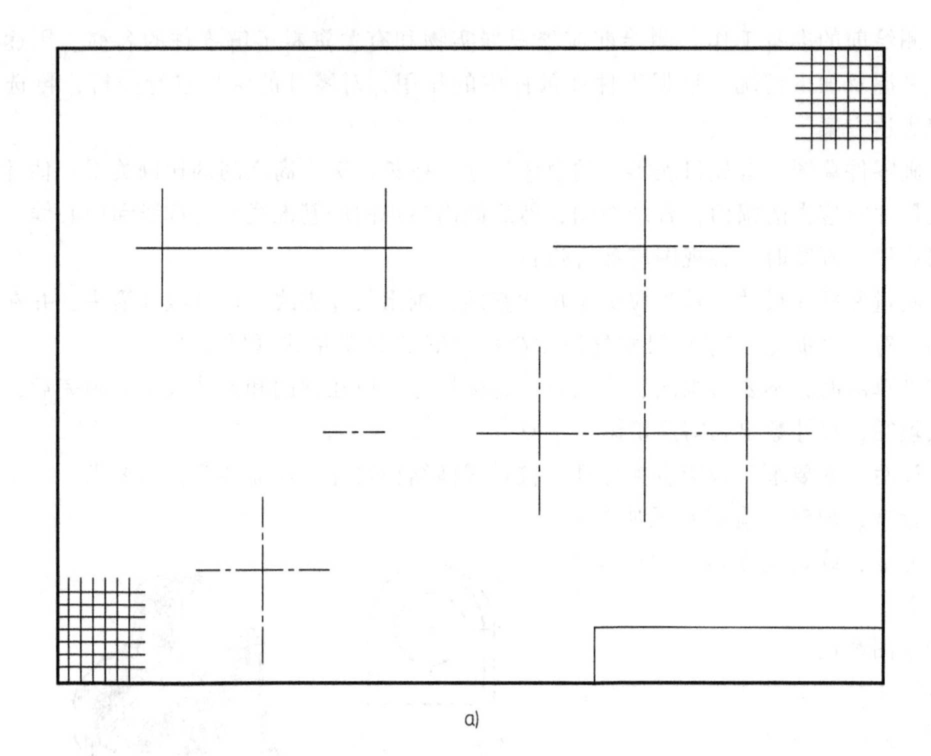

a)

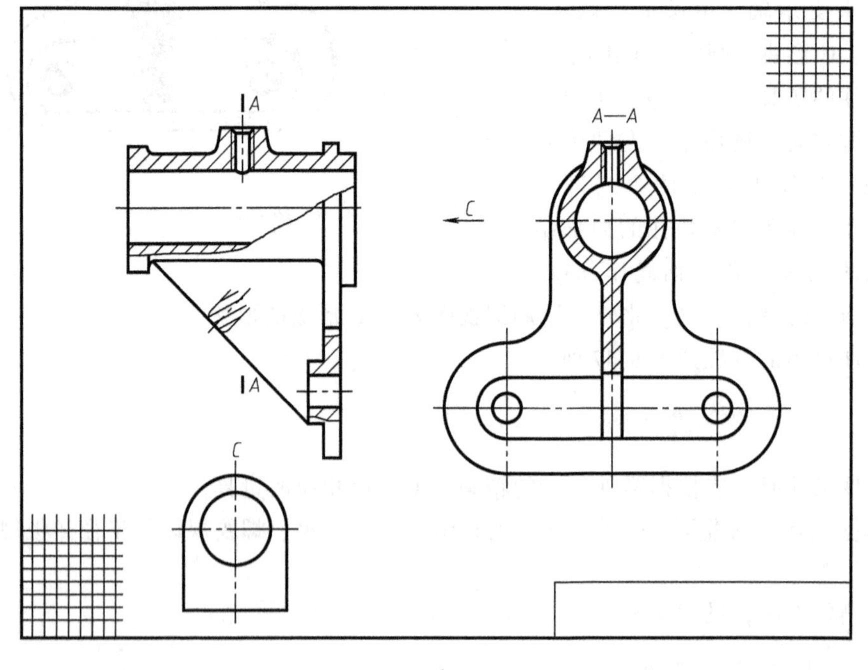

b)

图 9-47

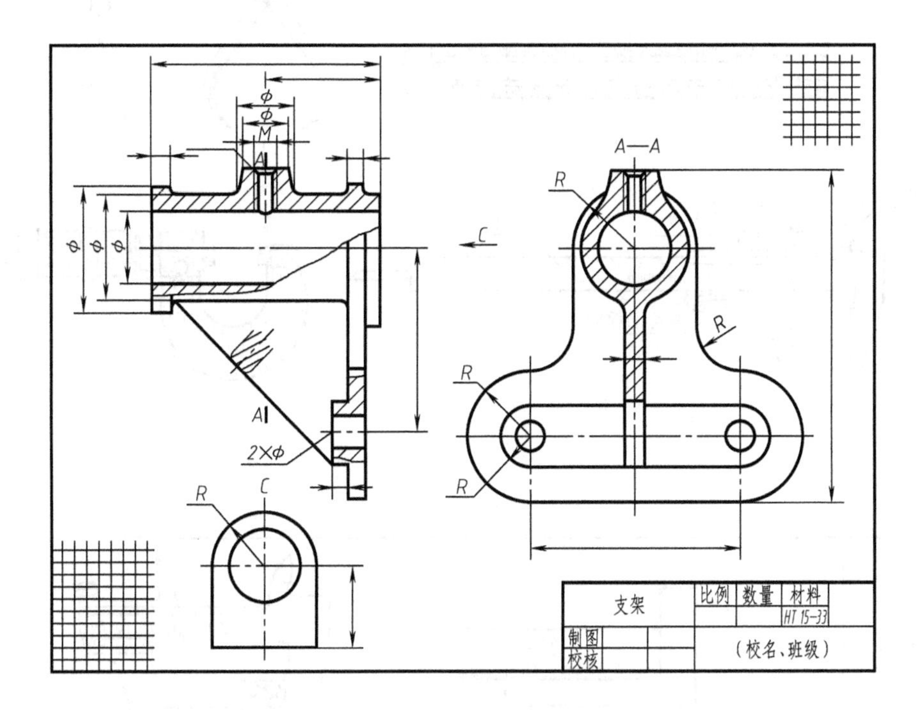
A—A
C
2×φ
支架
比例
数量
材料
HT 15-33
制图
校核
（校名、班级）

c)

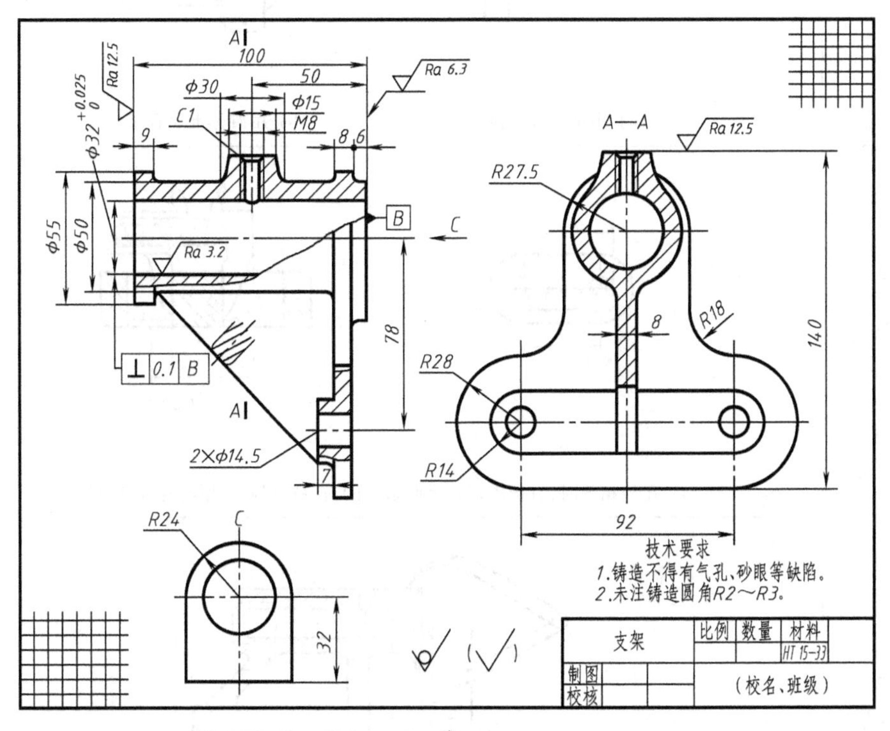
100
50
φ30
φ15
M8
C1
9
8
6
Ra 12.5
Ra 6.3
Ra 3.2
φ32 +0.025 0
φ55
φ50
B
C
78
0.1 B
2×φ14.5
7
A—A
R27.5
R18
8
140
R28
R14
92
R24
32
技术要求
1.铸造不得有气孔、砂眼等缺陷。
2.未注铸造圆角R2～R3。
支架
比例
数量
材料
HT 15-33
制图
校核
（校名、班级）

d)

画草图步骤

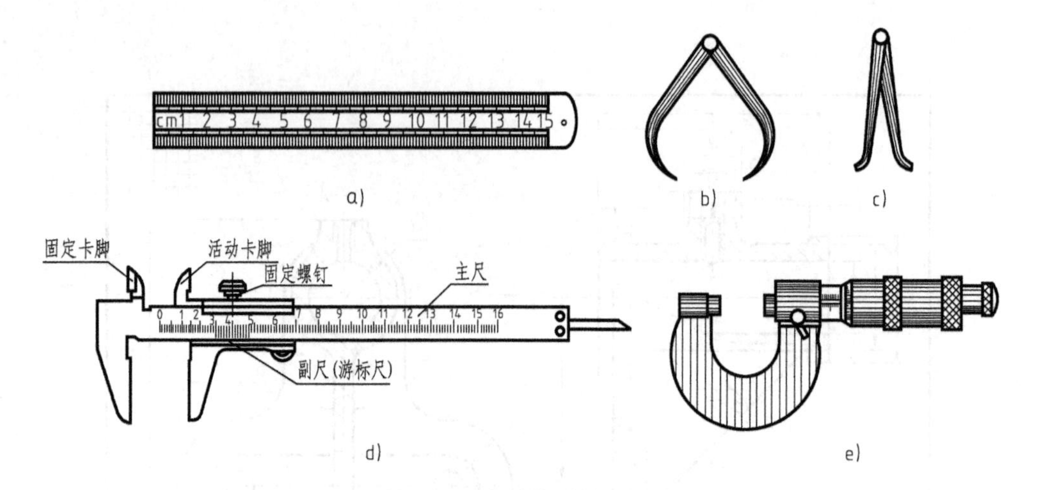

图 9-48 常用的测量工具

表 9-3 常用的测量方法

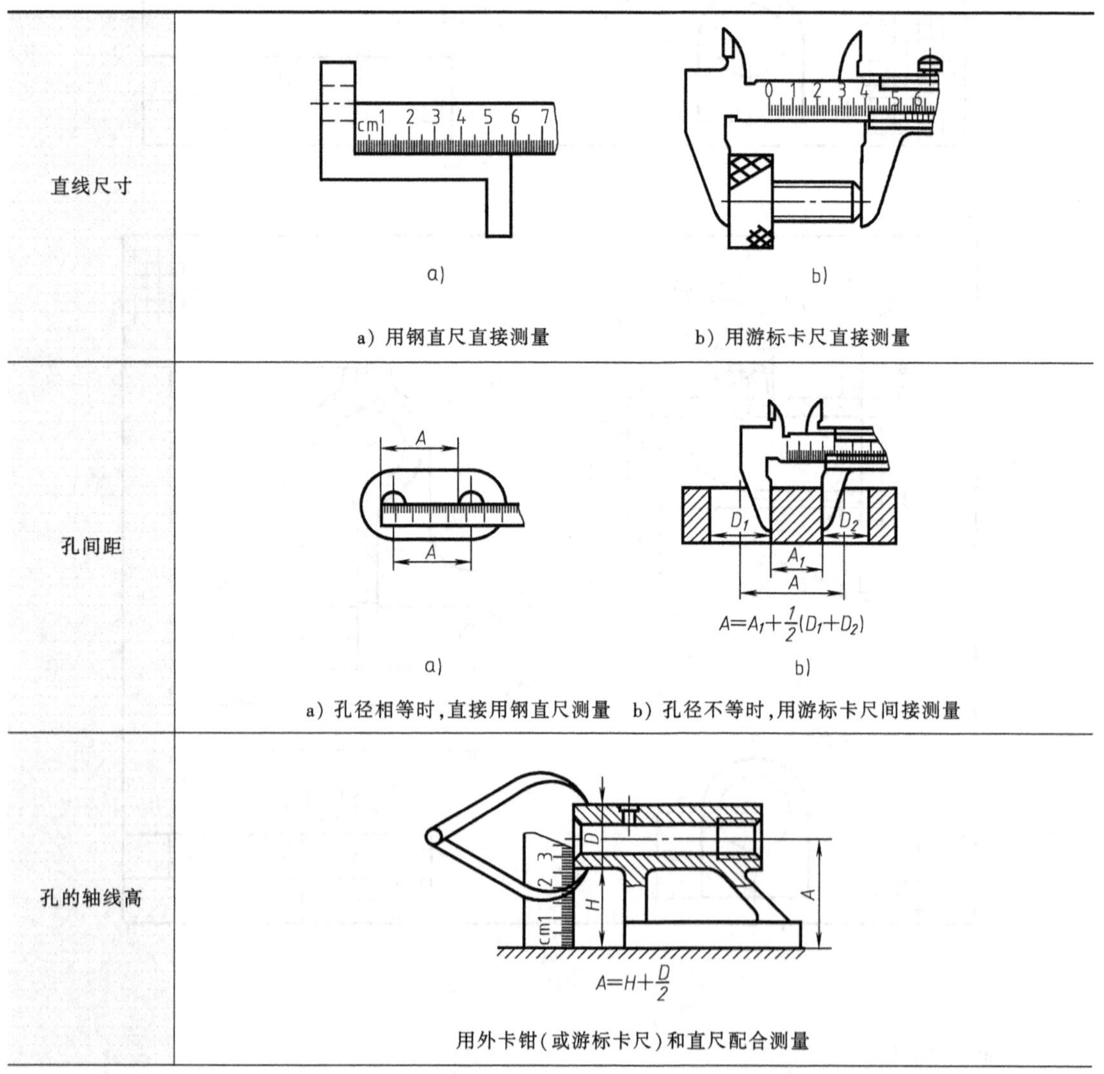

直线尺寸	a）用钢直尺直接测量　b）用游标卡尺直接测量
孔间距	a）孔径相等时，直接用钢直尺测量　b）孔径不等时，用游标卡尺间接测量
孔的轴线高	用外卡钳（或游标卡尺）和直尺配合测量

（续）

<table>
<tr><td rowspan="2">曲面轮廓</td><td>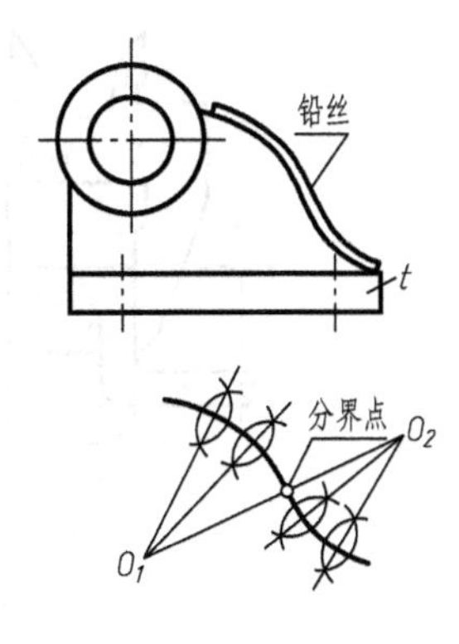

仿形法：将铅丝与被测面相吻合，然后把铅丝放在纸上画出曲线，适当分段，用中垂线法求出各段圆弧半径</td><td>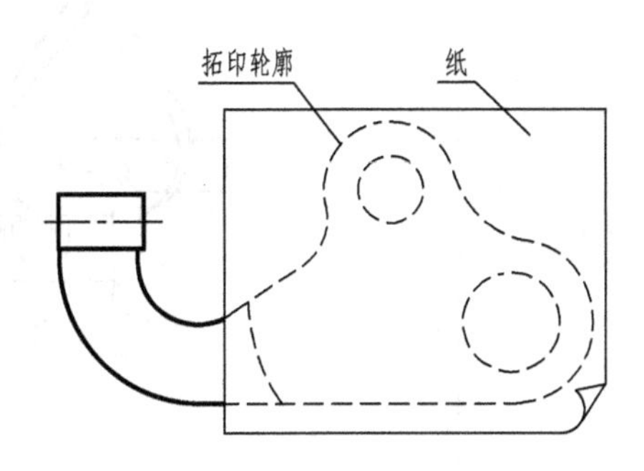

拓印法：将零件的被测部位，铺上一张纸，用手压纸面或用铅笔在纸上轻磨，印出曲面轮廓，再求出各段圆弧半径</td></tr>
</table>

直径尺寸	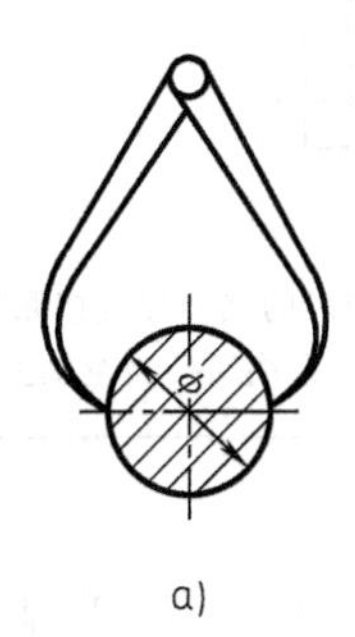 a) 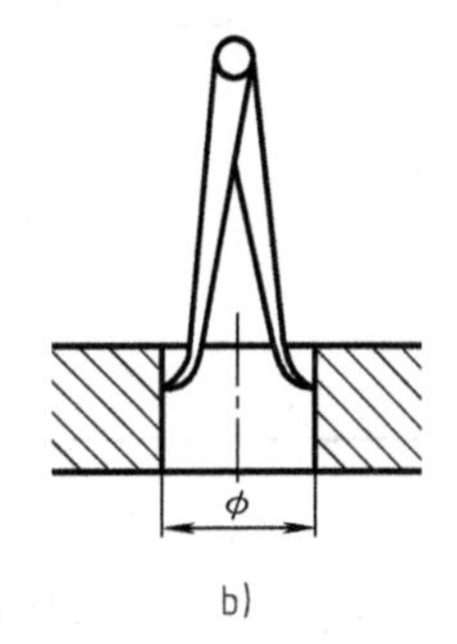 b) 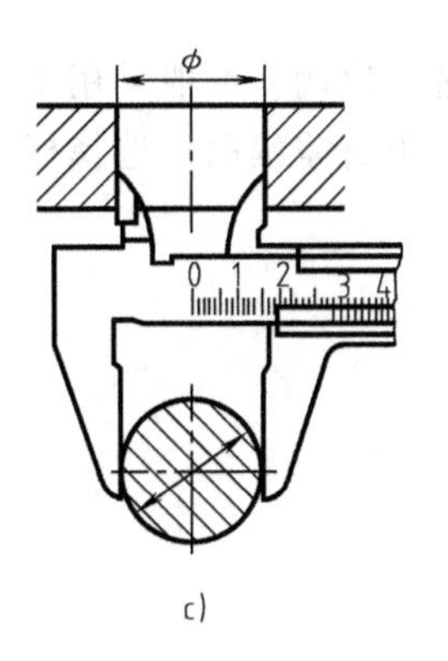 c) 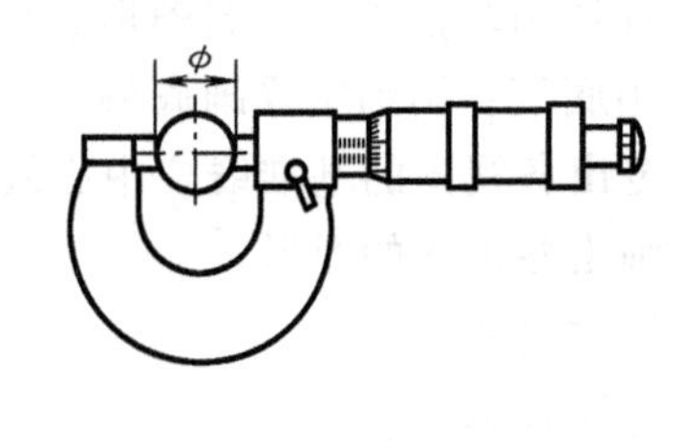 d) a）用外卡钳测外径，再用直尺量出数值 b）用内卡钳测内径，再用直尺量出数值 c）用游标卡尺直接测量　d）用千分尺直接测量

（续）

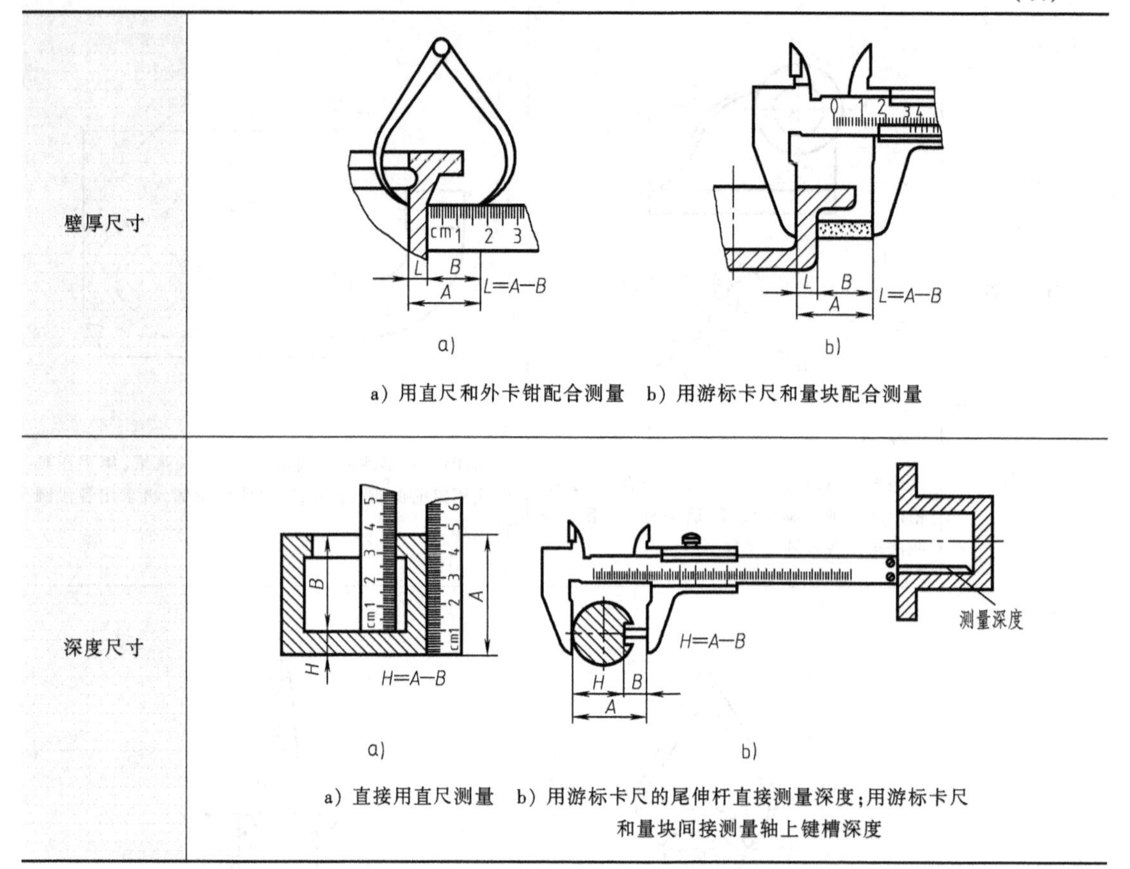

a）用直尺和外卡钳配合测量　b）用游标卡尺和量块配合测量

a）直接用直尺测量　b）用游标卡尺的尾伸杆直接测量深度；用游标卡尺和量块间接测量轴上键槽深度

1. 零件草图的校核

根据草图绘制零件工作图时，不应机械照抄，应在草图的基础上充实提高，对表达方案、尺寸标注、技术要求等项内容作必要的修改，使之更加合理。

2. 绘制零件工作图的方法、步骤

1）选择比例：根据零件的大小和复杂程度选择比例，一般采用 1∶1。

2）选择图纸幅面：根据图形、尺寸、技术要求所需幅面，选择标准图幅。

3）画底稿：用细实线画底稿，作图应准确。

① 定出各视图的基准线、中心线。

② 画出各视图的图形。

③ 标注尺寸。

④ 标注技术要求。

⑤ 填写标题栏。

4）校核。

5）描深：先画圆弧后画直线，同类线型应保持粗细、深浅一致，并符合国家标准对线型的要求。

6）审核。

第十章

装 配 图

用来表达机器或部件的图样，称为装配图。它主要表达机器或部件的工作原理、结构情况、性能要求、零件间的装配关系和主要零件的结构形状等，是设计、装配、检验、安装、调试及维修工作中的重要文件。本章主要介绍装配图的内容、表达方法、装配工艺结构、画法以及读装配图和由装配图拆画零件图等内容。

第一节 装配图的作用和内容

装配图的作用和内容

一台比较复杂的机器，是由许多零、部件装配而成。图 10-1 所示是滑动轴承的轴测分解图，图 10-2 为滑动轴承装配图，显示了各个零件的结构形状

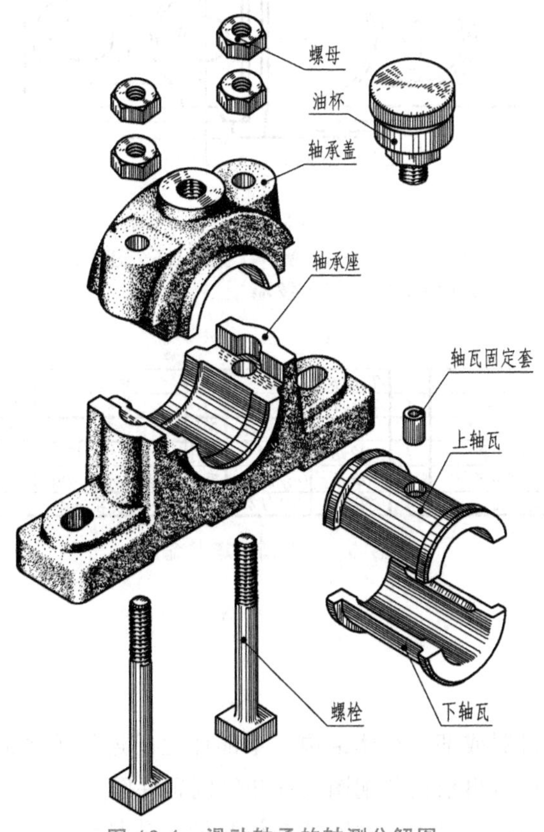

图 10-1 滑动轴承的轴测分解图

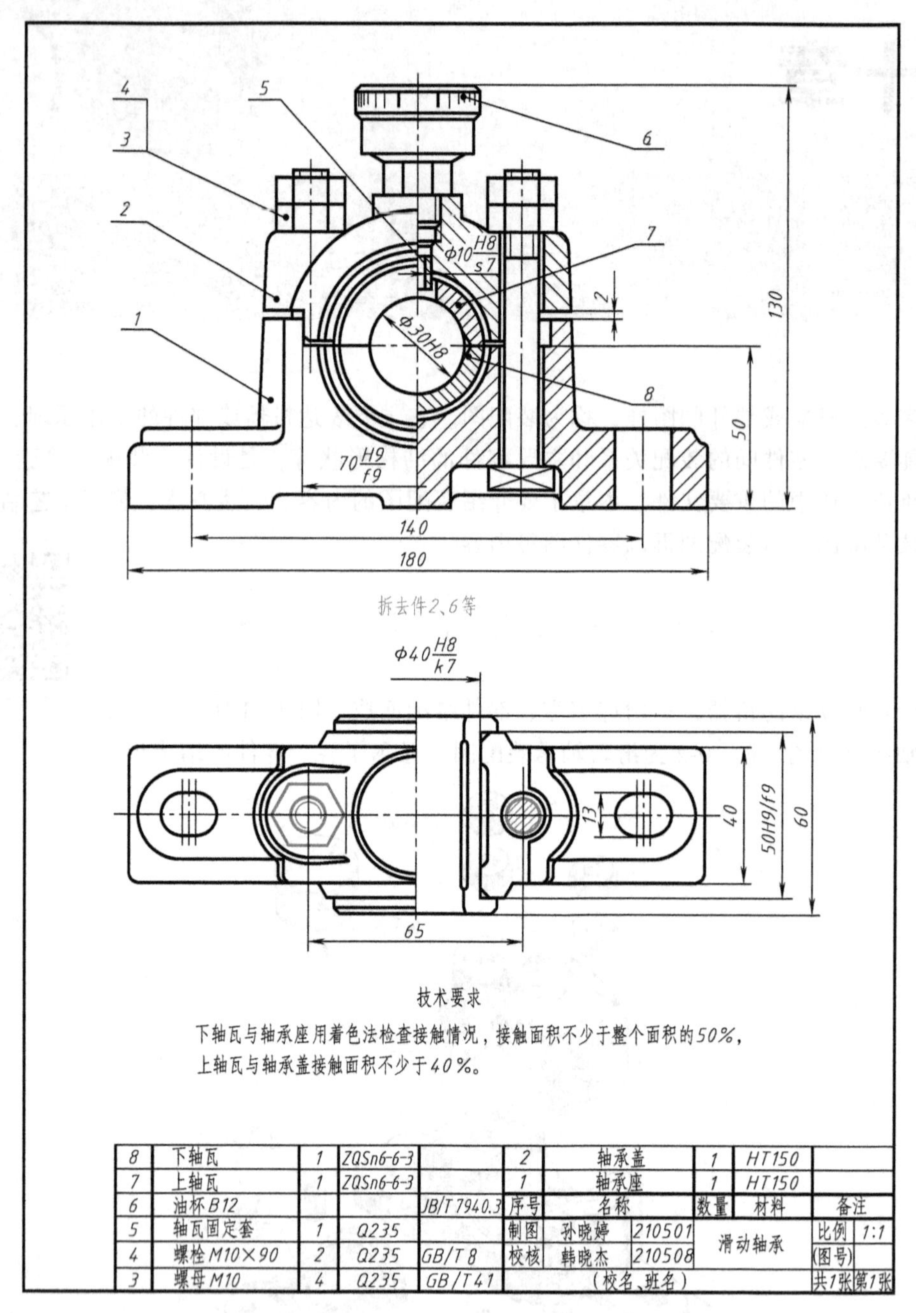

图 10-2　滑动轴承装配图

和零件间的相对位置关系。

一、装配图的作用

装配图是用来表达机器或部件整体结构、零部件之间连接关系的图样。在设计过程中，一般是先绘制装配图，然后再根据装配图设计和绘制零件图。

在生产过程中和使用产品时，装配图是制订装配工艺规程，了解产品结构，指导装配，正确使用、调试、检验、维修等所需的主要技术文件。

二、装配图的内容

从图 10-2 所示的滑动轴承装配图可以看出，一张完整的装配图应具有以下内容：

(1) 一组视图　用恰当的表达方法正确、完整、清晰、简便地表达机器或部件的工作原理、传动路线、零件间的相对位置、装配关系、连接方式及主要零件的结构形状等。

(2) 必要的尺寸　标注出反映机器或部件性能、规格、装配、安装、检验和拆画零件图所必需的尺寸。

(3) 技术要求　用文字或符号说明机器或部件在装配、调整、检验、包装、运输、使用等方面的要求。

(4) 零部件序号、明细栏和标题栏　根据生产组织和管理工作的需要，在装配图上对每一零部件都要按一定格式编写序号，并填写明细栏和标题栏。

第二节　装配图的表达方法

为恰当地表达机器或部件的工作原理和装配关系等内容，除合理运用视图、剖视图、断面图等表达方法外，国家标准《机械制图》对装配图还制定了一些规定画法和特殊表达方法。

装配图的表达方法

一、规定画法

1）两相邻零件的接触面和配合面，规定只画一条轮廓线；但对于两相邻零件间的非接触面，即使间隙很小，也须画出两条轮廓线，如图 10-3 所示。

2）剖视图中，两个或两个以上金属零件相邻时，剖面线的倾斜方向应相反，或方向一致而间隔不等或错开。但是装配图中的同一零件在不同视图中的剖面线应方向相同、间隔相等。如图 10-2 和图 10-3 所示。

3）剖视图中，对一些标准件（如螺栓、螺母、键、销等）以及轴、连杆、球等实心零件，若按纵向剖切，且剖切平面通过其轴线或对称面时，按不剖绘制，否则仍应画出剖面线。如图 10-2 所示主视图中件 3 螺母、件 4 螺栓，都按不剖绘制，若这些零件上有需特别表达的结构时，可采用局部剖视。

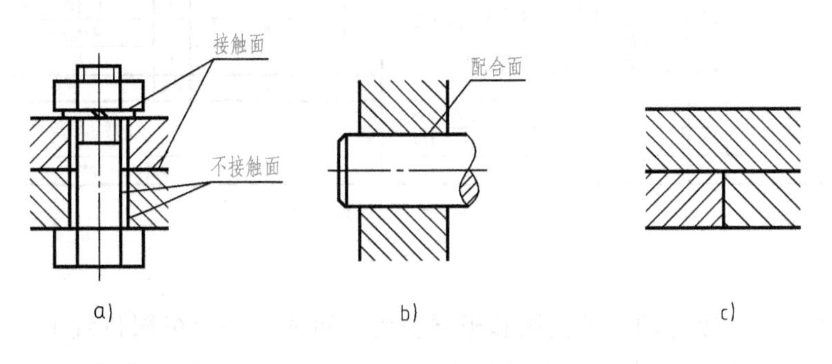

图 10-3　规定画法

二、特殊表达方法

1. 拆卸画法

当某一个或几个零件在装配图中遮住了所要表达的装配关系或零件时，可假想将其拆去，只画出所要表达的部分视图。采用此画法时，应在该视图上方注明“拆去件××等”字样，如图 10-8 所示。

2. 沿结合面剖切画法

为了使装配体的某些内部结构表达得更清楚，可采用沿结合面剖切画法。如图 10-2 所示的俯视图的右半部，可认为是沿轴承盖与轴承座的结合面剖切后画出的半剖视图。图 10-4 的 *C*—*C* 剖视也是采用了沿结合面剖切画法。注意：结合面处不画剖面线。

3. 单独表示某个零件

在装配图中，当某个零件的形状未表达清楚而又影响对装配关系的理解时，可单独画出该零件的视图，但必须在该图的上方注出视图的名称，在相应的视图附近用箭头表明投射方向，并注上同样的字母，如图 10-4 所示转子液压泵装配图中泵盖（零件 6）的表达。

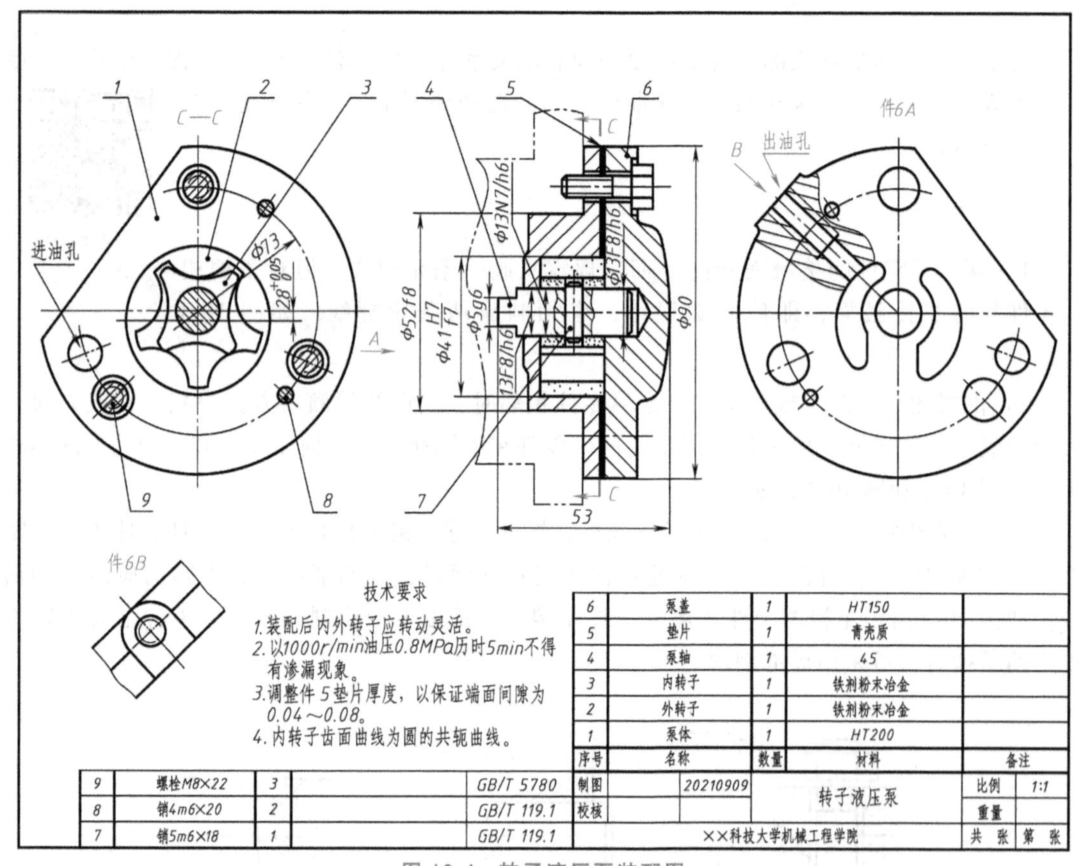

图 10-4 转子液压泵装配图

4. 假想画法

1）为了表示运动零件的运动范围和极限位置，可先在一个极限位置上画出该零件，再在另一个极限位置上用细双点画线画出其轮廓，如图 10-5 所示挂轮架手柄的画法。

2）为了表示与本部件有装配关系但又不属于本部件的其他相邻零部件以作为辅助说明时，可用细双点画线画出相邻零部件的轮廓，如图 10-5 所示主轴箱的画法。

5. 展开画法

为了清楚表示传动机构的传动路线和装配关系，避免各传动件的投影相互重叠，假想按传动路线沿轴线剖切，依次展开在与选定的投影面平行的平面上，画出剖视图，如图 10-5 所示。

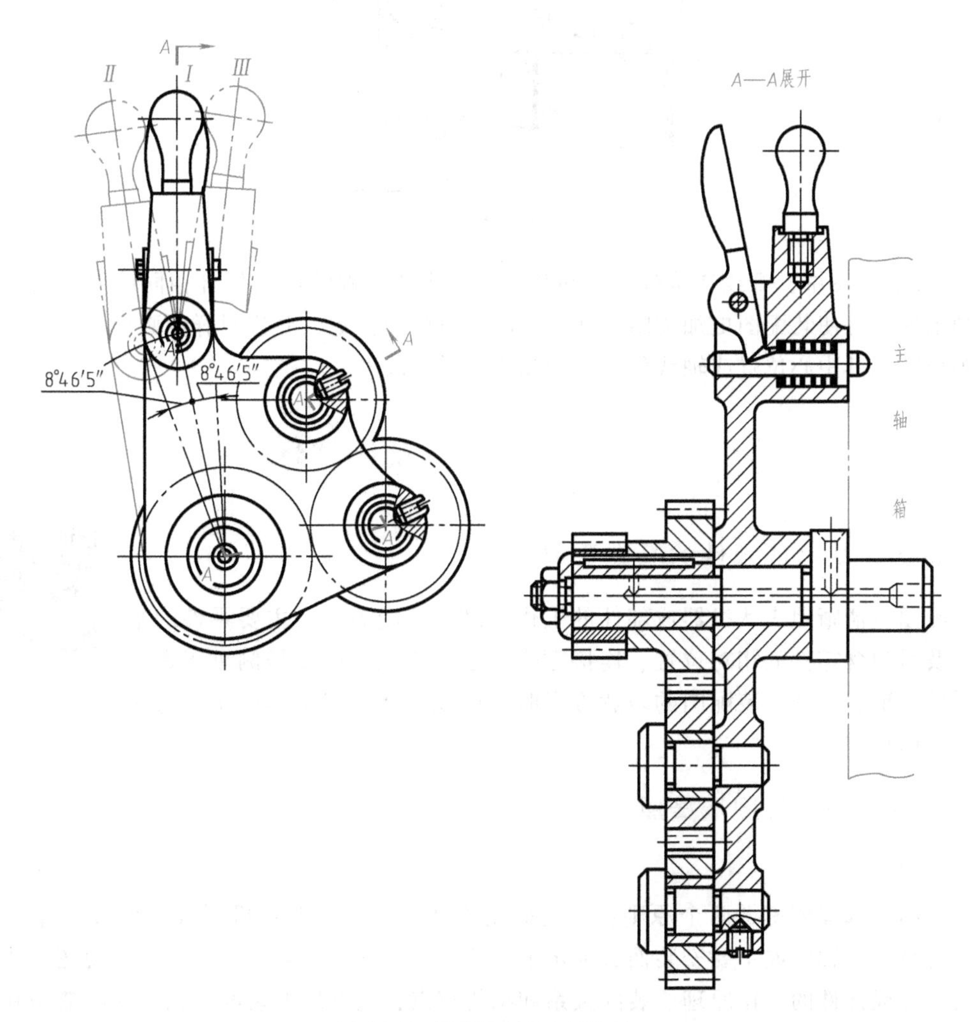

图 10-5　假想画法和展开画法

6. 夸大画法

在画装配图时，有时会遇到薄片零件、细丝零件、微小间隙、较小的斜度和锥度等，允许将该部分不按比例而适当夸大画出，如图 10-6 所示间隙及垫片厚度的夸大。当剖面厚度小于 2mm 时，允许将剖面涂黑代替剖面线，如图 10-6 所示垫片。

7. 简化画法

1）在装配图中，零件的工艺结构，如小圆角、小倒角、退刀槽等允许不画，如图 10-6 所示。

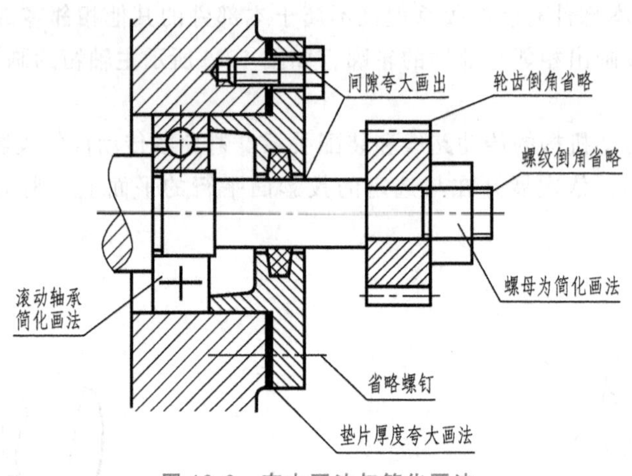

图 10-6 夸大画法与简化画法

2）在装配图中，螺纹连接件允许简化画出。当遇到螺纹连接件等相同的零件组时，为加快画图速度且使装配图更加清晰，在不影响理解的前提下，允许只详细画出一处，其余用细点画线表示其中心位置或轴线位置，如图 10-6 所示。

第三节 装配图的视图选择

一、表达机器或部件的基本要求

装配图的视图选择

装配图应清晰地表达机器或部件的工作原理、装配关系、主要零件的基本结构及所包含零件的相对位置、连接方式和运动情况，而不是侧重于表达每个零件的形状。选择装配图的表达方案时，应该围绕上述基本要求，力求做到绘图简单方便。

二、装配图的视图选择原则

1. 主视图的选择

主视图的选择要遵循两个原则：一是确定安放位置，一般将机器或部件按工作位置放置，有时将主要轴线或主要安装面放成水平位置；二是确定投射方向，应使主视图最能充分反映出机器或部件的工作原理、装配关系和结构特点，重点反映装配关系，同时兼顾其他视图，然后沿其主要装配干线进行剖切画主视图。

2. 其他视图的选择

在主视图确定之后，对尚未表达清楚的内容，如装配关系、工作原理及主要零件的结构形状等，要选择其他视图予以补充。选择其他视图时应考虑以下问题：

1）优先选用基本视图并采取适当剖视。

2）每个视图都要有明确的表达重点，应避免对同一内容重复表达。

3）视图的数量要依据机器或部件的复杂程度而定，在表达清楚、完整的基础上力求简练。

三、装配图视图选择举例

以齿轮泵为例进一步阐述。齿轮泵是机器中用于输送润滑油或液压油的一种部件，其工作原理如图 10-7 所示。图 10-8 所示为齿轮泵装配图，齿轮泵由泵体、泵盖、齿轮、轴、带轮、密封零件、单向阀及一些标准件组成。

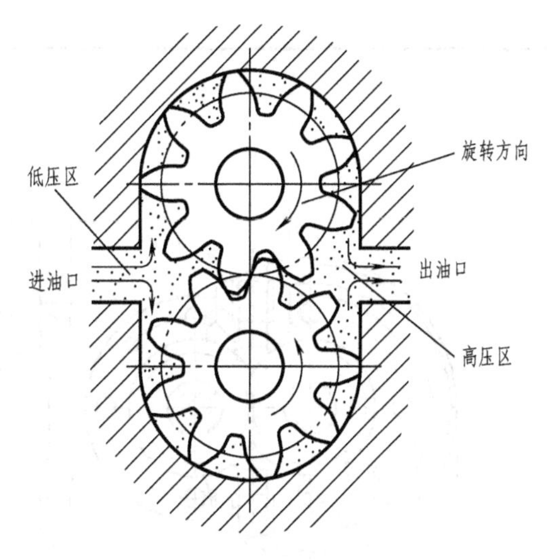

图 10-7 齿轮泵的工作原理

1. 齿轮泵工作原理

齿轮泵工作时，V 带轮 14 按逆时针方向转动，通过键 11、销 6 将转矩传递给主动轴 7，主动轴与从动轴 17 上一对齿轮在泵体内做啮合运动。在齿轮啮合区靠近进油口的一侧压力降低，产生局部真空形成低压区，油池内的油液在大气压力作用下经进油口进入齿轮泵低压区，将油液从进油口吸入，充满各个齿间，被运动的齿轮沿泵体内壁不断地将油液带到另一侧；随着齿轮的转动，泵腔内油压增加形成高压区，从而将油液经出油口压出，供油路使用。

泵体 16 的内腔容纳完成吸油和压油的一对啮合齿轮，销 6 将齿轮分别固定在主动轴和从动轴上，由泵体和泵盖上的轴孔支承着轴运动。

为了使输出的油液保持一定的压力，在泵盖 3 上装有单向阀。当出口油压超过额定值时，高压油克服弹簧 21 的压力将钢球 22 顶开，此时，一部分油液流回低压区，使出口油压降到额定值，弹簧使钢球复位。用调节螺钉 1 来调节弹簧压力，以控制出口油压的大小。

装配时，由销 5 将泵盖与泵体定位后，再用螺栓将其连成整体。为防止泵体与泵盖结合处及主轴伸出端漏油，分别用垫片和填料、轴套、压紧螺母进行密封。

基于对齿轮泵的以上了解，明确了齿轮泵应表达的内容，就可以选择所需的视图和恰当的表达方法。

2. 齿轮泵装配图的视图选择

在图 10-8 所示齿轮泵装配图中，主视图按工作位置放置绘制，齿轮泵安装底面处于水平位置，装配干线的主动轴和从动轴线所在平面平行于投影面，过 *A—A* 剖切面作旋转局部剖视图，这样，主视图清楚地表达了两齿轮的啮合关系、由 V 带轮到从动轮的传动路线、主要装配干线、主动轴和从动轴上各零件的位置和装配关系、泵体和泵盖的基本结构形状及连接、密封方式。

但泵腔内齿轮泵的增压原理没有反映出来，也就是说，除采用主视图外，还要选择左视图、俯视图、右视图及一个局部视图，以更清楚地表达齿轮泵结构，且每个视图都有明确的表达重点。

左视图采用了沿泵体与泵盖结合面进行剖切的全剖视图，进一步表达两齿轮啮合的情况和吸油、压油的工作原理。为清楚表达进、出油口的结构，在该处又采用了局部剖，同时，在左视图上也进一步表达了泵体的结构形状及其与泵盖结合面上销孔、螺孔的分布情况。

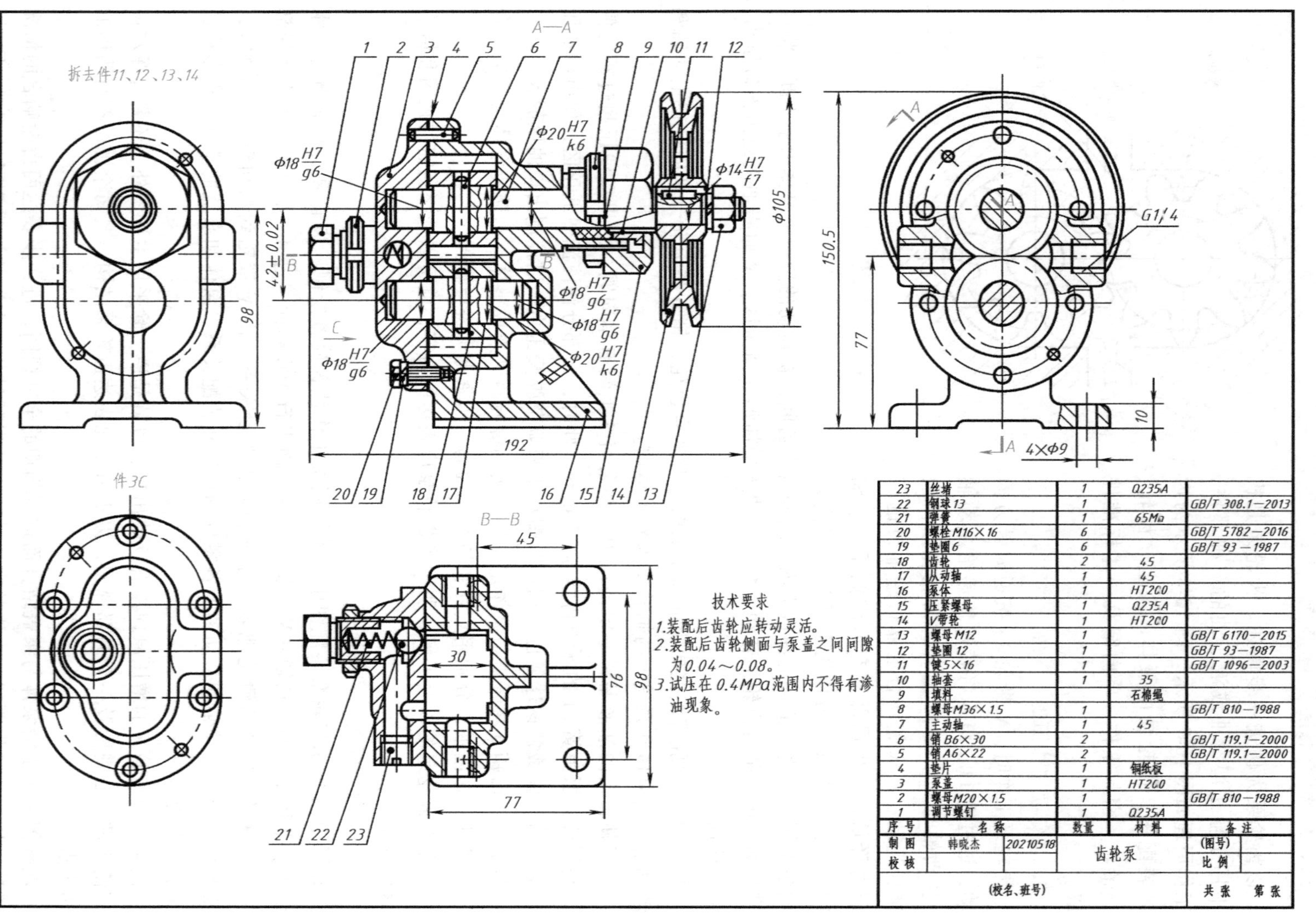

23	丝堵	1	Q235A	
22	钢球 13	1		GB/T 308.1—2013
21	弹簧	1	65Mn	
20	螺栓 M16×16	6		GB/T 5782—2016
19	垫圈 6	6		GB/T 93—1987
18	齿轮	2	45	
17	从动轴	1	45	
16	泵体	1	HT200	
15	压紧螺母	1	Q235A	
14	V带轮	1	HT200	
13	螺母 M12	1		GB/T 6170—2015
12	垫圈 12	1		GB/T 93—1987
11	键 5×16	1		GB/T 1096—2003
10	轴套	1	35	
9	填料		石棉绳	
8	螺母 M36×1.5	1		GB/T 810—1988
7	主动轴	1	45	
6	销 B6×30	2		GB/T 119.1—2000
5	销 A6×22	2		GB/T 119.1—2000
4	垫片	1	钢纸板	
3	泵盖	1	HT200	
2	螺母 M20×1.5	1		GB/T 810—1988
1	调节螺钉	1	Q235A	
序号	名称	数量	材料	备注

制图	韩晓杰	20210518	齿轮泵	(图号)
校核				比例
(校名、班号)				共 张　第 张

图 10-8　齿轮泵装配图

俯视图是用通过单向阀轴线的水平面剖切得到的全剖视图 *B—B*，它重点表达了单向阀的位置、结构、工作情况，同时进一步表达了泵体内腔及与它相通的进、出油口的结构，安装底板的形状及安装孔的位置等。

右视图和 *C* 向视图是为了进一步反映主要零件泵体与泵盖的外形结构。右视图是采用了拆卸画法，拆去了 V 带轮、垫圈、螺母等，而 *C* 向视图仅画出泵盖的外形。

第四节　装配图的尺寸和技术要求

一、装配图的尺寸标注

装配图的尺寸和技术要求

装配图与零件图不同，装配图上不必标出全部尺寸，只需标出进一步说明机器的性能、工作原理、装配关系和安装要求的尺寸。在装配图上标注下列几种尺寸：

1. 规格尺寸

表示机器或部件的性能或规格的尺寸。这类尺寸是设计时确定的，也是了解和使用该机器或部件的主要依据，如图 10-2 所示滑动轴承装配图上的 ϕ30H8，轴承孔中心高度 50mm。

2. 装配尺寸

为保证机器或部件的使用性能，对于零件间的装配尺寸、重要的相对位置尺寸、连接尺寸及装配时需要加工的尺寸等应在装配图中注明，以作为设计零件和装配时的依据，包含以下两种尺寸：

1）配合尺寸：确定两零件配合性质的尺寸，如图 10-2 所示滑动轴承装配图中的配合尺寸 ϕ40H8/k7，50H9/f9。

2）相对位置尺寸：在装配机器或部件时需要保证两零件或部件间比较重要的相对位置尺寸，如图 10-2 所示滑动轴承装配图轴承座 1 与轴承盖 2 之间的相对位置尺寸 2mm，以及连接轴承座和轴承盖的螺栓连接组之间的相对位置尺寸 65mm。

3. 安装尺寸

机器或部件安装在地基上或与其他机器或部件相连接时所需要的尺寸，如图 10-2 所示滑动轴承装配图中的 140mm、13mm。

4. 外形尺寸

机器或部件的总长、总宽、总高，即机器或部件外形轮廓尺寸，是机器或部件包装、运输以及厂房设计和安装机器时需要考虑的尺寸，如图 10-2 所示滑动轴承装配图上的总长 180mm，总宽 60mm，总高 130mm 均是外形尺寸。

5. 其他重要尺寸

其他重要尺寸是在设计过程中经过计算确定或选定的尺寸，但又未包括在以上几类尺寸中，这种尺寸在拆画零件图时不能改变，如运动零件的极限位置尺寸和主体零件的重要尺寸等，如图 10-30 所示铣床顶尖的尺寸范围 271~306mm。

特别指出，装配图中有些尺寸兼有几种含义，而每张装配图中并不一定都具有以上几种尺寸，因此，在标注装配图尺寸时，要视具体情况酌情而定。

二、装配图的技术要求

在装配图中，对有些不能用图形表达的技术要求，可以用文字逐条说明，一般有如下内容：

1）有关产品性能、安装、运输、使用、维护等方面的要求。

2）有关调试和检验的方法和要求。

3）有关装配时的加工、密封和润滑等方面的要求。

第五节 装配图的零部件序号和明细栏

装配图零部件序号、明细栏

为了便于看装配图、管理图样以及组织生产，对装配图中所有的零部件都要进行统一编号，同时填写标题栏上方的明细栏。

一、零部件序号及其编排方法

1）所有零部件均应编写序号，但形状、尺寸完全相同的零件只编一个序号，并将数量填写在明细栏内。滚动轴承、电动机、油杯等标准件（部件）分别作为一个整体只编一个序号。

2）序号应注写在图形轮廓的外边，如图 10-9 所示。在需编号零件的可见轮廓内画一实心圆点，然后从圆点用细实线向轮廓外引出指引线，并在指引线另一端用细实线画一横线或一圆圈；在横线上或圆圈内填写序号，序号要比装配图中的尺寸数字大一号或两号；也可以不画横线或圆圈，在指引线另一端附近注写序号。同一张图中的序号形式应当一致。若所指部分为很薄的零件或为涂黑的剖面时，可用箭头指向该部分轮廓。

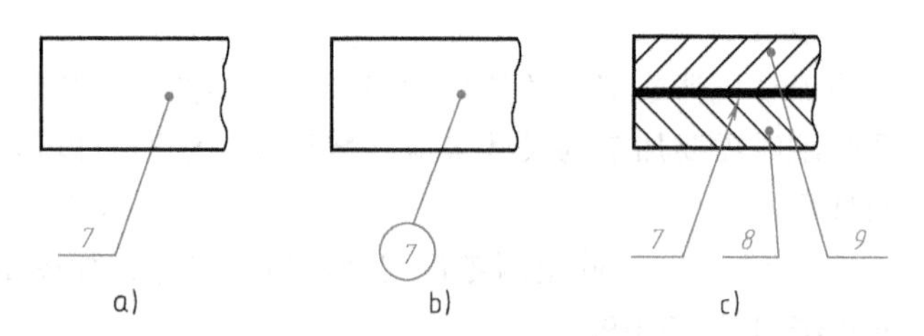

图 10-9 序号的编写形式及指引线末端画法

3）指引线应尽可能分布均匀，不可相交，应尽量不穿过或少穿过其他零件的轮廓范围。当指引线通过有剖面线的区域时，指引线不得与剖面线平行，如图 10-9 所示。指引线不能相交，必要时可以画成折线，但只可曲折一次，如图 10-10 所示。

4）一组紧固件或装配关系清楚的零件组，可用一条公共指引线，如图 10-11 所示。

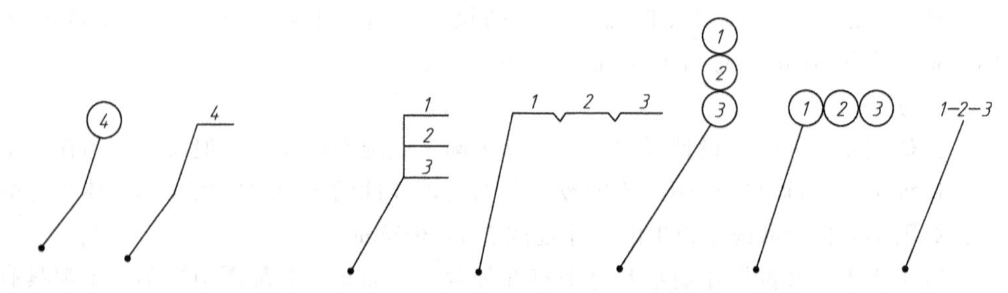

图 10-10 指引线可曲折一次

图 10-11 零件组的编号形式

5）编写序号时，为使全图布置美观整齐，编写序号要沿水平或竖直方向顺时针或逆时针排列整齐，如图 10-2 所示。

二、明细栏

1）明细栏放在标题栏的上方，并与标题栏相连，其侧边为粗实线，其余为细实线。

2）填写明细栏时，按零部件序号自下而上依次书写，不得间断或交错。当地方不够不能向上延伸时，可在标题栏左方再画一排，图 10-12 所示格式可供学习时使用，国家标准规定标题标格式见图 1-4。在实际生产中，明细栏也可不画在装配图内，按 A4 幅面作为装配图的续页单独绘出，序号编写顺序是自上而下，可连续加页，但在明细栏下方应设置与装配图完全一致的标题栏。

180

20	30	30	20	30	25	(25)
序号	名 称		数量	材料	备注	
制图		(日期)	(装配体名称)		(图号)	
描图		(日期)			比例	
校核		(日期)			重量	
(校名、班号)					共 张	第 张

8　4×8(=32)　8

图 10-12　明细栏和标题栏

3）标准件应填写规定标记，如螺钉 M10×60　GB/T 68；某些零件的重要参数，如齿轮的模数、齿数，弹簧的材料直径、节距、有效圈数等，可填在零件名称栏内。

第六节　装配结构的合理性

为了保证机器或部件的装配质量，满足性能要求，以及安装、拆卸方便，在设计过程中，必须考虑装配结构的合理性。

装配结构的合理性

一、接触面与配合面的结构

1）两零件接触或配合时，在同一方向上一般只有一对表面接触，这样既保证了两零件良好的接触性能，又降低了加工要求，如图 10-13 所示。

2）轴与孔配合且端面相互接触时，孔应倒角或在轴的根部加工出退刀槽，以保证两面接触良好。配合轴段的长度尺寸应小于孔的长度，以保证轴端连接的紧固，如图 10-14 所示。

3）由于锥面配合能同时确定轴向和径向位置，因此，圆锥面接触应有足够长度，且锥体顶部和锥孔底部必须留有空隙，以保证配合要求，如图 10-15 所示，$L_1<L_2$。

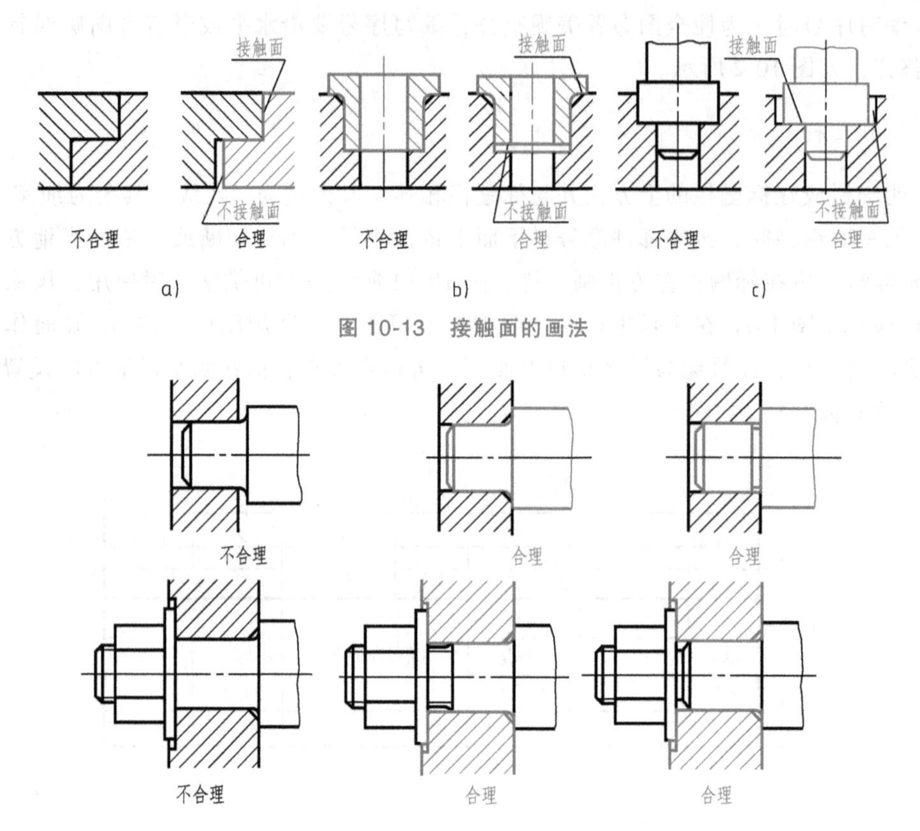

图 10-13 接触面的画法

图 10-14 轴与孔配合时的结构

二、螺纹连接结构

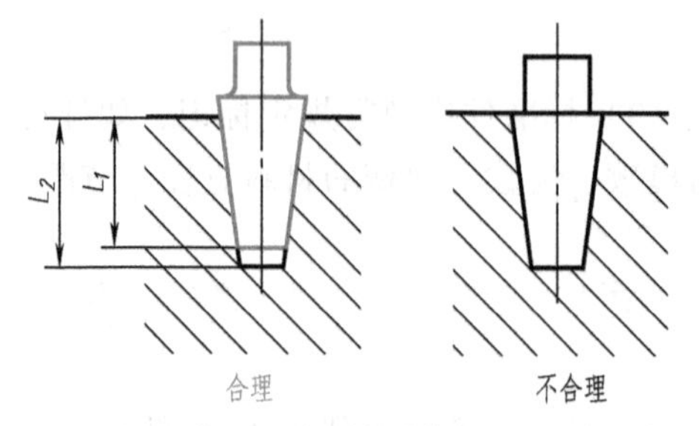

图 10-15 锥面的配合

1）为便于装配，被连接件通孔的尺寸应比螺纹大径或螺杆直径稍大，如图 10-16 所示。

2）为保证拧紧，应适当加长螺纹部分的长度，或在螺杆上加工出退刀槽，或在螺孔上做出凹坑或倒角等结构，如图 10-17 所示。

3）为便于装拆，应留出扳手活动空间及装拆螺栓、螺钉的空间，如图 10-18 所示。可在箱壁上增加手孔或用双头螺柱等结构，如图 10-19 所示。

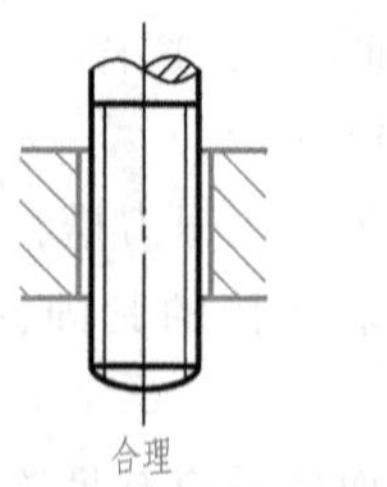

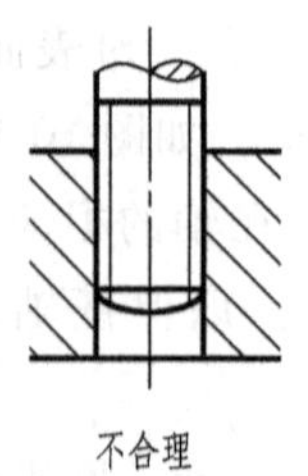

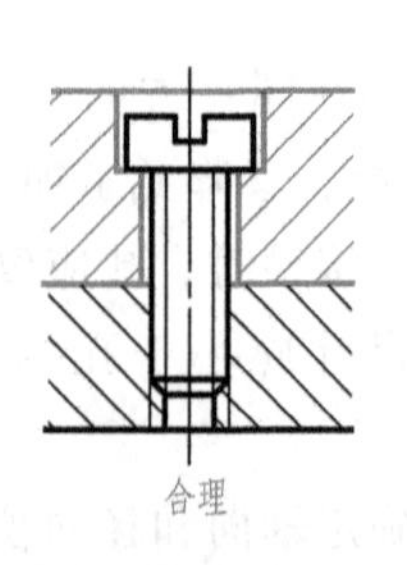

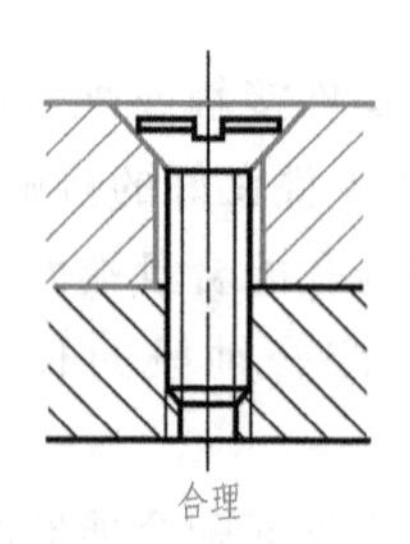

图 10-16 通孔应大于螺杆直径

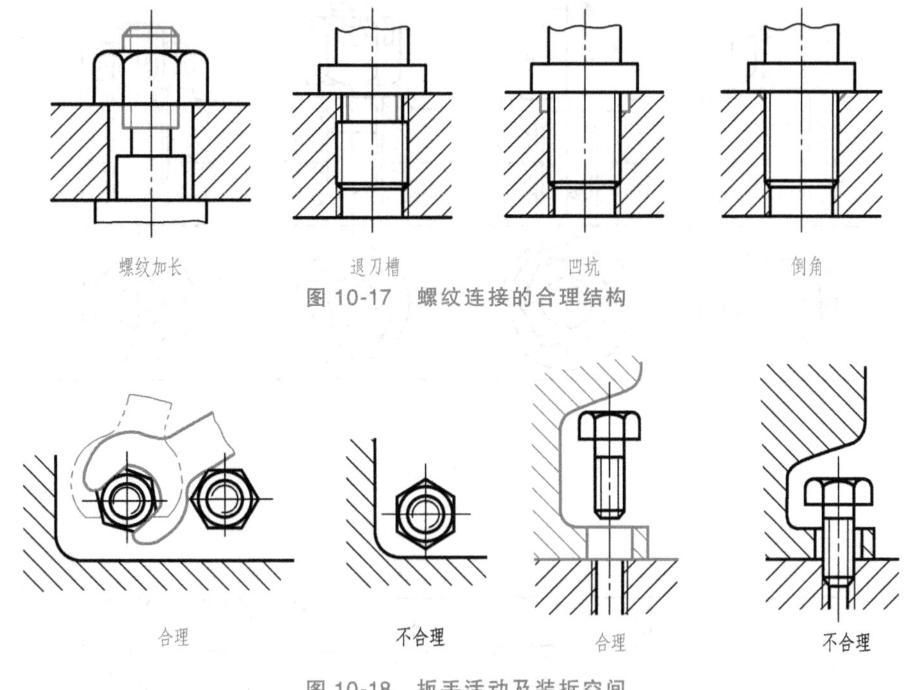

图 10-17　螺纹连接的合理结构

图 10-18　扳手活动及装拆空间

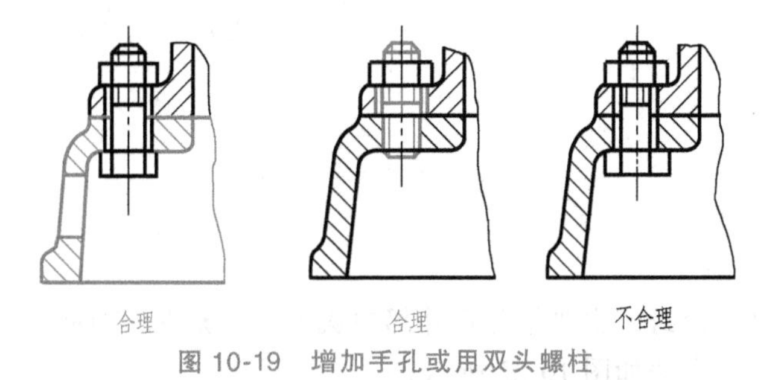

图 10-19　增加手孔或用双头螺柱

4）机器运转时，由于受到振动或冲击，螺纹连接件可能发生松动，以致影响机械的工作性能，甚至会造成严重事故，因此，在某些机构中需要防松与锁紧结构，如图 10-20 所示。

三、定位销的装配结构

为保证两零件在装拆前后的装配精度，通常用圆柱销或圆锥销来定位，所以对销和销孔的要求较高。为了加工销孔和装卸销方便，应尽量将销孔做成通孔；如零件不允许制成通孔时，销孔深度应大于销的长度，如图 10-21 所示。

四、滚动轴承的装配结构

1. 滚动轴承的固定

为防止滚动轴承在旋转过程中产生轴向窜动，必须采用一定的结构来固定轴承内、外圈。常用轴肩、台肩、轴端挡圈、套筒、弹性挡圈、端盖等结构，如图 10-22 所示。

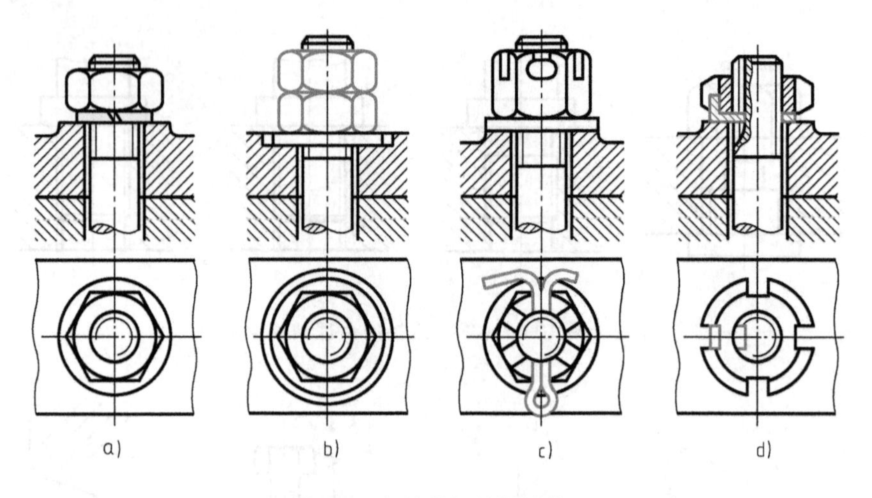

图 10-20 防松与锁紧结构

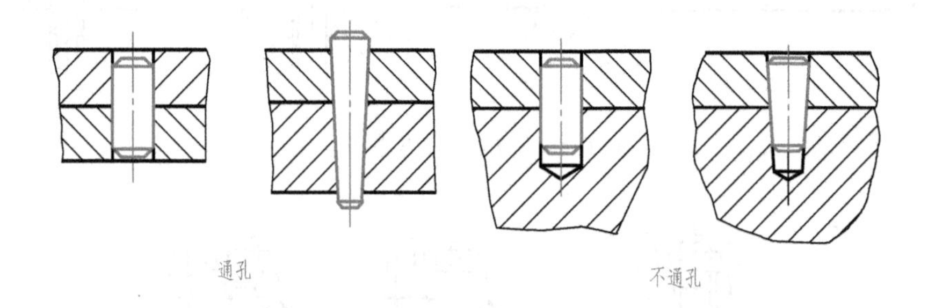

图 10-21 定位销的装配结构

2. 滚动轴承的密封

滚动轴承需要进行密封，主要是防止外部的灰尘和水分进入轴承，另外也防止轴承的润滑剂渗漏。常见的密封方法如图 10-23 所示。

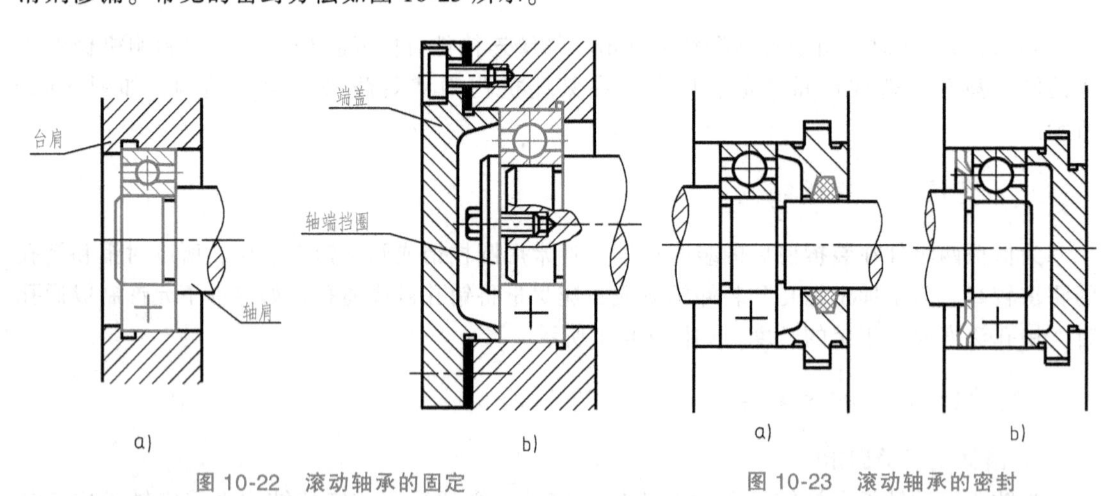

图 10-22 滚动轴承的固定

a）用轴肩和台肩固定 b）用轴端挡圈和端盖固定

图 10-23 滚动轴承的密封

a）毡圈式 b）甩油环式

3. 滚动轴承与轴承端盖间隙的调整

轴在高速旋转时会引起发热、膨胀，因此，在轴承与轴承盖端面之间要留有少量间隙（一般为 0.2~0.3mm），以防轴承转动不灵活或卡住。常采用更换不同厚度的金属垫片或用螺钉调整止推盘的方式来调整轴承与轴承端盖的间隙，如图 10-24 所示。

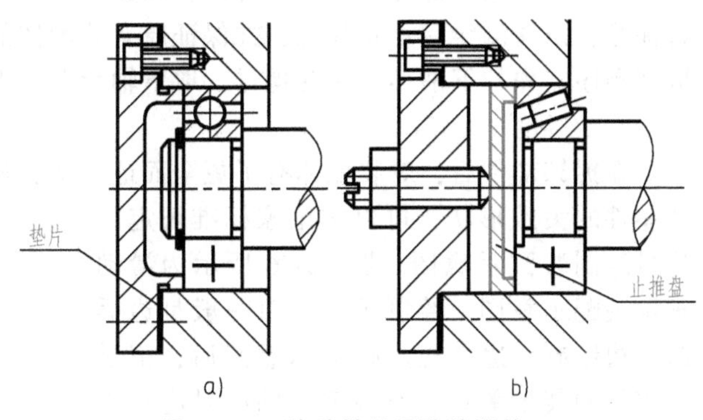

图 10-24 滚动轴承间隙的调整

4. 滚动轴承的拆卸

滚动轴承常以轴肩和台肩定位，为了方便拆卸，要求轴肩与台肩的高度必须小于轴承内圈和外圈的厚度，如图 10-25 所示轴承方便拆卸的结构。

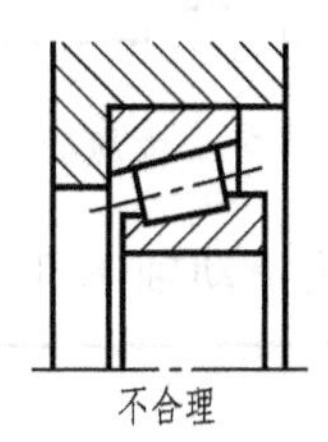

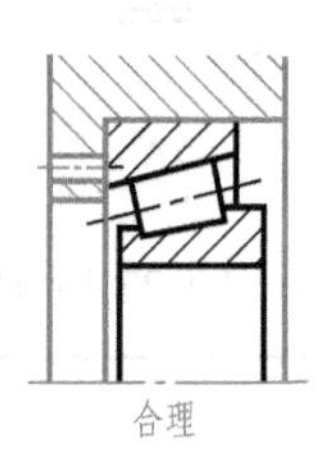

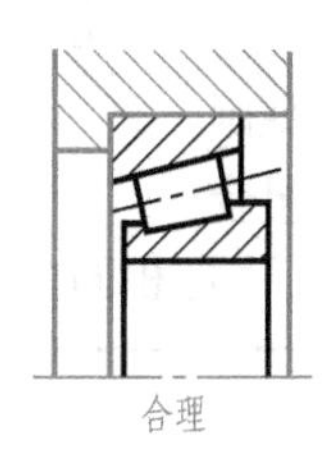

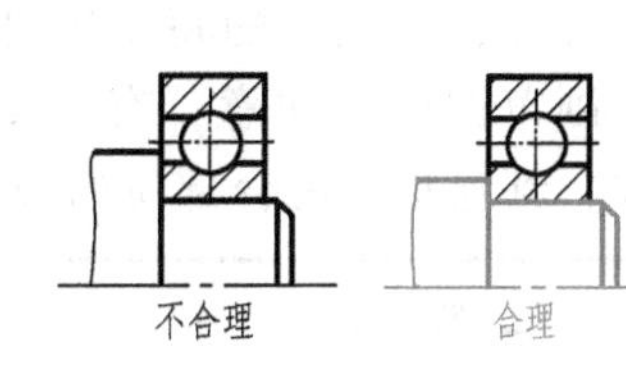

图 10-25 滚动轴承方便装卸的结构

第七节 画装配图的方法和步骤

一、了解部件的装配关系和工作原理

装配图画法

要画好装配图，就要对机器或部件有充分的理解，对实物进行拆装、测绘等，以便更清楚地了解机器或部件的装配关系和工作原理。装配体测绘是在仿制和修配机器或部件时，对实物进行测量，画出零件草图，然后再整理绘制装配图和零件工作图的过程。

1. 对实物进行分析

以滑动轴承为例（滑动轴承的轴测分解图见图 10-1），滑动轴承主要起支承轴的作用，它由 8 种零件组成，其中，螺栓、螺母为标准件，油杯为标准组合件。为了便于安装轴，轴承做成上下结构，上、下轴瓦分别装在轴承盖和轴承座上，轴瓦两端的凸缘侧面分别与轴承座两边的端面配合，以防止轴瓦做轴向移动；轴承座与轴承盖之间做成阶梯形止口配合，以防止座、盖之间横向错动；轴瓦固定套是防止轴瓦在座、盖之间转动。用螺栓、螺母连接，使其成为一个整体，用方头螺栓是为了拧紧螺母时，螺栓不会跟着转动；为防止松动，用两个螺母紧固；油杯中添满油脂，拧动杯盖，便可将油脂挤入轴瓦内，起润滑作用。

2. 拆卸装配体

拆卸前应了解拆卸顺序，准备好拆卸工具。在拆卸过程中，要防止精密的或主要的零件受损，对高精度的部分一般不要拆卸，以免降低配合精度。零件拆下后应编号，加上号码妥善保管，以便测绘后重新装配，并保证原有装配体的完整性、精确度和密封性。滑动轴承的拆卸顺序：先拧下油杯，松开螺母，取下轴承盖、上轴瓦，然后再取下轴瓦。

3. 绘制装配示意图

在拆卸部件后，对装配体有了更全面地了解，显示出零件间真实的装配关系、连接方式和零件的大致形状，可以按国家标准规定的代号绘制装配示意图。图 10-26 所示为滑动轴承装配示意图。绘制示意图时一般是边拆卸、边绘制、边更正。画出示意图后，记录各零件的装配关系，对各零件的编号应与零件标签上的编号一致，还要确定标准件的规格、尺寸和数量，注明材料、零件名称。一般测绘较复杂的装配体时都要绘制示意图。

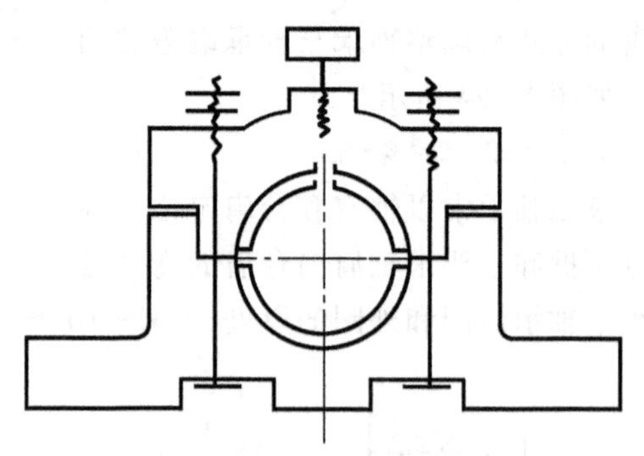

图 10-26 滑动轴承装配示意图

4. 画零件草图

除标准件外，装配体的每个零件都要画出草图。在画草图时应注意，有连接或配合关系的零件，其连接或配合部位的公称尺寸是相同的。图 10-27 所示为滑动轴承部分零件草

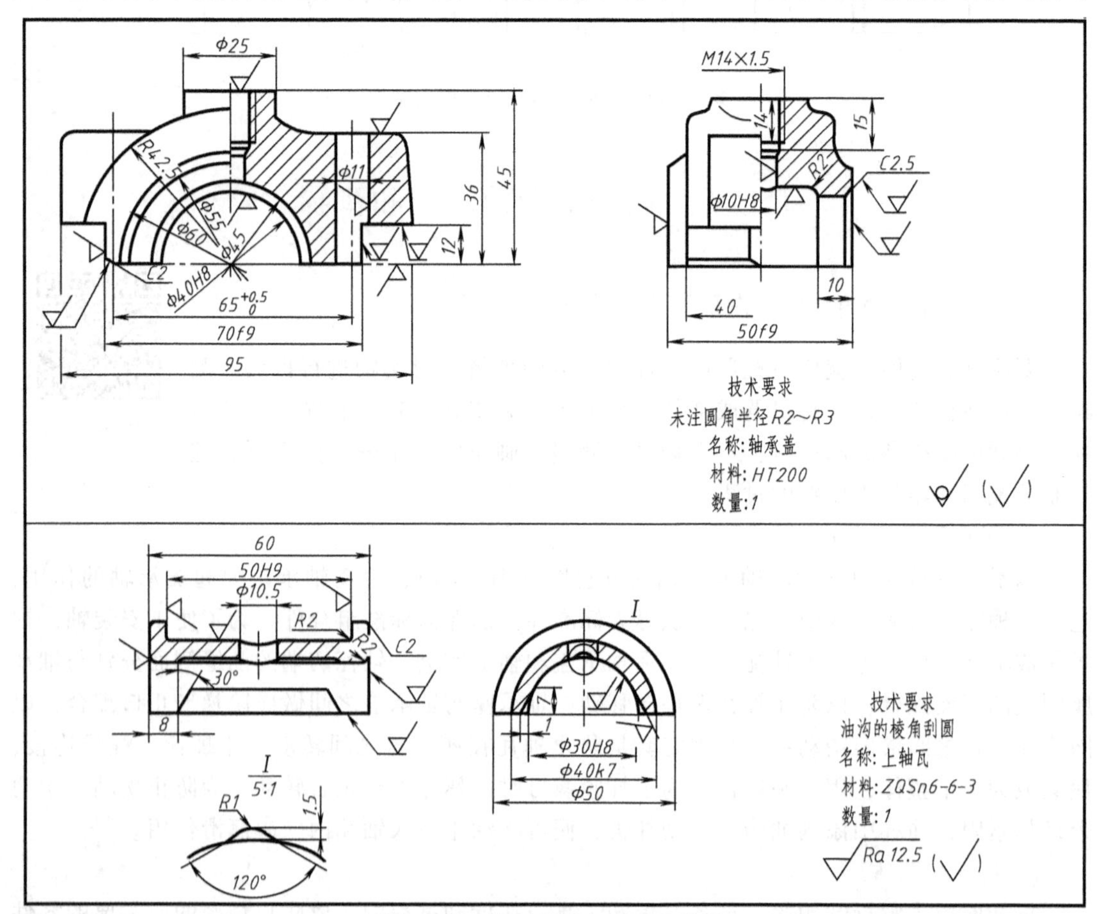

图 10-27 滑动轴承部分零件草图

图。图 10-28 所示为轴承座零件图。

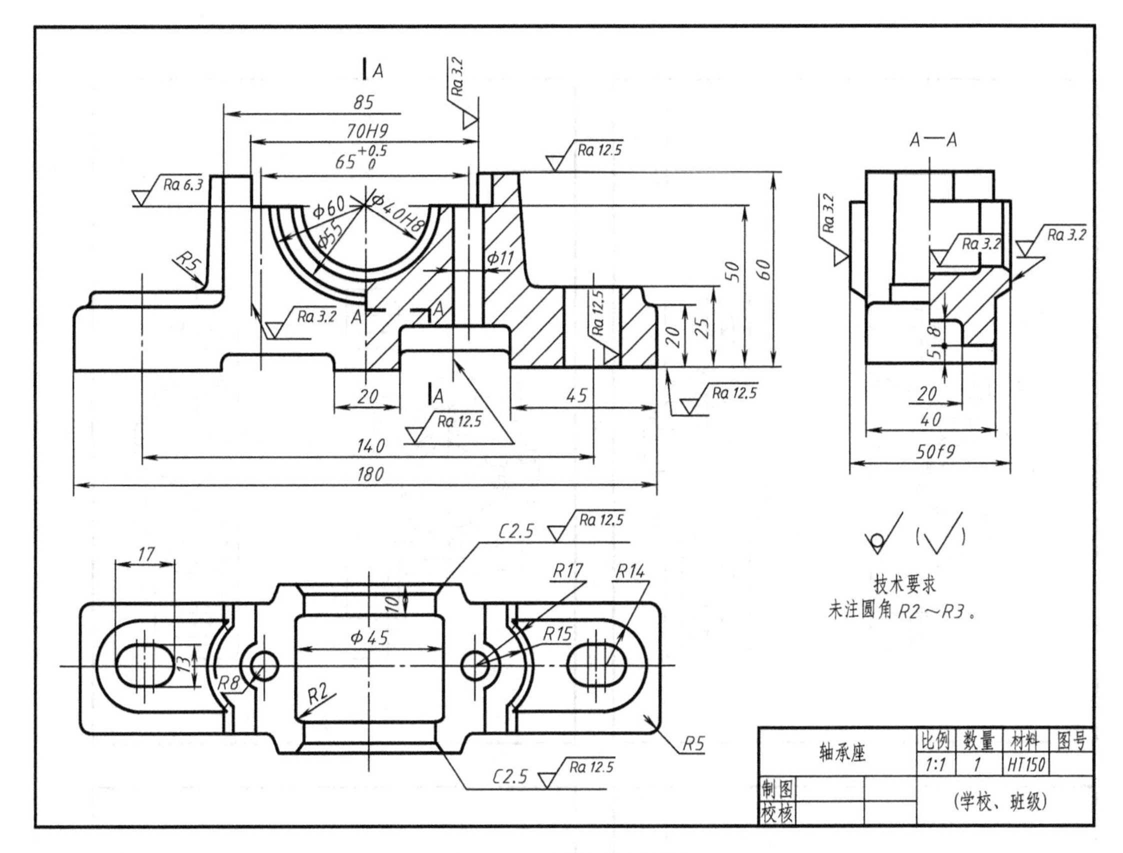

图 10-28　轴承座零件图

二、确定表达方案

确定机器或部件的表达方案，就是正确运用装配图的各种表达方法，将机器或部件的工作原理、各零件间的装配关系及主要零件的基本结构，以及所包含零件的相对位置、连接方式、运动情况等完整清晰地表达出来。确定方案时，一般有两种或两种以上的方案供选择，在方案正确、合理的前提下，选择简明、便于读图的方案为好。

对于主视图及其他视图的选择原则，本章第三节已讲过，在此不再重述。

三、画装配图的步骤

以滑动轴承为例，说明画装配图的步骤。

1）定方案。依据装配示意图及零件草图，明确零件的相互位置关系，确定视图表达方案；依据表达方案和装配体大小，选比例、定图幅，画出图框、标题栏。

2）合理布置视图。画出各视图的主要基准线。主要基准线通常指主要轴线（装配干线）、对称中心线、主要零件的基面或端面等，如图 10-29a 所示。各视图的摆放要符合投影关系，并留出标注尺寸、编写零部件序号和注写技术要求的足够位置。例如：滑动轴承主视图遵循选择原则，按其工作位置选主视图，既表达各零件的装配关系，又能反映主体零件的

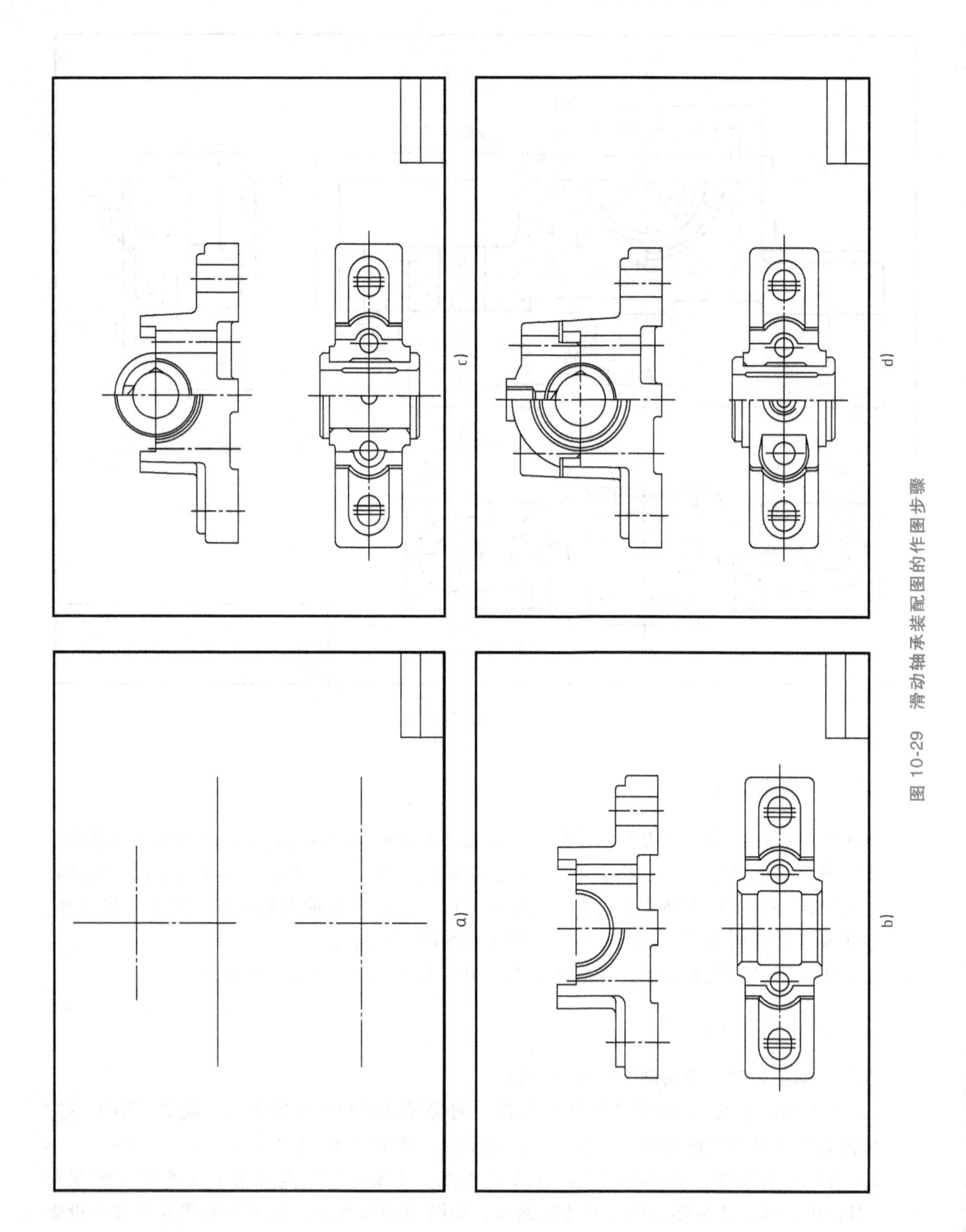

图 10-29　滑动轴承装配图的作图步骤

结构形状；由于整体部件对称，可取半剖表达内外结构，增加俯视图（包括拆卸画法、沿零件结合面剖切）来表达主视图尚未表达清楚的地方，如图 10-29b 所示。

3）画图顺序要根据以下原则：

其一，从主视图画起，几个视图相互配合一起画，以保证投影关系和防止多线、漏线。

其二，从主要装配干线上的核心零件开始，采用由内向外（或由外向内）顺序画出每一零件。

在画每一个视图时，从外向内画还是从内向外画，应视结构不同灵活运用。从外向内画就是先画主要零件，然后逐次向里画出各零件。其优点是便于从整体的合理布局出发，决定了主要零件的结构形状和尺寸，其余部分也易确定；从内向外画就是按主要装配干线先画出装配基准件，然后逐次向外扩展画出其他零件，其优点是层次分明，可避免多画被挡住零件的不可见轮廓线，图形清晰。如滑动轴承采用了从外向内画的方法，先画轴承座（图 10-29b），其次把下轴瓦、上轴瓦画出（图 10-29c），然后画轴承盖，最后画出螺栓连接、轴瓦固定套、油杯等（图 10-29d）。

4）检验校核后加粗图线、画出剖面符号、标注尺寸。

5）编写零部件序号，填写明细栏、标题栏，注写技术要求，完成全图，如图 10-2 所示。

由装配图的画图过程可知，在画图时应注意以下几点：

1）各视图间要符合投影关系，各零件、各结构要素也要符合投影关系。

2）先画起定位作用的基准件，再画其他零件，以保证各零件间的相互位置画图准确、误差小。

3）先画出零部件的主要结构形状，再画次要结构形状。

4）画图时，随时检查零件间的装配关系。检查哪些面应该接触，哪些面之间应该留有空隙，哪些面为配合面，零件间有无干涉等，必须正确判断并正确画出。

第八节 读装配图和由装配图拆画零件图

读装配图

一、读装配图

画装配图是用图形、尺寸、符号或文字来表达设计意图和要求的过程；读装配图则是通过对图形、尺寸、符号、文字的分析，了解设计者意图和要求的过程，在生产实践和学习过程中，常遇到读装配图的问题。

1. 读装配图的基本要求

1）了解机器或部件的名称、性能、用途、构造及工作原理。

2）了解各零件之间的连接方式、装配关系及定位。

3）分离零件，根据零件序号、投影关系、剖面线的方向和间距等分离零件。可用形体分析法和线面分析法弄清楚各零件的主要结构形状并分析其作用。

4）了解其他系统，如润滑系统、密封系统等的原理及构造。

2. 读装配图的方法步骤

现以图 10-30 所示铣床顶尖装配图为例，说明读装配图的方法步骤。

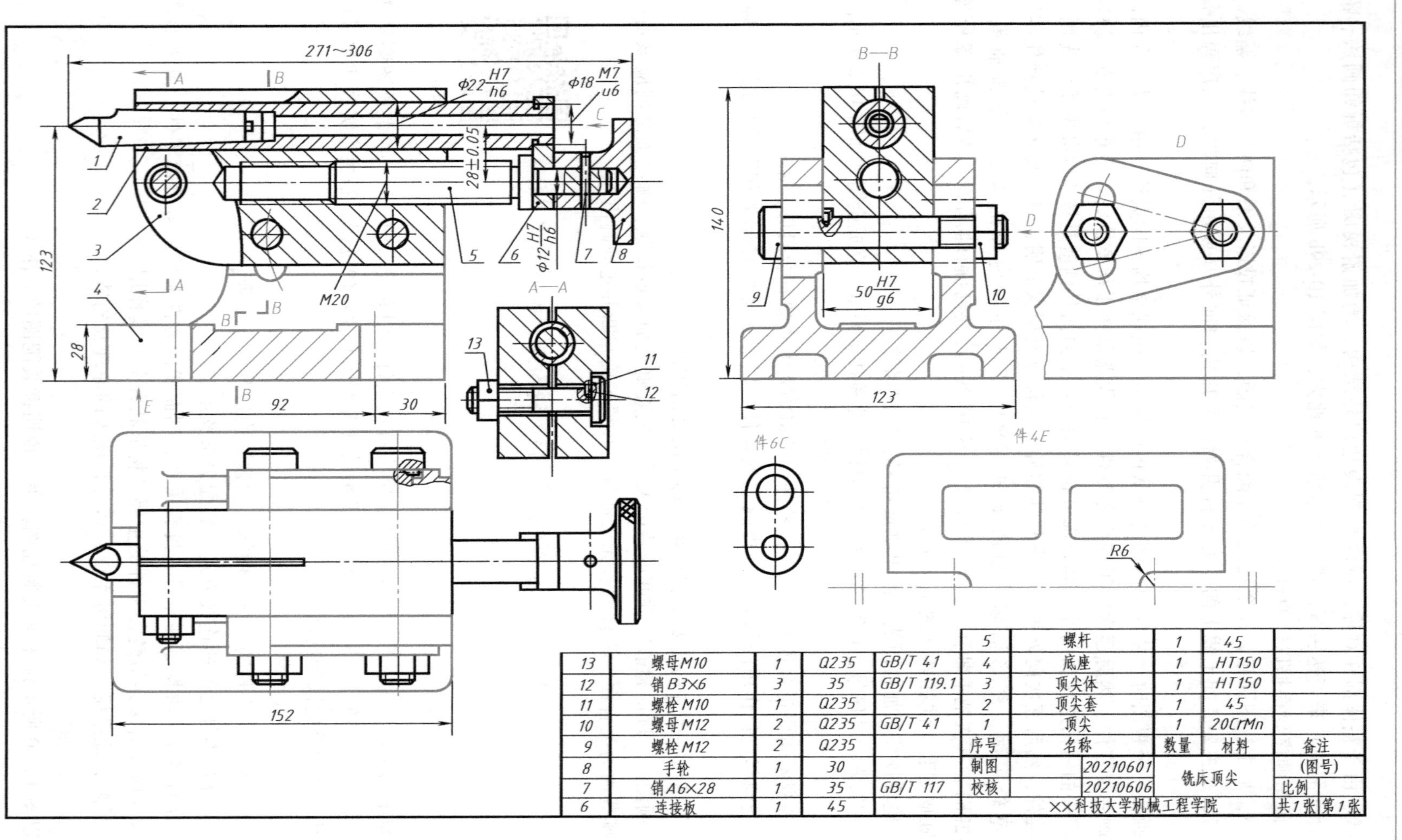

序号	名称	数量	材料	备注
13	螺母M10	1	Q235	GB/T 41
12	销B3×6	3	35	GB/T 119.1
11	螺栓M10	1	Q235	
10	螺母M12	2	Q235	GB/T 41
9	螺栓M12	2	Q235	
8	手轮	1	30	
7	销A6×28	1	35	GB/T 117
6	连接板	1	45	
5	螺杆	1	45	
4	底座	1	HT150	
3	顶尖体	1	HT150	
2	顶尖套	1	45	
1	顶尖	1	20CrMn	

制图	20210601	铣床顶尖	(图号)
校核	20210606		比例
××科技大学机械工程学院			共1张 第1张

图 10-30 铣床顶尖装配图

（1）概括了解并分析视图 从标题栏和有关说明书中，了解该机器或部件的名称和用途。图 10-30 所示铣床顶尖是铣床用来夹持工件的附件，由零件序号和明细表可知，该装配体共有 13 种零件，其中标准件 3 种。采用了三个基本视图，主视图采用全剖表达主要装配干线；左视图也采用全剖视图，表达出底座和顶尖体 3 被螺栓 9、螺母 10 夹紧的情况；俯视图表达了铣床顶尖的外形轮廓。另外，*A—A* 剖视图表达顶尖套被夹紧的情况；件 6*C* 视图表达连接板的形状；*D* 视图表达顶尖体和螺栓可沿着圆弧形槽变换位置的情况；件 4*E* 视图表达底座的底面形状。

（2）了解工作原理和装配关系 该铣床顶尖工作时，先转动手轮 8，通过销 7 使螺杆 5 转动，由连接板 6，带动顶尖套 2 进而带动顶尖 1 前进或后退，以顶紧或放松工件。如要改变顶尖的轴线高度，可松开螺母 10，然后将顶尖沿圆弧槽转动一定角度即可。

底座与顶尖体的两个侧面要求有良好的接触，采用间隙配合（50H7/g6）；顶尖套与顶尖体、螺杆与连接板也为间隙配合（ϕ22H7/h6、ϕ12H7/h6）；而顶尖体的右端与连接板为过盈配合（ϕ18M7/u6）。销 12 有一部分装入螺栓上的销孔内，另一部分销则嵌入顶尖体，这种用销定位的方法可防止螺栓转动。

（3）分析零件 分析零件的主要目的是弄清楚组成机器或部件的所有零件的类型、作用及其主要的结构形状。一台机器或部件通常由标准件、常用件、一般零件组成，前两者易懂，后者为重点分析对象。一般从标注序号的视图着手，利用投影关系、剖面线方向和间隔的异同，在各视图中找到该零件的投影轮廓，将其从视图中分离出来，然后运用形体分析和线面分析方法，想象其形状。

例如：顶尖体，根据序号“3”及剖面线方向和间隔，先在主视图上分离出顶尖体的主要轮廓，左边被铣出一个圆弧槽，水平方向有一个装顶尖套件 2 的圆孔和一个装螺杆件 5 的螺孔。此外，顶尖体还有三个装螺栓 9、11 的圆孔。按投影关系，顶尖体在俯视图和左视图中的投影轮廓是一矩形，从而用形体分析法想象其空间结构形状。

（4）分析尺寸 分析装配图上所标注的尺寸，可以了解部件的规格、外形大小、零件间的配合性质、装配、安装时所需要的尺寸。图 10-30 主视图标注的尺寸 271～306mm，是顶尖在轴向移动的长度范围；图中 123mm（左视图）、140mm 是外形尺寸；ϕ22H7/h6、ϕ18M7/u6、ϕ12H7/h6、50H7/g6 为配合尺寸；92mm 为安装尺寸。

（5）归纳总结 在对装配体的工作原理、装配关系、尺寸和主要零件的结构分析的基础之上，还要对技术要求、机器或部件的设计意图和装配结构等进行研究，从而对整台机器或部件得到一个完整认识，也为下一步拆画零件图打下基础。实际读图时，常常是边了解、边分析、边综合交替进行。

二、由装配图拆画零件图

拆画零件图

拆图是在完全读懂装配图的基础上进行的。拆图时一般先拆画主要零件，然后逐一画出有关零件，以保证各零件的结构形状合理，并使尺寸、配合性质和其他技术要求协调一致。零件图的内容和要求在前面已阐述，下面说明几点在拆画零件图时应注意的问题。

1. 拆画零件图的要求

1）画图前要认真阅读装配图，全面深入了解设计意图，弄清楚工作原理、装配关系、技术要求和每个零件的结构形状。

2）画图时，不但要从设计方面考虑零件的作用和要求，还要从工艺方面考虑零件的制造和装配，应使所画的零件图符合设计和工艺要求。

2. 零件图要处理的几个问题

（1）零件分类 对零件进行分类，明确拆画零件图的对象。

1）标准零件大多数属于外购件，不需画零件图。

2）借用零件指借用定型产品中的零件，可利用已有的零件图。

3）特殊零件是设计时确定下来的重要零件，如气轮机的叶片、喷嘴等。这类零件应按给定的图样或数据资料绘制零件图。

4）一般零件基本上是按照装配图所确定的形状、尺寸和有关技术要求来绘制零件图，是拆画的主要对象。

（2）零件的表达方案 拆画零件图时，零件的表达方案是根据零件的结构形状特点考虑的，不强求与装配图一致。在多数情况下，壳体、箱座类零件主视图放置位置及投影方向可与装配图一致，这样便于装配时对照；对于轴套类零件，一般按加工位置选取主视图。

（3）零件的结构形状 拆画零件图时，有些零件的形状在装配图中表示不完整，需根据设计要求确定。有些被省略的细部结构，如圆角、倒角、退刀槽等工艺结构，应结合工艺要求全部画出。

（4）零件图上的尺寸

1）抄：装配图中已注出的尺寸，在零件图上应直接注出。对于配合尺寸，需要查出偏差数值。

2）查：对标准结构的尺寸，如螺纹结构尺寸、键槽、倒角、退刀槽等，要从相应的标准中查出。

3）算：根据给定的数据进行计算的尺寸，如齿轮的分度圆、齿顶圆直径等，应标注其计算值。

4）量：其他尺寸可在装配图上按所用比例大小直接量取，并适当圆整，使之尽量符合标准系列。零件上大部分非配合尺寸属于这类尺寸。

（5）技术要求 零件的表面结构要求、尺寸公差、几何公差、热处理等，在拆画零件图时应根据零件在部件中的作用，结合设计要求以及工艺要求，查阅有关手册后确定并标注。

3. 拆图举例

以拆画铣床顶尖中的底座为例，介绍拆画零件图的方法步骤。

1）读懂装配图，分析底座。根据序号“4”及剖面线方向和间隔，利用投影关系，分别在主视图、左视图、俯视图上分离出底座的主要轮廓，结合 D、E 局部视图，利用形体分析法想象其空间结构形状，如图 10-30 彩色图线。

2）确定表达方案，即对视图的选择。主视图的投射方向和位置与装配图上该零件的投射方向和位置一致。由从铣床顶尖的装配图中分离出来的底座视图轮廓，再根据其作用、结构及装配关系补齐所缺轮廓线；对装配图中未表达清楚的结构和零件的工艺结构补充设计完善，并选用恰当的表达方法。

如图 10-31 所示，主视图主要表达外形结构，其中，局部剖视图表达 U 形槽的内部结

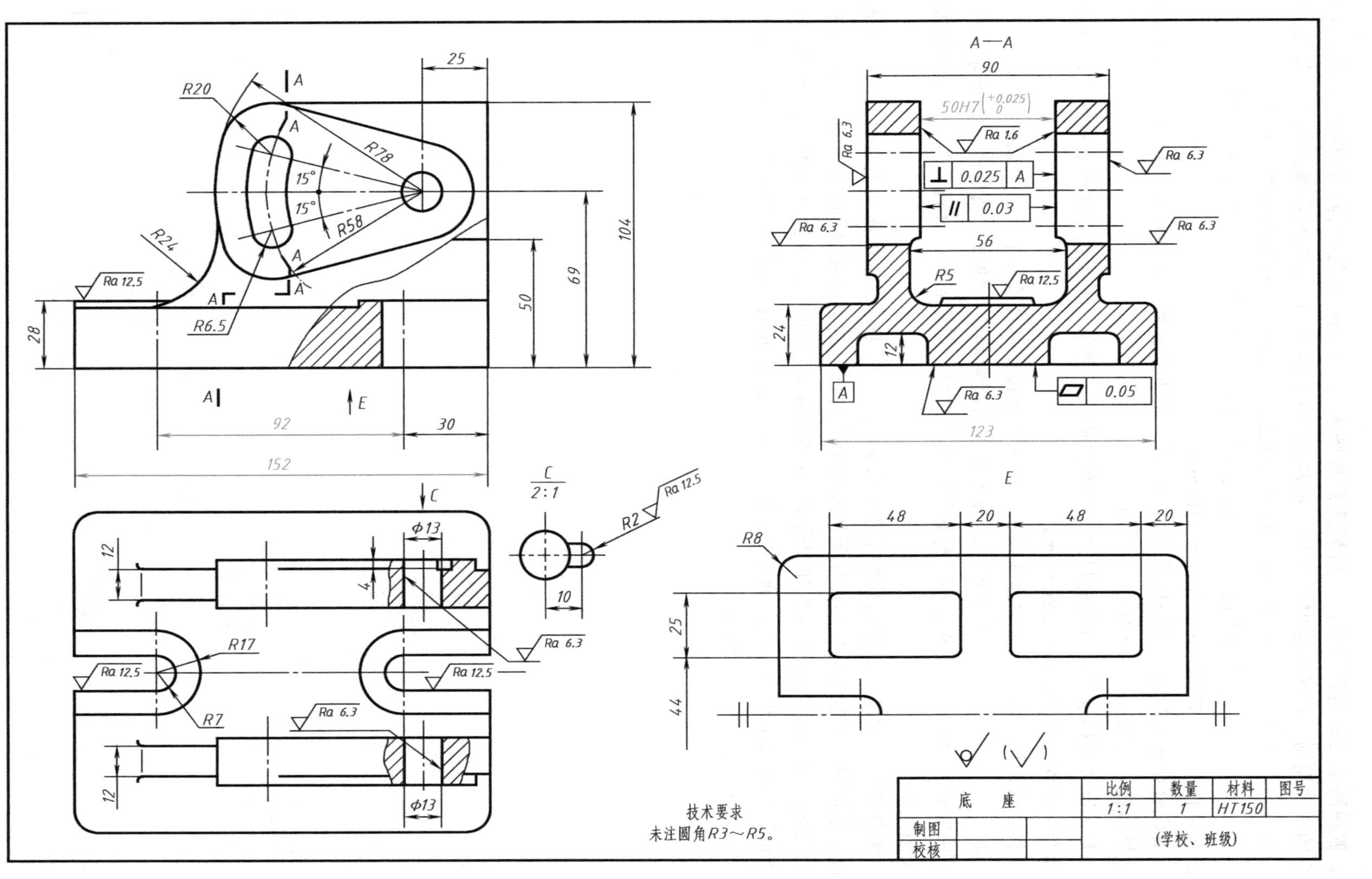

图 10-31　底座零件图

构；俯视图主要表达其外形，采用局部剖视图表达 $\phi 13$mm 孔处结构；左视图采用了 *A*—*A* 剖视的全剖视图，将弧形槽展开绘制，并表达出底部的结构；*C* 向局部视图表达了销孔的形状和位置；*E* 向视图运用了对称机件的简化画法，以表达底座的仰视方向的形状。

3）标注尺寸。装配图中已注出的尺寸按所注尺寸和尺寸公差带代号（或偏差值）直接抄注在零件图上，如 92mm、123mm、152mm。

有配合要求的尺寸，其公称尺寸必须一致，根据装配图中标注的配合代号查出具体公差数值填写在零件图上，如 50H7（$^{+0.025}_{0}$）。

与标准件或标准结构有关的尺寸，如螺栓通孔、倒角、退刀槽、销孔、键槽等，可在相应标准中查到，如 $\phi 13$mm、*R*6. 5mm。

其他结构尺寸在装配图中标注较少，可从图上按比例直接量取，一般取整数。

4）注写技术要求和填写标题栏。技术要求直接影响零件的加工质量和使用要求，可参考有关资料和相近产品图样注写。标题栏应填写完整，零件名称、材料、图号等要与装配图中明细栏所注内容一致。

零件各表面粗糙度要根据其作用和要求确定，一般来说，接触面和配合面要求尺寸精度较高，表面粗糙度数值应较小，如箱体和底座的底面（为静止接触的表面）*Ra* 可取 6. 3μm 或 12. 5μm；有相对运动的表面和配合面 *Ra* 可取 0. 8μm 或 1. 6μm；而有密封、耐腐蚀要求的表面粗糙度数值也应小些，通常 *Ra* 取 0. 4μm 或 0. 8μm；自由表面的表面粗糙度数值较大，*Ra* 可取 12. 5μm 或 25μm。

附 录

附录 A 螺 纹

表 A-1 普通螺纹直径与螺距系列（GB/T 193—2003） （单位：mm）

公称直径 D、d			螺距 P		公称直径 D、d			螺距 P	
第一系列	第二系列	第三系列	粗牙	细牙	第一系列	第二系列	第三系列	粗牙	细牙
1	1.1		0.25	0.2		52		5	4,3,2,1.5
1.2							55		
	1.4		0.3		56			5.5	
1.6	1.8		0.35				58		
2			0.4	0.25		60		5.5	
	2.2		0.45				62		
2.5				0.35	64			6	
3			0.5				65,75		
	3.5		0.6			68		6	
4			0.7	0.5			70		6,4,3,2,1.5
	4.5		0.75		72				
5			0.8						
		5.5				76			
6	7		1	0.75			78		2
8			1.25	1,0.75	80				6,4,3,2,1.5
		9	1.25				82		2
10			1.5	1.25,1,0.75	90	85			6,4,3,2
		11	1.5	1,0.75	100	95			
12			1.75	1.5,1.25,1	110	105			
	14		2	1.25[a],1		115			
		15		1.5,1		120	135,145		
16			2	1.5,1	125	130			8,6,4,3,2
		17		1.5,1	140	150			
20	18		2.5	2,1.5,1			155,165,175,185		6,4,3
	22				160	170			8,6,4,3
24			3	2,1.5,1	180				8,6,4,3
		25				190			
		26		1.5	200				
	27		3	2,1.5,1			195,205,215,225,235,245		6,4,3
		28				210			8,6,4,3
30			3.5	(3),2,1.5,1	220				8,6,4,3
		32		2,1.5			230		
	33		3.5	(3),2,1.5		240			
		35[b]		1.5	250				
36			4	3,2,1.5			255,265		6,4
		38		1.5		260			8,6,4
	39		4	3,2,1.5			270		
		40					275,285,295		6,4
42	45		4.5	4,3,2,1.5	280				8,6,4
48			5				290		
		50		3,2,1.5		300			

注：1. 优先选用第一系列，第三系列尽可能不用。
2. 括号内的尺寸尽可能不用。

a 仅用于发动机的火花塞。

b 仅用于滚动轴承的锁紧螺母。

表 A-2 普通螺纹的基本牙型和基本尺寸

（根据 GB/T 192—2003，GB/T 196—2003）

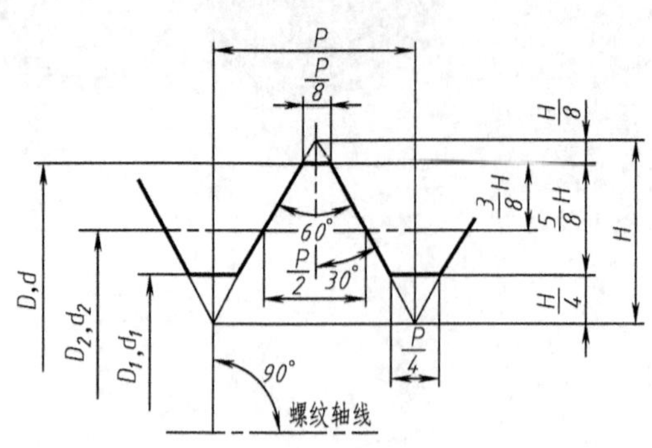

D——内螺纹大径

d——外螺纹大径

D_2——内螺纹中径

d_2——外螺纹中径

D_1——内螺纹小径

d_1——外螺纹小径

P——螺距

H——原始三角形高度

$$H=\frac{\sqrt{3}}{2}P=0.866P$$

$$\frac{5}{8}H=0.541P$$

$$\frac{3}{8}H=0.325P$$

$$\frac{1}{4}H=0.217P$$

$$\frac{1}{8}H=0.108P$$

$$D_2=D-2\times\frac{3}{8}H$$

$$d_2=d-2\times\frac{3}{8}H$$

$$D_1=D-2\times\frac{5}{8}H$$

$$d_1=d-2\times\frac{5}{8}H$$

（单位：mm）

公称直径 D 或 d	螺距 P	中径 D_2 或 d_2	小径 D_1 或 d_1
1	0.25 0.2	0.838 0.870	0.729 0.783
1.2	0.25 0.2	1.038 1.070	0.929 0.983
1.6	0.35 0.2	1.373 1.470	1.221 1.383
2	0.4 0.25	1.740 1.838	1.567 1.729
2.5	0.45 0.35	2.208 2.273	2.013 2.121
3	0.5 0.35	2.675 2.773	2.459 2.621
4	0.7 0.5	3.545 3.675	3.242 3.459
5	0.8 0.5	4.480 4.675	4.134 4.459
6	1 0.75	5.350 5.513	4.917 5.188
8	1.25 1 0.75	7.188 7.350 7.513	6.647 6.917 7.188
10	1.5 1.25 1 0.75	9.026 9.188 9.350 9.513	8.376 8.647 8.917 9.188
12	1.75 1.5 1.25 1	10.863 11.026 11.138 11.350	10.106 10.376 10.647 10.917
16	2 1.5 1	14.701 15.026 15.350	13.835 14.376 14.917
20	2.5 2 1.5 1	13.376 18.701 19.026 19.350	17.294 17.835 18.376 18.917
24	3 2 1.5 1	22.051 22.701 23.026 23.350	20.752 21.835 22.376 22.917

（续）

公称直径 D 或 d	螺距 P	中径 D_2 或 d_2	小径 D_1 或 d_1
30	3.5	27.727	26.211
	2	28.701	27.835
	1.5	29.026	28.376
	1	29.350	28.917
36	4	33.402	31.670
	3	34.051	32.752
	2	34.701	33.835
	1.5	35.026	34.376
42	4.5	39.077	37.129
	3	40.051	38.752
	2	40.701	39.835
	1.5	41.026	40.376
48	5	44.752	42.587
	3	46.051	44.752
	2	46.701	45.835
	1.5	47.026	46.376
56	5.5	52.428	50.046
	4	53.402	51.670
	3	54.051	52.752
	2	54.701	53.835
	1.5	55.026	54.376
64	6	60.103	57.505
	4	61.402	59.670
	3	62.051	60.752
	2	62.701	61.835
	1.5	63.026	62.376
72	6	68.103	65.505
	4	69.402	67.670
	3	70.051	68.752
	2	70.701	69.835
	1.5	71.026	70.376
80	6	76.103	73.505
	4	77.402	75.670
	3	78.051	76.752
	2	78.701	77.835
	1.5	79.026	78.376
90	6	86.103	83.505
	4	87.402	85.670
	3	88.051	86.752
	2	88.701	87.835
100	6	96.103	93.505
	4	97.402	95.670
	3	98.051	96.752
	2	98.701	97.835
110	6	106.103	103.505
	4	107.402	105.670
	3	108.051	106.752
	2	108.701	107.835
125	6	121.103	118.505
	4	122.402	120.670
	3	132.051	121.752
	2	123.701	122.835
140	6	136.103	133.505
	4	137.402	135.670
	3	138.051	136.752
	2	138.701	137.835
160	6	156.103	153.550
	4	157.402	155.670
	3	158.051	156.752
180	6	176.103	173.505
	4	177.402	175.670
	3	178.051	176.752
200	6	196.103	193.505
	4	197.402	195.670
	3	198.051	196.752

注：1. 本表只选入公称直径第一尺寸系列。

2. 螺纹的旋合长度分为短、中等和长旋合长度三组，其相应的代号为S、N和L。

3. 螺纹公差带按短、中、长三组旋合长度分为精密、中等、粗糙三种精度。

精密：用于精密螺纹，当要求配合性质变动较小时采用。

中等：一般用途。

粗糙：对精度要求不高或制造比较困难时采用。

4. 内螺纹选用公差带：S-4H，5H；N-4H，5H，6H，7H；L-5H，6H，7H。

外螺纹选用公差带：N-6e，6f，6g，8g，4h，6h。

内、外螺纹的选用公差带可以任意组合，完工后的零件最好组合成$\frac{H}{g}$、$\frac{H}{h}$或$\frac{G}{h}$的配合。

表 A-3 普通螺纹内、外螺纹选用公差带（GB/T 197—2018）

公差带位置		内螺纹						外螺纹								
		G			H			e		f	g			h		
旋合长度		S	N	L	S	N	L	N	L	N	S	N	L	S	N	L
配合精度	精密				4H	5H	6H					(4g)	(5g4g)	(3h4h)	4h*	(5h4h)
	中等	(5G)	6G*	(7G)	5H*	6H*	7H*	6e*	(7e6e)	6f*	(5g6g)	6g*	(7g6g)	(5h6h)	6h*	(7h6h)
	粗糙		(7G)	(8G)		7H	8H	(8e)	(9e8e)			8g	(9g8g)			

注：1. 精密配合用于精密螺纹，当要求配合性质变动较小时采用；中等配合为一般用途；粗制配合用于对精度要求不高或制造比较困难的螺纹。

2. 内、外螺纹的选用公差带可以任意组合，为了保证足够的接触高度，完工后的零件最好组合成 H/g，H/h 或 G/h 的配合。对直径≤1.4mm 的螺纹副，应采用 5H/6h 或更精密的配合。

3. 螺纹旋合长度分为短旋合长度（S）、中等旋合长度（N）和长旋合长度（L）三组。不注明螺纹旋合长度时，螺纹公差按中等旋合长度来考虑。

4. 大量生产的精制紧固件螺纹，推荐采用带方框的公差带；带 * 号的公差带应优先选用，不带 * 号的公差带其次，加括号的公差带尽可能不用。

5. 螺纹公差带标记示例：

粗牙普通螺纹外螺纹直径 10mm、螺距 1.5mm、中径公差带 5g、顶径公差 6g：M10-5g6g-S。

表 A-4 普通螺纹旋合长度（GB/T 197—2018） （单位：mm）

公称直径 D、d	螺距 P	旋合长度 S	N	L
>0.99~1.4	0.2	≤0.5	>0.5~1.4	>1.4
	0.25	≤0.6	>0.6~1.7	>1.7
	0.3	≤0.7	>0.7~2	>2
>1.4~2.8	0.2	≤0.5	>0.5~1.5	>1.5
	0.25	≤0.6	>0.6~1.9	>1.9
	0.35	≤0.8	>0.8~2.6	>2.6
	0.4	≤1	>1~3	>3
	0.45	≤1.3	>1.3~3.8	>3.8
>2.8~5.6	0.35	≤1	>1~3	>3
	0.5	≤1.5	>1.5~4.5	>4.5
	0.6	≤1.7	>1.7~5	>5
	0.7	≤2	>2~6	>6
	0.75	≤2.2	>2.2~6.7	>6.7
	0.8	≤2.5	>2.5~7.5	>7.5
>5.6~11.2	0.75	≤2.4	>2.4~7.1	>7.1
	1	≤3	>3~9	>9
	1.25	≤4	>4~12	>12
	1.5	≤5	>5~15	>15
>11.2~22.4	1	≤3.8	>3.8~11	>11
	1.25	≤4.5	>4.5~13	>13
	1.5	≤5.6	>5.6~16	>16
	1.75	≤6	>6~18	>18
	2	≤8	>8~24	>24
	2.5	≤10	>10~30	>30
>22.4~45	1	≤4	>4~12	>12
	1.5	≤6.3	>6.3~19	>19
	2	≤8.5	>8.5~25	>25
	3	≤12	>12~36	>36
	3.5	≤15	>15~45	>45
	4	≤18	>18~53	>53
	4.5	≤21	>21~63	>63
>45~90	1	≤4.8	>4.8~14	>14
	1.5	≤7.5	>7.5~22	>22
	2	≤9.5	>9.5~28	>28
	3	≤15	>15~45	>45
	4	≤19	>19~56	>56
	5	≤24	>24~71	>71
	5.5	≤28	>28~85	>85
	6	≤32	>32~95	>95
>90~180	1.5	≤8.3	>8.3~25	>25
	2	≤12	>12~36	>36
	3	≤18	>18~53	>53
	4	≤24	>24~71	>71
	6	≤36	>36~106	>106
>180~355	2	≤13	>13~38	>38
	3	≤20	>20~60	>60
	4	≤26	>26~80	>80
	6	≤40	>40~118	>118

表 A-5　梯形螺纹（GB/T 5796.3—2005）

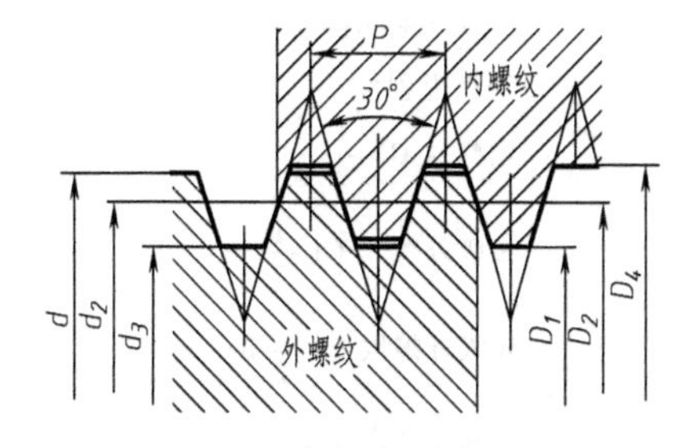

标记示例：

Tr40×7

Tr40×14(P7)LH

公称直径 d 第一系列	公称直径 d 第二系列	螺距 P	中径 $d_2=D_2$	大径 D_4	小径 d_3	小径 D_1
8		1.5	7.25	8.30	6.20	6.50
	9	1.5	8.25	9.30	7.20	7.50
		2	8.00	9.50	6.50	7.00
10		1.5	9.25	10.30	8.20	8.50
		2	9.00	30.50	7.50	8.00
	11	2	10.00	11.50	8.50	9.00
		3	9.50	11.50	7.50	8.00
12		2	11.00	12.50	9.50	10.00
		3	10.50	12.50	8.50	9.00
	14	2	13.00	14.50	11.50	12.00
		3	12.50	14.50	10.50	11.00
16		2	15.00	16.50	13.50	14.00
		4	14.00	16.50	11.50	12.00
	18	2	17.00	18.50	15.50	16.00
		4	16.00	18.50	13.50	14.00
20		2	19.00	20.50	17.50	18.00
		4	18.00	20.50	15.50	16.00
	22	3	20.50	22.50	18.50	19.00
		5	19.50	22.50	16.50	17.00
		8	18.00	23.00	13.00	14.00
24		3	22.50	24.50	20.50	21.00
		5	21.50	24.50	18.50	19.00
		8	20.00	25.00	15.00	16.00

公称直径 d 第一系列	公称直径 d 第二系列	螺距 P	中径 $d_2=D_2$	大径 D_4	小径 d_3	小径 D_1
	26	3	24.50	26.50	22.50	23.00
		5	23.50	26.50	20.50	21.00
		8	22.00	27.00	17.00	18.00
28		3	26.50	28.50	24.50	25.00
		5	25.50	28.50	22.50	23.00
		8	24.00	29.00	19.00	20.00
	30	3	28.50	30.50	26.50	27.00
		6	27.00	31.00	23.00	24.00
		10	25.00	31.00	19.00	20.00
32		3	30.50	32.50	28.50	29.00
		6	29.00	33.00	25.00	26.00
		10	27.00	33.00	21.00	22.00
	34	3	32.50	34.50	30.50	31.00
		6	31.00	35.00	27.00	28.00
		10	29.00	35.00	23.00	24.00
36		3	34.50	36.50	32.50	33.00
		6	33.00	37.0	29.00	30.00
		10	31.00	37.00	25.00	26.00
	38	3	36.50	38.50	34.50	35.00
		7	34.50	39.00	30.00	31.00
		10	33.00	39.00	27.00	28.00
40		3	38.50	40.50	36.50	37.00
		7	36.50	41.00	32.00	33.00
		10	35.00	41.00	29.00	30.00

注：D 为内螺纹，d 为外螺纹。

表 A-6 55°非密封管螺纹（摘自 GB/T 7307—2001）

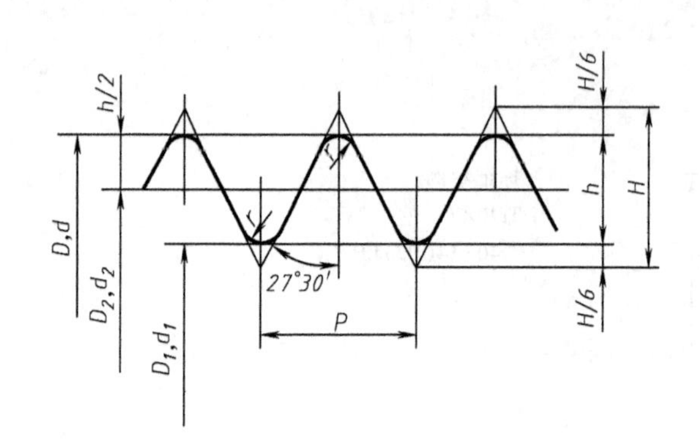

$P=\frac{25.4}{n}$

$H=0.960491P$

标记示例：

内螺纹 G1 $\frac{1}{2}$

A 级外螺纹 G1 $\frac{1}{2}$A

B 级外螺纹 G1 $\frac{1}{2}$B

左旋 G1 $\frac{1}{2}$B-LH

（单位：mm）

螺纹名称	每 25.4mm 中的螺纹牙数 n	螺距 P	螺纹直径	
			大径 D,d	小径 D_1,d_1
1/8	28	0.907	9.728	8.566
1/4	19	1.337	13.157	11.445
3/8	19	1.337	16.662	14.950
1/2	14	1.814	20.955	18.631
5/8	14	1.814	22.911	20.587
3/4	14	1.814	26.441	24.117
7/8	14	1.814	30.201	27.877
1	11	2.309	33.249	30.291
1⅛	11	2.309	37.897	34.939
1¼	11	2.309	41.910	38.952
1½	11	2.309	47.803	44.845
1¾	11	2.309	53.746	50.788
2	11	2.309	59.614	56.656
2¼	11	2.309	65.710	62.752
2½	11	2.309	75.184	72.226
2¾	11	2.309	81.534	78.576
3	11	2.309	87.884	84.926

附录 B 螺纹紧固件

表 B-1 六角头螺栓 C 级（GB/T 5780—2016）

六角头螺栓 全螺纹 C 级（GB/T 5781—2016）

标记示例：

螺纹规格 d=M12、公称长度 l=80mm，C 级

螺栓 GB/T 5780 M12×80

螺栓 GB/T 5781 M12×80

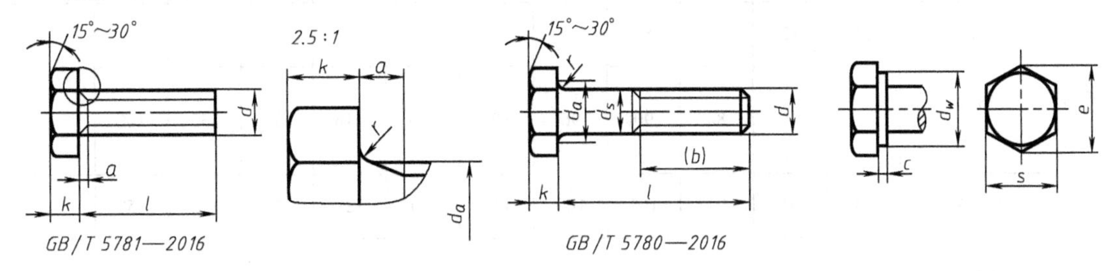

（单位：mm）

螺纹规格 d		M5	M6	M8	M10	M12	（M14）	M16	（M18）	M20	（M22）	M24	（M27）
b 参考	l≤125	16	18	22	26	30	34	38	42	40	50	54	60
	125<l≤200	—	—	28	32	36	40	44	48	52	56	60	66
	l>200	—	—	—	—	—	53	57	61	65	69	73	79
c max		0.5		0.6				0.8					
d_a max		6	7.2	10.2	12.2	14.7	16.7	18.7	21.2	24.4	26.4	28.4	32.4
d_s max		5.48	6.48	8.58	10.58	12.7	14.7	16.7	187	20.8	22.84	24.84	27.84
d_w min		6.74	8.74	11.47	14.47	16.47	19.95	22	24.85	27.7	31.35	33.25	38
a max		3.2	4	5	6	7	6	8	7.5	10	7.5	12	9
e min		8.63	10.89	14.2	17.59	19.85	22.78	26.17	29.50	32.95	37.20	39.55	45.2
k 公称		3.5	4	5.3	6.4	7.5	8.8	10	11.5	12.5	14	15	17
r min		0.2	0.25	0.4	0.4	0.6	0.6	0.6	0.6	0.8	1	0.8	1
s max		8	10	13	16	18	21	24	27	30	34	36	41

（续）

螺纹规格 d		M5	M6	M8	M10	M12	（M14）	M16	（M18）	M20	（M22）	M24	（M27）
l 范围	GB/T 5780—2016	25~50	30~60	35~80	40~100	45~120	60~140	55~160	80~180	65~200	90~220	80~240	100~260
	GB/T 5781—2016	10~50	12~60	16~80	20~100	25~120	30~140	35~160	35~180	40~200	15~220	50~240	55~280
螺纹规格 d		M30	（M33）	M36	（M39）	M42	（M45）	M48	（M52）	M56	（M60）	M64	
b 参考	l=125	66	72	78	84	—	—	—	—	—	—	—	
	125<l≤200	72	78	84	90	96	102	108	116	124	132	140	
	l>200	85	91	97	103	109	115	121	129	137	145	153	
c max		0.8			1								
d_a max		35.4	38.4	42.4	45.4	48.6	52.6	56.6	62.6	67	71	75	
d_s max		30.84	34	37	40	43	46	49	53.2	57.2	61.2	65.2	
d_w max		42.75	46.55	51.11	55.86	59.95	64.7	69.45	74.2	78.66	83.41	88.16	
a max		14	10.5	16	12	13.5	13.5	15	15	16.5	16.5	18	
e max		50.85	55.37	60.79	66.44	72.02	76.95	82.6	88.25	93.56	99.21	104.86	
k 公称		18.7	21	22.5	25	26	28	30	33	35	38	40	
r min		1	1	1	1	1.2	1.2	1.6	1.6	2	2	2	
s max		46	50	55	60	65	70	75	80	85	90	95	
l 范围	GB/T 5780—2016	90~300	130~320	110~300	150~400	160~420	180~440	180~480	200~500	220~500	240~500	260~600	
	GB/T 5781—2016	60~300	65~360	70~360	80~400	80~420	90~440	90~480	100~500	110~500	120~500	120~500	
l 系列		10、12、16、20~50（5进位）、（55）、60、（65）、70~160（10进位）、180、220、240、260、280、300、320、340、360、380、400、420、440、460、480、500											

注：尽可能不采用括号内的规格，C级为产品等级。

表 B-2 双头螺柱

双头螺柱$b_m=d$（GB/T 897—1988）；$b_m=1.25d$（GB/T 898—1988）；

$b_m=1.5d$（GB/T 899—1988）；$b_m=2d$（GB/T 900—1988）

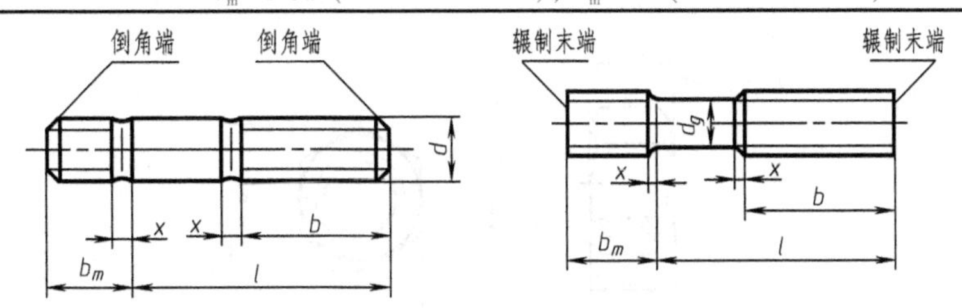

标记示例：

1. 两端均为粗牙普通螺纹，$d=10$mm、$l=50$mm、性能等级为 4.8 级、不经表面处理、B 型、$b_m=d$ 的双头螺柱：

   螺柱 GB/T 897 M10×50

2. 旋入机体一端为粗牙普通螺纹，旋螺母一端为螺距 $P=1$mm 的细牙普通螺纹，$d=10$mm、$l=50$mm，性能等级为 4.8 级，不经表面处理、A 级、$b_m=d$ 的双头螺柱：

   螺柱 GB/T 897 AM10-M10×1×50

3. 旋入机体一端为过渡配合螺纹的第一种配合，旋螺母一端为粗牙普通螺纹，$d=10$mm、$l=50$mm、性能等级为 8.8 级、镀锌钝化、B 型 $b_m=d$ 的双头螺柱：

   螺柱 GB/T 897 GM10-M10×50-8.8-Zn · D

（单位：mm）

螺纹规格 d	b_m				l/b
	GB/T 897—1988	GB/T 898—1988	GB/T 899—1988	GB/T 900—1988	
M2			3	4	(12~16)/6，(18~25)/10
M2.5			3.5	5	(14~18)/8，(20~30)/11
M3			4.5	6	(16~20)/6，(22~40)/12
M4			6	8	(16~22)/8，(25~40)/14
M5	5	6	8	10	(16~22)/10，(25~50)/16
M6	6	8	10	12	(18~22)/10，(25~30)14，(32~75)/18
M8	8	10	12	16	(18~22)/12，(25~30)/16，(32~90)/22
M10	10	12	15	20	(25~28)/14，(30~38)/16，(40~120)/30，130/32
M12	12	15	18	24	(25~30)/16，(32~40)/20，(45~120)/30，(130~180)/36
(M14)	14	18	21	28	(30~35)/18，(38~45)/25，(50~120)/34，(130~180)/40
M16	16	20	24	32	(30~38)/20，(40~55)/30，(60~120)/38，(130~200)/44
(M18)	18	22	27	36	(35~40)/22，(45~60)/35，(65~120)/42，(130~200)/48
M20	20	25	30	40	(35~40)/25，(45~65)/38，(70~120)/46，(130~200)/52
(M22)	22	28	33	44	(40~45)/30，(50~70)/40，(75~120)/50，(130~200)/56
M24	24	30	36	48	(45~50)/30，(50~75)/45，(80~120)/54，(130~200)/60
(M27)	27	35	40	54	(50~60)/35，(65~85)/50，(90~120)/60，(130~200)/66
M30	30	38	45	60	(60~65)/40，(70~90)/50，(55~120)/66，(130~200)/72，(210~250)/85
M36	36	45	54	72	(65~72)/45，(80~110)/60，120/78，(130~200)/84，(210~300)/97
M42	42	52	63	84	(70~80)/50，(85~110)70，120/90(130~200)/96，(210~300)/109
M48	48	60	72	96	(80~90)/62，(95~110)/86，120/102，(130~260)/108，(210~300)/121
l 系列	12，(14)，16，(18)，20，(22)，25，(28)，30，(32)，35，(38)，40，45，50，55，60，65，70，75，80，85，90，95，100，110，120，130，140，150，160，170，180，190，200，210，220，230，240，250，260，280，300				

注：1. $b_m=d$ 一般用于旋入机体为钢的场合；$b_m=(1.25\sim1.5)d$ 一般用于旋入机体为铸铁的场合；$b_m=2d$ 一般用于旋入机体为铝的场合。

2. 不带括号的为优先系列，仅 GB/T 898—1988 有优先系列。

3. b 不包括螺尾。

4. $d_g\approx$螺纹中径。

5. $x_{max}=1.5P$（螺距）。

表 B-3 1 型六角螺母 C 级（GB/T 41—2016）

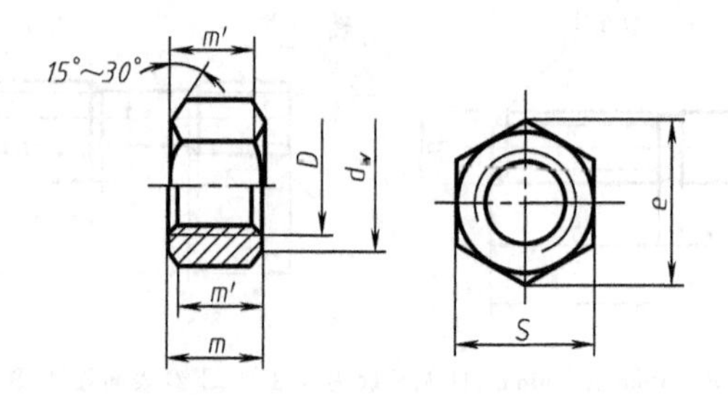

标记示例

螺纹规格 D=M12，性能等级为 5 级，不经表面处理。

C 级的 1 型六角螺母的标记示例：螺母 GB/T 41 M12

（单位：mm）

螺纹规格 D		M5	M6	M8	M10	M12	M16	M20	M24	M30	M36	
d_w min		6.9	8.7	11.5	14.5	16.5	22	27.7	33.2	42.7	51.1	商品规格
e min		8.63	10.89	14.20	17.59	19.85	26.17	32.95	39.55	50.85	60.79	
m	max	5.6	6.1	7.9	9.5	12.2	15.9	18.7	22.3	26.4	31.5	
	min	4.4	4.9	6.4	8	10.4	14.1	16.6	20.2	24.3	29.4	
m'_{min}		3.5	3.9	5.1	6.4	8.3	11.3	13.3	16.2	19.5	23.5	
S	max	8	10	13	16	18	24	30	36	46	55	
	min	7.64	9.64	12.57	15.57	17.57	23.16	29.16	35	45	53.8	

螺纹规格 D		M42	M48	M56	M64	
d_w min		60.6	69.4	78.7	88.2	通用规格
e min		72.02	82.6	93.56	104.86	
m	max	34.9	38.9	45.9	52.4	
	min	32.4	36.4	43.4	49.1	
m'_{min}		25.9	29.1	34.7	39.3	
S	max	65	75	85	95	
	min	63.8	73.1	82.8	92.8	

表 B-4　螺钉

开槽圆柱头螺钉(GB/T 65—2016)、开槽盘头螺钉(GB/T 67—2016)、开槽沉头螺钉(GB/T 68—2016)、开槽半沉头螺钉(GB/T 69—2016)

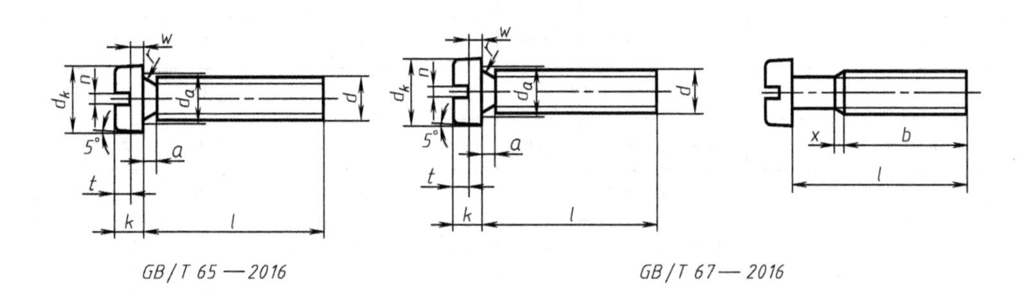

GB/T 65—2016　　GB/T 67—2016

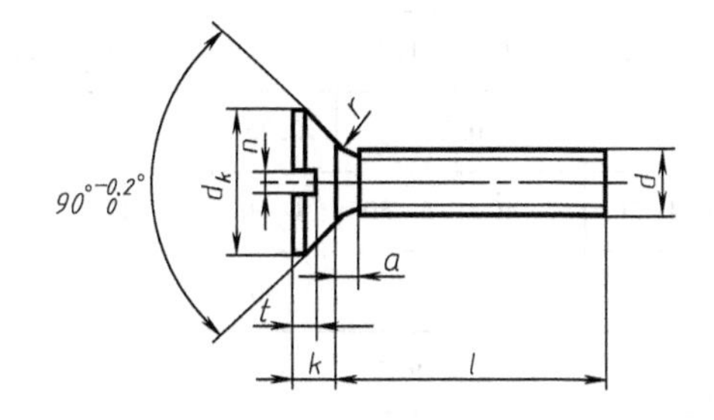

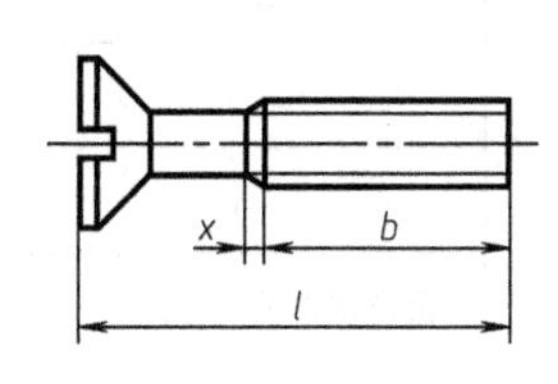

GB/T 68—2016

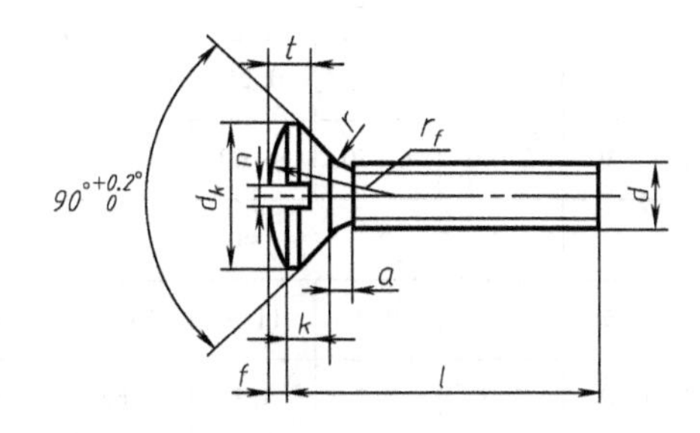

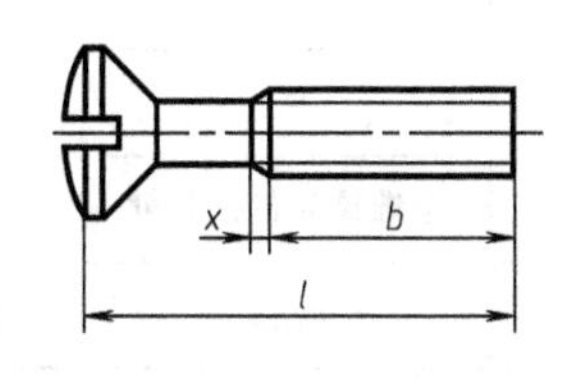

GB/T 69—2016

无螺纹部分杆径≈中径或=螺纹大径

标记示例：

螺纹规格 d=M5，公称长度 l=20mm 的开槽圆柱头螺钉

螺钉　GB/T 65　M5×20

螺纹规格 d=M5，公称长度 l=20mm 的开槽盘头螺钉

螺钉　GB/T 67　M5×20

螺纹规格 d=M5，公称长度 l=20mm 的开槽沉头螺钉

螺钉　GB/T 68　M5×20

螺纹规格 d=M5，公称长度 l=20mm 的开槽半沉头螺钉

螺钉　GB/T 69　M5×20

（续）

（单位：mm）

螺纹规格 d			M1.6	M2	M2.5	M3	M4	M5	M6	M8	M10
p			0.35	0.4	0.45	0.5	0.7	0.8	1	1.25	1.5
a_{max}			0.7	0.8	0.9	1	1.4	1.6	2	2.5	3
b_{min}			25				38				
n 公称			0.4	0.5	0.6	0.8	1.2		1.6	2	2.5
d_{amax}			2.1	2.6	3.1	3.6	4.7	5.7	6.8	9.2	11.2
x_{max}			0.9	1	1.1	1.25	1.75	2	2.5	3.2	3.8
GB/T 65—2016	d_{kmax}		3	3.8	4.5	5.5	7	8.5	10	13	16
	k_{max}		1.10	1.4	1.8	2	2.6	3.3	3.9	5	6
	t_{min}		0.45	0.6	0.7	0.85	1.1	1.3	1.6	2	2.4
	r_{min}		0.1				0.2		0.25	0.4	
	l 范围		2~16	3~20	3~25	4~30	5~40	6~50	8~60	10~80	12~80
	全螺纹时最大长度		30				40				
GB/T 67—2016	d_{kmax}		3.2	4	6	5.6	8	9.5	12	16	20
	k_{max}		1	1.3	1.5	1.8	2.4	3	3.6	4.8	6
	t_{min}		0.35	0.5	0.6	0.7	1	1.2	1.4	1.9	2.4
	r_{min}		0.1				0.2		0.25	0.4	
	l 范围		2~16	2.5~20	3~25	4~30	5~40	6~50	8~60	10~80	12~80
	全螺纹时最大长度		30				40				
GB/T 68—2016 GB/T 69—2016	d_{kmax}		3	3.8	4.7	5.5	8.4	9.3	11.3	15.8	18.3
	k_{max}		1	1.2	1.5	1.65	2.7	2.7	3.3	4.65	5
	t_{min}	GB/T 68—2016	0.32	0.4	0.5	0.6	1	1.1	1.2	1.8	2
		GB/T 69—2016	0.64	0.8	1	1.2	1.6	2	2.4	3.2	3.8
	r_{min}		0.4	0.5	0.6	0.8	1	1.3	1.5	2	2.5
	f		0.4	0.5	0.6	0.7	1	1.2	1.4	2	2.3
	l 范围		2.5~16	3~20	4~25	5~30	6~40	8~50	8~60	10~80	12~80
	全螺纹时最大长度		30				45				
l 系列（公称）			2、2.5、3、4、5、6、8、10、12、(14)、16、20、25、30、35、40、45、50、(55)、60、(65)、70、(75)、80								

注：1. b 不包括螺尾。

2. 括号内规格尽可能不采用。

表 B-5　垫圈

平垫圈　A 级　GB/T 97.1—2002

平垫圈　倒角型　A 级　GB/T 97.2—2002

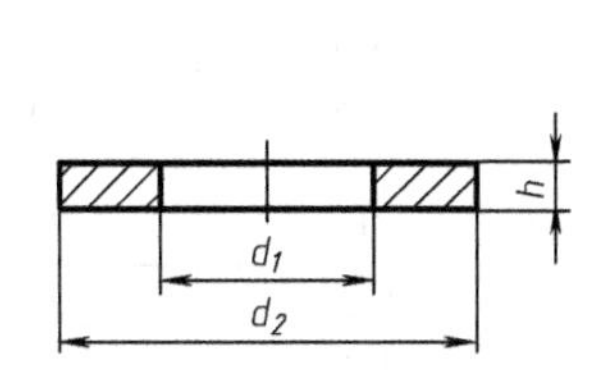

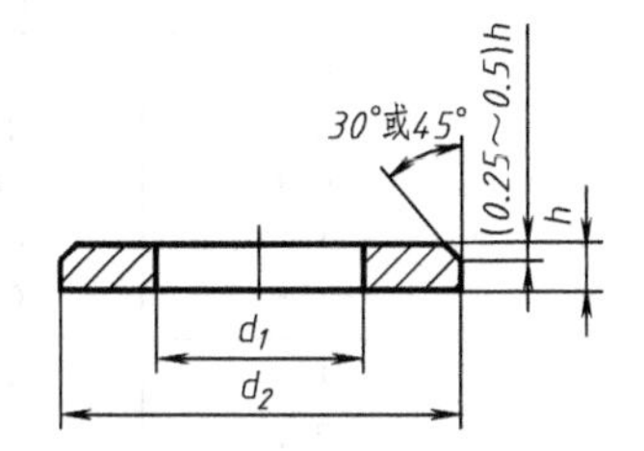

标记示例：

标准系列、公称规格 8mm，由钢制造的硬度等级为 200HV 级，不经表面处理、产品等级为 A 级的平垫圈：

垫圈　GB/T 97.1　8

标准系列、公称规格 8mm，由钢制造的硬度等级为 200HV 级，不经表面处理、产品等级为 A 级的倒角型平垫圈：

垫圈　GB/T 97.2　8

（单位：mm）

公称规格（螺纹大径 d）	内径 d_1		外径 d_2		厚度 h		
	公称（min）	max	公称（max）	min	公称	max	min
5	5.3	5.48	10	9.64	1	1.1	0.9
6	6.4	6.62	12	11.57	1.6	1.8	1.4
8	8.4	8.62	16	15.57	1.6	1.8	1.4
10	10.5	10.77	20	19.48	2	2.2	1.8
12	13	13.27	24	23.48	2.5	2.7	2.3
16	17	17.27	30	29.48	3	3.3	2.7
20	21	21.33	37	36.38	3	3.3	2.7
24	25	25.33	44	43.38	4	4.3	3.7
30	31	31.39	56	55.26	4	4.3	3.7
36	37	37.62	66	64.8	5	5.6	4.4

注：表中摘录的均为优选尺寸。

表 B-6　标准型弹簧垫圈（GB/T 93—1987）、轻型弹簧垫圈（GB/T 859—1987）

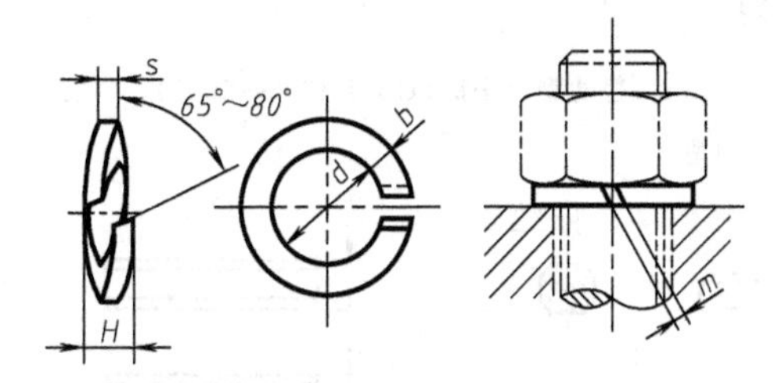

标记示例：

规格 16mm、材料为 65Mn、表面氧化的标准型弹簧垫圈；

垫圈　GB/T 93　16

（续）

（单位：mm）

规格（螺纹大径）	d	GB/T 93—1987		GB/T 859—1987		
		$s=b$	$0<m\leqslant$	s	b	$0<m\leqslant$
2	2.1	0.5	0.25	0.5	0.8	
2.5	2.6	0.65	0.33	0.6	0.8	
3	3.1	0.8	0.4	0.8	1	0.3
4	4.1	1.1	0.50	0.8	1.2	0.4
5	5.1	1.3	0.65	1	1.2	0.55
6	6.2	1.6	0.8	1.2′	1.6	0.65
8	8.2	2.1	1.05	1.6	2	0.8
10	10.2	2.6	1.3	2	2.5	1
12	12.3	3.1	1.55	2.5	3.5	1.25
(14)	14.3	3.6	1.8	3	4	1.5
16	16.3	4.1	2.05	3.2	4.5	1.6
(18)	18.3	4.5	2.25	3.5	5	1.8
20	20.5	5	2.5	4	5.5	2
(22)	22.5	5.5	2.75	4.5	6	2.25
24	24.5	6	3	4.8	6.5	2.5
(27)	27.5	6.8	3.4	5.5	7	2.75
30	30.5	7.5	3.75	6	8	3
36	36.6	9	4.5			
42	42.6	10.5	5.25			
48	49	12	6			

附录 C　键和销

表 C-1　平键

平键　键槽的剖面尺寸（GB/T 1095—2003）

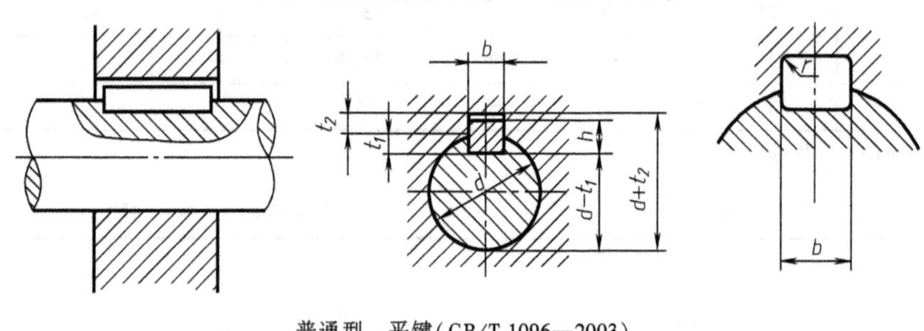

普通型　平键（GB/T 1096—2003）

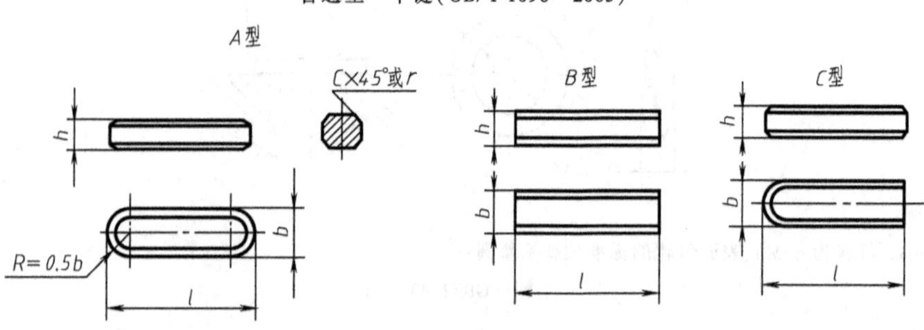

（续）

标记示例：
圆头普通平键（A）型，$b=18$mm，$h=11$mm，$l=100$mm 的标记：
GB/T 1096　键 18×11×100
方头普通平键（B）型，$b=18$mm，$h=11$mm，$l=100$mm 的标记：
GB/T 1096　键 B18×11×100
单圆头普通平键（C）型，$b=18$mm，$h=11$mm，$l=100$mm 的标记：
GB/T 1096　键 C18×11×100

（单位：mm）

轴	键尺寸	键槽											
公称直径 d	$b \times h$	宽度 b						深度				半径 r	
		基本尺寸	极限偏差					轴 t_1		毂 t_2			
			正常连接		紧密连接	松连接		基本尺寸	极限偏差	基本尺寸	极限偏差	min	max
			轴 N9	毂 JS9	轴和毂 P9	轴 H9	毂 D10						
自 6~8	2×2	2	-0.004 -0.029	±0.0125	-0.006 -0.031	+0.025 0	+0.060 +0.020	1.2	+0.1 0	1.0	+0.1 0	0.08	0.16
<8~10	3×3	2						1.8		1.4			
<10~12	4×4	4	0 -0.030	±0.015	-0.012 -0.042	+0.030 0	+0.078 +0.030	2.5		1.8			
<12~17	5×5	5						3.0		2.3		0.16	0.25
<17~22	6×6	6						3.5		2.8			
<22~30	8×7	8	0 -0.036	±0.018	-0.015 -0.051	+0.036 0	+0.098 +0.040	4.0	+0.2 0	3.3	+0.2 0		
<30~38	10×8	10						5.0		3.3		0.25	0.40
<38~44	12×8	12	0 -0.043	±0.0215	-0.018 -0.061	+0.043 0	+0.120 +0.050	5.0		3.3			
<44~50	14×9	14						5.5		3.8			
<50~58	16×10	16						6.0		4.3			
<58~65	18×11	18						7.0		4.4			
<65~75	20×12	20	0 -0.052	±0.026	-0.022 -0.074	+0.052 0	+0.149 +0.065	7.5		4.9		0.40	0.60
<75~85	22×14	22						9.0		5.4			
<85~95	25×14	25						9.0		5.4			
<95~110	28×16	28						10.0		6.4			
<110~130	32×18	32	0 -0.062	±0.031	-0.026 -0.088	+0.062 0	+0.180 +0.080	11.0		7.4			
<130~150	36×20	36						12.0		8.4		0.70	1.00
<150~170	40×22	40						13.0		9.4			
<170~200	45×25	45						15.0		10.4			
<200~230	50×28	50						17.0		11.4			

注：1. 为了便于确定键、键槽的尺寸，摘录时，仍按 GB/T 1095—1979 的标准，把轴的公称直径 d 的有关尺寸与键尺寸一一对应列出，以供选择用。
2. 键长 l（单位：mm）的系列为：6，8，10，12，14，16，20，22，25，28，32，36，40，45，50，56，63，70，80，90，100，110，125，140，160，…
3. 键的材料常用 45 钢。

表 C-2　半圆键

键　键槽的剖面尺寸(GB/T 1098—2003)

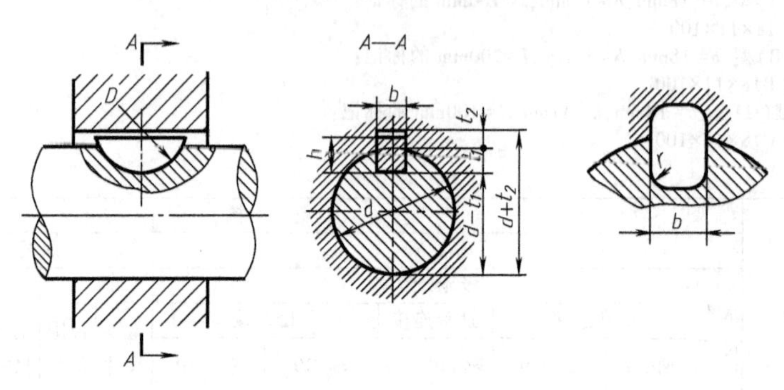

形式尺寸(GB/T 1099.1—2003)

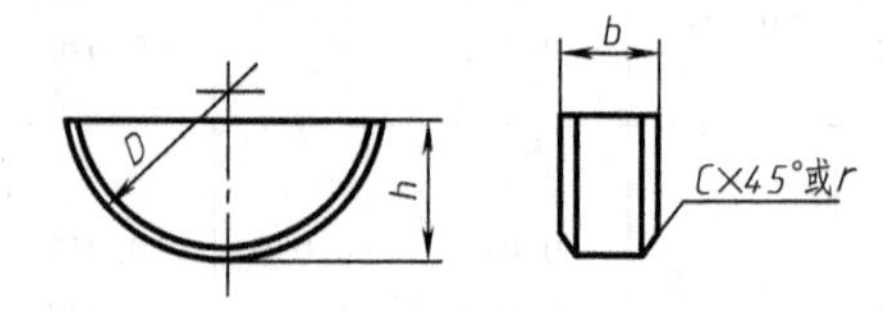

标记示例:

半圆键　$b=6\text{mm}, h=10\text{mm}, d_1=25\text{mm}$:

键 6×10×25　GB/T 1099.1

(单位:mm)

轴径 d		键的公称尺寸					键槽				
							轴 t_1		轮毂 t_2		半径 r
传递扭矩用	定位用	b (h9)	h (h11)	D (h12)	$L\approx$	c	公称	公差	公称	公差	
自 3~4	自 3~4	1.0	1.4	4	3.9		1.0		0.6		
>4~5	>4~6	1.5	2.6	7	6.8		2.0		0.8		
>5~6	>6~8	2.0	2.6	7	6.8		1.8		1.0		
>6~7	>8~10	2.0	3.7	10	9.7	0.16~0.25	2.9	+0.1 0	1.0		0.08~0.16
>7~8	>10~12	2.5	3.7	10	9.7		2.7		1.2		
>8~10	>12~15	3.0	5.0	13	12.7		3.8		1.4		
>10~12	>15~18	3.0	6.5	16	15.7		5.3		1.4	+0.1 0	
>12~14	>18~20	4.0	6.5	16	15.7		5.0		1.8		
>14~16	>20~22	4.0	7.5	19	18.6		6.0	+0.2 0	1.8		
>16~18	>22~25	5.0	6.5	16	15.7		4.5		2.3		
>18~20	>25~28	5.0	7.5	19	18.6	0.25~0.4	5.5		2.3		0.16~0.25
>20~22	>28~32	5.0	9.0	22	21.6		7.0		2.3		
>22~25	>32~36	6.0	9.0	22	21.6		6.5		2.8		
>25~28	>36~40	6.0	10	25	24.5		7.5	+0.3 0	2.8	+0.2 0	
>28~32	40	8.0	11	28	27.4	0.4~0.6	8		3.3		0.25~0.4
>32~38	—	10	13	32	31.4		10		3.3		

表 C-3 圆柱销 不淬硬钢和奥氏体不锈钢（GB/T 119.1—2000）

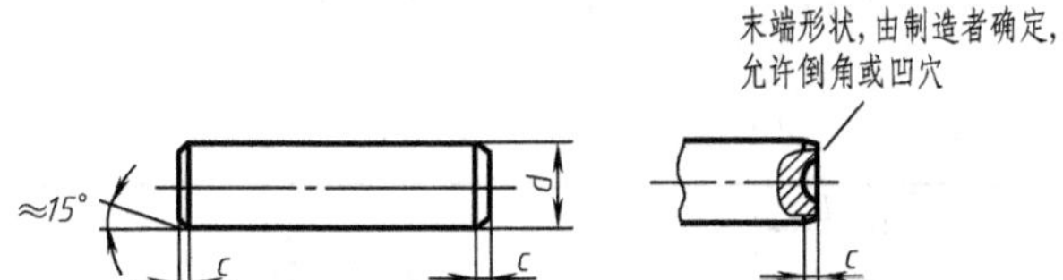

标记示例

公称直径 d=6mm、公差为 m6、公称长度 l=30mm、材料为钢、不经淬火、不经表面处理的圆柱销的标记：

销 GB/T 119.1 6 m6×30

（单位：mm）

公称直径 d(m6/h8)	0.6	0.8	1	1.2	1.5	2	2.5	3	4	5
c≈	0.12	0.16	0.20	0.25	0.30	0.35	0.40	0.50	0.63	0.80
l(商品规格范围公称长度)	2~6	2~8	4~10	4~12	4~16	6~20	6~24	8~30	8~40	10~50
公称直径 d(m6/h8)	6	8	10	12	16	20	25	30	40	50
c≈	1.2	1.6	2.0	2.5	3.0	3.5	4.0	5.0	6.3	8.0
l(商品规格范围公称长度)	12~60	14~80	18~95	22~140	26~180	35~200	50~200	60~200	80~200	95~200
l系列	2,3,4,5,6,8,10,12,14,16,18,20,22,24,26,28,30,32,35,40,45,50,55,60,65,70,75,80,85,90,95,100,120,140,160,180,200									

注：1. 材料用钢时硬度要求为 125~245 HV30，用奥氏体不锈钢 Al(GB/T 3098.6) 时硬度要求为 210~280 HV30。

2. 公差 m6：Ra≤0.8μm；

公差 h8：Ra≤1.6μm。

表 C-4 圆锥销（GB/T 117—2000）

A 型(磨削)锥面表面粗糙度 Ra=0.8μm

B 型(切削或冷镦)锥面表面粗糙度 Ra=3.2μm

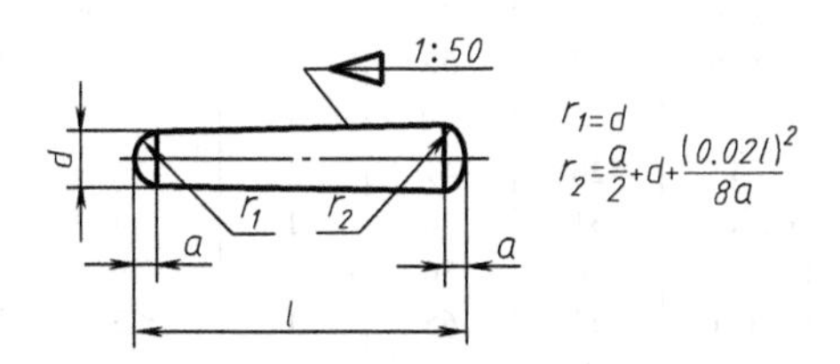

标记示例

公称直径 d=10mm、长度 l=60mm、材料为 35 钢、热处理硬度 28~38HRC、表面氧化处理的 A 型圆锥销：

销 GB/T 117 10×60

（单位：mm）

d(公称)	0.6	0.8	1	1.2	1.5	2	2.5	3	4	5
a≈	0.08	0.1	0.12	0.16	0.2	0.25	0.3	0.4	0.5	0.63
l(商品规格范围公称长度)	4~8	5~12	6~16	6~20	8~24	10~35	10~35	12~45	14~55	18~60
d(公称)	6	8	10	12	16	20	25	30	40	50
a≈	0.8	1	1.2	1.6	2	2.5	3	4	5	6.3
l(商品规格范围公称长度)	22~90	22~120	26~160	32~180	40~200	45~200	50~200	55~200	60~200	65~200
l系列	2,3,4,5,6,8,10,12,14,16,18,20,22,24,26,28,30,32,35,40,45,50,55,60,65,70,75,80,85,90,95,100,120,140,160,180,200									

附录 D 常用的滚动轴承

表 D-1 深沟球轴承外形尺寸（GB/T 276—2013）

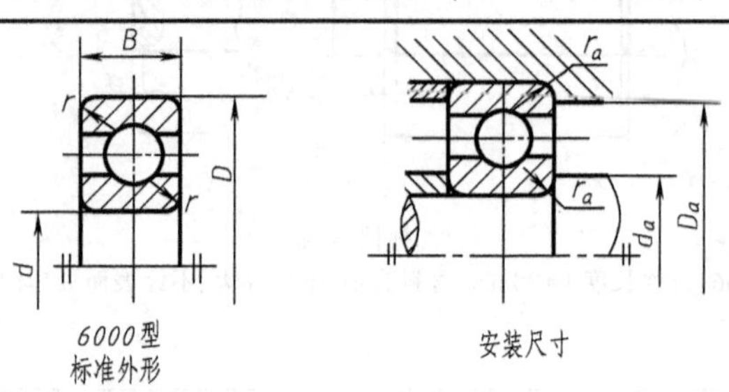

标记示例：滚动轴承 6210 GB/T 276—2013

f_0F_a/C_0r	e	Y	当量动载荷	当量静载荷
0.172	0.19	2.3	当$\frac{F_a}{F_r}\leqslant e$ $P_r=F_r$ 当$\frac{F_a}{F_r}>e$ $P_r=0.56F_r+YF_a$	$P_{0r}=0.6F_r+0.5F_a$ 当 $P_{0r}<F_r$ 时，取 $P_{0r}=F_r$
0.345	0.22	1.99		
0.689	0.26	1.71		
1.03	0.28	1.55		
1.38	0.3	1.45		
2.07	0.34	1.31		
3.45	0.38	1.15		
5.17	0.42	1.04		
6.89	0.44	1		

轴承代号	尺寸/mm				安装尺寸/mm			基本额定载荷/kN		极限转速/(r/min)	
	d	D	B	r_{smin}	d_a	D_a	r_{amin}	C_r	C_{0r}	脂润滑	油润滑
02 系 列											
6200	10	30	9	0.6	15	25	0.6	5.10	2.38	19000	26000
6201	12	32	10	0.6	17	27	0.6	6.82	3.05	18000	24000
6202	15	35	11	0.6	20	30	0.6	7.65	3.72	17000	22000
6203	17	40	12	0.6	22	35	0.6	9.58	4.78	16000	20000
6204	20	47	14	1	26	41	1	12.8	6.65	14000	18000
6205	25	52	15	1	31	46	1	14.0	7.88	12000	16000
6206	30	62	16	1	36	56	1	19.5	11.5	9500	13000
6207	35	72	17	1.1	42	65	1	25.5	15.2	8500	11000
6208	40	80	18	1.1	47	73	1	29.5	18.0	8000	10000
6209	45	85	19	1.1	52	78	1	31.5	20.5	7000	9000
6210	50	90	20	1.1	57	83	1	35.0	23.2	6700	8500
6211	55	100	21	1.5	64	91	1.5	43.2	29.2	6000	7500
6212	60	110	22	1.5	69	101	1.5	47.8	32.8	5600	7000
6213	65	120	23	1.5	74	111	1.5	57.2	40.0	5000	6300
6214	70	125	24	1.5	79	116	1.5	60.8	45.0	4800	6000
6215	75	130	25	1.5	84	121	1.5	66.0	49.5	4500	5600
6216	80	140	26	2	90	130	2	71.5	54.2	4300	5300
6217	85	150	28	2	95	140	2	83.2	63.8	4000	5000
6218	90	160	30	2	100	150	2	95.8	71.5	3800	4800
6219	95	170	32	2.1	107	158	2.1	110	82.8	3600	4500
6220	100	180	34	2.1	112	168	2.1	122	92.8	3400	4300

（续）

轴承代号	尺寸/mm				安装尺寸/mm			基本额定载荷/kN		极限转速/(r/min)	
	d	D	B	r_{smin}	d_a	D_a	r_{asmin}	C_r	C_{0r}	脂润滑	油润滑
03 系 列											
6300	10	35	11	0.6	15.0	30.0	0.6	7.65	3.48	18000	24000
6301	12	37	12	1	18.0	31.0	1	9.72	5.08	17000	22000
6302	15	42	13	1	21.0	36.0	1	11.5	5.42	16000	20000
6303	17	47	14	1	23.0	41.0	1	13.5	6.58	15000	19000
6304	20	52	15	1.1	27.0	45.0	1	15.8	7.88	13000	17000
6305	25	62	17	1.1	32	55	1	22.2	11.5	10000	14000
6306	30	72	19	1.1	37	65	1	27.0	15.2	9000	12000
6307	35	80	21	1.5	44	71	1.5	33.2	19.2	8000	10000
6308	40	90	23	1.5	49	81	1.5	40.8	24.0	7000	9000
6309	45	100	25	1.5	54	91	1.5	52.8	31.8	6300	8000
6310	50	110	27	2	60	100	2	61.8	38.0	6000	7500
6311	55	120	29	2	65	110	2	71.5	44.8	5300	6700
6312	60	130	31	2.1	72	118	2	81.8	51.8	5000	6300
6313	65	140	33	2.1	77	128	2.1	93.8	60.5	4500	5600
6314	70	150	35	2.1	82	138	2.1	105	68.0	4300	5300
6315	75	160	37	2.1	87	148	2.1	112	76.8	4000	5000
6316	80	170	39	2.1	92	158	2.1	122	86.5	3800	4800
6317	85	180	41	3	99	166	2.5	132	96.5	3600	4500
6318	90	190	43	3	104	176	2.5	145	108	3400	4300
6319	95	200	45	3	109	186	2.5	155	122	3200	4000
6320	100	215	47	3	114	201	2.5	172	140	2800	3600
04 系 列											
6403	17	62	17	1.1	24.0	55.0	1	22.5	10.8	11000	15000
6404	20	72	19	1.1	27.0	65.0	1	31.0	15.2	9500	13000
6405	25	80	21	1.5	34	71	1.5	38.2	19.2	8500	11000
6406	30	90	23	1.5	39	81	1.5	47.5	24.5	8000	10000
6407	35	100	25	1.5	44	91	1.5	56.8	29.5	6700	8500
6408	40	110	27	2	50	100	2	65.5	37.5	6300	8000
6409	45	120	29	2	55	110	2	77.5	45.5	5600	7000
6410	50	130	31	2.1	62	118	2.1	92.2	55.2	5300	6700
6411	55	140	33	2.1	67	128	2.1	100	62.5	4800	6000
6412	60	150	35	2.1	72	138	2.1	108	70.0	4500	5600
6413	65	160	37	2.1	77	148	2.1	118	78.5	4300	5300
6414	70	180	42	3	84	166	2.5	140	99.5	3800	4800
6415	75	190	45	3	89	176	2.5	155	115	3600	4500
6416	80	200	48	3	94	186	2.5	162	125	3400	4300
6417	85	210	52	4	103	192	3	175	138	3200	4000
6418	90	225	54	4	108	207	3	192	158	2800	3600
6420	100	250	58	4	118	232	3	222	195	2400	3200

注：d——轴承公称内径；D——轴承公称外径；B——轴承公称宽度；r_a——内、外圈公称倒角尺寸；r_{smin}——r的单向最小尺寸。

表 D-2 圆锥滚子轴承外形尺寸（GB/T 297—2015）

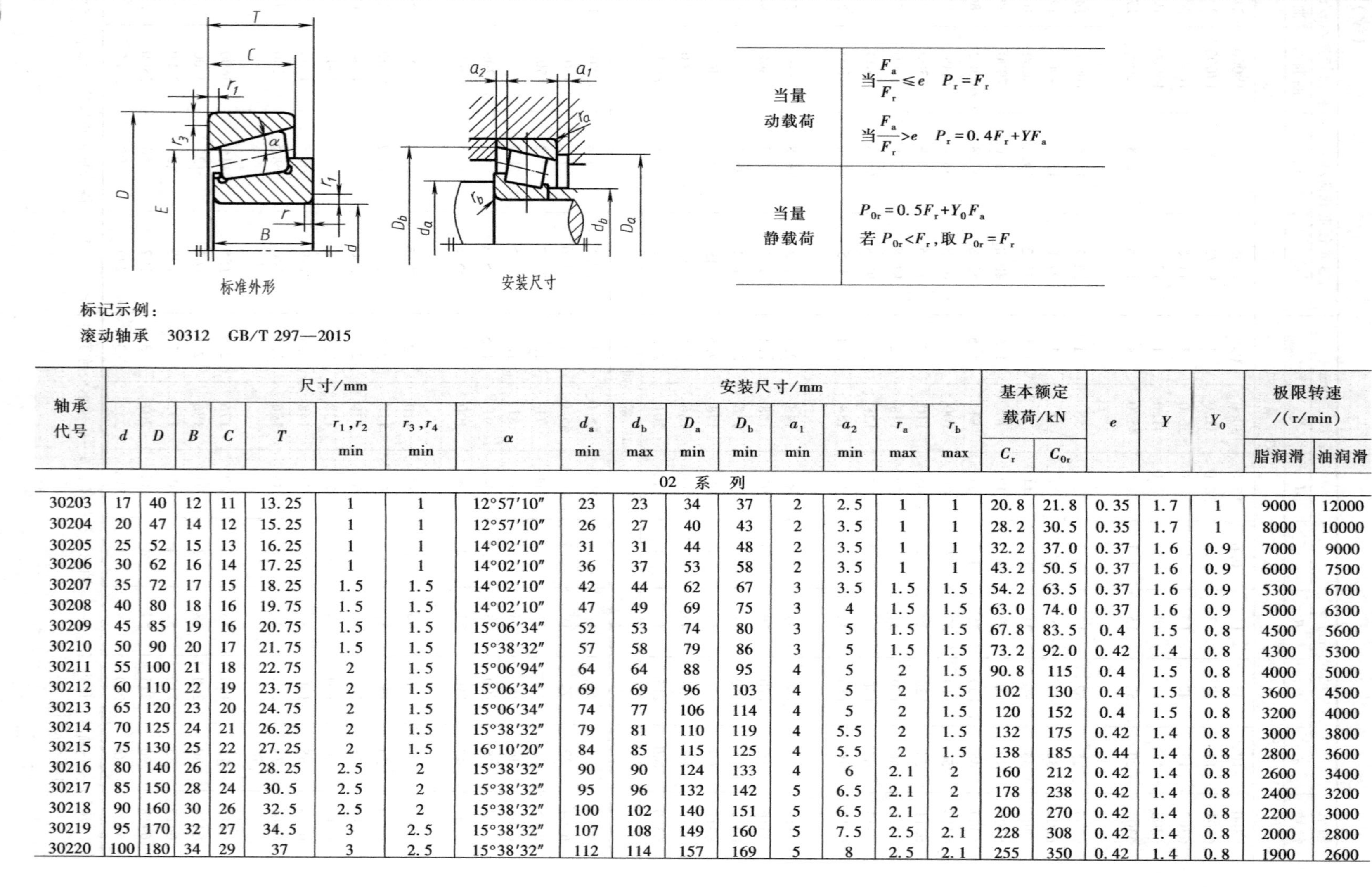

标准外形　　安装尺寸

当量动载荷	当 $\frac{F_a}{F_r} \leqslant e$　$P_r = F_r$ 当 $\frac{F_a}{F_r} > e$　$P_r = 0.4F_r + YF_a$
当量静载荷	$P_{0r} = 0.5F_r + Y_0F_a$ 若 $P_{0r} < F_r$，取 $P_{0r} = F_r$

标记示例：

滚动轴承　30312　GB/T 297—2015

轴承代号	尺寸/mm								安装尺寸/mm								基本额定载荷/kN		e	Y	Y_0	极限转速/(r/min)	
	d	D	B	C	T	r_1, r_2 min	r_3, r_4 min	α	d_a min	d_b max	D_a min	D_b min	a_1 min	a_2 min	r_a max	r_b max	C_r	C_{0r}				脂润滑	油润滑
02 系 列																							
30203	17	40	12	11	13.25	1	1	12°57′10″	23	23	34	37	2	2.5	1	1	20.8	21.8	0.35	1.7	1	9000	12000
30204	20	47	14	12	15.25	1	1	12°57′10″	26	27	40	43	2	3.5	1	1	28.2	30.5	0.35	1.7	1	8000	10000
30205	25	52	15	13	16.25	1	1	14°02′10″	31	31	44	48	2	3.5	1	1	32.2	37.0	0.37	1.6	0.9	7000	9000
30206	30	62	16	14	17.25	1	1	14°02′10″	36	37	53	58	2	3.5	1	1	43.2	50.5	0.37	1.6	0.9	6000	7500
30207	35	72	17	15	18.25	1.5	1.5	14°02′10″	42	44	62	67	3	3.5	1.5	1.5	54.2	63.5	0.37	1.6	0.9	5300	6700
30208	40	80	18	16	19.75	1.5	1.5	14°02′10″	47	49	69	75	3	4	1.5	1.5	63.0	74.0	0.37	1.6	0.9	5000	6300
30209	45	85	19	16	20.75	1.5	1.5	15°06′34″	52	53	74	80	3	5	1.5	1.5	67.8	83.5	0.4	1.5	0.8	4500	5600
30210	50	90	20	17	21.75	1.5	1.5	15°38′32″	57	58	79	86	3	5	1.5	1.5	73.2	92.0	0.42	1.4	0.8	4300	5300
30211	55	100	21	18	22.75	2	1.5	15°06′94″	64	64	88	95	4	5	2	1.5	90.8	115	0.4	1.5	0.8	4000	5000
30212	60	110	22	19	23.75	2	1.5	15°06′34″	69	69	96	103	4	5	2	1.5	102	130	0.4	1.5	0.8	3600	4500
30213	65	120	23	20	24.75	2	1.5	15°06′34″	74	77	106	114	4	5	2	1.5	120	152	0.4	1.5	0.8	3200	4000
30214	70	125	24	21	26.25	2	1.5	15°38′32″	79	81	110	119	4	5.5	2	1.5	132	175	0.42	1.4	0.8	3000	3800
30215	75	130	25	22	27.25	2	1.5	16°10′20″	84	85	115	125	4	5.5	2	1.5	138	185	0.44	1.4	0.8	2800	3600
30216	80	140	26	22	28.25	2.5	2	15°38′32″	90	90	124	133	4	6	2.1	2	160	212	0.42	1.4	0.8	2600	3400
30217	85	150	28	24	30.5	2.5	2	15°38′32″	95	96	132	142	5	6.5	2.1	2	178	238	0.42	1.4	0.8	2400	3200
30218	90	160	30	26	32.5	2.5	2	15°38′32″	100	102	140	151	5	6.5	2.1	2	200	270	0.42	1.4	0.8	2200	3000
30219	95	170	32	27	34.5	3	2.5	15°38′32″	107	108	149	160	5	7.5	2.5	2.1	228	308	0.42	1.4	0.8	2000	2800
30220	100	180	34	29	37	3	2.5	15°38′32″	112	114	157	169	5	8	2.5	2.1	255	350	0.42	1.4	0.8	1900	2600

（续）

轴承代号	尺寸/mm								安装尺寸/mm								基本额定载荷/kN		e	Y	Y_0	极限转速/(r/min)	
	d	D	B	C	T	r_1, r_2 min	r_3, r_4 min	α	d_a min	d_b max	D_a min	D_b min	a_1 min	a_2 min	r_a max	r_b max	C_r	C_{0r}				脂润滑	油润滑
03 系 列																							
30302	15	42	13	11	14.25	1	1	10°45′29″	21	22	36	38	2	3.5	1	1	22.8	21.5	0.29	2.1	1.2	9000	11200
30303	17	47	14	12	15.25	1	1	10°45′29″	23	25	40	43	3	3.5	1	1	28.2	27.2	0.29	2.1	1.2	8500	11000
30304	20	52	15	13	16.25	1.5	1.5	11°18′36″	27	28	44	48	3	3.5	1.5	1.5	33.0	33.2	0.3	2	1.1	7500	9500
30305	25	62	17	15	18.25	1.5	1.5	11°18′36″	32	34	54	58	3	3.5	1.5	1.5	46.8	48.0	0.3	2	1.1	6300	8000
30306	30	72	19	16	20.75	1.5	1.5	11°51′35″	37	40	62	66	3	5	1.5	1.5	59.0	63.0	0.31	1.9	1.1	5600	7000
30307	35	80	21	18	22.75	2	1.5	11°51′35″	44	45	70	74	3	5	2	1.5	75.2	82.5	0.31	1.9	1.1	5000	6300
30308	40	90	23	20	25.25	2	1.5	12°57′10″	49	52	77	84	3	5.5	2	1.5	90.8	108	0.35	1.7	1	4500	5600
30309	45	100	25	22	27.25	2	1.5	12°57′10″	54	59	86	94	3	5.5	2	1.5	108	130	0.35	1.7	1	4000	5000
30310	50	110	27	23	29.25	2.5	2	12°57′10″	60	65	95	103	4	6.5	2	2	130	158	0.35	1.7	1	3800	4800
30311	55	120	29	25	31.5	2.5	2	12°57′10″	65	70	104	112	4	6.5	2.5	2	152	188	0.35	1.7	1	3400	4300
30312	60	130	31	26	33.5	3	2.5	12°57′10″	73	76	112	121	5	7.5	2.5	2.1	170	210	0.35	1.7	1	3200	4000
30313	65	140	33	28	36	3	2.5	12°57′10″	77	83	122	131	5	8	2.5	2.1	195	242	0.35	1.7	1	2800	3600
30314	70	150	35	30	38	3	2.5	12°57′10″	82	89	130	141	5	8	2.5	2.1	218	272	0.35	1.7	1	2600	3400
30315	75	160	37	31	40	3	2.5	12°57′10″	87	95	139	150	5	9	2.5	2.1	252	318	0.35	1.7	1	2400	3200
30316	80	170	39	33	42.5	3	2.5	12°57′10″	92	102	148	160	5	9.5	2.5	2.1	278	352	0.35	1.7	1	2200	3000
30317	85	180	41	34	44.5	4	3	12°57′10″	99	107	156	168	6	10.5	3	2.5	305	388	0.35	1.7	1	2000	2800
30318	90	190	43	36	46.5	4	3	12°57′10″	104	113	165	178	6	10.5	3	2.5	342	440	0.35	1.7	1	1900	2600
30319	95	200	45	38	49.5	4	3	12°57′10″	109	118	172	185	6	11.5	3	2.5	370	478	0.35	1.7	1	1800	2400
30320	100	215	47	39	51.5	4	3	12°57′10″	114	127	184	199	6	12.5	3	2.5	405	525	0.35	1.7	1	1600	2000

注：表中，d——轴承公称内径；D——轴承公称外径；T——轴承公称宽度；B——内圈公称宽度；C——外圈公称宽度；α——公称接触角；r_1——内圈大端面径向公称倒角尺寸；r_{1min}——r_1 的单向最小尺寸；r_2——内圈大端面轴向公称倒角尺寸；r_{2smin}——r_2 的单向最小尺寸；r_3——外圈大端面径向公称倒角尺寸；r_{3min}——r_3 的单向最小尺寸；r_4——外圈大端面轴向公称倒角尺寸；r_{4min}——r_4 的单向最小尺寸。

表 D-3 推力球轴承（GB/T 301—2015）

51000型

标记示例：

滚动轴承 51210 GB/T 301—2015

轴承代号	尺寸/mm			
	d	d_1	D	T
11 系 列				
51100	10	11	24	9
51101	12	13	26	9
51102	15	16	28	9
51103	17	18	30	9
51104	20	21	35	10
51105	25	26	42	11
51106	30	32	47	11
51107	35	37	52	12
51108	40	42	60	13
51109	45	47	65	14
51110	50	52	70	14
51111	55	57	78	16
51112	60	62	85	17
51113	65	67	90	18
51114	70	72	95	18
51115	75	77	100	19
51116	80	82	105	19
51117	85	87	110	19
51118	90	92	120	22
51120	100	102	135	25
12 系 列				
51200	10	12	26	11
51201	12	14	28	11
51202	15	17	32	12
51203	17	19	35	12
51204	20	22	40	14
51205	25	27	47	15
51206	30	32	52	16
51207	35	37	62	18
51208	40	42	68	19
51209	45	47	73	20
51210	50	52	78	22
51211	55	57	90	25
51212	60	62	95	26
51213	65	67	100	27
51214	70	72	105	27
51215	75	77	110	27
51216	80	82	115	28
51217	85	88	125	31
51218	90	93	135	35
51220	100	103	150	38
13 系 列				
51304	20	22	47	18
51305	25	27	52	18
51306	30	32	60	21
51307	35	37	68	24
51308	40	42	78	26
51309	45	47	85	28
51310	50	52	95	31
51311	55	57	105	35
51312	60	62	110	35
51313	65	67	115	36
51314	70	72	125	40
51315	75	77	135	44
51316	80	82	140	44
51317	85	88	150	49
51318	90	93	155	50
51320	100	103	170	55
14 系 列				
51405	25	27	60	24
51406	30	32	70	28
51407	35	37	80	32
51408	40	42	90	36
51409	45	47	100	39
51410	50	52	110	43
51411	55	57	120	48
51412	60	62	130	51
51413	65	67	140	56
51414	70	72	150	60
51415	75	77	160	65
51416	80	82	170	68
51417	85	88	180	72
51418	90	93	190	77
51420	100	103	210	85

附录 E 公差与配合

表 E-1 公称尺寸至 3150mm 的标准公差数值

公称尺寸 mm		标准公差等级																			
		IT01	IT0	IT1	IT2	IT3	IT4	IT5	IT6	IT7	IT8	IT9	IT10	IT11	IT12	IT13	IT14	IT15	IT16	IT17	IT18
大于	至	标准公差值																			
		μm													mm						
—	3	0.3	0.5	0.8	1.2	2	3	4	6	10	14	25	40	60	0.1	0.14	0.25	0.4	0.6	1	1.4
3	6	0.4	0.6	1	1.5	2.5	4	5	8	12	18	30	48	75	0.12	0.18	0.3	0.48	0.75	1.2	1.8
6	10	0.4	0.6	1	1.5	2.5	4	6	9	15	22	36	58	90	0.15	0.22	0.36	0.58	0.9	1.5	2.2
10	18	0.5	0.8	1.2	2	3	5	8	11	18	27	43	70	110	0.18	0.27	0.43	0.7	1.1	1.8	2.7
18	30	0.6	1	1.5	2.5	4	6	9	13	21	33	52	84	130	0.21	0.33	0.52	0.84	1.3	2.1	3.3
30	50	0.6	1	1.5	2.5	4	7	11	16	25	39	62	100	160	0.25	0.39	0.62	1	1.6	2.5	3.9
50	80	0.8	1.2	2	3	5	8	13	19	30	46	74	120	190	0.3	0.46	0.74	1.2	1.9	3	4.6
80	120	1	1.5	2.5	4	6	10	15	22	35	54	87	140	220	0.35	0.54	0.87	1.4	2.2	3.5	5.4
120	180	1.2	2	3.5	5	8	12	18	25	40	63	100	160	250	0.4	0.63	1	1.6	2.5	4	6.3
180	250	2	3	4.5	7	10	14	20	29	46	72	115	185	290	0.46	0.72	1.15	1.85	2.9	4.6	7.2
250	315	2.5	4	6	8	12	16	23	32	52	8	130	210	320	0.52	0.81	1.3	2.1	3.2	5.2	8.1
315	400	3	5	7	9	13	18	25	36	57	89	140	230	360	0.57	0.89	1.4	2.3	3.6	5.7	8.9
400	500	4	6	8	10	15	20	27	40	63	97	155	250	400	0.63	0.97	1.55	2.5	4	6.3	9.7
500	630			9	11	16	22	32	44	70	110	175	280	440	0.7	1.1	1.75	2.8	4.4	7	11
630	800			10	13	18	25	36	50	80	125	200	320	500	0.8	1.25	2	3.2	5	8	12.5
800	1000			11	15	21	28	40	56	90	140	230	360	560	0.9	1.4	2.3	3.6	5.6	9	14
1000	1250			13	18	24	33	47	66	105	165	260	420	660	1.05	1.65	2.6	4.2	6.6	10.5	16.5
1250	1600			15	21	29	39	55	78	125	195	310	500	780	1.25	1.95	3.1	5	7.8	12.5	19.5
1600	2000			18	25	35	46	65	92	150	230	370	600	920	1.5	2.3	3.7	6	9.2	15	23
2000	2500			22	30	41	55	78	110	175	280	440	700	1100	1.75	2.8	4.4	7	11	17.5	28
2500	3150			26	36	50	68	96	135	210	330	540	860	1350	2.1	3.3	5.4	8.6	13.5	21	33

表 E-2 轴的基本偏差

公称尺寸/mm																	基 本
		上极限偏差,es															
		所有标准公差等级												IT5和IT6	IT7	IT8	IT4至IT7
大于	至	a	b	c	cd	d	e	ef	f	fg	g	h	js	j			
—	3	-270	-140	-60	-34	-20	-14	-10	-6	-4	-2	0		-2	-4	-6	0
3	6	-270	-140	-70	-46	-30	-20	-14	-10	-6	-4	0		-2	-4	—	+1
6	10	-280	-150	-80	-56	-40	-25	-18	-13	-8	-5	0		-2	-5	—	+1
10	14	-290	-150	-95	-70	-50	-32	-23	-16	-10	-6	0		-3	-6	—	+1
14	18																
18	24	-300	-160	-110	-85	-65	-40	-25	-20	-12	-7	0		-4	-8	—	+2
24	30																
30	40	-310	-170	-120	-100	-80	-50	-35	-25	-15	-9	0		-5	-10	—	+2
40	50	-320	-180	-130													
50	65	-340	-190	-140	—	-100	-60	—	-30	—	-10	0	偏差=±IT n/2,式中 n 是标准公差等级数	-7	-12	—	+2
65	80	-360	-200	-150													
80	100	-380	-220	-170	—	-120	-72	—	-36	—	-12	0		-9	-15	—	+3
100	120	-410	-240	-180													
120	140	-460	-260	-200	—	-145	-85	—	-43	—	-14	0		-11	-18	—	+3
140	160	-520	-280	-210													
160	180	-580	-310	-230													
180	200	-660	-340	-240	—	-170	-100	—	-50	—	-15	0		-13	-21	—	+4
200	225	-740	-380	-260													
225	250	-820	-420	-280													
250	280	-920	-480	-300	—	-190	-110	—	-56		-17	0		-16	-26	—	+4
280	315	-1050	-540	-330													
315	355	-1200	-600	-360	—	-210	-125	—	-62	—	-18	0		-18	-28	—	+4
355	400	-1350	-680	-400													
400	450	-1500	-760	-440	—	-230	-135	—	-68	—	-20	0		-20	-32	—	+5
450	500	-1650	-840	-480													

数值（摘自 GB/T 1800.1—2020）　　（基本偏差单位为 μm）

偏差数值														
下极限偏差，ei														
≤IT3 >IT7	所有标准公差等级													
k	m	n	p	r	s	t	u	v	x	y	z	za	zb	zc
0	+2	+4	+6	+10	+14	—	+18	—	+20	—	+26	+32	+40	+60
0	+4	+8	+12	+15	+19	—	+23	—	+28	—	+35	+42	+50	+80
0	+6	+10	+15	+19	+23	—	+28	—	+34	—	+42	+52	+67	+97
0	+7	+12	+18	+23	+28	—	+33	—	+40	—	+50	+64	+90	+130
								+39	+45	—	+60	+77	+108	+150
0	+8	+15	+22	+28	+35	—	+41	+47	+54	+63	+73	+98	+136	+188
						+41	+48	+55	+64	+75	+88	+118	+160	+218
0	+9	+17	+26	+34	+43	+48	+60	+68	+80	+94	+112	+148	+200	+274
						+54	+70	+81	+97	+114	+136	+180	+242	+325
0	+11	+20	+32	+41	+53	+66	+87	+102	+122	+144	+172	+226	+300	+405
				+43	+59	+75	+102	+120	+146	+174	+210	+274	+360	+480
0	+13	+23	+37	+51	+71	+91	+124	+146	+178	+214	+258	+335	+445	+585
				+54	+79	+104	+144	+172	+210	+254	+310	+400	+525	+690
0	+15	+27	+43	+63	+92	+122	+170	+202	+248	+300	+365	+470	+620	+800
				+65	+100	+134	+190	+228	+280	+340	+415	+535	+700	+900
				+68	+108	+146	+210	+252	+310	+380	+465	+600	+780	+1000
0	+17	+31	+50	+77	+122	+166	+236	+284	+350	+425	+520	+670	+880	+1150
				+80	+130	+180	+258	+310	+385	+470	+575	+740	+960	+1250
				+84	+140	+196	+284	+340	+425	+520	+640	+820	+1050	+1350
0	+20	+34	+56	+94	+158	+218	+315	+385	+475	+580	+710	+920	+1200	+1550
				+98	+170	+240	+350	+425	+525	+650	+790	+1000	+1300	+1700
0	+21	+37	+62	+108	+190	+268	+390	+475	+590	+730	+900	+1150	+1500	+1900
				+114	+208	+294	+435	+530	+660	+820	+1000	+1300	+1650	+2100
0	+23	+40	+68	+126	+232	+330	+490	+595	+740	+920	+1100	+1450	+1850	+2400
				+132	+252	+360	+540	+660	+820	+1000	+1250	+1600	+2100	+2600

表 E-3 孔的基本偏差

公称尺寸/mm		基本偏差																				
		下极限偏差,EI																				
		所有标准公差等级												IT6	IT7	IT8	≤IT8	>IT8	≤IT8	>IT8	≤IT8	>IT8
大于	至	A	B	C	CD	D	E	EF	F	FG	G	H	JS	J			K		M		N	
—	3	+270	+140	+60	+34	+20	+14	+10	+6	+4	+2	0	偏差=±ITn/2,式中n为标准公差等级数	+2	+4	+6	0	0	−2	−2	−4	−4
3	6	+270	+140	+70	+46	+30	+20	+14	+10	+6	+4	0		+5	+6	+10	−1+Δ	—	−4+Δ	−4	−8+Δ	0
6	10	+280	+150	+80	+56	+40	+25	+18	+13	+8	+5	0		+5	+8	+12	−1+Δ	—	−6+Δ	−6	−10+Δ	0
10	14	+290	+150	+95	+70	+50	+32	+23	+16	+10	+6	0		+6	+10	+15	−1+Δ	—	−7+Δ	−7	−12+Δ	0
14	18																					
18	24	+300	+160	+110	+85	+65	+40	+28	+20	+12	+7	0		+8	+12	+20	−2+Δ	—	−8+Δ	−8	−15+Δ	0
24	30																					
30	40	+310	+170	+120	+100	+80	+50	+35	+25	+15	+9	0		+10	+14	+24	−2+Δ	—	−9+Δ	−9	−17+Δ	0
40	50	+320	+180	+130																		
50	65	+340	+190	+140	—	+100	+60	—	+30	—	+10	0		+13	+18	+28	−2+Δ	—	−11+Δ	−11	−20+Δ	0
65	80	+360	+200	+150																		
80	100	+380	+220	+170	—	+120	+72	—	+36	—	+12	0		+16	+22	+34	−3+Δ	—	−13+Δ	−13	−23+Δ	0
100	120	+410	+240	+180																		
120	140	+460	+260	+200	—	+145	+85	—	+43	—	+14	0		+18	+26	+41	−3+Δ	—	−15+Δ	−15	−27+Δ	0
140	160	+520	+280	+210																		
160	180	+580	+310	+230																		
180	200	+660	+340	+240	—	+170	+100	—	+50	—	+15	0		+22	+30	+47	−4+Δ	—	−17+Δ	−17	−31+Δ	0
200	225	+740	+380	+260																		
225	250	+820	+420	+280																		
250	280	+920	+480	+300	—	+190	+110	—	+56	—	+17	0		+25	+36	+55	−4+Δ	—	−20+Δ	−20	−34+Δ	0
280	315	+1050	+540	+330																		
315	355	+1200	+600	+360	—	+210	+125	—	+62	—	+18	0		+29	+39	+60	−4+Δ	—	−21+Δ	−21	−37+Δ	0
355	400	+1350	+680	+400																		
400	450	+1500	+760	+440	—	+230	+135	—	+68	—	+20	0		+33	+43	+66	−5+Δ	—	−23+Δ	−23	−40+Δ	0
450	500	+1650	+840	+480																		

数值（摘自 GB/T 1800.1—2020）　　　　（基本偏差和Δ值的单位：μm）

数值													Δ值					
上极限偏差，ES																		
≤IT7	IT7的标准公差等级												标准公差等级					
P至ZC	P	R	S	T	U	V	X	Y	Z	ZA	ZB	ZC	IT3	IT4	IT5	IT6	IT7	IT8
在大于IT7的标准公差等级的基本偏差数值上增加一个Δ值	-6	-10	-14	—	-18	—	-20	—	-26	-32	-40	-60	0	0	0	0	0	0
	-12	-15	-19	—	-23	—	-28	—	-35	-42	-50	-80	1	1.5	1	3	4	6
	-15	-19	-23	—	-28	—	-34	—	-42	-52	-67	-97	1	1.5	2	3	6	7
	-18	-23	-28	—	-33	—	-40	—	-50	-64	-90	-130	1	2	3	3	7	9
						-39	-45	—	-60	-77	-108	-150						
	-22	-28	-35	—	-41	-47	-54	-63	-73	-98	-136	-188	1.5	2	3	4	8	12
				-41	-48	-55	-64	-75	-88	-118	-160	-218						
	-26	-34	-43	-48	-60	-68	-80	-94	-112	-148	-200	-274	1.5	3	4	5	9	14
				-54	-70	-81	-97	-114	-136	-180	-242	-325						
	-32	-41	-53	-66	-87	-102	-122	-144	-172	-226	-300	-405	2	3	5	6	11	16
		-43	-59	-75	-102	-120	-146	-174	-210	-274	-360	-480						
	-37	-51	-71	-91	-124	-146	-178	-214	-258	-335	-445	-585	2	4	5	7	13	19
		-54	-79	-104	-144	-172	-210	-254	-310	-400	-525	-690						
	-43	-63	-92	-122	-170	-202	-248	-300	-365	-470	-620	-800	3	4	6	7	15	23
		-65	-100	-134	-190	-228	-280	-340	-415	-535	-700	-900						
		-68	-108	-146	-210	-252	-310	-380	-465	-600	-780	-1000						
	-50	-77	-122	-166	-236	-284	-350	-425	-520	-670	-880	-1150	3	4	6	9	17	26
		-80	-130	-180	-258	-310	-385	-470	-575	-740	-960	-1250						
		-84	-140	-196	-284	-340	-425	-520	-640	-820	-1050	-1350						
	-56	-94	-158	-218	-315	-385	-475	-580	-710	-920	-1200	-1550	4	4	7	9	20	29
		-98	-170	-240	-350	-425	-525	-650	-790	-1000	-1300	-1700						
	-62	-108	-190	-268	-390	-475	-590	-730	-900	-1150	-1500	-1900	4	5	7	11	21	32
		-114	-208	-294	-435	-530	-660	-820	-1000	-1300	-1650	-2100						
	-68	-126	-232	-330	-490	-595	-740	-920	-1100	-1450	-1850	-2400	5	5	7	13	23	34
		-132	-252	-360	-540	-660	-820	-1000	-1250	-1600	-2100	-2600						

表 E-4　优先选用的轴的公差带（摘自 GB/T 1800.2—2020）（偏差单位：μm）

公称尺寸/mm		a	b	c	d	e	f	g	h				js	k	n	p	r	s
		公差等级																
大于	至	11	11	11	9	8	7	6	6	7	9	11	6	6	6	6	6	6
—	3	-270 -330	-140 -200	-60 -120	-20 -45	-14 -28	-6 -16	-2 -8	0 -6	0 -10	0 -25	0 -60	±3	+6 0	+10 +4	+12 +6	+16 +10	+20 +14
3	6	-270 -345	-140 -215	-70 -145	-30 -60	-20 -38	-10 -22	-4 -12	0 -8	0 -12	0 -30	0 -75	±4	+9 +1	+16 +8	+20 +12	+23 +15	+27 +19
6	10	-280 -370	-150 -240	-80 -170	-40 -76	-25 -47	-13 -28	-5 -14	0 -9	0 -15	0 -36	0 -90	±4.5	+10 +1	+19 +10	+24 +15	+28 +19	+32 +23
10	18	-290 -400	-150 -260	-95 -205	-50 -93	-32 -59	-16 -34	-6 -17	0 -11	0 -18	0 -43	0 -110	±5.5	+12 +1	+23 +12	+29 +18	+34 +23	+39 +28
18	30	-300 -430	-160 -290	110 -240	-65 -117	-40 -73	-20 -41	-7 -20	0 -13	0 -21	0 -52	0 -130	±6.5	+15 +2	+28 +15	+35 +22	+41 +28	+48 +35
30	40	-310 -470	-170 -330	-120 -280	-80 -142	-50 -89	-25 -50	-9 -25	0 -16	0 -25	0 -62	0 -160	±8	+18 +2	+33 +17	+42 +26	+50 +34	+59 +43
40	50	-320 -480	-180 -340	-130 -290														
50	65	-340 -530	-190 -380	-140 -330	-100 -174	-60 -106	-30 -60	-10 -29	0 -19	0 -30	0 -74	0 -190	±9.5	+21 +2	+39 +20	+51 +32	+60 +41	+72 +53
65	80	-360 -550	-200 -390	-150 -340													+62 +43	+78 +59
80	100	-380 -600	-220 -440	-170 -390	-120 -207	-72 -126	-36 -71	-12 -34	0 -22	0 -35	0 -87	0 -220	±11	+25 3	+45 +23	+59 +37	+73 +51	+93 +71
100	120	-410 -630	-240 -460	-180 -400													+76 +54	+101 +79
120	140	-460 -710	-260 -510	-200 -450	-145 -245	-85 -148	-43 -83	-14 -39	0 -25	0 -40	0 -100	0 -250	±12.5	+28 +3	+52 +27	+68 +43	+88 +63	+117 +92
140	160	-520 -770	-280 -530	-210 -460													+90 +65	+125 +100
160	180	-580 -830	-310 -560	-230 -480													+93 +68	+133 +108
180	200	-660 -950	-340 -630	-240 -530	-170 -285	-100 -172	-50 -96	-15 -44	0 -29	0 -46	0 -115	0 -290	±14.5	+33 +4	+60 +31	+79 +50	+106 +77	+151 +122
200	225	-740 -1030	-380 -670	-260 -550													+109 +80	+159 +130
225	250	-820 -1110	-420 -710	-280 -570													+113 +84	+169 +140
250	280	-920 -1240	-480 -800	-300 -620	-190 -320	-110 -191	-56 -108	-17 -49	0 -32	0 -52	0 -130	0 -320	±16	+36 +4	+66 +34	+88 +56	+126 +94	+190 +158
280	315	-1050 -1370	-540 -860	-330 -650													+130 +98	+202 +170
315	355	-100 -1560	-600 -960	-360 -720	-210 -350	-125 -214	-62 -119	-18 -54	0 -36	0 -57	0 -140	0 -360	±18	+40 +4	+73 +37	+98 +62	+144 +108	+226 +190
355	400	-1350 -1710	-680 -1040	-400 -760													+150 +114	+244 +208
400	450	-100 -1900	-760 -1160	-440 -840	-230 -385	-135 -232	-68 -131	-20 -60	0 -40	0 -63	0 -155	0 -400	±20	+45 +5	+80 +40	+108 +68	+166 +126	+272 +232
450	500	-1650 -2050	-840 -1240	-480 -880													+172 +132	+292 +252

表 E-5 优先选用的孔的公差带（摘自 GB/T 1800.2—2020）（偏差单位：μm）

		A	B	C	D	E	F	G	H				JS	K	N	P	R	S
公称尺寸/mm		公差等级																
大于	至	11	11	11	10	9	8	7	7	8	9	11	7	7	7	7	7	7
—	3	+330	+200	+120	+60	+39	+20	+12	+10	+14	+25	+60	±5	0	-4	-6	-10	-14
		+270	+140	+60	+20	+14	+6	+2	0	0	0	0		-10	-14	-16	-20	-24
3	6	+345	+215	+145	+78	+50	+28	+16	+12	+18	+30	+75	±6	3	-4	-8	-11	-15
		+270	+140	+70	+30	+20	+10	+4	0	0	0	0		-9	-16	-20	-23	-27
6	10	+370	+240	+170	+98	+61	+35	+20	+15	+22	+36	+90	±7.5	5	-4	-9	-13	-17
		+280	+150	+80	+40	+25	+13	+5	0	0	0	0		-10	-19	-24	-28	-32
10	18	+400	+260	+205	+120	+75	+43	+24	+18	+27	+43	+110	±9	+6	-5	-11	-16	-21
		+290	+150	+95	+50	+32	+16	+6	0	0	0	0		-12	-23	-29	-34	-39
18	30	+430	+290	+240	+149	+92	+53	+28	+21	+33	+52	+130	±10.5	+6	-7	-14	-20	-27
		+300	+160	+110	+65	+40	+20	+7	0	0	0	0		-15	-28	-35	-41	-48
30	40	+470	+330	+280														
		+310	+170	+120	+180	+112	+64	+34	+25	+39	+62	+160	±12.5	+7	-8	-17	-25	-34
40	50	+480	+340	+290	+80	+50	+25	+9	0	0	0	0		-18	-33	-42	-50	-59
		+320	+180	+130														
50	65	+530	+380	+330													-30	-42
		+340	+190	+140	+220	+134	+76	+40	+30	+46	+74	+190	±15	+9	-9	-21	-60	-72
65	80	+550	+390	+340	+100	+60	+30	+10	0	0	0	0		-21	-39	-51	-32	-48
		+360	+200	+150													-62	-78
80	100	+600	+440	+390													-38	-58
		+380	+220	+170	+260	+159	+90	+47	+35	+54	+87	+220	±17.5	+10	-10	-24	-73	-93
100	120	+630	+460	+400	+120	+72	+36	+12	0	0	0	0		-25	-45	-59	-41	-66
		+410	+240	+180													-76	-101
120	140	+710	+510	+450													-48	-77
		+460	+260	+200													-88	-117
140	160	+770	+530	+460	+305	+185	+106	+54	+40	+63	+100	+250	±20	+12	-12	-28	-50	-85
		+520	+280	+210	+145	+85	+43	+14	0	0	0	0		-28	-52	-68	-90	-125
160	180	+830	+560	+480													-53	-93
		+580	+310	+230													-93	-133
180	200	+950	+630	+530													-60	-105
		+660	+340	+240													-106	-151
200	225	+1030	+670	+550	+355	+215	+122	+61	+46	+72	+115	+290	±23	+13	-14	-33	-63	-113
		+740	+380	+260	+170	+100	+50	+15	0	0	0	0		-33	-60	-79	-109	-159
225	250	+1110	+710	+570													-67	-123
		+820	+420	+280													-113	-169
250	280	+1240	+800	+620													-74	-138
		+920	+480	+300	+400	+240	+137	+69	+52	+81	+130	+320	±26	+16	-14	-36	-126	-190
280	315	+1370	+860	+650	+190	+110	+56	+17	0	0	0	0		-36	-66	-88	-78	-150
		+1050	+540	+330													-130	-202
315	355	+1560	+960	+720													-87	-169
		+1200	+600	+360	+440	+265	+151	+75	+57	+89	+140	+360	±28.5	+17	-16	-41	-144	-226
355	400	+1710	+1040	+760	+210	+125	+62	+18	0	0	0	0		-40	-73	-98	-93	-187
		+1350	+680	+400													-150	-244
400	450	+1900	+1160	+840													-103	-209
		+1500	+760	+440	+480	+290	+165	+83	+63	+97	+155	+400	±31.5	+18	-17	-45	-166	-272
450	500	+2050	+1240	+880	+230	+135	+68	+20	0	0	0	0		-45	-80	-108	-109	-229
		+1650	+840	+480													-172	-292

附录 F 几何公差（GB/T 1182—2018）

表 F-1 几何公差中某些项目的公差带定义和示例说明

项目	公差带定义	标注示例	公差带示意图
直线度	在给定平面内，公差带是距离为公差值 t 的两平行直线之间的区域	0.02	0.02
	在任意方向上，公差带是直径为公差值 t 的圆柱面内的区域	φ0.04 φd	φ0.04
平面度	公差带是距离为公差值 t 的两平行平面之间的区域	0.1	0.1
圆度	公差带是在同一正截面上半径差为公差值 t 的两同心圆间的区域	0.02	0.02
圆柱度	公差带是半径差为公差值 t 的两同轴圆柱面之间的区域	0.05	0.05
线轮廓度	公差带是包络一系列直径为公差值 t 的圆的两包络线之间的区域，该圆圆心应位于理想轮廓上。即公差带是相距为公差值 t 的两等距曲线	0.04 R25 R10 22±0.1 60	φ0.04 22 60

（续）

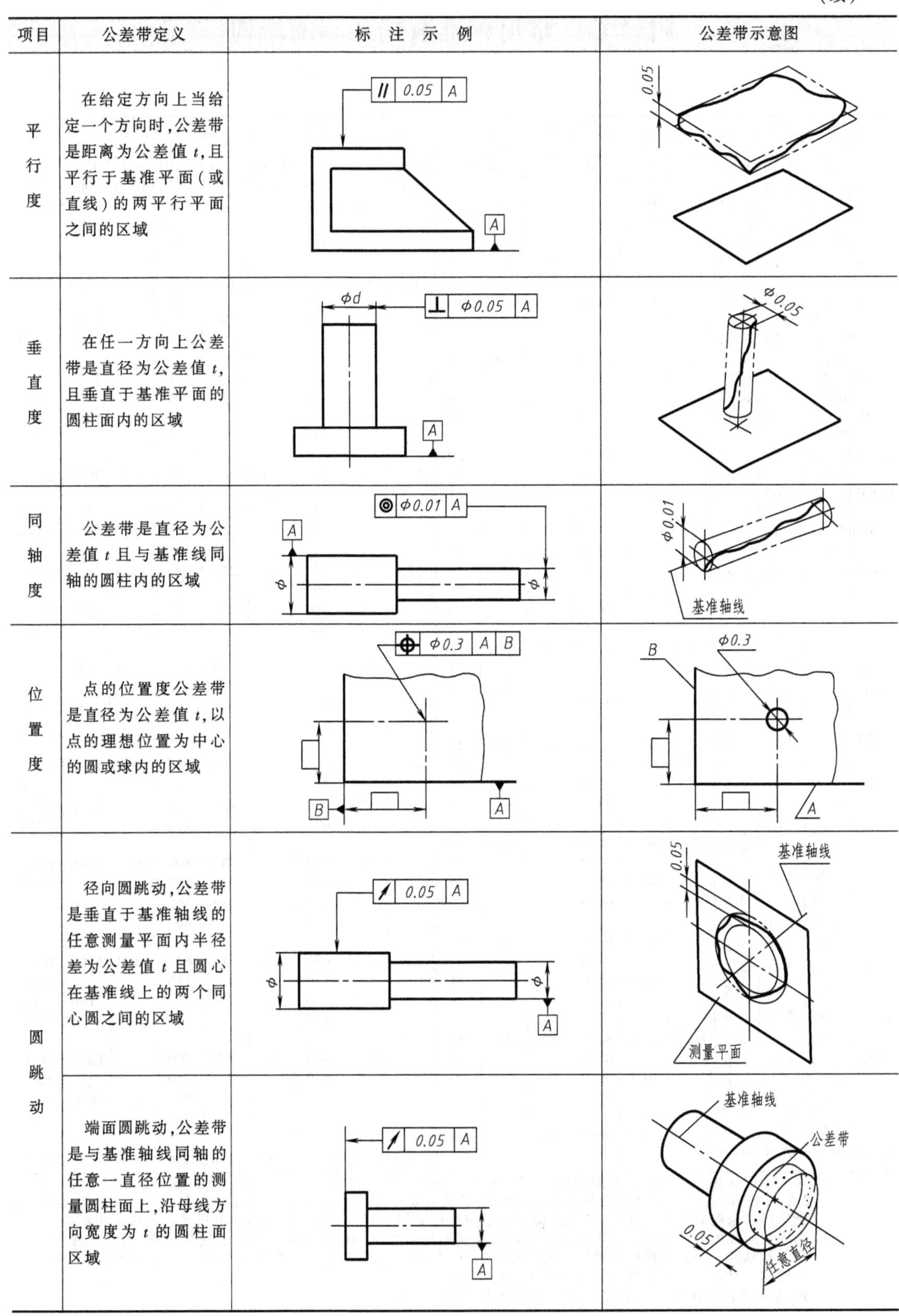

项目	公差带定义	标 注 示 例	公差带示意图
平行度	在给定方向上当给定一个方向时，公差带是距离为公差值 t，且平行于基准平面（或直线）的两平行平面之间的区域	// 0.05 A	0.05
垂直度	在任一方向上公差带是直径为公差值 t，且垂直于基准平面的圆柱面内的区域	⊥ Φ0.05 A；Φd	Φ0.05
同轴度	公差带是直径为公差值 t 且与基准线同轴的圆柱内的区域	◎ Φ0.01 A	Φ0.01；基准轴线
位置度	点的位置度公差带是直径为公差值 t，以点的理想位置为中心的圆或球内的区域	⌖ Φ0.3 A B	B；Φ0.3；A
圆跳动	径向圆跳动，公差带是垂直于基准轴线的任意测量平面内半径差为公差值 t 且圆心在基准线上的两个同心圆之间的区域	↗ 0.05 A	0.05；基准轴线；测量平面
	端面圆跳动，公差带是与基准轴线同轴的任意一直径位置的测量圆柱面上，沿母线方向宽度为 t 的圆柱面区域	↗ 0.05 A	基准轴线；公差带；0.05；任意直径

附录 G 常用标准数据和标准结构

表 G-1 标准尺寸（GB/T 2822—2005） （单位：mm）

0.1~1.0

R10	R20	R_a10	R_a20
0.100	0.100	0.10	0.10
	0.112		0.11
0.125	0.125	0.12	0.12
	0.140		0.14
0.160	0.160	0.16	0.16
	0.180		0.18
0.200	0.200	0.20	0.20
	0.224		0.22
0.250	0.250	0.25	0.25
	0.280		0.28
0.315	0.315	0.30	0.30
	0.355		0.35
0.400	0.400	0.40	0.40
	0.450		0.45
0.500	0.500	0.50	0.50
	0.560		0.55
0.630	0.630	0.60	0.60
	0.710		0.70
0.800	0.800	0.80	0.80
	0.900		0.90
0.000	1.000	1.00	1.00

1.0~10.0

R10	R20	R_a10	R_a20
1.00	1.00	1.0	1.0
	1.12		1.1
1.25	1.25	1.2	1.2
	1.40		1.4
1.60	1.60	1.6	1.6
	1.80		1.8
2.00	2.00	2.0	2.0
	2.24		2.2
2.50	2.50	2.5	2.5
	2.80		2.8
3.15	3.15	3.0	3.0
	3.55		3.5
4.00	4.00	4.0	4.0
	4.50		4.5
5.00	5.00	5.0	5.0
	5.60		5.5
6.30	6.30	6.0	6.0
	7.10		7.0
8.00	8.00	8.0	8.0
	9.00	9.0	9.0
10.00	10.00	10.0	10.0

10~100

R10	R20	R40	R_a10	R_a20	R_a40
10.0	10.0		10	10	
	11.2			11	
12.5	12.5	12.5	12	12	12
		13.2			13
	14.0	14.0		14	14
		15			15
16.0	16.0	16.0	16	16	16
		17.0			17
	18.0	18.0		18	18
		19.0			19
20.0	20.0	20.0	20	20	20
		21.2			21
	22.4	22.4		22	22
		23.6			24
25.0	25.0	25.0	25	25	25
		26.5			26
	28.0	28.0		28	28
		30.0			30
31.5	31.5	31.5	32	32	32
		33.5			34
	35.5	35.5		36	36
		37.5			38
40.0	40.0	40.0	40	40	40
		42.5			42
	45.0	45.0		45	45
		47.5			48
50.0	50.0	50.0	50	50	50
		53.0			53
	56.0	56.0		56	56
		60.0			60
63.0	63.0	63.0	63	63	63
		67.0			67
	71.0	71.0		71	71
		75.0			75
80.0	80.0	80.0	80	80	80
		85.0			85
	90.0	90.0		90	90
		95.0			95
100.0	100.0	100.0	100	100	100

100~1000 / 1000~10000

R10	R20	R40	R_a10	R_a20	R_a40	R10	R20	R40
100	100	100	100	100	100	1000	1000	1000
		106			105			1060
	112	112		110	110		1120	1120
		118			120			1180
125	125	125	125	125	125	1250	1250	1250
		132			130			1320
	140	140		140	140		1400	1400
		150			150			1500
160	160	160	160	160	160	1600	1600	1600
		170			170			1700
	180	180		180	180		1800	1800
		190			190			1900
200	200	200	200	200	200	2000	2000	2000
		212			210			2120
	224	224		220	220		2240	2240
		236			240			2360
250	250	250	250	250	250	2500	2500	2500
		265			260			2650
	280	280		280	280		2800	2800
		300			300			3000
315	315	315	320	320	320	3150	3150	3150
		335			340			3350
	355	355		360	360		3550	3550
		375			380			3750
400	400	400	400	400	400	4000	4000	4000
		425			420			4250
	450	450		450	450		4500	4500
		475			480			4750
500	500	500	500	500	500	5000	5000	5000
		530			530			5300
	560	560		560	560		5600	5600
		600			600			6000
630	630	630	630	630	630	6300	6300	6300
		670			670			6700
	710	710		710	710		7100	7100
		750			750			7500
800	800	800	800	800	800		8000	8000
		850			850			8500
	900	900		900	900		9000	9000
		950			950			9500
1000	1000	1000	1000	1000	1000	10000	10000	10000

注：1. 标准规定 0.01~20000mm 范围内机械制造业中常用的标准尺寸（直径、长度、高度等）系列（本表仅摘录 0.1~10000mm），适用于有互换性或系列化要求的主要尺寸（如安装、连接尺寸，有公差要求的配合尺寸，决定产品系列的公称尺寸）。其他结构尺寸也应尽量采用。对已有专用标准规定的尺寸，可按专用标准选用。

2. 选择系列及单个尺寸时，应首先在优先数系 R 系列按照 R10、R20、R40 的顺序，优先选用公比较大的基本系列及其单值。如必须将数值圆整，可在相应的 R_a 系列（选择优先数化整值系列的制订的标准尺寸系列）中选用标准尺寸，其优选顺序为 R_a10、R_a20、R_a40。

3. R_a 系列中的黑体字，为 R 系列相应各项优先数的化整值。

表 G-2　回转面及端面砂轮越程槽的型式及尺寸（摘自 GB/T 6403.5—2008）

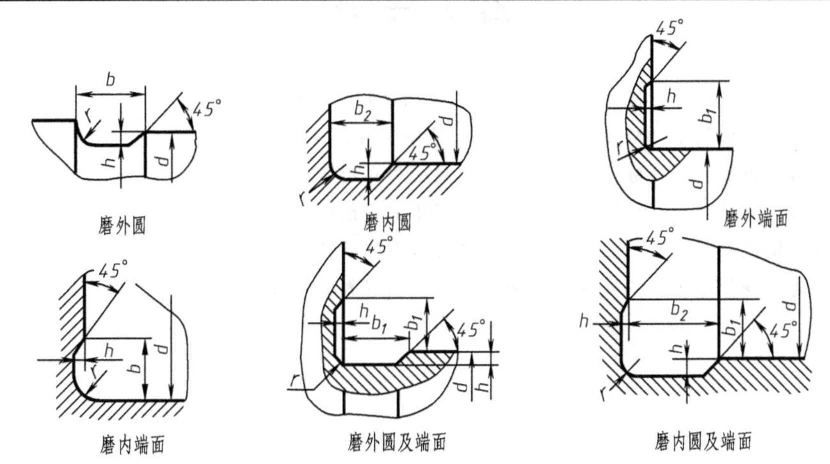

（单位：mm）

b_1	0.6	1.0	1.6	2.0	3.0	4.0	5.0	8.0	10
b_2	2.0	3.0		4.0		5.0		8.0	10
h	0.1	0.2		0.3	0.4		0.6	0.8	1.2
r	0.2	0.5		0.8	1.0		1.6	2.0	3.0
d	~10			>10~50		>50~100		>100	

表 G-3　零件倒圆与倒角的型式及尺寸（摘自 GB/T 6403.4—2008）

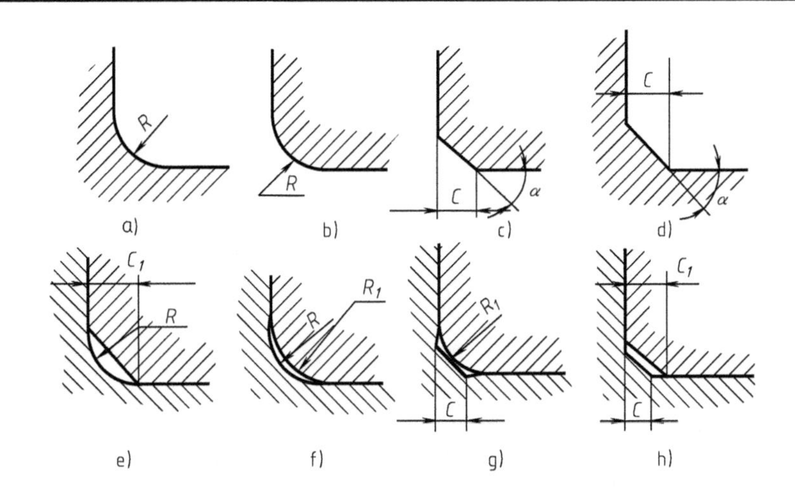

（单位：mm）

直径 D	~3	>3~6	>6~10	>10~18	>18~30	>30~50
C 或 R	0.2	0.4	0.6	0.8	1.0	1.6
直径 D	>50~80	>80~120	>120~180	>180~250	>250~320	>320~400
C 或 R	2.0	2.5	3.0	4.0	5.0	6.0
直径 D	>400~500	>500~630	>630~800	>800~1000	>1000~1250	>1250~1600
C 或 R	8.0	10	12	16	20	25

注：1. 内角倒圆，外角倒角时，$C_1>R$，如图 e 所示。

2. 内角倒圆，外角倒圆时，$R_1>R$，如图 f 所示。

3. 内角倒角，外角倒圆时，$C<0.58R_1$，如图 g 所示。

4. 内角倒角，外角倒角时，$C_1>C$，如图 h 所示。

参考文献

[1] 崔振勇，等. 机械制图［M］. 北京：机械工业出版社，2003.
[2] 高雪强，等. 机械制图［M］. 北京：机械工业出版社，2008.
[3] 刘小年，等. 机械制图［M］. 3版. 北京：高等教育出版社，2017.
[4] 杨惠英，等. 机械制图［M］. 3版. 北京：清华大学出版社，2015.
[5] 丁一，等. 机械制图［M］. 2版. 北京：高等教育出版社，2020.
[6] 王丹红，等. 现代工程制图［M］. 2版. 北京：高等教育出版社，2017.